R. SCHWEDEN

OST-SEE

Rügen

Kolberg

Cöslin

Danzig

Prov.

Marienwerder

Graudenz

Neustettin

Stettin

Stargard

Bromberg

Thorn

Ostrolenka

P R E U S S

Prov.

Landsberg

Prov.

Gnesen

Plock

Warschau

Praga

Grochow

Warner

BERLIN

Potsdam

Frankfurt

Posen

Posen

Brandenburg

Pos e n

Sorau

Lissa

P o l e n

Cottbus

Kalisch

Radom

Lublin

Glogau

Liegnitz

Petrikau

R U S S I S

Prov.

Breslau

Görlitz

Hirschbg.

Brieg

Zamosc

Trautenau

Schweidnitz

Oppeln

Beuthen

Rudnik

Dresden

Nachod

Glatz

Sadowa

Königgrätz

Ratiber

Rep.

Krakau

(1846) Ostern

Böhmen

Prag

Rüttenbg.

Mgr.

Olmütz

Kgr.

Galizien

Neumarkt

Sanok

Iglau

Trebitsch

Ö S T E R R E I C H I S C H

M ä h r e n

Brünn

Budweis

Ungh.

Nikolsbg.

Znaim

Neusohl

Kaschau

Passau

Böhmen

E h z.

Krems

Linz

WIEN

Pressburg

Schemnitz

Ö s t e r r e i c h

Komorn

Gödöllö

Kapolna

Debreczen

Salzburg

Steyr

K G R.

U N G A R

Ofen

Pest

Leoben

Ödenburg

Hz. Steier-

Graz

mark

Salzburg

Hz. Kärnten

Klagenfurt

Marburg

Relationes

Schriftenreihe des Vorhabens

„Wissenschaftsbeziehungen im 19. Jahrhundert zwischen Deutschland und Russland auf den Gebieten Chemie, Pharmazie und Medizin"

bei der Sächsischen Akademie der Wissenschaften zu Leipzig

Herausgegeben von Ortrun Riha

Band 10

Ortrun Riha, Bastian Röther, Günther Höpfner †

Botanik und Leidenschaft

Der Briefwechsel zwischen
Christian Gottfried Nees von Esenbeck,
Elisabeth Nees von Esenbeck
und Karl Ernst von Baer

Bibliografische Information der Deutschen Nationalbibliothek
Die Deutsche Nationalbibliothek verzeichnet diese Publikation in der Deutschen
Nationalbibliografie; detaillierte bibliografische Daten sind im Internet über
http://dnb.d-nb.de abrufbar.

Das Vorhaben "Wissenschaftsbeziehungen im 19. Jahrhundert zwischen Deutschland und
Russland auf den Gebieten Chemie, Pharmazie und Medizin" ist ein Forschungsvorhaben
der Sächsischen Akademie der Wissenschaften zu Leipzig und wird im Rahmen des
Akademienprogramms von der Bundesrepublik Deutschland und dem Freistaat Sachsen
gefördert. Das Akademienprogramm wird koordiniert von der Union der deutschen
Akademien der Wissenschaften.

Printed in Germany.

ISBN 978-3-8440-1454-9
ISSN 1867-3198

Shaker Verlag GmbH • Postfach 101818 • 52018 Aachen
Telefon: 02407 / 95 96 - 0 • Telefax: 02407 / 95 96 - 9
Internet: www.shaker.de • E-Mail: info@shaker.de

Vorbemerkung

Die Vorgeschichte dieses Buches ist kompliziert und sein Zustandekommen verdankt sich einer Reihe von Zufällen: Im Mai 2010 nahm ich an der internationalen Konferenz *Medical Imaging and Philosophy: Challenges, Reflections and Actions* in Ulm teil, um dort über bildliche Darstellungen von Embryonen vorzutragen. Das Thema war einerseits aus einem laufenden Seminar zu *Gender*-Fragen heraus entwickelt worden, bezog aber anderseits auch die Ergebnisse eines kurz vorher in der Schriftenreihe *Relationes* erschienenen Bandes zur Embryologiegeschichte ein (Schmuck 2009); auf diesem wiederum beruhte ein gemeinsam mit dem Autor im Frühjahr verfasster Zeitschriftenbeitrag (Riha/Schmuck 2010). Auf dieser Ulmer Tagung nun traf ich meine verehrte Bochumer Kollegin, Frau Prof. Dr. Irmgard MÜLLER, und als die Rede auf unsere jeweilige Beschäftigung mit Karl Ernst VON BAER kam, berichtete sie mir von einem seit langem ruhenden Relikt aus dem von ihr geleiteten NEES VON ESENBECK-Projekt an der Deutschen Akademie der Naturforscher Leopoldina (heute: Nationale Akademie der Wissenschaften) in Halle: Der 2005 früh und unerwartet verstorbene Mitarbeiter Günther HÖPFNER hatte sich bis 1997 mit dem Briefwechsel zwischen NEES VON ESENBECK, dessen Ehefrau Elisabeth und Karl Ernst VON BAER befasst und eine tentative Transkription sowie einen provisorischen Kurzkommentar angefertigt, ohne jedoch letztlich ein druckfertiges Ergebnis zu erzielen. Dieses Manuskript ruhte seitdem unvollendet bei der NEES-Arbeitsstelle der Leopoldina, deren Fokus sich auf den NEES/ALTENSTEIN-Briefwechsel konzentriert hatte. Nur ab und zu wurde es für die Kommentierung dieser und sonstiger Briefe sowie für die flankierend erschienene NEES-Biographie (Bohley 2003b) zu Rate gezogen. Für das Projekt *Wissenschaftsbeziehungen im 19. Jahrhundert zwischen Deutschland und Russland auf den Gebieten Chemie, Pharmazie und Medizin* bei der Sächsischen Akademie der Wissenschaften zu Leipzig würde nun diese Quelle eine schöne Ergänzung zum Themenfeld um Karl Ernst VON BAER darstellen, zu dem dort im Jahr 2010 eine Monographie vorbereitet wurde, die inzwischen erschienen ist (Riha/Schmuck 2011). Ich möchte an dieser Stelle Frau MÜLLER ganz herzlich für diesen liebenswürdigen Hinweis danken.

Eine interessierte Anfrage meinerseits bei Altpräsident Prof. Dr. Benno PARTHIER im Juni 2010 stieß auf ein überaus freundliches Echo, und am 12. November 2010 erhielt ich aus seinen Händen vor der Plenarsitzung der Sächsischen Akademie der Wissenschaften dieses Manuskript. Auch

Herrn PARTHIER sei hier für dieses wohlwollende Entgegenkommen herzlich gedankt. Günther HÖPFNERs Entwurf wurde im Herbst 2011 von Lena JAHNKE, Nadine SCHWARZER und Sarah STEIN buchstabengetreu wieder in den Computer eingegeben und bildete so den Kern dieser nun vorliegenden komplettierten und wesentlich ausführlicher kommentierten Ausgabe; das Vorliegen der – wenn auch vorläufigen – Transkription war durchaus hilfreich und zeitsparend, allerdings hat sich das Ergebnis formal wie inhaltlich doch erheblich von diesem Nucleus entfernt.

Sowohl Frau MÜLLER als auch Herr PARTHIER haben mich ermuntert, die Hilfe ihres bewährten und kundigen Mitarbeiters Bastian RÖTHER in Anspruch zu nehmen. Herr RÖTHER hat aus seinen reichhaltigen Materialien archivalische Details zu wenig oder gar nicht bekannten Personen sowie unveröffentlichte Briefbelege eingebracht und dabei insbesondere die beiden BAER-Briefe Nr. 22 und 42 beigesteuert, die sich nicht im Gießener BAER-Nachlass befinden. Ihm sei für seine Zuverlässigkeit und Hilfsbereitschaft, für die kritische Durchsicht des Manuskripts und nicht zuletzt für die außerordentlich angenehme Zusammenarbeit herzlich gedankt.

Ich freue mich, dass sich auf diese Weise die für das Projekt zu den deutsch-russischen Wissenschaftsbeziehungen von Anfang an geplante Kooperation zwischen Leopoldina und Sächsischer Akademie der Wissenschaften an einem Beispiel fruchtbar konkretisiert hat, und hoffe, dass dieser Band – wiewohl als Abrundung der BAER-Forschungen in der Schriftenreihe *Relationes* publiziert – doch auch als Ergänzung der in den *Acta Historica Leopoldina* erschienenen Arbeiten zu NEES VON ESENBECK wahrgenommen werden wird.

Leipzig, im Herbst 2012

Ortrun Riha

Inhalt

Persönliches und Dienstliches – Der Inhalt der Briefe

Christian Gottfried Daniel NEES VON ESENBECK (1776-1858) und Karl
Ernst VON BAER (1792-1876) sind zwei große Namen in der Wissenschaftsgeschichte, ersterer als Botaniker und langjähriger Präsident der
Deutsche Akademie der Naturforscher Leopoldina, letzterer als vielseitiger Naturforscher, vor allem als Entdecker der Eizelle bei Säugetieren.
Entsprechend umfangreich ist die bereits vorliegende Forschungsliteratur,[1]
deren Ergebnisse hier nicht nochmals berichtet werden sollen. Dies erübrigt sich vor allem insofern, als diese kommentierte Briefedition einerseits
die erst kürzlich erschienenen Arbeiten aus dem NEES VON ESENBECK-
Projekt der Leopoldina[2] ergänzt und anderseits die ebenfalls aktuellen Forschungen zu BAER (und sein wissenschaftliches Umfeld) an der Sächsischen Akademie der Wissenschaften[3] abrundet.

Trotz des weit vorangetriebenen Forschungsstandes lohnt sich die Beschäftigung mit den hier abgedruckten Briefen, weil sie Lebensstationen
der beiden Forscher unter weniger bekannten Aspekten illustrieren: Dies
betrifft nicht nur Privatleben und Wesenszüge, sondern auch Innenansich-
ten des Wissenschaftsbetriebs an verschiedenen Universitäten (Würzburg,
Erlangen, Bonn, Königsberg) sowie an der Leopoldina. So nimmt beispielsweise die Bekanntschaft mit NEES in BAERs Autobiographie nur wenige Zeilen ein, denen man die jahrelange persönliche Verbundenheit über
weite Distanzen hinweg nicht entnehmen kann – erst recht nicht das Ver-
trauensverhältnis zu NEES' zweiter Ehefrau Elisabetha VON METTINGH
(1783-1857), die hauptsächlich durch ihre Jugendfreundschaft mit Karoline
VON GÜNDERRODE (1780-1806) bekannt ist. Ihr hat BAER offenbar viele
persönliche Eindrücke und Gedanken mitgeteilt, und insofern sind ihre
fünf Briefe besonders wertvoll; sie sind intimer gehalten und bergen – da
ohne Notwendigkeit der Rücksichtnahme auf offizielle Kontexte verfasst –
wesentlich mehr private Details, gerade auch aus dem Bekanntenkreis. An
manchen Stellen – besonders im Zusammenhang mit den Verhältnissen an
der jungen Rhein-Universität in Bonn – wirken diese Briefe wie ein Kor-

---

[1] Für NEES am wichtigsten Bohley 2003b, für BAER immer noch Raikov 1968, außerdem gibt es eine Autobiographie BAERs, die jetzt leicht zugänglich ist (Baer 1866).
[2] Bohley 2003a, 2003b; Nees/Goethe 2003; Engelhardt/Kleinert/Bohley (Hgg.) 2004;
Nees/Altenstein 2008, 2009a und 2009b. Weitere Publikationen unter:
http://www.leopoldina.org/de/ueber-uns/akademien-und-forschungsvorhaben/christian
-gottfried-daniel-nees-von-esenbeck-briefedition/publikationen-des-akademievorhabe
ns/ (29.08.2012).
[3] Schmuck 2009, 2011 und 2012; Riha/Schmuck 2010, 2011 und 2012.

rigens, das etwas vordergründig-euphorische Einschätzungen von NEES relativiert. Leider sind nur fünf Briefe aus BAERs Feder dabei, darunter ein Fragment: Sie sind erheblich geistreicher und origineller als die von NEES. Der Inhalt der anderen Schreiben kann zwar punktuell aus manchen dieser Antworten und Reaktionen erschlossen werden, aber der individuelle sprachliche Ausdruck fehlt eben. Diese Lücke im Leopoldina-Archiv ist durchaus auffällig,[4] da es für etliche Naturwissenschaftler aus NEES' Umfeld zum Teil umfangreiche (und keineswegs nur geschäftsbezogene) Bestände gibt. NEES hat offenbar die BAER-Briefe (von Nr. 42 abgesehen) privat aufbewahrt und nicht in die Registratur der Akademie einbinden lassen, auch wenn sie rein dienstliche Angelegenheiten betrafen. Die Briefe in seinem Nachlass sind dann verschollen oder verkauft worden, wie es für das Münchner Fragment zuzutreffen scheint. Im Übrigen ist auch die Überlieferung der NEES-Briefe nicht vollständig, und beklagenswert sind besonders die Lücken bezüglich Elisabeth NEES.

Dennoch gibt es aufschlussreiche Hintergrundinformationen zu verschiedenen Lebensabschnitten der Akteure. Im Einzelnen handelt es sich um die folgenden biographischen Abschnitte:

Seit 1803 lebte NEES auf dem Rittergut in Sickershausen bei Kitzingen, das seiner ersten Frau Wilhelmine VON DITFURTH (1773-1803) gehört hatte. 1804 heiratete er Elisabetha VON METTINGH und nahm den Namenszusatz VON ESENBECK an. Er arbeitete zurückgezogen als Privatier vor allem über Kryptogamen und Insekten und veröffentlichte regelmäßig Rezensionen. Als BAER im Sommersemester 1816 zu einem Studienaufenthalt nach Würzburg kam, hatte NEES gerade sein großes Werk über die Pilze abgeschlossen (Nees 1816a, s. Abb. am Kapitelende).

BAER befand sich in dieser Zeit gerade in einer Findungsphase: Die praktische Medizin, die er in Dorpat studiert hatte, irritierte ihn wegen ihrer Machtlosigkeit, von der ihn eine Reise nach Wien weiter überzeugt hatte. Er interessierte sich für alle Felder der Naturkunde und wollte in Würzburg beim dortigen Ordinarius Ignaz DÖLLINGER (1770-1841) Eindrücke von der Vergleichenden Anatomie gewinnen. Er vermittelte seinem Studienfreund Christian Heinrich VON PANDER (1794-1865) bei DÖLLINGER ein Promotionsprojekt, dessen aufwendige Durchführung größtenteils in Sickershausen stattfand. Über DÖLLINGER dürfte ferner der Kontakt zu dem naturwissenschaftlich beschlagenen Zeichner und Kupferstecher Edu-

---

[4] Es existiert im Leopoldina-Archiv noch ein Brief BAERs an die Universität Dorpat, allerdings aus einer Sekundärquelle.

ard D'ALTON (1772-1840) zustande gekommen sein, der die Kupfertafeln zu PANDERs Dissertation anfertigte; nach 1816 plante auch NEES eine Kooperation mit D'ALTON bei den Illustrationen zu seinen Arbeiten (vgl. Nees 1818c) und für die *Nova Acta*. Für den vielseitig interessierten BAER war NEES ein kompetenter Ansprechpartner in botanischen Fragen. Aus dieser Zeit stammen die Briefe 1 bis 5.

BAER erhielt Ende August 1816 einen Ruf auf eine Prosektorenstelle in Königsberg bei seinem früheren Lehrer Karl Friedrich BURDACH (1776-1847), verbrachte jedoch erst einmal einige Monate in Berlin für naturkundliche Studien und um sich bezüglich seines Abschieds von der Klinik endgültig sicher zu werden. Als NEES' im Herbst 1816 ein Verhältnis mit einer verheirateten Frau aus dem Sickershausener Freundeskreis begann, hatte BAER Würzburg bereits verlassen. In Berlin jedoch wurde er von NEES in dessen Pläne eingeweiht: NEES wollte mit der Geliebten in Russland bzw. Estland ein neues Leben als Landarzt bzw. als Botaniker in Dorpat anfangen und bat BAER nicht nur um Stillschweigen, sondern auch um Sondierung der Anstellungs-Möglichkeiten bei seinen adligen Landsleuten. Die Briefe 6 bis 12 geben einen Eindruck von NEES' damaliger Gemütslage, dann bricht – zumindest in der Überlieferung – der Kontakt für über ein Jahr ab.

Bereits Brief 12 dürfte BAER nicht mehr in Berlin angetroffen haben, denn er stellte sich im Frühsommer zunächst in Königsberg vor und besuchte im Anschluss erst noch einmal seine estnische Heimat, um dann im August 1817 die Stelle als Anatom anzutreten. Der überwiegende Teil der Briefe stammt aus BAERs Königsberger Zeit (Brief 12-45, 47-50). Dass BAER sich dort aus verschiedenen Gründen trotz wissenschaftlicher Erfolge nicht wohl fühlte, ist bekannt, wird aber durch die Briefe nochmals in einigen seinerzeit erwogenen Alternativen klarer; Brief 46 bezeugt seinen Sondierungsaufenthalt in St. Petersburg 1829/30, bevor BAER dann Ende 1834 endgültig dorthin wechselte (Brief 51).

Auch bei NEES gab es Veränderungen: Er hatte zum Sommersemester 1818 einen Ruf nach Erlangen angenommen (Brief 13 und 14) und war im August des gleichen Jahres zum Präsidenten der Leopoldina gewählt worden. Er hatte jedoch nicht vor, in Erlangen zu bleiben, sondern betrachtete diese Position nur als Sprungbrett auf eine Gründungsprofessur für Botanik an der neu eröffneten Rhein-Universität in Bonn. Nicht zuletzt durch die Protektion des preußischen Unterrichtsministers Karl Sigmund VON ALTENSTEIN (1770-1840) konnte er im Dezember 1818 sein dortiges Ordinariat antreten. Die skandalösen Umstände von NEES' Wechsel nach Breslau

1830 werden in den Briefen nicht sichtbar; BAER erhält wie die anderen Korrespondenten lediglich eine Drucksache, die die Verlegung des Wirkungsortes bekannt gibt (Brief 46). Mitte der Dreißiger Jahre bricht dann der Kontakt ab.

Es sind aber nicht nur die drei Schreibenden, die die Briefe interessant machen, sondern darüber hinaus noch die vielen darin erwähnten Personen ihres unmittelbaren oder auch weiteren Umfelds. Darunter sind viele Wissenschaftler, deren Veröffentlichungen Standardwerke der Wissenschaftsgeschichte wurden, über deren Persönlichkeit und Eigenarten jedoch bisher gar nicht oder kaum Quellen aufgetaucht sind – und selbst wenn darüber bereits berichtet wurde, werden in den jetzt vorgelegten Briefen weitere Façetten erkennbar bzw. sie werden unter einer anderen Perspektive beschrieben. Auf der anderen Seite rücken durch persönliche Kontakte Personen in den Vordergrund, die sonst ganz unbekannt, aber doch sympathische Zeitzeugen sind; ein Beispiel aus dem Briefwechsel ist der begabte junge Naturforscher FRIDERICI, der jedoch – weil er offenbar nichts publizierte und keine akademische Karriere machte – in der Wissenschaftsgeschichte unerwähnt blieb.

Jenseits des Biographischen sind die Briefe jedoch auch eine schöne Quelle zur Kultur-, Mentalitäts- und natürlich Wissenschaftsgeschichte des frühen 19. Jahrhunderts, auch wenn man gerade diesbezüglich einen konkreten inhaltlichen Austausch unter den Gelehrten etwas vermisst. Dafür kann man etwas über die Niederungen des Alltags erfahren: So werden die Misslichkeiten des wissenschaftlichen Publizierens (schon) zu dieser Zeit – von finanziellen Problemen bis hin zu technischen Schwierigkeiten – exemplarisch an einer in den *Nova Acta* erschienenen Arbeit BAERs (Baer 1827a) verdeutlicht.

Um daher die gezielte Benutzung des Briefkorpus unter verschiedenen Fragestellungen zu erleichtern, wird hier abschließend eine Übersicht über die wichtigsten angesprochenen Themen in chronologischer Folge gegeben. Der Anhang mit dem Personenverzeichnis sowie einem Register der erwähnten Primärliteratur trägt zusätzlich zur Erschließung bei, deshalb sind in der folgenden Aufstellung weder Akteure noch einzelne Publikationen verzeichnet.

Themenliste (chronologisch):
Geselliges Leben in Sickershausen im Hause NEES bzw. in Würzburg im Kreis um den Physiologen und Anatomen Ignaz DÖLLINGER (1770-1841):
   Brief 1, 2, 3, 4, 5, 6, 7, 10, 12

NEES' Interesse für Neugriechisch und seine Kontakte zu Griechen:
  Brief 2, 3, 10, 12, 38, 39
Botanik:
  Die *Gesellschaft correspondirender Botaniker*: Brief 2, 3, 6, 7, 10, 11,
  13, 14
  Kontakt zu GOETHE und Versuche mit „Pietra fungaja": Brief 3, 4, 5
  NEES' Beschäftigung mit Gräsern: Brief 4, 5
  NEES' Beschäftigung mit Astern: Brief 6, 7, 13
  NEES' Beschäftigung mit Moosen: Brief 10, 13, 19, 26
  NEES' Beschäftigung mit Pilzen: Brief 11, 18, 19
  NEES' Beschäftigung mit *Rubus*-Arten: Brief 13, 14, 20, 36
Vorgerücktes Alter, Krankheiten, (vermeintliche) Todesnähe:
  Brief 3, 11, 12, 13, 16, 17, 19, 25, 26, 27, 32, 38, 40, 42
NEES' Interesse an Traumdeutung:
  Brief 4, 6, 11
NEES' Interesse am „tierischen Magnetismus":
  Brief 6, 7, 9, 10, 13, (28?)
Russland-Bild:
  Positiv (besonders Baltikum): Brief 6, 11, 12, 40, 43
  Distanziert: Brief 14, 47, 51
NEES' Verhältnis mit Franziska LAUBREIS (Auswanderungspläne):
  Brief 6, 7, 8, 9, 10, 11, 12, 13 (Rückblick), evtl. Rückblick auch in 21
Aufbau der Rhein-Universität Bonn, Hoffnungen und Realität:
  Brief 12, 13, 14, 15, 16, 17, 19, 21
BAERs Unzufriedenheit in Königsberg, dortige Situation:
  Brief 15, 16, 23, 28, 29, 32, 38, 39, 43
BAERs Familienverhältnisse:
  Brief 16, 26, 29
Klima in Bonn bzw. Poppelsdorf:
  Ungünstig: Brief 16, 17, 34, 40
  Günstig: Brief 26, 43
NEES' (Privat)Leben in Bonn:
  Brief 17, 19, 21, 28
Probleme bei der Erfüllung von NEES' Aufgaben bei der Leopoldina:
  Portokosten: Brief 19, 22, 23, 24, 27, 44
  Zeitliche Belastung: Brief 21, 31, 43
  Finanzierung der *Nova Acta*: Brief 24, 25, 31, 32, 33, 34, 47, 50

Unterstützung durch Sekretär, Verhältnis zu Johannes MÜLLER: Brief 36, 38, 40, 41, 42, 43, 47
Probleme mit Kupferstechern, Details aus deren Arbeit:
     Brief 23, 24, 34, 35, 36, 37, 50
Deutsch-russische Wissenschaftsbeziehungen:
     Brief 22, 25, 27
Cholera:
     Brief 47, 48

Hutschwämme. Nees 1816a, Tafel XX

Bemerkungen zu Edition und Kommentar

Die Wiedergabe der Briefe orientiert sich im Wesentlichen an den Gepflogenheiten der vorbildlichen Briefeditionen des NEES-Projekts der Leopoldina. Das Ziel ist eine möglichst buchstabengetreue Wiedergabe, die einen Eindruck vom historischen Dokument und den individuellen Eigenarten der Schreiber vermittelt. Die Originalrechtschreibung ist grundsätzlich belassen, Unterstreichungen werden nachvollzogen und auch die Zeilenumbrüche in der Anschrift sowie die Absatzgliederung entsprechen dem Original. Die unterschiedliche Schriftgröße dient der Transparenz: Der Text der jeweiligen Briefschreiber erscheint in 15-Punkt-Schrift, alles Andere (fremde Hände, Stempel, Vordrucke usw.) in 13-Punkt-Schrift.

Da die Texte unmittelbar verständlich sein sollen, sind Kontrakturen („daßich" o.ä.) der Lesbarkeit halber getrennt. Sofern eindeutige Versehen korrigiert wurden, gibt eine Anmerkung hierzu Auskunft. Wenn eine Abbreviatur allgemein üblich war und deshalb für den Benutzer wenig aufschlussreich ist, wird sie stillschweigend aufgelöst. Hierzu die wichtigsten Beispiele:

- Individuelle Schreibung: NEES schreibt über manchen „y" einen Querstrich. Dieser wird hier durch „ŷ" nachgeahmt. Bei Doppelpunkt über y erscheint im Druck „ÿ". Ein gewisses Problem stellt bisweilen die Differenzierung von „ss" und „ß" dar; trotzdem wurde an der Unterscheidung der Buchstaben festgehalten und keine Vereinheitlichung vorgenommen, die dem historischen Schriftbild insgesamt nicht gerecht würde.
- Abbreviaturen: NEES kürzt „und" häufig durch überstrichenes „u" [„ū"] ab. Da es sich um eine gängige Abbreviatur handelt, ist diese hier stets stillschweigend aufgelöst. Auch die durch überschriebenen Querstrich angedeuteten Doppelungen von „n" und „m" sind aufgelöst, ebenso sonstige Nasalstriche. Ferner deuten sowohl NEES als auch BAER die Endung „-en" einerseits häufig durch Nasalstrich, anderseits auch durch einen verlängerten Abschwung (Suspensionsschleife) an, der manchmal auch für das Suffix „-ung" benutzt wird. Auch diese gebräuchlichen Abbreviaturen sind kommentarlos aufgelöst.
- Abkürzungen: Häufige und leicht zu deutende Abkürzungen bleiben stehen und können bei Bedarf im Abkürzungsverzeichnis nachgesehen werden. Individuelle Abkürzungen, die kontextbezogen *ad hoc* leicht zu klären sind, werden in [ ] aufgelöst (z.B. „Mainb." für

„Mainbernheim", Brief 5). Nur in Einzelfällen, in denen Erläuterungen vonnöten sind, muss auf den Kommentar zurückgegriffen werden.

- Textergänzungen: In eckigen Klammern [ ] stehen Wortergänzungen außer bei leicht erklärbaren Abkürzungen auch dort, wo im Sinne der Verständlichkeit Wörter aufgefüllt wurden (z.b. „Denaix" aus „Dena", Brief 3) oder wo Textverluste tentativ ergänzt sind.
- Die Anmerkungen zu rein formalen Dingen (Textverlust, Korrekturen, Nachträge usw.) sind durch hochgestellte Kleinbuchstaben angedeutet, um so wenig wie möglich den Lesefluss zu stören; diese textkritischen Hinweise stehen direkt im Anschluss an den jeweiligen Brief. Fehler in den Abschriften der BAER-Briefe sind nicht ausgeworfen.

Auch die Form des Kommentars lehnt sich an die Gestaltung der Briefeditionen des Leopoldina-Projekts an. Er ist ausführlich, vermeidet jedoch ermüdende Wiederholungen, soweit es geht; zwangsläufige Doppelungen und Mehrfachnennungen ergeben sich teilweise aus wiederkehrenden Themen der Briefe, werden jedoch zu Gunsten von Querverweisen knapp gehalten. Zu den Akteuren kann das ausführliche Personenverzeichnis zu Rate gezogen werden; lediglich die erste Erwähnung ist i.d.R. etwas ausführlicher kommentiert, danach gibt es nur kurze Hinweise zur jeweils aktuellen Funktion bzw. Position, es sei denn, es handelt sich um eine wesentliche biographische Veränderung oder um ein wissenschaftliches Werk.

Eine Besonderheit ist die Einbeziehung von Bildern als kommentierenden Elementen. Es wurde angestrebt, möglichst viele der in den Briefen erwähnten Personen und Publikationen (vereinzelt auch Orte und Ereignisse) durch eine Abbildung zu repräsentieren, wobei die Illustrationen so nahe, wie vom Layout her machbar, an die Kommentarstelle herangerückt sind. Sofern sie den Text unmittelbar fortsetzen bzw. ergänzen, wurde an manchen Stellen auf eine Bildunterschrift verzichtet. Der Abbildungsnachweis enthält jedoch stets alle erforderlichen Informationen.

Abkürzungsverzeichnis

Abb.	Abbildung(en)
Abhandl./Abhdl./Abhdlg	Abhandlung
Abth.	Abtheilung
akad.	akademisch
allg./Allg./Allgem.	Allgemein
ao. Prof.	außerordentlicher Professor
B./Bd.	Band
Bibl.	Bibliothek
bot.	botanisch
Bot.	Botanik(er)
Buchh.	Buchhändler
corr./corresp.	correspondirend(e/r)
csse	citissime (= „schnellstens")
d.h.	das heißt
Dr./D^r.	Doctor
dtsch.	deutsch
etc(.)	et cetera (= „und so weiter")
evtl.	eventuell
Ex./Exempl.	Exemplar(e)
fl.	Gulden
freundl.	freundlich
frz.	französisch
Ges./Gesellsch.	Gesellschaft
ggf.	gegebenenfalls
gr.	Groschen
griech.	griechisch
H(.)/Hr(.)	Herr
Hn(.)	Herrn
i.d.R.	in der Regel
i.S.v.	im Sinne von
K./Kgl./Königl.	Königlich
K.L.C.	Kaiserlich Leopoldinisch-Carolinisch(e)
Komm.	Kommentar
KSI	Karl-Sudhoff-Institut für Geschichte der Medizin und der Naturwissenschaften, Medizinische Fakultät, Universität Leipzig
L./Leop. Car.	Leopoldinisch-Carolinisch(e)
lat.	lateinisch
Mskr(.)/Mspt	Manuskript
nat. cur.	naturae curiosorum (= „der Naturforscher" [Genitiv Plural])
N^o.	Numero
8br.	Oktober

o. Fol.	ohne Foliierung, ohne Blattzählung
o. J.	ohne Jahresangabe
o. O.	ohne Ortsangabe
ord. Prof.	ordentlicher Professor, Ordinarius
P./Pr./Prof.	Professor
PCt./Pct.	Prozent
p p	wörtl. „perge perge" (= „fahre fort", i.S.v. „und so weiter")
R.	Rayon (Erläuterung s. Brief 5, Komm.)
Reg.	Regierung(s-)
Rez.	Rezension
S.	Seite
Sc./sc.	scilicet (= „selbstverständlich", i.S.v. „ergänze")
s.o.	siehe oben
s.u.	siehe unten
7br.	September
Sgr.	Silbergroschen
Sign.	Signatur
Thl.	Taler
th. M./Magn.	thierischer Magnetismus
UB	Universitätsbibliothek
UBL	Universitätsbibliothek Leipzig
u.E.	unsres Erachtens
Univ.	Universität(s-)
U.S.	Universitätssachen (i.S.v. „Universitätsangelegenheiten")
usw.	und so weiter
u.v.m.	und viele mehr
v.	von
Var./var.	Varia/varia oder Varietäten (i.S.v. „unterschiedliche Formen/Arten")
Vgl./vgl.	vergleiche
Vol.	Volumen (i.S.v. „Band")
xr.	Kreuzer
z.B.	zum Beispiel
zit. n.	zitiert nach
z.T.	zum Teil

Christian Gottfried Daniel
NEES VON ESENBECK
(1776-1858), um 1830.
Lithographie von C. BEY-
ER, Druck von Wilhelm
SANTER, Breslau

Brief 1
Nees an Elisabeth Nees, ohne Ortsangabe [Schwanberg], ohne Datum [20. Juli 1816]

Nachweis: UB Gießen, Nachlass BAER, Bd. 16.
Seiten: 1 Seite, quer beschrieben, in der Mitte nach innen zum Brief gefaltet, auf der Rückseite der rechten Hälfte links Anschrift und rechts quer dazu Notizen von anderer Hand.
Format: 1 Blatt, etwa 14 x 26 cm.
Zustand: Leichte Beschädigungen durch Siegel. Siegelreste auf der Rückseite. Stempel der „Bibliothek der Ludwigs-Universität Gießen" (Rundstempel mit Wappen) auf S. 1.

[S. 2 = Rückseite: Links auf der unteren Hälfte Anschrift von NEES' Hand quer geschrieben:]
An
Frau
<u>Dr in</u> Nees
von Esenbeck
Wohlgeboren
zu
Sikershausen

[S. 1]
Liebe Lisette!
Bist du denn in Sickershausen? Ich warte hier auf Nachricht. Warum giengst du weg? Wenn ich höre, daß du nicht zu Hause bist, gehe ich wieder zurück.

Nees'

[Unten rechts eine (spätere) Notiz von BAER:]
Zettel den Nees schrieb als seine Frau auf dem Schwabenberge verloren gegangen war.

B.

[Rückseite, quer zur Anschrift; Berechnung von anderer Hand, wahrscheinlich von BAER.]
9 | 59 | 6 27
<u>54</u>
<u>5 xr</u>
9 | 327 | 37
<u>27</u>
57

Kommentar:

Sickershausen: Heute Ortsteil von Kitzingen auf der gegenüberliegenden Mainseite, ehemals den Markgrafen von Brandenburg-Ansbach gehörig. Zur Entstehungszeit des Briefes war Sickershausen ein zum Königreich Bayern gehöriges Pfarrdorf mit etwa 110 Häusern und knapp 500 Seelen: Jäger/Mannert 1811, 337.

Schwabenberg: Bis ins 19. Jahrhundert häufige Bezeichnung für den Schwanberg. Dieser ist ein 474 m hoher westlicher Ausläufer des Steigerwaldes, markant in die Mainebene vorspringend, mit gutem Rund- und Fernblick, beliebtes Ausflugsziel mit Weinbergen, Wanderwegen und Schloss. Der Schwanberg lässt sich von Sickershausen im Rahmen eines Tagesausflugs zu Fuß erreichen. Auf dem abgebildeten Gemälde von STÄDTLER liegt Kitzingen im Vordergrund rechts und Etwashausen auf der anderen Mainseite, links im Hintergrund (etwas überhöht) der Schwanberg; erkennbar von links nach rechts ferner die Orte Rödelsee, Sickershausen, Mainbernheim und Marktbreit.

Johann Leonhard STÄDTLER (1758-1827):
Stadtansicht von Kitzingen von Nordwesten (vor 1817)

verloren gegangen: Elisabeth NEES hatte versehentlich einen falschen Weg eingeschlagen und war in Richtung Castell abgekommen. Ein Brief des Würzburger Naturforschers Ambrosius RAU (1784-1830), der zu NEES' Freundeskreis gehörte und in den folgenden Briefen mehrfach erwähnt wird, erwähnt den Vorfall: „Hochgeehrter Freund! Allmählig verliert sich der Eindruck, welchen die schöne Nacht auf dem Schwabenberge auf mich machte, und ich gewöhne mich wieder an mein Alltagsleben. Wie geht es denn Ihrer Frau Gemahlin? Hat doch das Verirren nach Castell weiters keine schlimmen Folgen gehabt?" RAU an NEES, Würzburg, 24.07.1816 (Leopoldina-Archiv 104/12/4, o. Fol.).

Berechnung von anderer Hand: Es scheint sich um die in Brief 3 diskutierte Berechnung eines Neuntels der für das Picknick angefallenen Kosten zu handeln. BAER verwendet ein anderes als das heute gebräuchliche Dividier-Verfahren.

Karl Ernst VON BAER (1792-1876)

Brief 2
Baer an Nees, Würzburg, 24. Juli 1816

Nachweis: UB Gießen, Nachlass BAER, Bd. 25.
Seiten: 4 Seiten + Anschrift, Seite 3 leer.
Format: 1 Blatt, ca. 42 x 23 cm, in der Mitte gefaltet, nur rechte Hälfte beschrieben,
             danach auf linker Hälfte nach je zweimaliger senkrechter und waagrechter
             Faltung auf ca 12 x 8 cm adressiert und gesiegelt.
Zustand: Leichte Beschädigungen durch Siegel, Siegelreste und Flecken auf S. 4.

[S. 4, quer geschrieben]
Sr. Wohlgeboren
dem Herrn Doctor Nees v. Esenbeck
in
<u>Sickershausen</u>

[S. 1]   Würzburg den 24^t. Jul 1816.

Jetzt wo der Nachhall des Schwabenberger Festes in meinem Innern leiser
zu werden beginnt und mir erlaubt wieder in das Geleise des besonnreren
Lebens zu treten wird es wohl Zeit seyn einiges noch mit Ihnen in Ordnung
zu bringen.

     Was ich ausgelegt habe, habe ich auf das einliegende Blatt notirt. Es be-
trägt wie Sie sehen nicht viel. Auch den Zettel des Mainbernheimer Krä-

mers lege ich dazu. Haben Sie die Güte mir[a] baldigst zu melden, wie viel Sie in allem ausgelegt haben. Außer der Hauptsumme, sind wer weiß noch kleinere Bächlein aus Ihrer Schatzkammer geflossen. Wir bitten recht sehr auch die minutissima nicht auszulassen. Sobald ich die Totalsumme weiß, will ich die Würzburger manichäern, doch wir haben, glaube ich auch noch nicht einmal ausgemacht in wie viele partes aequales die dosis geteilt werden soll. Daß wir hierbei sämmtliche Weiber, wie bei einer Volkszählung in Rußland für nichts rechnen, versteht sich von selbst. [*b] Ich muß nur bitten diese Zeile den Augen des schönen Geschlechts[c] zu verbergen, damit ich nicht verketzert werde, wenn ich sie pro nihilo ansehe. Eigentlich ist mir der Ausdruck nicht recht, sondern es soll nur das unendlich große damit angedeutet werden. Doch zurück zu unsern Negociationen, sonst könnten Sie glauben, daß ich den Rausch vom 20[t] noch nicht ganz ausgeschlafen habe. – Griechenland, Liefland und die Schweiz geben 6 Theilnehmer. Wie es mit dem Prof. Rau zu halten ist, weiß ich noch nicht recht. Wer von den andren Gästen noch in Contribution verfallen soll, überlasse ich ihrer Bestimmung, die ich bald zu erfahren hoffe.

[S. 2 = Rückseite von S. 1] In der Verwirrung des 20st und seines Nachfolgers des 21st muß ich meine Charte der Gesellschaft correspondirender Botaniker in Sickershausen gelassen haben. Für diese, so wie für Porto, werde ich Ihnen auch noch eine Auslage zu erstatten haben, die ich bald reguliren möchte.

Indem ich wegen der Eile in der diese Zeilen niedergeschrieben wurden um Verzeihung bitte, muß ich nur noch melden, daß d'Alton gestern angekommen ist und uns allen reuig das Herz schlägt ihn in so bösem Verdacht gehabt zu haben. In der verflossenen Nacht ist leider der Prosector Hesselbach gestorben – ein harter Verlust für die Universität!

Ihrer Frau Gemahlin bitte ich meine Empfehlung zu machen.

Mit der vollkommensten Hochachtung

Ihr ergebener
Dr Baer

Anm.: [a] – davor „de" getilgt; [b] – [Einfügung am Ende der Seite als Fußnote mit Asterisk:] „In Rußland zählt man bloß die Männer und nennt sie dann Seelen. Wenn es daher heißt dieser od. jener Distrikt hat 3000 Seelen, so heißt das 3000 Einwohner männlichen Geschlechts." [c] – „Geschlechts" nachträglich eingefügt.

Kommentar:

Wohlgeboren: Diese Anrede war im 18. Jh. noch Adligen vorbehalten, wurde jedoch zu Beginn des 19. Jh. bereits für Bürgerliche mit herausgehobenem Status benutzt.

Sie ist also gegenüber dem wesentlich älteren NEES auf alle Fälle eine adäquate Höflichkeitsgeste, wie immer BAER dessen eigenmächtig etablierten Namenszusatz VON ESENBECK auch gesehen haben mag.

des Mainbernheimer Krämers: Mainbernheim ist seit 1382 Stadt, im Kreis Kitzingen gelegen, mit ca. 2300 Einwohnern, östlicher Nachbarort von Sickershausen. Guterhaltenes mittelalterliches Stadtbild mit Stadtmauer. Zur Zeit dieser Briefe gehörte Mainbernheim bereits zu Bayern und bestand aus 265 Häusern mit einer Kirche, hatte 1542 Einwohner, davon 130 Juden, und lebte von Getreide- und Weinbau, vgl. Stein 1818-1822, hier 3. Bd. (1820), 27. Möglicherweise handelt es sich um den in Brief 3 erwähnten FICHTBAUER. In Mainbernheim war damals Andreas LAUBREIS (* 1778) als Amtsarzt tätig, in dessen Haus NEES öfter verkehrte und der mit seiner Familie auch an dem erwähnten Fest teilnahm; die beiden Ehepaare waren befreundet. Dazu und zur weiteren Entwicklung die folgenden Briefe.

minutissima: „Winzigkeiten".

manichäern: hier (scherzhaft) von Manichäer = ein Gläubiger, der seinen Schuldner häufig mahnt, also: „nachdrücklich mahnen".

partes aequales: „gleiche Teile".

pro nihilo: „für nichts".

Negociationen: „Geschäfte", „Verhandlungen".

Griechenland: Unter dem 6.11.1815 hatten sich in Würzburg drei griechische Studenten immatrikuliert: „Athanasius Vogorides aus Alvanitochori, Medic. Studiosus. Stephanos Kauelos [dazu Fußnote: Oder Kanelos? Kasselos?] aus Constantinopel, Medic. Studiosus. Liverus aus Brachori, Philosophiae Studiosus." (*Die Matrikel der Universität Würzburg* 1922, 2. Hälfte, 911-912). Es sind die gleichen Studenten, die nochmals in Brief 12 erwähnt werden und in Brief 38 vom 11.01.1827 (BOGORIDES) bzw. 38 vom 03.08.1827 erstmals namentlich erscheinen (auch KANELLOS, LIBERIOS). BAER erwähnt in seiner Autobiographie ebenfalls die „drei Griechen", „von denen besonders Vogorides mannichfache Bildung besass" (Baer 1866, 203). Außer mit Botanik beschäftigte sich NEES in Sickershausen auch mit Sprachen (Bohley 2003b, 40) und pflegte vielleicht sogar neugriechische Konversation; in Bonn kam er wieder auf dieses Interessensgebiet zurück (vgl. Brief 38).

Liefland: Wie aus Brief 3 erkennbar, verbirgt sich neben BAER selbst dahinter Christian Heinrich PANDER, der 1794 in Riga, der Hauptstadt des damaligen Gouvernements Livland, geboren wurde und dessen väterliches Landgut Zarnikau 20 km nördlich von Riga lag. BAER wurde auf Gut Piep (estn. Piibe) in Estland geboren. Die Bezeichnung „Livland" ist nicht eindeutig, sie umfasst im weiteren Sinn das heutige Estland und Lettland zusammen, im Sinn des von 1721 bis 1919 bestehenden russischen Gouvernements ist es die Region nördlich von Riga (im heutigen Lettland die Provinz Vidzeme) und das südliche Estland mit Dorpat.

Schweiz: Die noch fehlende (männliche) Person lässt sich aus dieser Angabe nicht sicher erschließen. Eine gewisse Wahrscheinlichkeit hat jedoch der sonst nicht bekannte Dr. LINDT aus Bern, der in Brief 6 erwähnt wird. Er war in Würzburg in die-

sem Zeitraum nur auf der Durchreise, aber BAER kannte und schätzte ihn von seinem Studienaufenthalt in Wien her und hat ihn vielleicht mit eingeladen (Baer
1866, 205).

Prof. Rau: Ambrosius RAU (1784-1830) war damals Prof. der Naturgeschichte, Ökonomie und Botanik in Würzburg. Aus dem Jahr 1816 stammt sein Standardwerk
über die fränkische Rosenflora (Rau 1816). Er arbeitete mit NEES auf vielerlei Weise zusammen und publizierte auch in den *Nova Acta*.

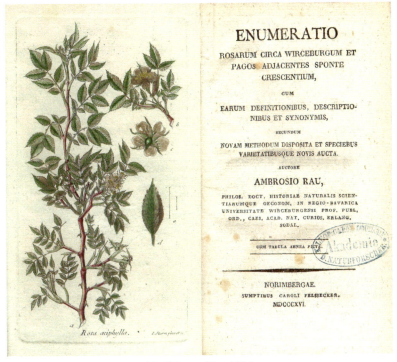

Titelblatt zu Rau 1816

in Contribution verfallen: „Beiträge leisten".

meine Charte: Die Mitgliedskarte von Adelbert VON CHAMISSO (1781-1838) ist bei
Röther 2006, 65, abgebildet.

Gesellschaft correspondirender Botaniker: Über die Gesellschaft correspondirender
Botaniker, ihre Leiter und Mitglieder sowie über ihre Statuten war bis vor kurzem
fast nichts bekannt; bei Müller 1883-1887 fand sie keinen Niederschlag. Neuerdings
konnte der Personenkreis jedoch ausfindig gemacht und analysiert werden: Röther
2006 (besonders zum Kontext und wissenschaftshistorischen Stellenwert dieser
Vereinsgründung; Mitgliederliste 91-96), ansonsten Röther/Feistauer/Monecke

2007 und Röther/Monecke 2008. Zur Begründung dieser Gesellschaft Nees 1838, 11-12. Zum Sinn und Zweck schrieb Nees an den Naturforscher und Botaniker Karl Friedrich Philipp VON MARTIUS (Sickershausen, 17.01.1816): „Mit der Gesellsch. Corresp. Bot. will ich nur, was sie mir zu wollen scheint. Einheit des Zwecks, der Berührung, der Freundschaft… Nur was der Mensch durch Wissen und Lernen wird das ist des Lernens u Wissens Preiß! Darum kein solcher nur um den bloßen Besitz, sondern Alles nur um Liebe willen, und um in Andern uneigennützig zu leben" (München, Bayerische Staatsbibliothek, Martiusiana II A 2). NEES nennt in einem weiteren Brief an MARTIUS (Sickershausen, 08.08.1816: München, Bayerische Staatsbibliothek, Martiusiana II A 2) einige Mitglieder dieses Vereins und deren Beiträge zur Korrespondenz, auch im Sinne einer Internationalisierung: Gustav KUNZE (1793-1851, Leipzig) schrieb über die Epiphyten, Johann Georg Christian LEHMANN (1792-1860) berichtete über die Arbeiten dänischer Botaniker an Hand von Zeitschriften, und erwähnt ist auch Joseph SADLER (1791-1849), Lektor der Chemie und Botanik in Pest (zu diesem vgl. Statuten 1817, 30). Der in Wien wirkende Wenzel Benno SEIDL (1773-1842) schlug den Prof. der Botanik Georg JAN (1791-1866) zu Ravenna als Mitglied vor.

d'Alton: Joseph Wilhelm Eduard D'ALTON (1772-1840), Naturforscher, Anatom, Archäologe, Naturzeichner, Kupferstecher, Radierer und Kunstkenner, lebte zu dieser Zeit in Wertheim und kam häufiger nach Würzburg bzw. Sickershausen. Wie BAER berichtet (Baer 1866, 196-197), engagierte ihn PANDER Mitte Juli 1816 auf Vermittlung des Würzburger Anatomen Ignaz DÖLLINGER (1770-1841) zur Anfertigung von Illustrationen zu seiner Dissertation (es wurden dann wirklich meisterhafte Tafeln: Pander 1817b) und arbeitete später mit ihm an der *Vergleichenden Osteologie* (Pander/d'Alton 1821-1838); von D'ALTON stammt auch ein schönes PANDER-Porträt aus dieser Zeit (s. Brief 3). Zum Verhältnis von PANDER und D'ALTON besonders Schmuck 2011 und Riha/Schmuck 2012.

in so bösem Verdacht: Was genau damit gemeint ist, lässt sich nicht klären, wahrscheinlich eine (vermeintlich) nicht eingehaltene Verabredung, zu der D'ALTON zu spät erschien. Vielleicht befürchtete man sogar, er werde die Kooperations-Vereinbarung mit PANDER nicht einhalten. Dass D'ALTON jedoch – besonders in finanziellen Dingen – nicht ganz zuverlässig und auch sonst ein problematischer Charakter war, geht aus Andeutungen in späteren Briefen (z.B. Brief 26) hervor. Elisabeth NEES spricht in Brief 16 sogar von einem „Unrecht". Auf der anderen Seite war D'ALTON offenbar ein glänzender Unterhalter; BAER hebt hervor, dass er bei diesen geselligen Zusammenkünften „seinen Witz sprudeln lassen konnte" (Baer 1866, 201), und selbst Elisabeth NEES deutet bei aller Distanz so etwas an (Brief 16 und 17).

Prosector Hesselbach: Franz Kaspar HESSELBACH (1759-1816), Prof. für Anatomie in Würzburg. Die gleiche Nachricht auch in dem bereits bei Brief 1 zitierten Schreiben von Ambrosius RAU an NEES ebenfalls vom 24.07.1816 (Leopoldina-Archiv, Halle/Saale, 104/12/4): „Unsere Universität, namentlich die medicinische Fakultät hat heute Nachts ein hartes Schicksal betroffen. Unser geschickter Prosector, Hesselbach, ist heute gestorben, ein Verlust, der nie, oder wenigstens in vielen Jahren nicht ersetzt werden kann." Durch den plötzlichen Tod HESSELBACHs disponierte sein Sohn Adam Kaspar HESSELBACH (1788-1856), der bereits für die Prosektorstelle in Königsberg bei Karl Friedrich BURDACH (1776-1847) zugesagt und sogar das Reisegeld erhalten hatte, kurzfristig um und trat in Würzburg die Nachfolge seines Vaters an; vgl. Lermann 1962. Die nun in Preußen wieder frei gewordene Stelle wurde im August 1816 BAER angeboten, der sie aber erst nach einigem Zögern annahm; vgl. Riha/Schmuck 2010, 222-223.

Eduard Joseph D'ALTON
(1772-1840),
Kreidezeichnung von
Johann Joseph SCHMELLER
(1796-1841)

Ihrer Frau Gemahlin: BAER schätzte Elisabeth NEES sehr (und umgekehrt) und blieb mit ihr trotz der ja nur kurzen Bekanntschaft noch jahrelang nach seinem Weggang in Briefkontakt. In seiner Autobiographie beschreibt er sie als eine „geist- und gemüthreiche Frau" (Baer 1866, 201).

Brief 3
Nees an Baer, Sickershausen, 25. Juli 1816

Nachweis: UB Gießen, Nachlass BAER, Bd. 16.
Seiten: 4 Seiten, ohne Adresse.
Format: 1 Bogen, ca. 42 x 23,5 cm, in der Mitte zu 4 Seiten gefaltet.
Zustand: Stempel der „Bibliothek der Ludwigs-Universität Gießen" auf S. 1 (Rund-
            stempel mit Wappen), Tinten-Wischfleck auf S. 4.

[S. 1]

Sickersh. den 25^n. Jul. 16.

Herrn Doctor C. v. Baer
zu Würzburg.

Wie innig freut es mich, zu hören, daß Sie sich wohl befinden! Ich weiß
nicht, warum ich so besorgt war, die Hize [!] möge Ihnen geschadet haben,
als Sie sich so freundlich der Sorge um meine verlorne Frau annahmen.
    Lassen Sie sich bald wieder sehen. Wir dürfen nicht aus der Gewohnheit
kommen; doch soll es, wenn wir uns wieder sehen, ernster hergehen, botanischer.
    Mir thuts übrigens wohl, mich so an mancherley Lebensberührungen
wieder zu neuer Arbeit zu erwärmen. Man wird nach einer solchen Pause
gewiß anders, wenn auch nicht, was ich werden möchte, jünger.
    Meine Auslagen betragen, wie die Beylage zeigt 42.fl. – indem noch für
Thee etc. zu den 40.fl. 54.xr 1.fl. 6.xr hinzukommen, ferner 8.fl. an Fichtbauer, für den Zucker worüber^a Sie die Note haben, wären demnach 50.fl.
Das ganze Wesen kostet also 59.fl. 27.xr.
    Darein hätten sich eigentlich 9. Männer zu theilen, nemlich [S. 2 = Rück-
seite von S. 1] Griechenl[and] Lievland und Schweiz 6. Rau und ich 2. Laubreis 1.
    Ich aber wünsche, daß Laubreis mir zufalle. Schlagen Sie also 9. Theile
aus, und^b erheben Sie darnach die Beyträge.
    Die beyden Cantoren können wir nicht anziehen, da wir sie einluden.
Die beÿden Hofmeister von Rödelsee und Fröhenstockheim kamen zufäl-
lig, wurden dann aufgenommen, und würden nun einen großen Schrecken
haben, wenn sie zahlen sollten. Also 9. Mann bezahlen^c fürs Ganze, wenn
Ihnen dieses nicht anstößig scheint. Prof. Rau will sich nicht ausschließen
lassen.
    Vorgestern war ich wieder von früh 9. Uhr bis Mittags 3. Uhr auf dem
Schwabenberg, und dachte Ihrer. Ich brachte noch einige Relicta mit zu-

rück, die ich sämmtlich hier überschicke, mit Bitte, sie zu vertheilen. Strümpfe und Handschuhe gehören Hr. Pander, erstere von^d dem Danke meiner Frau begleitet, die weißen Handschuhe und wahrscheinl. auch die Serviette gehören Frau Prof. Rau, die Sacktücher Ihnen.

Wenn Sie Herrn Prof. Rau sprechen: so bitte ich Sie, ihm zu sagen, daß das Paraplue glückl. angelangt ist, u. daß ich auf seinen heute^e erhaltenen Brief mit nächstem [S. 3] Boten antworten werde. Mich freut unendl. zu hören, daß er und seine Begleiterinnen wohl und zufrieden heimgekommen sind.

Jezt bin ich über^f sehr interessanten Versuchen mit der von Göthen geschickten Pietra Fongaja, worüber viel zu sagen seŷn wird, wenn wir uns wiedersehen. Ich gehe schon mit einem Plänchen um, wie diese Versuche für die Wissenschaft zu nutzen seŷen, und hoffe, der Fortgang der Metamorphose dieser Substanz werde an fruchtbaren^g Resultaten dem Anfange nicht nachstehen. Fast täglich zeichne ich flüchtig die bemerkbaren Übergänge der durch die Feuchtigkeit belebten Masse. Es ist das auch eine Art von Brütegeschichte.

Ihre^h Charte finde ich eben, und sende sie Ihnen hiebeŷ mit den Circularen der Gesellschaft. Leztere bitte ich zu behalten bis ich Ihnen durch H. Prof. Rau noch die Liste der activen Mitglieder zustellen lasse, die eben gefertigt wird. Dann lassen Sie diese Papiere nach der Ordnung der Liste umlaufen u. legen diese selbst beŷ. Der Lezte in Würzburg, den die Reihe trifft^i, schickt das Päckchen an mich zurück.

Noch bitte ich Sie, gelegenheitlich die Einlage an D^r. Kapp zu befördern. Daß Dalton angekommen ist, freut mich, zu hören. Man vernimmt so gerne, dass man zu übel von Andern geurtheilt [S. 4 = Rückseite von S. 3] habe, und nichts ist erfreulich, als auf^j solche Weise zur^k Abbitte gezwungen zu werden. Grüßen Sie Dalton und Döllinger herzlich, ferner Hr. Pander und endlich alle, die den mir so wichtigen Tag durch freundschaftliche Theilnahme verherrlicht^l haben. Ihnen drück ich dafür herzlich die Hand.

Nees v. E.

[darunter Nachtrag:]

Hesselbachs Todt ist ein gründlicher Verlust für die Anatomie in Würzburg. Man wirds erst in einiger Zeit recht fühlen. Woran starb er?

Daß Sie mir ja das Geld nicht schicken, sondern bringen!

Schuster soll in Würzburg Gastrollen spielen? Ist dem so: so wünschte ich, daß Sie mir eine seiner wichtigsten Rollen vorläufig anzeigten. Vielleicht käme ich hinein.

[Darunter schwer lesbare Notizen auf der Seite unten (Buchtitel und Namen), nicht von NEES' Hand, vermutlich von BAER; links über Kreuz, rechts senkrecht durchgestrichen:]

Bell Reisen von Petersbg. nach Asien

Antiquities – Memory of the North of Holland [?] d. q. 158

G. O. 216   G. O. 121 Entdeckungen Indien [?]

Rp. O. 35 $^{\underline{a}}$ G q. 12

Büsching   G O 70 Gmelin Vitus

Dena[ix]   G f. 15

Recueil de Voyage

Humboldt

Hüttner Klaproth

Le Vaillant

MacKenzie   G. osq.

Anm.: ^{a} - davor „dessen" getilgt; ^{b} – davor „er" getilgt; ^{c} – geändert aus „zahlen"; ^{d} – geändert aus „mit"; ^{e} – davor „e" getilgt; ^{f} – geändert aus „hinter"; ^{g} – davor „s" getilgt; ^{h} – davor zwei Zeilen getilgt: „Ihre Charte findet sich nicht. Sie haben doch die Circularia der Gesellschaft? Bey diesen möchte sie liegen." ^{i} – aus „trift" korrigiert; ^{j} – davor „r" getilgt; ^{k} – Wort korrigiert und davor „na" getilgt; ^{l} – davor „r" getilgt.

Kommentar:

Sorge um meine verlorne Frau: Vgl. Brief 1: Elisabeth NEES hatte sich auf dem Heimweg nach Sickershausen in Richtung Castell verirrt.

an mancherley Lebensberührungen: BAER schreibt zum geselligen Leben im Kreis um NEES (und DÖLLINGER): „So gab es ein buntes Gemisch von Arbeit und fröhlicher Gesellschaft, denn grade die Gespräche in den Zusammenkünften erregten wieder neue Aufgaben und gaben Anregungen zur Arbeit. Mir schien, dass Nees von Esenbeck, der für die Ausarbeitung seines Werkes über die Pilze, Jahre hindurch fast eingesperrt in seinem Hause gelebt hatte, jetzt von dem Bedürfnisse unter Menschen zu seyn ergriffen, besonders Veranlassung zu diesen Excursionen gab" (Baer 1866, 202).

Beylage: Nicht erhalten.

42.fl.: Die individuelle Abkürzung für fl. = „Gulden" sieht bei NEES eher nach „str" aus. Die Summe ist recht beachtlich, so dass es nicht erstaunt, dass sie aufgeteilt werden sollte.

Fichtbauer: möglicherweise der Mainbernheimer Krämer, von dem in Brief 2 die Rede ist. Die Familie ist am Ort über längere Zeit nachgewiesen; die Grablege ist noch vorhanden. Wir danken Herrn Archivar Joachim KLATT für die freundliche Auskunft (03.10.2012).

59.fl. 27.xr: Die Rechnung ist nur teilweise schlüssig, weil offenbar nicht alle Belege erwähnt sind. NEES rechnet mit 1 Gulden zu 60 Kreuzern: 40 fl. 54 xr + 1 fl. 6 xr = 42 fl., dazu weitere 8 fl. ergeben nachvollziehbar die Gesamtsumme von 50 fl. Woher weitere 9 fl. 27 xr kommen, ist den erhaltenen Unterlagen nicht zu entnehmen. Zur Berechnung vgl. auch die Notizen BAERs auf Brief 1.

Griechenl. Lievland und Schweiz 6: NEES macht sich BAERs Formulierung aus Brief 2 zu eigen: Drei griechische Studenten, BAER und PANDER sowie (vermutlich) LINDT aus Bern.

Rau: Ambrosius RAU (1784-1830), Prof. der Naturgeschichte, Ökonomie und Botanik in Würzburg.

Laubreis: Andreas LAUBREIS (1778-?), damals königlich bayerischer Amtsphysikus und Landgerichtsarzt zu Mainbernheim. Die bevorzugte Behandlung als eingeladener Gast spricht für eine besondere Beziehung. Möglicherweise zeichnete sich hier nicht nur eine engere Freundschaft durch den häufigen persönlichen Umgang, sondern schon das Verhältnis NEES' zu LAUBREIS' Frau ab, das in den folgenden Briefen eine große Rolle spielen wird.

Die beyden Cantoren: Die Personen lassen sich nicht identifizieren. Die Aufgabe als „Kantor" muss zur damaligen Zeit nicht nur die Kirchenmusik betreffen, sondern kann auch den Lehrerberuf einschließen.

anziehen: damals auch für „heranziehen".

Die beyden Hofmeister: Es sind wohl eher die beiden (namenlos bleibenden) Hauslehrer aus den Nachbardörfern als Personen dieses Namens gemeint, am wahrscheinlichsten Angestellte bei den dort ansässigen Adelsfamilien CASTELL und CRAILSHEIM. Allerdings ist der Familienname „Hofmeister" durch den Marktbreiter Apotheker Georg HOFMEISTER in der Region nachgewiesen, vgl. Brief 2 und 6.

Rödelsee: am Fuß des Schwanbergs gelegen, heute im Landkreis Kitzingen, zur Zeit dieses Briefes kleines Pfarrdorf im bairischen Untermainkreis, Liegenschaft der Grafen VON CASTELL (Amtshof) und Freiherrn VON CRAILSHEIM, zu Fuß etwa eine Stunde von Kitzingen, wie heute mit Weinbau.

Fröhenstockheim: Gemeint ist Fröhstockheim, Nachbarort und heute Ortsteil von Rödelsee, Liegenschaft der Grafen VON CASTELL und Freiherrn VON CRAILSHEIM (Schloss), ebenfalls Weinbau.

Schwabenberg: Schwanberg.

Relicta: „Hinterlassenschaften".

Hr. Pander: Christian Heinrich (VON) PANDER (1794-1865) wird hier erstmals namentlich erwähnt. PANDER hatte seinen Studienfreund BAER 1816 in Jena bei einem „Kongress" von Studenten aus dem Baltikum wieder getroffen und auf dessen Empfehlung hin sein Studium 1816 in Würzburg bei DÖLLINGER (s. u.) fortgesetzt. Dieser regte die später berühmt gewordene Dissertation an (und verfolgte stets interessiert ihren Fortgang), in der PANDER das Keimblattkonzept anhand der Embryologie des Hühnchens entwickelte (Pander 1817a und 1817b; dazu Schmuck 2009, 99-

114). Offenbar hat Elisabeth NEES beim Umherirren auf der Wanderung (vgl. Brief 1 und 2) nasse Füße bekommen, so dass PANDER – liebenswürdig, wie er offenbar war (dazu Brief 17 und 40) – ihr mit seinen eigenen Strümpfen ausgeholfen hat. Dass im Juli und bei Hitze auch von Männern (der Mode entsprechend) auch im engeren Freundeskreis und bei einem inoffiziellen Anlass Handschuhe getragen wurden, ist bemerkenswert; bei den Damen dienten sie als Sonnenschutz, um weiße Hände zu behalten.

Christian Heinrich VON PANDER
(1794-1865), 1817.
Kupferstich von Eduard D'ALTON
(1772-1840)

Frau Prof. Rau: Barbara RAU (1784 oder 1785-1830). Das Ehepaar wohnte in der Kettengasse 8 und hatte zwei Kinder, Dorothea und Adam; letzterer starb 1852 in Würzburg. Wir danken Archivamtfrau Franziska FRÖHLICH M.A., Stadtarchiv Würzburg, für die freundliche Auskunft (26.09.2012).

Sacktücher: „Taschentücher".

Parapluie: statt „parapluie" („Regenschirm").

heute erhaltenen Brief: RAU hat in einem Nachsatz zu seinem oben zitierten Brief vom 24.07.1816 die Suche nach dem Schirm erwähnt: „P.S. Wegen des Regenschirms schicke ich eben itz meine Magd zum Bothen, um sich zu erkundigen, ob derselbe ihm nicht eingehändigt wurde." (Leopoldina-Archiv, Halle/Saale, 104/12/4).

seine Begleiterinnen: Außer RAUs Ehefrau war offenbar noch mindestens eine andere Dame aus Würzburg dabei, deren Name nicht erscheint, vgl. z.B. Brief 39 („unsre naive Sängerin").

mit der von Göthen geschickten Pietra Fongaja: *Pietra fungaja* ist mit Pilzmyzel durchdrungene Erde, aus der nach dem Abschneiden der Schwämme immer wieder neue Pilze entstehen, hier ist es speziell ein „knollenförmiger Pilzkörper des Polyporus tuberaster, mit dem sich Goethe, dem [der Mineraloge] J. G. Lenz den Pilz besorgte, vorerst bis Anfang 1814 beschäftigte", zit. n. Goethe 1986, 308. Weitere Erläuterungen hierzu ebd., 319, 322, 325-331, 336-337, 376, 506-509. GOETHE hatte sich bereits 1809 bis 1812 damit befasst und kam nun infolge der ersten Lieferung von Nees 1816a wieder darauf zurück: Nach GOETHEs Tagebüchern ging am 10.6 und 12.7.1816 je ein Kästchen mit *Pietra fungaja* „an D. Nees von Esenbeck in Sickerhausen bey Kitzingen" ab, vgl. Goethe 1893-1894, hier 1893, 251-252. Vgl. speziell zur vorliegenden Stelle den Brief GOETHEs vom 10.07.1817 in Nees/Goethe 2003, 46. Zu dem gesamten Komplex Schmid 1934 und Kanz 2003.

Plänchen: NEES wollte die Beobachtungen zur Entwicklung der aus der *Pietra fungaja* sprießenden Pilze publizieren, sogar mit Kupfertafeln illustriert, um daran seine Vorstellungen von „Metamorphose" und Gesetzmäßigkeiten von Entwicklung zu demonstrieren (Nees/Goethe 2003, 47). Die Pläne haben sich jedoch nicht verwirklichen lassen.

die bemerkbaren Übergänge der durch die Feuchtigkeit belebten Masse: NEES rühmt in einem Brief vom 26.07.1816 die *Pietra fungaja* als „*Matrix* alles Nachtlebens der Vegetation" und berichtet GOETHE über seine Versuchsanordnung: „Ich habe augenblicklich meine Versuche begonnen. Ein Stück der *Pietra fungaja* liegt in gemeiner Gartenerde, deren Gehalt ich genau kenne, ein anderes in reiner Moor Erde, ein drittes in Flußsand. Diese 3. Kästen stehen im Keller, und neben jedem ein mit derselben Erde erfülltes Gefäß, in welchem keine *Pietra fungaja* ist, um zu sehen, was die Erde an dieser Stelle für sich für sich producirt. Ein viertes kleineres Stück liegt in Gartenerde mit einer Glocke von Glas bedeckt, in einem abgekühlten Mistbeete. Täglich untersuche ich diese Stücke, notire die bemerckte Veränderung und zeichne die deutlich aufzufaßenden Fortschritte der Metamorphose, so treu ich es nur vermag": Nees/Goethe 2003, 47, vgl. auch Goethe 1874, 209.

Brütegeschichte: Anspielung auf die Bebrütungsserien PANDERs, der für seine Dissertation Hunderte von Hühnereiern untersucht hat. Ein Großteil dieser Forschungen fand auf NEES' Landgut in Sickershausen statt. Außerdem arbeitete die „Trias" PANDER, D'ALTON und DÖLLINGER (oder NEES?) mitsamt allen Gerätschaften sogar bisweilen in freier Natur, auch wiederum auf dem Schwanberg (so zumindest Baer 1866, 202).

Circularen der Gesellschaft: Die *Gesellschaft correspondirender Botaniker* (vgl. Brief 2) gab ihre Mitteilungen und Beobachtungen im Umlaufverfahren weiter, was aufgrund der räumlichen Nähe der Mitglieder (zumindest in dieser Anfangsphase) wohl auch der einfachste Weg war. Zu den genauen Abläufen Röther 2006.

Liste der activen Mitglieder: Zur Unterteilung in zwei Arten „aktiver" und in „korrespondierende" Mitglieder entsprechend den Statuten von 1817 (vgl. Brief 6) sowie die ausführliche, nach Klassen geordnete Mitgliederliste bei Röther 2006, 90-96. Die Organisation oblag dem „Sekretär" (damals der Marktbreiter Apotheker Georg HOFMEISTER). Weiteres hierzu Brief 6, 13 und 14.

Einlage an D^r. Kapp: Diese Anlage ist nicht erhalten. Der Pädagoge Friedrich Christian KAPP (1792-1866) hatte im Frühjahr 1816 in Würzburg eine Erziehungsanstalt gegründet, die in der nur etwa anderthalbjährigen Zeit ihres Bestehens von NEES' Söhnen Karl und Friedrich besucht wurde (Brief 12). Das Institut trug sich jedoch finanziell nicht, so dass KAPP 1817 an seinen Studienort Erlangen zurückkehrte.

Dalton: Auch NEES war offenbar über eine nicht (oder verspätet) eingehaltene Vereinbarung mit D'ALTON bereits irritiert gewesen (vgl. Brief 2).

Döllinger: Ignaz DÖLLINGER (1770-1841), damals Professor für Anatomie und Physiologie in Würzburg, wohnhaft im 1716-1723 erbauten Rückermainhof (Karmelitenstraße, Abb. S. 212). NEES teilte mit ihm das Interesse für Moose und Gräser, und diesen botanischen Neigungen verdankte BAER sogar den ersten Kontakt zu DÖLLINGER, denn Karl Friedrich Philipp VON MARTIUS (1794-1868) hatte ihm trotz nur flüchtiger Bekanntschaft freundlicherweise „ein Päckchen Moose" als „Introductions-Mittel" für das Vorstellungsgespräch in Würzburg mitgegeben: Baer 1866, 165-166, und Riha/Schmuck 2010, 220. BAER hat NEES über DÖLLINGER kennengelernt (Baer 1866, 189), bei dem er in die Vergleichende Anatomie eingeführt wurde. BAER vermittelte auch das Promotionsprojekt PANDERs, denn DÖLLINGER suchte für das aufwendige Thema einen wohlhabenden Doktoranden, der nicht unter Zeitdruck stand.

Ignaz DÖLLINGER (1770-1841). Lithographie nach einem Gemälde

den mir so wichtigen Tag: Der Anlass lässt sich nicht klären. Vielleicht handelte es sich um das Erscheinen der ersten Lieferung zu Nees 1816a, womit die Arbeit von mehreren Jahren zu einem erfolgreichen Ende gekommen war. Der Anlass des Festes könnte jedoch auch der Vertragsabschluss mit dem Nürnberger Verleger Johann Leonhard SCHRAG (1783-1858) über NEES' *Handbuch der Botanik* (Nees 1820-1821) gewesen sein. Am 18.07.1816 hatte NEES an SCHRAG geschrieben: „Durch Euer *Wohlgebohrn* geneigten Brief vom 2n. dieses [Monats] betrachte ich den Vertrag über die Herausgabe des 2n. Bands des Schubertsch[en] Handbuchs der Naturgeschichte oder des botanischen Theils desselben, zwischen mir und *Ihnen* als ganz abgeschlossen, und finde meiner Seits keinen Contract nöthig, da der Brief eines biederen Mannes so viele Gültigkeit haben muß, als seine förmliche Verschreibung und ich mich ohnehin schwerlich geneigt finden würde, mein Manuscript einem Verleger, der wortbrüchig werden wollte, aufzudringen." (Bayerische Staatsbibliothek München, Schragiana I. Nees von Esenbeck, Christian Gottfried).

Woran starb er?: Nach E[rnst] GURLT in ADB 12 (1880), 313, starb HESSELBACH an „Rothlauf". Rotlauf (Erysipelas) – eine durch das Bakterium *Erysipelothrix muriseptica* hervorgerufene Infektionskrankheit vor allem bei Schweinen – ist durch Wundinfektion auch auf den Menschen übertragbar, führt zur bläulichen Rötung der infizierten Gliedmaße und verläuft zumeist ohne Beeinträchtigung des Allgemeinbefindens. Insofern ist zu vermuten, dass stattdessen das erheblich gefährlichere „Erysipel" (Wundrose) gemeint war, das i.d.R. durch betahämolysierende Streptokokken ausgelöst wird und – zumal ohne Antibiotikatherapie – nicht selten schwere bis tödliche Verläufe zeigt.

nicht schicken, sondern bringen: Wohl weniger ein Ausdruck des Misstrauens der Post gegenüber als vielmehr der Wunsch, BAER wieder einen Anlass für einen Besuch zu geben.

Schuster: Vermutlich Ignaz SCHUSTER: * 1779 Wien [nach anderen Quellen 1770 oder 1777], † 1835, Schauspieler und Musiker. Feierte zur Zeit des Wiener Kongresses auf der Leopoldstädter Bühne Triumphe und wurde auf seinen Tourneen während der Wiener Theaterferien in ganz Europa bewundert, vgl. Eisenberg 1903.

Bell Reisen...: *Dr. Johann Bells Reisen von Petersburg in verschiedene Gegenden Asiens, nach Persien, Sina. Nebst desselben kurzer Nachricht von dem Zuge nach Derbent in Persien*. Hamburg: Bohn, 1787. Zu BAERs geographischen Arbeiten Riha/Schmuck 2011, 45-60, mit weiterführender Literatur. Diese Notizen von 1816 zeigen, dass BAER sich nicht erst – mehr oder weniger gezwungenermaßen – an der St. Petersburger Akademie für Forschungsreisen zu interessieren begann, so auch (unabhängig von diesen Informationen) die Einschätzung Raikovs 1968, 105.

Antiquities – Memory ...: Titel nicht ermittelbar.

d. q. ... G q. 12 usw.: Es handelt sich um persönliche Notationen von Fundstellen (Seiten- bzw. Blattzahlen) zu einem nicht ermittelbaren, aber BAER offenbar interessierenden Gegenstand aus der Reiseliteratur. „q." ist wohl kurz für „quotatus" = „zitiert". „G." könnte ein Autoren- oder Ortskürzel sein oder für „Geographie" bzw. „Géographie" bzw. „Geography" stehen.

Büsching: Anton Friedrich BÜSCHING (1724-1793), eigentlich Theologe, arbeitete 1749-1750 als Hauslehrer in St. Petersburg und publizierte u.a. 1754 eine *Neue Erdbeschreibung*, die 1762 ins Englische übersetzt wurde; zu Leben und Werk Hoffmann 2000.

Gmelin: Infrage kommt zwar auch der Botaniker Karl Christian GMELIN (1762-1837), der sich auch für Zoologie und Geologie interessierte, aber da an dieser Stelle offenbar Reiseberichte notiert sind, ist wohl eher der Sibirienforscher Johann Georg GMELIN (1709-1755) gemeint, der 1733-1744 an der Großen Nordischen Expedition unter BERING teilnahm (*Reise durch Sibirien*, 4 Bde. St. Petersburg 1751-1752) und sich auch mit der *Flora Sibirica* beschäftigte (4 Bände. St. Petersburg 1747-1749), insgesamt ein Meilenstein der Geobotanik.

Vitus: Vielleicht für Vitus BERING (1681-1741), den „Kolumbus des Zaren".

Dena[ix]: Wort verkritzelt („Dena"), es ist wohl Maxime Auguste DENAIX (1777-1844) gemeint, von dem u.a. ein *Essai de géographie méthodique et comparative* sowie ein Atlas der Geographie Mitteleuropas stammt.

Recueil de Voyage: Sicher ein abgekürzter und deshalb mehrdeutiger Titel, vielleicht Pierre Marie François PAGES (1740-1792): *Nouveau voyage autour du monde, en Asie, en Amérique, et en Afrique [...] Avec un recueil de tout ce que les voyageurs ont publié [...].* Paris 1797. Auch bei Alexander VON HUMBOLDT kommen diese Begriffe vor: *Voyage de Humboldt et Bonpland [...] Recueil d'observations de zoologie et d'anatomie comparée [...].* Paris 1811.

Humboldt: Alexander VON HUMBOLDT (1769-1859), Naturforscher und Weltreisender, mit dem BAER auch in Briefkontakt stand (Schmuck 2012). Leicht zugängliche und vielfältige Informationen zu Person und Werk unter http://www.avhumboldt.de/ (08.03.2012).

Hüttner: Nicht gut lesbar, aber vielleicht ist der sächsische Lehrer Johann Christian HÜTTNER (1766-1847) gemeint, der 1792-1794 eine englische Gesandtschaft nach China begleitete und seine Erinnerungen niederschrieb: *Nachricht von der Brittischen Gesandtschaftsreise nach China und einen Theil der Tartarei.* Berlin 1797 (Neuausg. hg. v. Sabine Dabringhaus, Sigmaringen 1996).

Klaproth: Julius Heinrich VON KLAPROTH (1783-1835), Orientalist, Teilnehmer an der von Zar ALEKSANDR I. initiierten, letztlich vergeblichen China-Expedition 1805; die Erinnerungen sind allerdings erst erschienen als: *Mémoires relatif à l'Asie.* Paris 1824-1826.

Le Vaillant: François LE VAILLANT (1753-1824), Forschungsreisender und besonders in der Ornithologie ausgewiesener Zoologe. Von ihm stammen Beschreibungen seiner Reisen nach Zentralafrika (*Voyage [...] dans l'intérieur de l'Afrique [...].* 2 Bde. Paris 1790; *Second voyage dans l'intérieur de l'Afrique [...].* 3 Bde. Paris 1795).

MacKenzie: Alexander MACKENZIE (1764-1820) erforschte den Norden Kanadas (seine Beschreibung ist auch auf Deutsch erschienen: *Reisen von Montreal durch Nordwestamerika nach dem Eismeer und der Südsee in den Jahren 1789 und 1793.* Berlin 1802), zu Leben und Bedeutung zuletzt Hayes 2001.

Brief 4
Nees an Baer, Sickershausen, 26. August 1816

Nachweis: UB Gießen, Nachlass BAER, Bd. 16.
Seiten: 3 Seiten Text + Anschrift auf der Rückseite von S. 3.
Format: 1 Briefbogen, ca. 42 x 23,5 cm, in der Mitte gefaltet zu 4 Seiten.
Zustand: Stempel „Bibliothek der Ludwigs-Universität Gießen" auf S. 1. Auf dem rechten und linken Rand der Anschriftseite des Briefes befinden sich die Hälften des erbrochenen Siegels

[S. 4 = Rückseite der dritten Textseite]
Herrn Doctor C. v. Baer,
Wohlgebohrn
zu
Würzburg
bey H. Schneidermeister Barack im
innern Graben, N° 116.
[links daneben schräg:] Freŷ

Würzburg, Pfauengasse, undatiertes Foto
(um 1900)

[S. 1]

Sickersh. den 26^n. Augst. 16.

Herrn Doctor v. Baer
zu Würzburg.

Ihre Gräser sind angelangt, u. Hr. Pander ist gleich darauf durchgeritten. Lieber wäre mir's gewesen, Sie wären, statt den Steinen im Microkosmus nachzureisen, zu mir gekommen, denn unser Zusammenseŷn wird mir immer mehr Bedürfniß, oder, wenn Sie wollen, eine freundliche Gewohnheit, und 8. Tage Zwischenzeit erscheinen daher schon lange. Lassen Sie sich bald wieder sehen. Freylich –
Zunächst kommen wir wohl zu Ihnen. Ich muß nun einmal nothwendig auf jedem Königs- und Kronprinzenball seŷn, wie Sie wissen. Deshalb habe ich von unseren Weibern alle, deren ich habhaft werden konnte, schon beredet, mit mir zu ziehen, und richte nun an Sie die Bitte, uns unter der Adresse: an Hr. D^r. Laubreis zu Mainbernheim, per Post, so bald sich die Frist der Illumination u. des Balls genau angeben läßt, davon gütigst in

Kenntniß zu setzen. Sollte diese Festlichkeit lange nach dem nächsten Sonntag fallen: so kommen Sie [S. 2 = Rückseite von S. 1] erst selbst zum Hohenfelder Kirmestanz? Wäre es aber schon den Montag, dann wollen wir nicht dorthin, um uns bey Kräften zu erhalten, die Illumination etc zu überstehen.

Ihre Gräser sollen nach besten Kräften getauft u. gefirmt werden. Auch will ich hinzuthun, was ich entbehren kann. Von Hellern[a] habe ich gerade auch ein Päckchen mit vielen Gräsern erhalten.

Das Cŷstoid auf der Pietra Fungaja in Sand ist <u>nicht</u> zum Trichoderma gestiegen, sondern fällt trocknend ein, und läßt die Körner, die in den Fäden sind, wie Mehlanflug liegen. Ein Lebenslauf, der an die Algen erinnert.

Wollen Sie mir das Heft der Salzburger Zeitung, in welchem Lamourona's Classification der ungegl[iederten] Algen aus gezogen ist, auf ein Paar Tage verschaffen: so werden Sie mich sehr erfreuen. Ich bin begirig was der Franzose gemacht hat. Die Engländer glaubten damit fertig zu seŷn.

Es fragte mich jemand, in welchem Stücke, Monat etc. der Jen. L. Z. meine Rez. von <u>Schuberts Symbolik des Traums</u> stehe. Da ich dieses Heft noch nicht von Jena erhalten habe: so sind Sie wohl so gut, nach-[S. 3]zusehen, und die Nummer nebst dem Monat zu notiren?

Der Ihrige

Nees v. E.

Anm.: [a] – davor „Hebbe" getilgt.

Kommentar:

Wohlgebohrn: BAER steht als „Edlem von Huthorn" die Anrede „Hochwohlgeboren" zu, die NEES auch in den folgenden Briefen immer benutzt, hier vielleicht ein Flüchtigkeitsfehler.

Schneidermeister Barack: Peter Alexander BARRACK (1779-?), Distriktsvorsteher, verheiratet mit Anna BARRACK und Vater von fünf Kindern. Wir danken Archivamtfrau Franziska FRÖHLICH M.A., Stadtarchiv Würzburg, für die freundliche Auskunft (26.09.2012).

im innern Graben: Der (damals natürlich schon aufgefüllte und als solcher nicht mehr erkennbare) Innere Graben begrenzt die mittelalterliche Altstadt Würzburgs nach Norden und stellt die südliche Parallelstraße zur „modernen" Juliuspromenade dar, an der das von Fürstbischof Julius ECHTER VON MESPELBRUNN (1545-1617) 1579 gestiftete Juliusspital liegt. Dieses ist (innerhalb der Befestigung) auf der Abbildung unten links am Rand als schlossähnliches Gebäude mit großem Garten erkennbar, ebenso wie die großflächigen Barockfassaden entlang der neuen geraden Straße. Dagegen sind am Inneren Graben direkt dahinter kleine Zwerchgiebel-Häuser ne-

beneinander aufgereiht. Einen gewissen Eindruck von den alten Gassen gibt das Foto neben obiger Briefadresse; vgl. auch Reitberger 1977.

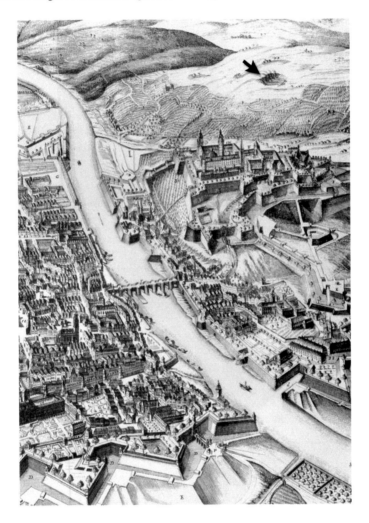

Blick auf das barocke Würzburg.
Durch Pfeil Hervorhebung der Steinbrüche auf dem Nikolausberg,
links unten das Juliusspital mit Park.
Ausschnitt aus dem *Reitzensteinschen Thesenblatt*,
gezeichnet 1723 von Balthasar NEUMANN (1687-1753)

Gräser: NEES war Spezialist in der (nicht einfachen) Bestimmung von Gräsern und arbeitete damals an deren systematischer Klassifizierung, die noch immer als grundlegend gilt, vgl. vor allem Nees 1829. Das Thema wird im Folgenden nochmals aufgegriffen.

Hr. Pander ... durchgeritten: PANDER war wohlhabend genug, um sich ein Pferd leisten zu können. Ohne entsprechenden finanziellen Hintergrund hätte er weder die aufwendigen Forschungen noch die teuren Kupfertafeln für seine Dissertation bezahlen können.

statt den Steinen im Microkosmus nachzureisen: Wahrscheinlich bezogen auf eine geologische Exkursion. In Würzburg lebte zur damaligen Zeit noch Joseph Bonavita BLANK (1740-1827), Minoritenpater und ehemaliger Professor für Philosophie und Naturgeschichte (Blank 1810 und 1811), der auch zahlreiche Landschaftsbilder aus Moosen und Flechten – einem Arbeitsgebiet von NEES – gefertigt hatte (Blank 1820); dieses Kunstkabinett mit Moosmosaik-Bildern schenkte er dem Fürstbischof. Er legte ferner ein umfangreiches Naturalienkabinett an, erschloss es durch Kataloge und übergab es 1803 der Universität (vgl. ADB 2 [1875], 689); trotz Kriegsverlusten sind davon noch einige Stücke erhalten. Möglicherweise ließ sich BAER davon zu eigenen Expeditionen in die Umgebung anregen, z.B. zum Steinbruch auf dem Nikolausberg (Pfeil auf obiger Abbildung). Die Steinbrüche dort waren für Bauzwecke wichtig, spielten aber auch bei der frühen Erforschung des Würzburger Muschelkalks und seiner Fossilien eine große Rolle und begründeten wesentlich die lokalen paläontologischen Forschungen.

Königs- und Kronprinzenball: Ballveranstaltung im Rahmen eines Schützenfestes. Den bereits damals bestehenden Würzburger Schützenverein gibt es heute noch (Königlich Privilegierte Hauptschützengesellschaft Würzburg von 1392).

von unseren Weibern alle: Es scheinen mehr Damen als nur die Ehefrauen von NEES und LAUBREIS gewesen zu sein, vermutlich weitere Bekannte aus den Nachbarorten; die Würzburgerinnen um Ambrosius RAU (vgl. Brief 3) dürften hier nicht mit gemeint sein, da diese bereits „vor Ort" waren und auch von den lokalen Terminen Kenntnis hatten. Der Brief ist ein Indiz für NEES' Neigung zu „Galanterie", die seine Bekannten allesamt feststellten, vgl. Bohley 2003b, 40.

an Hr. D'. Laubreis: Dies spricht für mehrere Adressat(inn)en in Mainbernheim, aber auch für NEES' häufige Besuche dort: Er scheint im Hause LAUBREIS genauso sicher anzutreffen gewesen zu sein wie daheim in Sickershausen, denn die Mitteilung des ihm wichtigen Termins würde ja kurzfristig erfolgen.

Illumination: Entweder festliche Beleuchtung, z. B. eines der Würzburger Parks, oder Feuerwerk.

nach dem nächsten Sonntag: Der dem Absendedatum nächstfolgende Sonntag war der 31. August 1816.

Hohenfelder Kirmestanz: Hohenfeld, heute Ortsteil von Kitzingen, war das westliche Nachbardorf von Sickershausen. Zur Dorfgeschichte und lokalen Traditionen vgl. Eduard Krauß: *Hohenfeld am Main. Die Geschichte eines unterfränkischen Dorfes*.

Würzburg 1933. Eine Dorfkirchweih dauerte i.d.r. mehrere Tage, von Donnerstag-abend oder spätestens Freitag bis mindestens Sonntag (oft – aber in diesem Fall of-fenbar nicht – sogar bis Montag), deshalb deutet NEES die Notwendigkeit des Aus-ruhens an; diese erwähnte Kirmes sollte also vom 29. bis 31. August 1816 stattfin-den.

den Montag: 1. September 1816.

getauft u. gefirmt: Scherzhafte Anspielung auf die Sakramente Taufe (Namengebung) und Firmung (Bestätigung des Glaubens), also hier: die Gräser „sicher bestimmen".

hinzuthun: BAER scheint nicht nur NEES mit eigenen Exkursions-Erträgen versorgt, sondern auch eine eigene botanische Sammlung angelegt zu haben.

Hellern: Franz Xaver HELLER (1775-1840), Botaniker und Dr. med., damals Direktor des botanischen Gartens in Würzburg, verfasste Arbeiten über Gräser und die Flora der Würzburger Umgebung (z.B. Heller 1809 und Hel-ler 1810-1815) und arbeitete diesbezüglich mit NEES eng zusammen. Sein Bruder Anton HELLER (1782-1850) war Hofgärtner in Würzburg, korrespondierte ebenfalls mit NEES und schickte ihm Pflanzensendungen (vgl. Brief 7). Franz Xaver HELLER sowie der dritte Bruder Georg HELLER († 1826) waren Mitglieder der *Gesellschaft correspondirender Botaniker*: Röther 2006, 82, 87, 93.

Cystoid: „das Blasenartige", Dauersporenform bei einigen Algen und Pilzen.

Trichoderma: „Haarige Oberflächenstruktur".

Das Cystoid ... erinnert: Fortsetzung des Themas von Brief 3. Bei bestimmten Pilz-fruchtkörpern stehen die Hyphen wie Haare senkrecht zur Oberfläche. Nees 1816a ordnet unter dieser Bezeichnung, wie OKEN (1817) in seiner *Isis*-Rezension berich-tet, in seiner Pilzmonographie unter „VI. c. Staub-Fadenp.; Trichoderma, Thamni-dium, Mucor, Ascophora, Pilobolus" ein (siehe Abbildung unten). MARTIUS schrieb zum gleichen Werk in seiner *Isis*-Rezension zu NEES' Ordnung der Staubfadenpilze (*Mucores*): „Die Gattungen dieser Ordnung entsprechen entweder der ersten oder der zweiten Ordnung der Luftalgen. Die Familie, wo sich die Entwicklung der Staubpilze zum Faden vorherrschend offenbart, nennt der Vf. fadige Staubfadenpil-ze: Nematomyci. Ihr Charakter ist: gegliederte Fäden mit gesonderten Sporen, je-doch so, daß beide Teile in gleichzeitiger Entstehung sich bedingen und die sich ge-netisch gleichen Elemente ihre Würde gegenseitig behaupten. So wie nun die einfa-chen Fadenpilze in zwei Reihen zerfallen, je nachdem sich die Spore zum Faden durch freye Ausbildung schied, oder der Faden sich die Sporen, welche er aus sich producirte, bindend unterordnete, so zeigen die fadigen Staubfadenpilze entweder freye Niederschläge von Sporen, welche vor den gleichzeitig hervortretenden Fäden bedeckt werden – Nematomyci tegentes – oder die Sporen werden in die, blasig erweiterten Fäden selbst aufgenommen – Nematomyci vesiculiferi. In die erste Sippschaft rechnet der Verf. blos Trichoderma Lk. (Wir sind noch zweifelhaft, ob nicht diese [Sp. 596] Gattung mit mehr Recht neben Aleurisma stehen würde, da auch bey den Faden- und den Faserpilzen die gleichzeitige Entstehung der Spore und des Fadens oft sehr wahrscheinlich und wenigstens durch Beobachtungen noch nicht widerlegt ist.) Die zweyte Sippschaft oder Nematomyci vesiculiferi bilden Thamnidium, Mucor, Ascophora und Pilobolus", Martius 1817a, Sp. 595-596. NEES berichtete über die nun „seit mehreren Wochen ganz ruhig" liegende *Pietra fungaja* nochmals am 16.11.1816 an GOETHE (Nees/Goethe 2003, 50); sie entwickelte sich auch in der Folgezeit nicht mehr, so die Briefe vom 15.05.1817 (Nees/Goethe 2003, 51) und 11.10.1817 (ebd., 54). NEES erhielt auf letzteres Schreiben umgehend Ersatz, vgl. den Brief GOETHEs vom 15.10.1817 (Nees/Goethe 2003, 55) sowie dessen Tagebucheintrag unter dem 16.10.1817: „Briefe und allerley Expeditionen. Nees von Esenbeck nach Sickershausen bey Kissingen, Pietra fungaja" (Goethe 1893-1894, hier 1894, 123).

Lamourona's Classification: Gemeint ist Jean Vincent Félix LAMOUROUX (1779-1825), franz. Botaniker, speziell Algen-Forscher. LAMOUROUX nannte Algen *Thalassiophyta* („Meerespflanzen"). Angespielt wird auf Lamouroux 1813; der erwähnte Auszug daraus findet sich in dem Beitrag: *Annales du Museum d'Histoire naturelle etc. etc.* Medicinisch-chirurgische Zeitung 3 [Salzburg] 1816, Nr. 67 vom 19.08., 236-240. LAMOUROUX ordnete in seiner Monographie die Algen erstmals nach Farben. Vielleicht wegen des abgelegenen Publikationsortes (nicht einmal NEES als Spezialist hatte die Originalpublikation in den *Annales* bekommen können) wurde diese Idee zunächst jedoch kaum aufgegriffen, und der berühmte Algenforscher William Henry HARVEY (1811-1866) entwickelte in seiner *Phycologia Britannica* (1846-1851) die Einteilung der Algen in vier Gruppen nach der Pigmentierung vermutlich unabhängig davon.

Die Engländer: NEES könnte sich auf das noch im Erscheinen begriffene und auf *Fucus* beschränkte, aber dennoch monumentale Werk von Dawson TURNER (1775-1858) beziehen (Turner 1808-1819), das auf der Basis von Expeditionsergebnissen von der amerikanischen Pazifikküste und Australien entstand; die einzelnen Lieferungen waren in Deutschland allerdings zu diesem Zeitpunkt selten greifbar (nach vollständigem Erscheinen in der Bibliothek der Leopoldina vorhanden). Da es um Klassifikation geht, kommt auch Lewis Weston DILLWYN (1778-1855) infrage (*British Confervae*, London 1809). Ansonsten war damals eigentlich Skandinavien in der Phykologie führend, so vor allem Carl Adolph AGARDH (1785-1859), Ordinarius in Lund, aber auch Jørgen LANDT (1751-1804) und Hans Christian LYNGBYE (1782-1837) mit ihren Forschungen auf den Färöer Inseln.

Jen. L. Z.: „Jenaische Allgemeine Literatur-Zeitung".

meine Rez. von Schuberts Symbolik des Traums: Nees 1816b zu Schubert 1814.

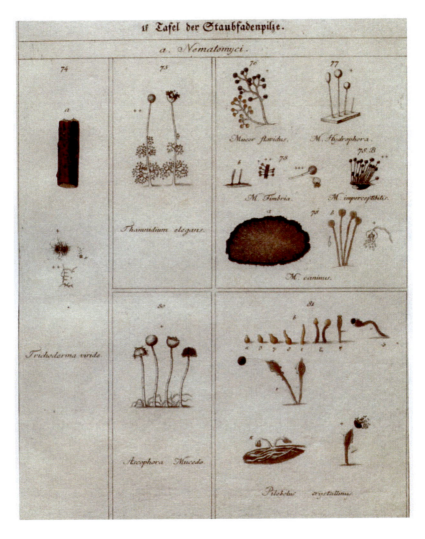

Staubfadenpilze. Nees 1816a, Tafel VI

Brief 5
Nees an Baer, Sickershausen, 08. September 1816

Nachweis: UB Gießen, Nachlass BAER, Bd. 16.
Seiten: 2 Seiten, Anschrift links neben S. 1 [= S. 4].
Format: 1 Blatt, ca. 34 x 23 cm in der Mitte gefaltet.
Zustand: Linke Blatthälfte für die Adresse benutzt, rechte Hälfte der Brief. Stempel
           „Bibliothek der Ludwigs-Universität Gießen" auf S. 1, Siegelreste auf Ad-
           ressenseite.

[Linke Blattseite, S. 4]
Herrn Doctor Carl v. Bär
Hochwohlgebohren
zu
Würzburg
im innern Graben beŷ Schneidermeister
Barack, N° 116.
[Links:] Freŷ   .
[Rechts schräg Poststempel (Zweizeilenstempel):]
R. 3. KITZINGEN.
9 SEP. 1816.

[S. 1]
                                    Sickershausen den 8^n. 7bt. 16.

Aus der Trüffeljagd ist gestern nichts geworden. Ich sah nur^a eine Parthie
frisch gegrabener Trüffel durch, und las einige^b aus. Dann brachte ich den
Tag in Mainb[ernheim] zu, und wurde abends 8. Uhr von den Laubrei-
sisch[en] etc nach Hause begleitet, wo wir bey einem heißen Punsch die
Ankunft meiner Frau erwarteten.
   Soll ich es gestehen, so war mir's eigentlich immer, als würden Sie wieder mit kommen, u. unser Schwank, das Haus beŷm Eintritt der Hausfrau
in das erkünstelte Colorit und Getümmel eines Bacchanals einzukleiden
bezog sich zum Theil auf dies[elbe] Voraussetzung. Erst um 4. Uhr trenn-
ten wir uns. Ihrer wurde oft gedacht, auf Ihre Gesundheit getrunken und
gewisse Leute wollten durchaus zu Ihrer Arbeitsstelle in meinem Kabinet-
chen wallfahrten, was ich noch bey Kerzenlicht geschehen ließ.
   Morgen nehme ich Ihre Gräser vor, die der Bote am Mittwoch bringen
soll.
   Warum ich heute schreibe? Ich wünschte nächsten Mittwoch zu ver-
nehmen, wann Sie wieder zu mir kommen? Wäre dieses der Tag Ihres^c

würcklichen Abzugs von Würzburg: so wären wir geneigt: Sie in^d Gesellschaft abzuholen. Vielleicht [S. 2 = Rückseite von S. 1] ließe sich ein Theater-
besuch damit verbinden. Doch ist das Nebensache.
Sollte sich an Ihrem Entschluß, so früh schon abzureisen, etwas ändern:
so schreiben Sie mir's ja sogleich. Die Niederkunft meiner Frau soll höchstens 8. Tage stören, wenn das Glück mir wohl will.
Grüße an Döllinger, Pander, D'Alton etc

Nees v. E.

Anm.: ^{a} – nach „nur" wurde ein eingefügtes Wort unleserlich gemacht; ^{b} – „einige"
geändert aus „eine", danach „Parthie" gestrichen; ^{c} – „Ihres" geändert aus „Ihrer"; ^{d} –
nach „in" ein Wort durchgestrichen, evtl. „uns".

Kommentar:

im innern Graben: Zur Adresse vgl. Brief 4.

Freÿ: NEES hat das Porto bei Aufgabe des Briefs bezahlt (der Vermerk steht auch in
Brief 4, aber da dort der Poststempel fehlt, wurde dieser offenbar doch persönlich
überbracht). Grundsätzlich konnte das Porto auch nur für ein Teilstück übernommen werden (besonders bei längeren Distanzen, z.B. „Frei [bis] Grenze", vgl. Brief
9), ansonsten musste der Adressat bezahlen, was zwar nicht höflich war, aber oft als
Mittel zur Beschleunigung des Transports betrachtet wurde, weil die Post ihre Gebühren noch nicht erhalten hatte.

R. 3: „Rayon 3". Das Territorium der deutschen Reichspost war in vier in nord-
südlicher Richtung verlaufende Rayons eingeteilt, Kitzingen und Würzburg gehörten zu Rayon 3. Vgl. hierzu Thalmann 1928/29.

Trüffeljagd: Die Bezeichnung „Trüffel" für die unterirdischen Fruchtkörper mit rauer
Oberfläche und dunkler Färbung der Schlauchpilzgattung *Tuber* (z.B. *Tuber mela-
nosporum, Tuber aestivum*) wurde im 18. Jh. aus dem Französischen entlehnt. Die
Trüffeljagd erfolgte im Herbst mit zur Suche ausgebildeten Trüffelhunden, dazu
z.B. Oken 1841, 110-112. NEES' Interesse an den Trüffeln ist hier nicht kulinarisch
bedingt, sondern steht im Zusammenhang mit seinen Untersuchungen zur *Pietra
fungaja* (vgl. Brief 3 und 4), wie aus den Briefen an GOETHE vom 16.11.1816
(Nees/Goethe 2003, 50), vom 15.12.1817 (ebd., 57) u.a. hervorgeht.

von den Laubreisischen etc: Außer dem Ehepaar LAUBREIS waren offenbar noch weitere Mainbernheimer Bekannte dabei, vgl. hierzu auch Brief 4. In Mainbernheim
gab es Kontakte zur Familie des Kammerrats MAYER (vgl. Brief 6), dessen Söhne
als „Schüler von Goldfuß" in einem Brief von NEES an MARTIUS erwähnt werden
(05.01.1816; Bayerische Staatsbibliothek München, Marthusiana II A 2).

Colorit und Getümmel eines Bacchanals: Ob ein solches ausgelassenes Gelage wirklich ausschließlich ein gespielter „Schwank" war, sei angesichts des zu vermuten-

den Alkoholgenusses dahingestellt. Wahrscheinlich wurden aber auch noch orgias-
tische Elemente welcher Art auch immer in den „Schwank" eingebaut.

Voraussetzung: Wenn BAER zusammen mit Elisabeth NEES erwartet wurde, spricht
dies für einen Ausflug nach Würzburg. Eine so späte Rückkunft ohne männliche
Begleitung – zumal bei einer Hochschwangeren – ist für die damalige Zeit bemerkenswert.

gewisse Leute: Anspielung unklar; vielleicht war unter den mitgekommenen Damen
eine Verehrerin BAERs.

zu Ihrer Arbeitsstelle: Dass BAER einen festen Arbeitsplatz für Naturstudien in Sickershausen hatte, war bisher nicht bekannt.

Ihre Gräser: Fortsetzung des Themas von Brief 4. BAER hatte Gräser für sein Herbari-
um gesammelt und zur Bestimmung an den Spezialisten NEES geschickt.

Bote am Mittwoch: NEES schreibt den Brief an einem Montag, der Bote wird also am
10. September nach Würzburg geschickt, insofern hätte sich die Übersendung dieses Briefs per Post eigentlich fast erübrigt.

der Tag Ihres würcklichen Abzugs von Würzburg: BAER hatte Ende August von Karl
Friedrich BURDACH in Königsberg das Angebot der Prosektoren-Stelle erhalten
(Kuratoriums-Eingabe BURDACHs mit Lob BAERs bei Raikov 1968, 42, Anm. 59),
deren Antritt der junge Würzburger Anatom Adam Kaspar HESSELBACH nach dem
plötzlichen Tod seines Vaters (vgl. Brief 2 und 3) kurzfristig abgesagt hatte. BAER
wollte vor der endgültigen Zusage noch zu Studienzwecken (und um sich seines
Abschieds von klinischer Tätigkeit endgültig sicher zu werden, vgl. Raikov 1968,
39-40) das Wintersemester in Berlin verbringen, doch der Aufbruch gestaltete sich
dann doch nicht so rasch, wie ursprünglich geplant.

Die Niederkunft meiner Frau ... stören: Die Tochter Emilie Elisabetha Franziska kam
am 13. Oktober 1816 zur Welt. Der Ausdruck „stören" wirkt etwas irritierend, denn
Entbindungen waren um diese Zeit mit einem relativ hohen Risiko für Mutter und
Kind verbunden (deshalb wird das „Glück" beschworen). Da Hausgeburten üblich
waren, ist wahrscheinlich gemeint, dass die üblichen häuslichen Abläufe durchein-
ander geraten würden: Die Geburt selbst dauerte durchschnittlich 18-24 Stunden,
konnte sich aber auch über mehrere Tage hinziehen. In dieser Zeit waren die He-
bamme und ggf. Nachbarinnen vor Ort und mussten zusätzlich zur Familie versorgt
werden, es fiel Wäsche an usw. Direkt nach der Entbindung war die Wöchnerin einige Tage erschöpft und blieb oft im Bett. An Gäste oder gar einen auswärtigen Besuch ins fast 30 km entfernte Würzburg war also kaum zu denken.

Döllinger, Pander, D'Alton: BAER stand mit diesen drei Personen – wohl im Zuge der
embryologischen Untersuchungen PANDERs, für die er sich auch selbst interessierte
– in ständigem Kontakt, wahrscheinlich in DÖLLINGERs Privatwohnung, die aufstrebenden Studenten stets offenstand und die auch BAER für vergleichend-
anatomische Studien nutzte.

Brief 6
Nees an Baer, Sickershausen, 28. Dezember 1816

Nachweis: UB Gießen, Nachlass BAER, Bd. 16.
Seiten: 3 Seiten + Anschrift auf S. 4.
Format: 1 Blatt, ca. 42 x 24 cm, in der Mitte zu 4 Seiten gefaltet.
Zustand: Stempel „Bibliothek der Ludwigs-Universität Gießen" auf S. 1; Textnach-
           träge auf dem linken Rand von S. 1; Randeinrisse durch Erbrechen des Sie-
           gels auf beiden Rändern von S. 3/4.

[S. 4 = Rückseite von S. 3, quer geschrieben]
Herrn Doctor Carl von Baer,
Hochwohlgebohrn
Zu
Berlin.
Mittelstraße N° 62.
Zweŷ Treppen Hoch.
[Links neben der Adresse:] Freŷ
[Poststempel rechts über dem Namen:]
R. 3. Kitzingen
31. Dec. 1816.

[S. 1]
                               Sickershausen den 28^n. Decbr. 16.

Endlich, lieber Freund, erhalte ich doch einen Brief von Ihnen! Ich sehnte
mich so darnach, und glaubte Sie gleichgültiger, als ich Sie mir gerne denke. Herzlich drücke ich Ihnen die Hand für die Widerlegung des Zweifels,
der nicht recht da war, aber doch galt, weil ich ihn ohne sein Gegentheil
ankommen sah. Ihr Brief ist mir höchst interessant. Ich danke nicht für's
Einzelne, schreibe überhaupt jetzt nicht, als Antwort, sondern nur, um
zwey Dinge zu berühren, die mir wichtig sind.
     Das Erste ist Ihre Nachricht, daß Sie die Stelle eines Prosectors in Kö-
nigsberg angenommen haben. Das freut mich herzlich, als Basis, von der
aus Sie höher steigen werden. Amen! Es ist immer günstig, schnell nach
Beendigung der akademisch[en] Laufbahn vom Staat anerkannt zu werden,
und Rußland ehrt, was ihm Ehre macht, die Anerkennung seiner Bürger im
Ausland.
     Die Botanik wird hoffentlich nicht ganz neben dem Prosectorat erliegen?
Ich bin sehr begirig auf Ihre Mittheilung an die Gesellsch. Fordern Sie sich
Galia! Der Secretair ist: Herr Apotheker Hofmeister in Marktbreit im

Würzburgischen. Circularien werden im Anfang Febr. umlaufen. Sollen wir sie Ihnen mit der Post schicken? Pander hatte den Pack an Sie schon, als ich Ihren Brief erhielt. Ich mag ihn nicht abfordern. Lieber hätte ich[a] ihn selbst geschickt. Sie erhalten dabey die Pflanzen von Martius und einen Brief von Sophien.

Ich schob Einiges ein und komme nun zu dem Andern was mich betrifft. Es liege schweigend und stumm in Ihrer Hand und in Ihrem Herzen. Ich wünschte einen sichern Punct, in Rußland zu leben, wenigstens für[b] eine Zeit! Als Arzt, als Gelehrter, als Professor, als – was weiß ich? Wenn die Stelle von mir begleitet werden kann, und etwas einträgt, daß 2. Menschen ohne Entbehrungen davon leben können. Die Kinder blieben in Teuschland. Lassen Sie sich das nicht befremden! Es ist nicht Noth des Auskommens, die[c] mich be-[S. 2 = Rückseite von S. 1]stimmt, denn dafür gäb' es in Teuschland Hülfe, u. ich hätte sie längst gesucht, aber mir ist Rußland, am liebsten das südliche Rußland*[d], wichtig. Das übrige gibt sich, und wird Ihnen klar werden wenn sich eine Entscheidung ergibt. Sie kennen Rußland u. haben Beziehungen! Sie wissen also vielleicht mir Anleitungen zu geben, mir selbst direct oder durch Freunde behülflich zu seyn. Darum bitte ich Sie dringend. In der Beschleunigung liegt für mich Gewinn. Darum kann ichs freylich nicht allzu genau nehmen. Man sieht dann schon weiter. Schreiben Sie mir bald, ob Sie glauben, dass sich[e] Etwas thun laße. Ich will Sie nicht zu viel bemühen, sondern gern directe Schritte nach Ihrer Weisung thun. Es ist viel, daß ich so blind und unbedingt traue, aber Sie sehen darin ein Zeichen der Hochachtung und Zuversicht auf die Erkenntniß eines edlen Characters.

Reden Sie mir nicht ab[f], warnen Sie nicht. Mein Vorsaz ist keine Kinderey. Ists Ihnen aber möglich: so handeln Sie für mich, und rechnen Sie auf die treue Freundschaft eines Mannes, der nie vergessen wird, was er Ihnen dabey verdankte, u. stets suchen wird, Dienste um Dienste zu erwiedern.[g]

Niemand darf wissen um diese Sache. Nur Sie. Meine Frau noch nicht. Ich meyne, nur niemand in hiesiger Gegend. Auch in Berlin seyen Sie vorsichtig. Da Sie ungefähr wissen, wozu ich tauge, u. da die Hauptsache ein gedeckter Punct in Rußland ist: so brauche ich durchaus nichts weiter über bestimmte Wünsche hinzuzusetzen. Aber Pflicht ist's, zu Ihrer Beruhigung ausdrücklich zu erwähnen: daß keine politische Rüksichten, welche man sich auch denken möge, hiebey im Spiel sind. Ist doch das innre Leben des Menschen reich genug an Motiven, die auf das äußere einfließen. Soviel hievon. Schreiben Sie mir bald.

Von Hr Prof. Link habe ich inzwischen 2. Briefe, recht freundl. Inhalts, erhalten. Es scheint, Sie[h] haben ihm mein Andenken gut[i] aufgefrischt. Dafür, wie für die Bestellungen der Astern, Silenen, Lichenen etc vielen Dank! Grüßen Sie [S. 3] meine Freunde in Berlin bestens: Klug, Wolfarth, Hufeland, Link. Was macht D[r]. Lindt? Hier ist einförmiges, ländliches Wohlseŷn. Die Laubreisischen denken Ihrer oft mit Wärme. Im Maŷerschen Hause war man Ihnen sehr gut, was sich izt erst ergibt. Bey Frau von Crailsheim war ich neulich, konnte aber Ihre Fragen nicht vortragen, da Sie mir die Namen nicht zurückließen. Döllinger ist Prorector und sehr thätig. Pander ist noch nicht fertig mit Brüten, wie ich gedacht, u. fängt zu Fastnacht wieder an. Am verwichnen Montage war ich einen Tag in Würzburg, und trieb mich dort wie eine Windmühle um.

Ihre Träume werden Sie einst[j] wieder lesen. Sie geben lehrreiche Aufschlüsse. Meine Arbeit rückt aber langsam vor. Diesen Winter stört mich mein Bruder doch zu sehr mit der Botanik. Aber auch das muß seŷn, und schadet nicht. Nochmals! Mißverstehen Sie nichts[k] von dem Gesagten, und leihen Sie mir Ihre freundschaftliche Hand.

Vielleicht legt[l] Lisette ein Blättchen ein. Ihr Brief hat sie sehr gefreut, denn sie ist ihnen von Herzen gut.

Ihr

Dr. Nees v. E.

[Nachträge unter der Unterschrift:]
Mein Jüngstes ist ein Mädchen und heißt Franziske. Wäre es ein Knabe geworden: so hätte es Heinrich Franz Carl geheißen.

Die Bekanntmachung meiner Traumphysik in dem Archiv für th. M. hat H. Pandern wohl nur geträumt.

[Auf dem linken Rand von S. 1]
Die neuen Statuten der Gesellsch. corresp. Bot. werden nun gedruckt, u. Sie erhalten mit den Circularen ein Exempl[ar].

Anm.: [a] – davor ein Wortanfang gestrichen, evtl. „Er"; [b] – wegen Tintenfleck über der Zeile eingefügt; [c] – davor „u" getilgt; [d] – Die am Ende der Seite nachgetragene Anmerkung zu „Rußland" lautet: „doch auch dieses nur vorschlagsweise"; [e] – davor „e" getilgt; [f] – davor „gar" getilgt; [g] – neben dem Absatz befindet sich am linken Rand ein Haken √ zum Hinweis auf besondere Wichtigkeit; [h] – geändert aus „sie"; [i] – davor Ansatz eines Buchstabens mit Unterlänge getilgt; [j] – davor „im" getilgt; [k] – danach ein durchgestrichenes Komma; [l] – davor „Lis" getilgt.

Kommentar:

Berlin Mittelstraße: Die Mittelstraße ist eine von der Friedrichstraße abgehende Parallelstraße zur Hauptachse Unter den Linden und insofern nur wenige Schritte vom Hauptgebäude der (Humboldt-)Universität entfernt. Zur damaligen Struktur des Viertels mit Abbildungen von Nachbarhäusern Wagner 1998.

einen Brief von Ihnen: Dieser Brief ist nicht erhalten.

die Stelle eines Prosectors in Königsberg angenommen: Der Aufenthalt in Berlin hat zu BAERs Entscheidung gegen die praktische Medizin und für ein theoretisches Fach mit Lehraufgaben entscheidend beigetragen; im Dezember 1816 hat er sich zu einer Entscheidung durchgerungen und BURDACH seine bestimmte Zusage zur Annahme dieser ihm schon im August angebotenen Stelle an der Anatomischen Anstalt zu Königsberg gegeben (vgl. Brief 5). BAER nahm die Arbeit erst im Juli 1817 auf.

höher steigen: Die Stelle des Prosektors, also des Ersten Assistenten, sollte für BAER eigentlich nur ein kurzdauerndes Sprungbrett auf einen Lehrstuhl sein. Wie die Briefe ab Nr. 16 erkennen lassen, rechnete BAER mit einem nur vorübergehenden Aufenthalt in Königsberg, wo er jedoch – zunehmend unzufrieden – bis 1834 bleiben sollte.

vom Staat anerkannt: Gemeint i.S.v. „eine Beamtenstelle an einer Universität erhalten". Eine geradlinige Karriere für Quereinsteiger – wie NEES! – war (und ist) wesentlich schwieriger.

Rußland ehrt ... die Anerkennung seiner Bürger: Als gebürtiger Este war BAER russischer Staatsbürger (zu BAERs Nationalitäten Schmuck 2009, 152-155). Es fällt auf, dass NEES zuerst an eine Professur in Russland (vermutlich in Dorpat) denkt; später wird er BAER raten, sich um einen deutschen Lehrstuhl zu bemühen. BAERs Aufnahme in die St. Petersburger Akademie der Wissenschaften (als auswärtiges Mitglied) sollte 1826 geschehen, doch war für BAER damit – zumindest zunächst – noch keine Fortsetzung seiner Karriere in Russland gegeben.

Die Botanik wird hoffentlich nicht ganz ... erliegen: Die Aufgaben eines Prosektors waren vielfältig: Neben der Verantwortlichkeit für anatomische Demonstrationen und Herstellen von Präparaten oblag ihm auch ein Großteil der Vorlesungen (in denen BAER noch keine Routine hatte), und es wurde auch die Erweiterung der anatomischen Sammlung erwartet. Trotzdem zeigen die folgenden Briefe, dass BAER weiterhin seine botanischen Interessen pflegte, auch wenn er sich mehr der Vergleichenden Anatomie und der Embryologie zuwandte.

Ihre Mittheilung an die Gesellsch.: Gemeint ist die schon mehrfach erwähnte *Gesellschaft correspondirender Botaniker*. Es geht hier um die in den Statuten verankerte Verpflichtung, in der ersten Winterhälfte jeden Jahres von den eigenen botanischen Arbeiten, Reisen und Entdeckungen einen Bericht an den Sekretär zu senden. Zu den angedeuteten Abläufen (und ihren mittelfristigen Nachteilen) Röther 2006, 66, und Röther/Feistauer/Monecke 2007. Die erste botanische Publikation BAERs ist Baer 1821a in der *Flora*.

Galia: „Labkrautarten", z.B. Klettenlabkraut, Wiesenlabkraut, Waldmeister. Zur Herkunft und historischen Deutung des Namens Genaust 1996, 260-261.

Herr Apotheker Hofmeister: Der Marktbreiter Apotheker Georg HOFMEISTER (1789-1840) war 1816 Sekretär der *Gesellschaft correspondirender Botaniker* geworden und ab 1818 auch Mitglied der Regensburgischen Botanischen Gesellschaft. 1819 druckte die *Flora* eine Mitteilung dieses Vereins. In ihr hieß es, Herr Georg HOFMEISTER, Apotheker zu Marktbreit, bisher Sekretär des Vereins, gebe die Geschäfte ab. Wer noch Circulare besitze oder mit Beiträgen im Rückstand sei, möge erstere weiterbefördern und Beiträge baldigst an W. RAAB, Schweinfurt, Provisor der Trottschen Apotheke, übermitteln (vgl. Brief 10). Jene Mitglieder, die sich mit Pflanzentausch abgeben wollen, sollten Doubletten-Verzeichnisse an die Redaktion der *Flora* absenden. David Heinrich HOPPE (1760-1846), Gründer und Vorsitzender der Regensburgischen Botanischen Gesellschaft, wolle sie unentgeltlich abdrucken („An die Mitglieder des Vereins correspondirender Botaniker in Franken. Schweinfurt im Dezember 1819". *Flora oder Botanische Zeitung*. 2. Jg. Regensburg 1819, 2. Bd., Nr. 48 vom 28.12., 751-752). Wie das Beispiel BAERs (Baer 1821a) zeigt, diente die *Flora* der Veröffentlichung von botanischen Mitteilungen der Vereinsmitglieder.

Marktbreit: Marktbreit (auch Niederbreit, wegen des nahebei liegenden Obernbreit), Stadt seit Juli 1819, liegt wenige Kilometer südlich von Kitzingen am linken Mainufer. Zur Zeit dieses Briefes zum bayrischen Untermainkreis gehörig, 1600 Einwohner, Lyceum, Handelsplatz mit Getreidemarkt, Schiffs- und Weinbau, vgl. Stein 1818-1822, hier 3. Bd., 1. Abt. (1820), 72.

Pander hatte den Pack an Sie schon: Wenn NEES das Päckchen PANDER nach Würzburg mitgegeben hat, erfolgte BAERs Abreise Ende September 1816 offenbar ohne förmlichen Abschied, deshalb auch die Andeutung einer Irritation am Anfang. Da BAER (größtenteils zusammen mit seinem Schweizer Bekannten LINDT) zu Fuß unterwegs war, hat der Weg bis Ende Oktober gedauert (zu den Abenteuern unterwegs Baer 1866, 205-209) .

Martius: Carl Friedrich Philipp (VON) MARTIUS (1794-1868) war Botaniker und Ethnograph. NEES und der wesentlich jüngere MARTIUS arbeiteten zu dieser Zeit zusammen (Martius 1817a; Nees 1817a zu Martius 1817b), zur Korrespondenz vgl. Brief 2, Komm. Für das nach MARTIUS' Südamerika-Expedition (1817-1820) entstehende Monumentalwerk zur Flora Brasiliens bearbeitete NEES die Gräser (Nees 1829); das weitere Erscheinen erstreckte sich dann (auch posthum) über Jahrzehnte hin (1840-1906 mit einem Supplement 1915). BAER hatte MARTIUS noch vor seinem Eintreffen in Würzburg ganz informell auf einer Wanderung kennengelernt und charakterisierte ihn treffend als den „künftigen Palmen-Vater": Baer 1866, 165; die *Historia naturalis palmarum* (1823-1853) wurde kürzlich in drei moderne Sprachen übersetzt neu herausgebracht: *Das Buch der Palmen* (Köln 2010).

Carl Friedrich Philipp VON MARTIUS (1794-1868),
Stich von J. KUHN nach einem Ölbild von MERZ

Sophien: Nicht sicher zu ermitteln. D'ALTONs Ehefrau hieß Sophie Friederike (geb. BUCH), ihr Rufname war allerdings nach Zwiener 2004 Friederike; ein Besuch in Würzburg bei ihrem Mann ist nicht unwahrscheinlich. Sie hatte außerdem eine ebenfalls in Wertheim wohnhafte Schwester, Charlotte Sophia WIBEL, mit deren Ehemann, Hofrat August Wilhelm Eberhard Christoph WIBEL (1775-1813), NEES zwischen 1797 und 1810 korrespondierte (Briefe im Leopoldina-Archiv, 105/1/2).

zu dem Andern: Vom Herbst 1816 bis zu seinem Wechsel nach Erlangen im Mai 1818 hatte NEES ein Verhältnis mit Franziska LAUBREIS, der Ehefrau des Mainbernheimer Amtsarztes, in dessen Haus er regelmäßig verkehrte und mit dem er befreundet war, vgl. Bohley 2003b, 42.

schweigend und stumm: NEES hat sich zu Recht auf BAERs Diskretion verlassen. Die einzige Andeutung in dessen Autobiographie ist ein Satz im Abschnitt über Würzburg, in dem ansonsten NEES und der Freundeskreis um ihn kurz, aber ausdrücklich gelobt werden: „Wir sahen aber auch die ersten Keime von Verhältnissen sich entwickeln, welche später das Andenken an den Präsidenten der K. Leop. Akademie umflort haben" (Baer 1866, 203; zu den späteren Skandalen um NEES Bohley 2003b, 85-96).

in Rußland zu leben: Dieses Thema Russland, von einer Affäre NEES' angeregt, wird in den nächsten Briefen weitergeführt und konkretisiert (dieser Brief zit. bei Röther 2009, 113). NEES erhoffte sich dort entweder größere Toleranz gegenüber einem Leben in „wilder Ehe" oder Anonymität, d.h. dass niemand etwas über seine familiäre Situation Bescheid wüsste.

begleitet: statt „bekleidet". Fehler wie dieser, die flüchtige Schrift und die relativ vielen Verbesserungen sind ein gewisser Hinweis auf emotionalen Druck.

etwas einträgt: Das (nicht unerhebliche) Vermögen sollte wohl zur Versorgung der Familie zurückbleiben, gehörte ja auch – insofern es sich um Geldvermögen handelte – ohnehin zu einem nicht geringen Teil seiner Ehefrau. An einen Verkauf des Ritterguts war wohl (noch) nicht gedacht, denn damit hätte NEES den Seinen die Wohnung genommen, vgl. jedoch Brief 7.

2. Menschen: NEES wollte also zumindest zu diesem Zeitpunkt nur mit seiner Geliebten auswandern.

Die Kinder blieben in Teuschland: Die beiden Söhne waren zehn und sieben Jahre, die älteste Tochter neun und die damals jüngste gerade zwei Monate alt. NEES' Interesse an ihnen trat in diesem Stadium der Verliebtheit völlig in den Hintergrund. Die Ehefrau ist gar nicht erwähnt. Auch wird leichten Herzens über den Sohn der Geliebten, Fritz LAUBREIS, verfügt, sicher ohne Absprache mit der Mutter.

dafür gäb' es in Teuschland Hülfe: NEES hat in Sickershausen als Privatier gelebt, aber sich einen Ruf als Botaniker erworben, d.h. bei Geldnot hätte er sich mit guter Aussicht auf Erfolg um eine Professur bemühen können. Nach seiner Aufnahme in die Leopoldina und aufgrund seines sofortigen Engagements zeichnete sich ohnehin wohl schon zu diesem Zeitpunkt die Stelle in Erlangen ab (vgl. Bohley 2003b, 43-44).

das südliche Rußland: NEES scheint primär an die Krim gedacht zu haben. Als Angehöriger der deutsch-baltischen Ritterschaft hatte BAER jedoch – wenn überhaupt – nur in der baltischen Region „Beziehungen".

Ich will Sie nicht zu viel bemühen ...: NEES bringt BAER mit diesem Sondierungsauftrag in eine unangenehme Situation, deren Peinlichkeit er offenbar nicht erkennt. Er bedrängt ihn in den folgenden Briefen, zögert aber dann doch, wenn er einen Vorschlag erhält, und verfolgt ansonsten seine Karriere in Deutschland. BAER war diskret genug, in dem kurzen Berlin-Kapitel seiner Autobiographie darüber kein Wort zu verlieren.

ein Zeichen der Hochachtung: Das ist es in der Tat; BAER war schließlich erst 24 Jahre alt und mit NEES nur wenige Monate bekannt. NEES hätte natürlich genauso gut PANDER fragen können, der ähnliche Verbindungen gehabt haben dürfte und vor Ort präsent war, wollte aber – sicher vergebens – auf Geheimhaltung in der Würzburger Gemarkung setzen und wohl auch PANDERs Solidarität mit Elisabeth NEES nicht herausfordern.

das innre Leben ... reich genug an Motiven: Zusammen mit der Geheimhaltung vor der Ehefrau für BAER sicher ein gewisser Hinweis auf eine Liebesgeschichte.

Hr Prof. Link: (Johann) Heinrich Friedrich LINK (1767-1851), ab 1815 Prof. der Botanik in Berlin sowie Direktor des dortigen botanischen Gartens. NEES stand mit ihm seit 1811 in Verbindung.

Silenen: „Leimkraut", eine aus 13 Arten bestehende Gattung.

Lichenen: „Flechten".

Klug: Johann Christoph Friedrich KLUG (1775-1856): 1818 Direktor des pharmazeutisch-chemischen Instituts und als Entomologe auch zweiter Direktor der zoologischen Sammlung in Berlin, daneben in der Medizinalverwaltung tätig.

Wolfarth: Karl Christian WOLFART (1778-1832) hatte sich bei Franz Anton MESMER persönlich mit dem tierischen Magnetismus vertraut gemacht und wurde 1817 Professor für Heilmagnetismus in Berlin. BAER, der aufgrund von Arbeitsüberlastung und psychischer Anspannung zu dieser Zeit empfänglich für die Thematik war, hörte interessiert, wenn auch kritisch WOLFARTs Vorlesungen, nachdem er 1816 in Berlin angekommen war; letztlich hielt er das Ganze für eine Mischung aus Naivität und Betrug: Baer 1866, 210; dazu Raikov 1968, 49 und 58. Zu NEES und WOLFART auch Nees 1817f.

Hufeland: Christoph Wilhelm HUFELAND (1762-1836) war 1801 als Leibarzt an den Hof von FRIEDRICH WILHELM III. berufen worden, fungierte zugleich leitender Arzt der Charité und erfüllte zahlreiche sozialmedizinische Aufgaben; er war insofern sicher einer der prominentesten Ärzte im damaligen Berlin. NEES hatte als Student an HUFELANDs Vorlesungen in Jena teilgenommen und 1803 sowie 1807 jeweils einen Beitrag in HUFELANDs *Journal der practischen Arzneykunde und Wundarzneykunst* veröffentlicht. Zwei Briefe von HUFELAND an NEES aus den Jahren 1803 und 1808 sind erhalten.

Christoph Wilhelm HUFELAND (1762-1836).
Punktierstich von Friedrich Wilhelm BOLLINGER
(1777-1825)

Lindt: BAER berichtet in seiner Autobiographie (Baer 1866, 205): „Gegen das Ende des September 1816 verliess ich Würzburg, um mich nach Berlin zu wenden, wo ich den folgenden Winter zubringen wollte. Ich zog wieder die Reise zu Fusse jeder andern Art des Fortkommens vor. Dr. Lindt aus Bern, den ich schon in Wien lieb gewonnen hatte, und der vor Kurzem nach Würzburg gekommen war, schloss sich mir an"; zu LINDT auch ebd., 206-207; vgl. auch schon Brief 2 und 3. Möglicherweise der Arzt Rudolf LINDT, dessen Sohn Johann Rudolf (1823-1893) im *Histori-schen Lexikon der Schweiz* erwähnt ist: http://www.hls-dhs-dss.ch/index.php (09.08.2012)

Die Laubreisischen: In Anbetracht des Umstands, dass die Ehefrau des Mainbernhei-mer Arztes NEES' Geliebte war, ist die Formulierung etwas merkwürdig.

Im Mayerschen Hause: Wahrscheinlich die im Kommentar zu Brief 5 bereits erwähnte Mainbernheimer Familie des Kammerrats MAYER. Die in Brief 39 von Elisabeth NEES erwähnte Philippine MAYER scheint aus dieser Familie zu stammen und lebte später als verheiratete MÜLLER mit ihrer Familie im benachbarten Castell.

Frau von Crailsheim: Möglicherweise Julie VON FALKENHAUSEN (1777-1839), in ers-ter Ehe verheiratet mit Freiherr Julius VON CRAILSHEIM (1764-1812). Die Familie hatte Liegenschaften in der Nachbarschaft, so in Rödelsee und Fröhstockheim.

Ihre Fragen ... Namen: Vermutlich hatte BAER Interesse an (adligen) Bekannten oder Verwandten bekundet.

Döllinger: Ordinarius für Anatomie und Physiologie in Würzburg, Doktorvater PAN-DERs.

Pander ist noch nicht fertig mit Brüten: Bezogen auf die Arbeiten zu PANDERs Disser-tation, vgl. Brief 3.

Ein Traum BAERs aus Nees 1817e, 28-29

Ihre Träume: BAER berichtet in seiner Autobiographie von einer Phase sehr lebhaften Träumens in Berlin (Baer 1866, 212). In seinem Beitrag *Traumdeutung. Ein Fragment* berichtet NEES über den Traum eines Freundes aus dem Jahr 1816, „der sein thätiges Leben der Naturwissenschaft mit anhaltendem und angestrengtem Fleiße widmet ...", Nees 1817e, 28-29.

Meine Arbeit: Gemeint ist wahrscheinlich die Arbeit an Nees 1817e sowie Nees 1820.

stört mich mein Bruder: Theodor Friedrich Ludwig NEES (1787-1837) hatte sich schon während seiner Apothekerlehre in Basel (1811-1816) für Botanik interessiert. Zur Zeit des Briefes erholte sich Friedrich NEES von einer Krankheit (Nees 1838, 12) und bereitete sich auf eine Prüfung an der Universität Würzburg vor (Nees 1838, 15). In diesem Winter wurde von den Brüdern ferner die Studie Nees/Nees 1818 erarbeitet.

Theodor Friedrich Ludwig NEES VON ESENBECK
(1787-1837),
Lithographie von Christian HOHE

Lisette: Rufname von NEES' Frau Elisabeth.

sie ist ihnen von Herzen gut: Die in diesem Buch abgedruckten Briefe von Elisabeth NEES an BAER bestätigen diese Einschätzung. Als umso peinlicher muss BAER den ihm aufgedrängten Vertrauensbruch empfunden haben.

Franziske: eigentlich Emilie Elisabetha Franziska, * 13.10.1816. Das Mädchen wird später „Emilie" bzw. „Emmy" gerufen, vgl. Brief 17. Der Name Franziska stammt von NEES' damaliger Geliebten, die vielleicht sogar Patin war. Da diese Tochter als einziges von NEES' Kindern blond und blauäugig war und insofern Franziska LAUBREIS ähnelte, konstruierte man im Bekanntenkreis eine Analogie zu Goethes *Wahlverwandtschaften* (vgl. Bohley 2003b, 42). Dies wiederum würde allerdings den Beginn der Affäre auf das Frühjahr 1816 vorverlegen, wofür es bisher keine Belege gibt.

Traumphysik: Nees 1820.

Archiv für th. M.: Dietrich Georg VON KIESER (1779-1862) begründete mit Carl August VON ESCHENMAYER (1768-1852, Prof. für Medizin und Philosophie in Tübingen) das *Archiv für den Thierischen Magnetismus*, das von 1817 bis 1824 erschienen ist (1. Bd. Altenburg und Leipzig 1817, 2.-5. Bd. Halle 1818/19, 6.-12. Bd.

Leipzig 1820-24). Von Band 7 bis 12 war NEES neben KIESER und ESCHENMAYER Mitherausgeber und publizierte dort auch selbst. Die Fortsetzung trug den Titel *Neues Archiv für den Thierischen Magnetismus und das Nachtleben überhaupt.* Von D. G. Kieser. 1. Bd., 1. und 2. Stück, Leipzig 1825/26.

Statuten der Gesellsch. corresp. Bot.: Das bisher einzige Exemplar dieser Statuten der *Gesellschaft correspondirender Botaniker* (Statuten 1817) wurde in der Universitätsbibliothek Leipzig nachgewiesen (UBL, Botan. 315 K), Abdruck des Titelblatts bei Röther/Feistauer/Monecke 2007, 598.

NEES' Rittergut in Sickershausen („Schlössle"), Hof (oben) und Rückseite (unten). Undatierte Fotografien (um 1900?)

Brief 7
Nees an Baer, Sickershausen, 18. Januar 1817

Nachweis: UB Gießen, Nachlass BAER, Bd. 16.
Seiten: 3 Seiten + Anschrift auf der Rückseite von S. 3.
Format: 1 Briefbogen, ca. 42 x 23 cm, in der Mitte gefaltet.
Zustand: Am oberen und unteren Rand der Anschriftseite Teile des erbrochenen Sie-
            gels sowie Federproben über der Adresse; Stempel „Bibliothek der Lud-
            wigs-Universität Gießen" über dem Text auf S. 1 und Tinten-Wischfleck in
            der Mitte von S. 1.

[S. 4 = Rückseite von S. 3, quer zur sonstigen Schreibrichtung:]
Herrn Doctor Carl von Bär,
Hochwohlgebohrn
zu
Berlin
Mittelstraße N° 62. Zweŷ
Treppen hoch.
[Darüber Poststempel:]
R. 3. Kitzingen
20 Ian. 1817.
[Links neben der Anschrift:] <u>Freŷ Leipzig</u>
[Weitere Postvermerke, darüber: Hof (durchgestrichen), darunter: Leipzig (durchge-
strichen), daneben: 1 gr.]

[S. 1]
                                        Sickershausen den 18^{n}. Jan. 17.

Herzlichen Dank, lieber Freund, für Ihren Brief und für den thätigen Antheil, den er an meinem Schicksal nimmt. Recht innig freut es mich, daß
Sie sich nicht durch Urtheile und Ansichten ob^{a} meiner möglichen Motiven
irre machen lassen. Sie sollen Alles erfahren, nur jezt ist die Zeit zu kurz,
und es genügt Ihnen wohl die Versicherung, daß keine Motive da ist, die
einen sich für mich verwendenden Freund innerlich oder äußerlich verlet-
zen könnte. Also zur Sache. Ihr Plan gefällt mir sehr, und ich bin nicht ab-
geneigt, die Stelle, die sich mir anbietet, anzunehmen, wenn nur nicht etwa, da der junge Mann, dem sie zugedacht ist, schon im Jahr 1818. heim-
kehrt, mein Aufenthalt in Ehstland dadurch zu schnell wieder unsicher
werden sollte. Denn ob ich gleich selbst hoffe, daß ich nach einigen Jahren
mich werde weiter umsehen können, so ist doch das erste Jahre im fernen
Lande gewöhnlich verloren, weil man erst sich orientiren muß. Auf 2. Jahre wünschte ich wenigstens sicher rechnen zu können.

Dann hörte ich auch gern etwas Näheres über die Bedingungen selbst. Sie erwähnen eines Einkommens von 2000-3000. Rubeln. Ist das ganz auf Praxis berechnet, oder ist etwas Fixes dabey, und wie viel? Habe ich freŷe Wohnung, Fuhrwerk oder so etwas? Ist der Bezirk der Praxis weit?

Sie sagen nicht, dass ich selbst schreiben soll. So lasse ich dieses mal noch alle Last, ja Unkosten u.s.w., auf Ihren freundschaftlichen Schultern ruhen, doch wahrlich mit dem Vorsaze, zu vergüten und wett zu machen, soviel in meinen Kräften ist. Der Gedanke, in Verhältnisse zu treten, die mich Ihnen, wenigstens als Landsmann, näher bringen, vielleicht auch in der Folge noch engere Wechselwirkung zulassen wo sich Freundschaft und Dankbarkeit leicht begegnen können, hat für mich etwas sehr Wohlthätiges, und gibt mir Muth zu mancherleŷ Zudringlichkeit, die ich mir sonst schwerlich erlauben könnte. Nehmen Sie mich so, wie ich bin. Sie werden [S. 2 = Rückseite] finden, daß ich mir gleich bleibe.

Es thut mir besonders leid, daß ich Sie gerade jetzt, wo Sie so viele Arbeit auf sich haben, mit meiner Angelegenheit belästigen muß. Aber da gebietet das Verhältniß, und die Freundschaft rechnet nicht so genau.

Ich könnte vielleicht bald nach Ostern reisen. Das hängt von meinem Guth ab, ob ich's verkaufe, und sonst noch von Kleinigkeiten. Ich gebe Ihnen bestimmte Nachricht. Meine Auswanderungserlaubniß wird freŷlich auch aufhalten, da ich nicht eher nachsuchen kann, als bis ich weiß, daß ich gehe.

Nochmals bitte ich um strenge Verschwiegenheit. Man soll durchaus hier nicht wissen daß ich weggehe.[b] Mit Lisetten können Sie aber davon reden, ihr ists kein Geheimniß mehr.

Sollte diese Aussicht sich verschließen, oder sich eine günstigere öffnen: so denken Sie meiner in Wohlwollen. Meine Sache hat das Eigne, daß sie eilt, und doch auch Verzögerung zulässt, wenn Eile nicht hilft. Die Richtung bleibt immer fest, und ich kann daher meine Freunde auf die Dauer in Anspruch nehmen, wenn ein Versuch etwa fehlschlüge. Das wird Ihnen wohl nicht zum Erfreulichsten lauten, es bleibt aber dabeŷ.

Ich hoffe, mich in Rußland durchzuarbeiten, wenn ich lebe, und denen, die mir zuerst einen Freŷstätte gewähren, nützlich zu seŷn. Auch ist mein Vorsatz ernstlich dabey. Wer an einen Plan sein ganzes, langsam bereitetes Verhältniß sezt, dem muß es Ernst seŷn. Bin ich Arzt, so bin ichs ganz, und sehe viel rückwärts.

Grüßen Sie Hr. Prof. Link. Sein neuster Brief und seine brüderliche Theilung habe mich herzlich gefreut, und nächstens werde ich antworten. Auf Ihre Nachrichten über Wolfart bin ich sehr begirig. In Rußland geht

jetzt der th. Magn. los? Wie ists damit? Wenn Sie etwas Genaues wissen,
so theilen Sie mir's doch mit.
Wie sollen wir Ihnen die Statuten und Circularen der Gesellsch. corresp.
Bot. schicken? Die Akademie der Naturforscher geht damit um, ihre Verhandl. auf eigne Kosten drucken zu lassen.
Und nun: Glück auf zum neuen Jahr! Herzlichen Händedruck! Ich weiß
wahrhaftig nicht, ob ich schon in meinem vorigen Briefe davon geschrieben. Der ward, glaub ich, [S. 3] noch im alten Jahr geschrieben. In Würzburg, gleich nach 12. Uhr, stießen wir an, und ließen die fernen Freunde
leben. Da hab' ich vorzüglich warm an Sie gedacht.

Ihr

Dr. Nees v. E.

[Nachtrag]
Der Herr Hofgärtner in Würzburg freut sich mit mir sehr auf die Astern.
Lisette, die Mainbernheimer etc grüßen. Mein Bruder schließt sich ein.

Anm.: [a] – „ob" aus „ab" korrigiert; [b] – hier am linken Rand ein zur Aufmerksamkeit
auffordernder Haken √.

Kommentar:

Mittelstraße: Zur Adresse vgl. Brief 6.

Freŷ Leipzig: NEES hat das Porto bis Leipzig bezahlt.

für Ihren Brief: BAERs Brief ist nicht erhalten.

thätigen Antheil/Ihr Plan: BAER scheint sehr schnell und – wie immer mit einer kon-
struktiven und auf Problemlösung orientierten Idee – auf Brief 6 reagiert zu haben.
Weiteren Aufschluss über diesen „Plan" gibt Brief 8: Es geht um eine Stelle als
Landarzt auf den Besitzungen der estnischen Adelsfamilie VON GRÜNEWALDT.

ob meiner möglichen Motiven/keine Motive: Damals „die Motive" statt „das Motiv".
Es wirft allerdings – diesen Beteuerungen zum Trotz – ein merkwürdiges Licht auf
NEES, dass er sich gleichzeitig (Brief vom 17.01.1817) bei Minister ALTENSTEIN
um eine Professur an der neu zu gründenden Universität Bonn bewirbt (Nr. 1001,
Nees/Altenstein 2009a, 111).

der junge Mann: Wahrscheinlich Johann (Ivan) Christoph Engelbrecht VON GRÜ-
NEWALDT (1796-1862). Weiteres dazu bei Brief 8.

2000-3000. Rubeln: Der Geldwert dieses Einkommens ist schwer zu beurteilen, weil
bisher keine entsprechenden Untersuchungen von Einkommens- und vor allem
Preisentwicklungen vorliegen und jede russische Region und jedes Jahr(zehnt) gesondert betrachtet werden muss. Wegen des unterschiedlichen Preisgefüges ist auch
kein Vergleich mit den deutschen Verhältnissen möglich. Einen gewissen Anhaltspunkt mögen folgende Zahlen geben: Eine ledige Näherin bekam 1796 in Zentral-
russland 50 bis 90 Papierrubel pro Jahr, ein Kutscher in den 1840er Jahren 350, ein

Gutsverwalter zwischen 250 und 700, reiche Bauern erwirtschafteten über 1000 Rubel; dabei ergaben 3,5 Papierrubel einen Silberrubel. Dabei war z.B. das Getreide billig: 1 *četvert'*, also etwa 130 kg, der pro-Kopf-Jahresverbrauch, kostete in dieser Zeit und in dieser Region 13 Papierrubel und machte damit nur ein Zehntel des in Deutschland dafür aufzuwendenden Einkommensanteils aus. Vgl. hierzu die Arbeitspapiere *Micro-Perspectives on 19th-century Russian Living Standards* von Tracy Dennison (Caltech) und Steven Nafziger (Williams College) (November 2007, online unter http://web.williams.edu/Economics/wp/nafzigerMicroLiving Standards_WilliamsWorkingPaper_Nov2007.pdf, 08.05.2012) sowie *Russian Inequality on the Eve of Revolution* von Steven Nafziger (Williams College) und Peter Lindert (UC Davis) (März 2011, online unter: http://web.williams.edu/Economics/wp/Nafziger_ Lindert_RussianInequality.pdf, 08.05.2012). Grundlegend Mironov 2000.

so viele Arbeit: BAER hatte sich (fast zu) viel für seinen Studienaufenthalt in Berlin vorgenommen, indem er sowohl klinische Visiten als auch theoretische Veranstaltungen in verschiedenen medizinischen Disziplinen besuchte und sich noch dazu breit gefächert in den Naturwissenschaften weiterbildete. Außerdem arbeitete er konsequent die aktuelle Forschungsliteratur durch. Mehrmals in der Woche kam er nicht einmal zum Essen (Baer 1866, 209).

Ostern: 6. April 1817.

von meinem Guth: Gemeint ist das von NEES' erster Frau Wilhelmine Luise Katharina VON DITFURTH (gest. 22. Sept. 1803) ererbte kleine Rittergut in Sickershausen (heute „Schlössle" genannt, s. die Fotografie [undat., um 1900?]). Seiner ersten Frau verdankte er auch ein gewisses Vermögen, aus dem er – seit der Heirat im August 1802 als Naturforscher ohne Anstellung tätig – seinen Lebensunterhalt bestreiten konnte.

Auswanderungserlaubniß: Vgl. hierzu nochmals Brief 8. Über die Auswanderung, insbesondere unter Mitnahme wesentlicher Vermögenswerte, entschied das Ministerium des Äußeren in München: Frötschner 2000, 13.

kein Geheimniß mehr: Dies deutet eine veränderte Situation im Vergleich mit Brief 6 an, nicht nur im Hause NEES, sondern entlastet auch BAER angesichts seiner persönlichen Verbundenheit mit Elisabeth NEES.

Bin ich Arzt: NEES hat 1796-1799 in Jena Medizin und Philosophie studiert und wurde 1800 in Gießen zum Dr. med. promoviert. Im Anschluss praktizierte er knapp zwei Jahre lang in Erbach im Odenwald, wo seine Familie lebte und wo durch seinen Vater auch vielfältige Verbindungen zum Hof des Grafen Franz I. VON ERBACH-ERBACH (1754-1823) bestanden, der als Antiken- und Antiquitätensammler hervorgetreten ist (ADB Bd. 48 [1904], 384-387; NDB Bd. 4 [1959], 564). Zu Beginn des 19. Jahrhunderts führte der Weg zu Botanik, Zoologie usw. grundsätzlich über ein Medizinstudium, da man „Biologie" noch nicht studieren konnte.

so bin ichs ganz: NEES scheint tatsächlich zumindest für kurze Zeit vorgehabt zu haben, die Botanik bzw. die Naturforschung an den Nagel zu hängen. Auch im oben erwähnten Brief vom 17.01.1817 an ALTENSTEIN lässt NEES erkennen, dass er auch eine Professur in einem medizinischen Fach akzeptieren würde, wenn es mit der Botanik nicht klappen sollte.

Hr. Prof. Link ... und seine brüderliche Theilung: Offenbar hat NEES von Johann Heinrich Friedrich VON LINK, dem Direktor des botanischen Gartens in Berlin, seltene Pflanzen bekommen.

Nachrichten über Wolfart: BAER besuchte WOLFARTs Veranstaltungen, vgl. Brief 6. Dieses Interesse NEES' für Verfahren und evtl. Erfolge eines direkten MESMER-Schülers ist verständlich, da NEES sich zu dieser Zeit selbst intensiv mit tierischem Magnetismus beschäftigte. Er rezensierte auch Arbeiten WOLFARTs (Nees 1817f).

In Rußland geht jetzt der th. Magn. los: Dietrich Georg VON KIESER notierte 1817 als Herausgeber des *Archivs für den thierischen Magnetismus*: „In den drei nordischen Reichen, Dännemark, Schweden und Rußland, findet der thierische Magnetismus mehr Eingang und wird in denselben mit Ernst getrieben. Wir hoffen von daher nächstens einige genauere Nachrichten mittheilen zu können" (Kieser 1817, 158). Im Jahr 1818 erschien im *Archiv* u. a. die Rezension Nees 1818d.

Statuten und Circularen der Gesellsch. corresp. Bot. schicken: Offenbar war (noch) nicht vorgesehen, dass die aktiven Mitglieder der *Gesellschaft correspondirender Botaniker* den jeweiligen Umlauf nicht mehr persönlich weitergeben bzw. erhalten konnten. Bei weiteren Entfernungen musste man den teuren und langwierigen Postweg bemühen, ohne dass dafür Geld zur Verfügung stand. Trotzdem und trotz des seit 1818 bestehenden Kommunikationsforums in der *Flora* waren „Circulare" noch bis 1819 im Umlauf, vgl. hierzu den Aufruf des damaligen Sekretärs Wilhelm RAAB an säumige Mitglieder: Flora 2 (1819) 2, 751-752. Dazu Röther 2006, 74 und 84.

Die Akademie der Naturforscher ... ihre Verhandl. auf eigne Kosten drucken zu lassen: Hier bezogen auf den von NEES redaktionell betreuten und noch vom greisen und bereits schwer kranken Leopoldina-Präsidenten Friedrich VON WENDT (1738-1818) verantworteten 9. Band der *Nova Acta*, der 1818 erschien. NEES hatte für diesen Band letztlich vergeblich einen Verleger gesucht und schließlich den Präsidenten von der Finanzierung aus der Akademiekasse überzeugt („auf eigene Kosten"). WENDT konnte aber das überwiegend fest angelegte Vermögen nur zum Teil locker machen, so dass NEES einen Großteil der Rechnung aus seinen eigenen Mitteln begleichen musste. Die Finanzierung der *Acta* seitens der Leopoldina wird in NEES' Briefen aus seiner Präsidentenzeit ein Dauerthema sein (vgl. hier z.B. Brief 33 und 34 sowie die Korrespondenz zwischen NEES und Minister ALTENSTEIN [Nees/Altenstein 2008ff.]; Übersicht zu den begrenzten Ressourcen der Leopoldina Röther 2009, Bd. 1, 40-50). Eine dauerhafte Herausgabe der *Acta* aus Eigenmitteln ist insofern angesichts fehlender (sicherer) Einnahmen sehr optimistisch gedacht.

In Würzburg: Wahrscheinlich hat der Kreis um NEES in DÖLLINGERs gastlichem Haus Silvester gefeiert, vgl. Brief 3.

Der Herr Hofgärtner ... die Astern: Gemeint ist Anton HELLER, der Bruder von Franz Xaver HELLER, dem damaligen Direktor des Würzburger botanischen Gartens. In der „Ankündigung" einer Monographie der krautartigen Astern (die wegen des Aufwands noch viele Jahre auf sich warten lassen würde: Nees 1833) dankt NEES am 01.01.1818 u.a. dem „Herrn Hofgärtner Heller zu Würzburg", durch dessen Güte „bereits die meisten der in den europäischen Gärten angezogenen Arten in meiner Nähe versammelt und von mir seit mehreren Jahren im frischem Zustande beobachtet und beschrieben worden" (Nees 1818a, 127). Auch in seiner Synopsis von 1818 erwähnt NEES mehrfach den Hofgarten in Würzburg (*hortus aulicus Herbipolitanus*): Nees 1818c, 22, 23, 25, 29. NEES hatte etwa ab 1804 in seinem Garten in Sickershausen eine Asternsammlung für pflanzensystematische Untersuchungen angelegt, die Anton HELLER durch Pflanzen- und Samensendungen sowie durch die Einrichtung der Anlage maßgeblich unterstützte; später übernahm er die Sammlung für seinen Hofgarten, vgl. Flora 2 (1819), 520-524. Ursprünglich war auch ein Tafelband geplant: „Ohne Abbildungen bleibt aber diese interessante Pflanzengattung immer dunkel und darum wünschte ich, meine Monographie mit Kupfern auszustatten. Mein Freund D'Alton zu Wertheim will mir seine kunstreiche Hand zur Ausführung dieses Plans bieten" (Nees 1818a, 127); diese Pläne haben sich jedoch zerschlagen: Auch Nees 1833 ist schmucklos und reiner Text, obwohl Illustrationen erhellend wären (siehe hierzu umseitig den Vergleich von Beschreibung und Foto). Vgl. Nees/Altenstein 2009b, 28-29, und Nees/Altenstein 2008, 206-208.

die Mainbernheimer: Neben Familie LAUBREIS auch Familie MAYER (vgl. Brief 6) Mögliche weitere Bekannte von dort sind bisher nicht identifiziert.

Mein Bruder: Theodor Friedrich Ludwig NEES VON ESENBECK, der sich zu dieser Zeit auf seine Prüfung vorbereitete, vgl. Brief 6.

178   Sect. I. *Asteres genuini.*

lbricatum laxumve, foliolis inappendiculatis (i. e. disco herbaceo apicem versus non amplificato). Clinanthium scrobiculato-alveolatum, marginibus minute denticulatis. Stigmata pedicello semicylindrico multo breviora, ovata, acuta. Pappus duplex: exterior brevis, biserialis, inaequalis, radiis filiformi-setaceis; interior pluriserialis, radiis maioribus apice incrassatis incurvis.

Herbae Americae septentrionalis et Japoniae perennes, erectae, polyphyllae. Caulis multangularis vel striatus. Folia in petiolum brevem angustum discretum desinentia, integerrima vel (rarius) serrata, subtriplinervia, nervis lateralibus undetim cum ramulis costae connexis. Areolae retis interiecti minutae. Inflorescentia corymbosa. Radius constans e ligulis mediocribus non confertis, albis vel lilacinis.

Adnot. 1. Species hae, ut ex citato *Astere amygdalino* Lam. apud Cassinium l. c. patet, typum characteris succedanei, in Lexico doctrinarum naturalium XXXVII. p. 486. a celeberrimo auctore propositi, exhibuerunt. Ego autem pace tanti viri fecisse puto, cum in tanta adspectus universalis discordia, Asterum istiusmodi herbaceorum, regionibus septentrionalibus adscriptorum, characteres communes, tametsi per se soli considerati flocci haberi possint, dignos duxerim, quorum ope genus constituerem huiusce tribus, a quovis gnaro primo intuitu omnique aetatis stadio distinguendum certissimaque ista probatione confirmandum.

Adnot. 2. Doellingerius, Regi Bavariae a Consiliis aulicis, Anatomiae et Physiologiae in universitate litterarum Monacensi P. P. O., Botanices cultor fautorque, cum ad Asterum examen et culturam animum convertisset, studia mea adiuvavit consiliique monographiae excolendae auctor et suasor extitit.

1. Doellingeria umbellata N. ab E.

D. foliis oblongo-lanceolatis, caule angulato scabro apice corymboso-composito, periclinio imbricato.

Chrysopsis amygdalina *Nutt. Gen. Am.* II. p. 155. n. 16. Aster umbellatus *Ait. H. Kew.* III. p. 199. — *Synops. Ast.* p. 17. — *Willd. Sp. pl.* III. 3. p. 2080. n. 45. *En. H.*

VIII. *Doellingeria.*   179

Ber. II. p. 881. *Link En.* II. p. 329. n. 4017. *Horn. H. Hafn.* II. p. 813. n. 13. *Hoffm. Phytogr. Bl.* p. 74. t. B. f. 2.

Aster pallens *H. Gott. in Hb. Meyer.*

Variat foliis angustioribus lanceolatis et latioribus oblongis.

Crescit ad fluminum ripas et in paludibus a Canada ad Carolinam usque. Floret Septembre et Octobre. ♃. V. v. c. et sicc. spont.

Caulis angulis muricato-exasperatis haec species inter confines optime dignoscitur.

Folia primordialia complura, semiunguicularia, lanceolata, sessilia, alterna, erecto-adpressa, purpurascentia; tum alia maiora, etiam sessilia, patula. — Calathia mediae magnitudinis, radio albo.

2. Doellingeria amygdalina N. ab E.

D. foliis oblongis, caule angulato glabro apice corymboso-composito, periclinio laxo.

Aster amygdalinus *Lam. Enc. méth.* I. p. 305. n. 24. *Poir. Enc. méth. Suppl.* I. p. 495. n. 49. (excl. syn. *A. umbellati*). *Mich. Fl. bor. Am.* II. p. 109. *Hort. Par. in Herb. Nestl.* — *Pursh. Fl. Am. sept.* II. p. 549. n. 28. *Pers. Synops.* II. p. 443. n. 56? *Spr. S. Veg.* III. p. 580. n. 68?

Diplostephium amygdalinum *Cass. in Dict. des sc. nat.* XXXVII. p. 486?

Chrysopsis humilis *Nutt. Gen. Am.* II. p. 155. n. 15. (excl. syn. *Ast. corniifolii* Mühlenb. et *Ast. infirmi* Mich.)

Aster humilis *Synops. Ast.* p. 17. — *Willd. Sp. pl.* III. 3. p. 2088. n. 63. *Hort. Ber.* t. 67. *En. H. B.* II. p. 883. *Link En.* II. p. 329. n. 4018. *Pers. Synops.* II. p. 445. n. 76. *Pursh. Fl. Am. sept.* II. p. 548. n. 27.? *Willd. Herb. Poir. Enc. méth. Suppl.* I. p. 494. n. 62. (ex Willd.)

Aster divaricatus *Spr. S. V.* III. p. 529. n. 56. (excl. synon. *A. divaricati Lin.* et *A. infirmi Mx.*)

Aster umbellatus *H. Gott.* (Meyer.)

                                                 12 *

Beschreibung der nach NEES' Würzburger Freund Ignaz DOELLINGER benannten Asternart *Doellingeria* in Nees 1833, 178-179

Doellingeria umbellata

Brief 8
Nees an Baer, Sickershausen, 11. Februar 1817

Nachweis: UB Gießen, Nachlass BAER, Bd. 16.
Seiten: 1 Seite + Anschrift auf der Rückseite.
Format: 1 Blatt, ca. 21 x 24 cm.
Zustand: Text am linken und oberen Rand nachgetragen, deshalb nur kleiner recht-
eckiger Zweizeilen-Stempel „Bibl. d. L. U. Gießen"; die Schrift der Vor-
derseite schlägt durch; Textbeschädigungen am rechten Rand durch Ausrei-
ßung; Siegelreste, Wachstropfen und Flecken auf der Anschriftseite;
Schriftbild flüchtiger und häufigere Verschreibungen als sonst.

[S. 2]
Herrn Doctor Carl von Baer,
Hochwohlgebohrn
zu
Berlin.
Mittelstraße, N° 62.
2. Treppen hoch
[darüber Poststempel:]
R. 3. Kitzingen
11 Feb. 1817.
[Links von der Anschrift von NEES' Hand] Freŷ
[Postal. Vermerk auf der Rückseite des gefalteten Briefs:] csse tout prix

[S. 1]
Sickershausen den 11ⁿ. Febr. 17.

Ich schreibe Ihnen umgehend, liebster Freund! Ja, es gibt Etwas, was
sichtbar, ich möchte sagen, fühlbar, und greifbar, der Menschen Schicksale
leitet.

Ihr Brief macht mir diese Stelle vor Allen, wie sie Namen haben mögen,
wünschenswerth. Wärs auch nur auf ein Jahr, so würde mich selbst dieses
nicht mehr stören.

Tausend Dank für das, was Sie gethan haben! Um Ihnen Weitläufigkei-
ten zu sparen: bevollmächtige[a] ich Sie hierdurch, für mich, im Fall die Resultate der Antwort des Herrn von Grünewaldt[b] nicht ganz heterogen sind,
das heißt, meine Lage in ein völlig entgegengesetztes Licht stellen, (was ja
kaum möglich) unbedingt zuzusagen, und die Sache so fest, als möglich,
zu machen, daß ich auf der Stelle hier die Maaßregeln zur Freŷmachung
treffen kann, was vielleicht Aufenthalt geben[c] kann; doch werde ich, da ich
wenig oder gar nichts mit mir nehme, als Bücher, nicht einmal nöthig ha-

ben, abzuwarten, bis Alles in München beendet[d] ist, sondern den Abzug als
Reise behandeln, den Auswanderungsschein aber durch Freunde betreiben
lassen.

Wahrscheinlich gehe ich dann mit Ihnen nach Petersburg. Sechs Worte
werden Ihnen dann, wenn ich Sie sehe, das Verständniß geben, wie <u>viel</u> Sie
für mich gethan haben, und wie ich Ihren Briefen in gewisser Hinsicht
mein Leben danke. Es ist zwar an sich nicht viel; denn ein Leben mehr
oder weniger zählt im Universum nichts, und ich lege auf das meinige[e]
auch keinen großen Werth; so lange man sich aber noch fühlt, noch Kraft
und Muth und Lust zum Wirken und Empfangen in sich spürt[f], gibt man's
nicht gern auf; und thut, glaube ich, auch um Anderer willen, wohl daran.

Herr von Grünew.[g] soll seine Wahl nicht bereuen! Hier gebe ich Ihnen
die Hand darauf, mit festem Willen. Ich bin kein schlechter Arzt. Was ich
bin, widme ich ihm. Chirurgie liebte ich nie sehr, da bin ich also auch mehr
aus der Übung. Doch solls wieder gehen.

Mit Ungeduld sehe ich Ihrer Antwort entgegen. <u>Thun Sie</u>, was Sie können! Ich weiß es, Sie thun's, und das Schicksal wird es schon fügen[,][h] daß
ich vergelten kann.

Nächstens schreibe ich Ihnen über andere Gegenstände einen Brief, worin gar nichts von dieser Sache steht. Ich will damit meine Ungeduld etwas
hinspinnen, bis wir uns sehen. Lisette grüßt.

Der Ihrige

Dr. Nees v. Esenbeck

[Auf dem oberen Rand, 180° entgegen der Schreibrichtung des Briefes]
Wie werde ich mit dem Estländischen des Volks zurecht kommen?

[Am linken Rand der Seite]
Ihr Einfluß vermag vielleicht Etwas, daß Herr[i] v. Gr., der Vater, die Organisation der ärztlichen Stelle nicht etwa bis zur Rückkehr des Sohns ver-
schieben will, wobey ich alles verlöre! Geben Sie, Namens meiner, das
Versprechen, daß ich nach der Ankunft meines Nachfolgers, der Familie
des Guthsherrn durch keinerley Bitten lästig seyn w[ill.]

Anm.: [a] – davor „bef" getilgt; [b] – aus „Grünwaldt" korrigiert; [c] – „machen" gestrichen,
„geben" darüber geschrieben; [d] – „festgemacht" gestrichen, „beendet" darüber geschrieben; [e] – „meinige" geändert aus „Meinige"; [f] – davor „s" getilgt; [g] – aus „Grünw."
korrigiert; [h] – Tintenklecks über dem Komma; [i] – davor „der" getilgt.

Kommentar:

csse tout prix: „Schnellstens um jeden Preis".

des Herrn von Grünewaldt: Johann Georg VON GRÜNEWALDT (1763-1817). Die GRÜ-
NEWALDTs (auch GRUENEWALDT) sind eine bedeutende deutschbaltische Adelsfamilie, die eine Reihe wichtiger Positionen besetzte, so war z. B. der älteste Sohn Johann (Ivan) Christoph Engelbrecht VON GRÜNEWALDT (1796-1862) 1830-1836 Ritterschaftshauptmann der estnischen Ritterschaft und 1842-1859 Gouverneur Estlands. Die Familie wird weiterhin im Geschlechtsregister geführt. Das Material zur
Familiengeschichte ist noch nicht aufgearbeitet (Jürjo 1993 zum Gutsarchiv bzw.
Gutsbriefladen von Gut Koik, heute Koigi). Gut Koik lag damals im Kirchspiel St.
Petri, Kreis Jerwen, heute Gemeinde Koigi in Järwamaa. Im klassizistischen Hauptgebäude sind seit den 1920er Jahren Schulräume untergebracht; es wird teilweise
auch für Seminare vermietet: vgl. http://www.mois.ee/deutsch/jarva/koigi.shtml
(20.07.2012).

Hauptgebäude von Gut Koik (1771)

Alles in München beendet ... Auswanderungsschein: Zunächst zuständig für Ausreise-
genehmigungen war im Fall des Wohnsitzes Sickershausen zunächst das General-
kreiskommissariat des Untermainkreises in Ansbach als Mittelbehörde; diese konnte NEES einen Reisepass ausstellen. Bei Auswanderung und Vermögensexportation
war allerdings das Ministerium des Äußeren in München die oberste Entschei-
dungsinstanz: Frötschner 2000, 13. NEES' Verzicht auf die Mitnahme von Geld oder
Preziosen würde so die offizielle Erlaubnis beschleunigen.

nach Petersburg: Offenbar stand für BAER schon im Winter fest (und seine Freunde
wussten davon), dass er im Anschluss an seinen Berlin-Aufenthalt vor seinem

Dienstantritt in Königsberg im Sommer 1817 erst noch seine Familie in Estland besuchen wollte.

BAER-Gedenkstein in seinem estnischen Heimatort Piep/Piibe

über andere Gegenstände: NEES meint hier, wie aus Brief 9 hervorgeht, den tierischen Magnetismus.

mit dem Estländischen des Volks: Vor dem Russischen hatte NEES offenbar keine Angst. Es ist überhaupt fraglich, ob und inwieweit die einfachen Leute als seine Klientel in Betracht kamen.

bis zur Rückkehr des Sohns: Die Familie gehörte zum persönlichen Bekanntenkreis BAERs. Im Familienarchiv der VON GRÜNEWALDTs ist ein (offenbar nicht persönlich zugeordnetes) Tagebuch über die in diesem Brief angedeutete Reise (1815-1818) durch Deutschland und Italien aufbewahrt (Jürjo 1993). Der spätere Forschungsreisende Otto Magnus VON GRÜNEWALDT (1801-1890) (vgl. Brief 21) kommt hierfür nicht infrage. Vermutlich handelt es sich um einen seiner älteren Brüder, wahrscheinlich um den oben erwähnten Johann Christoph Engelbrecht als für Organisatorisches verantwortlichen Erben des Guts; grundsätzlich möglich wäre auch Moritz Reinhold (1797-1877): Zur Genealogie der GRÜNEWALDTs http://www.geni.com/people/Otto-von-Gruenewaldt/6000000013581036275 (07.06. 2012).

Brief 9
Nees an Baer, Sickershausen, 13. Februar 1817

Nachweis: UB Gießen, Nachlass BAER, Bd. 16.
Seiten: 3 Seiten + Anschrift auf der Rückseite von S. 3.
Format: 1 Briefbogen, ca. 42 x 24 cm, in der Mitte gefaltet.
Zustand: Stempel „Bibliothek der Ludwigs-Universität Gießen" auf S. 1, mehrere
           Tintenkleckse, Siegelreste auf der Anschriftseite

[S. 4 = Rückseite von S. 3]
Herrn Doctor Carl von Baer,
Hochwohlgebohrn
zu
Berlin.
Mittelstraße, N$^{o.}$ 62. Zweŷ
Treppen hoch.
[Poststempel]
R. 3. Kitzingen.
13 Feb. 1817.
[Links davon von NEES' Hand:] Freŷ Grenze

[S. 1]
                                    Sickershausen den 13^{n}. Febr. 17.

In dem Augenblick, wo ich Lisetten sage, daß ich Ihnen schreiben werde,
und einen Brief über Wolfart etc im Sinn habe, theilt sie mir, in dem sie
mir die Einlage übergibt, Etwas mit, was mich zwingt, um ungeheuren
Mißverständnissen vorzubeugen, meinem jüngsten Brief diese Zeilen
nachzujagen.
    Von gewissen Dingen sollte man nur sprechen, und zwar schnell, hin-
werfend, mehr zum Errathen, als zum Auslegen. Aber wenn sie ins bürgerliche Verhältniß einzugreifen drohen, muß doch die nöthige Aufklärung
erlaubt seŷn, so bitter sie auch eingeht.
    Dieses entschuldige mich, daß ich Sie, mein lieber Freund, mit einer
Vertraulichkeit belästige, die fast stets übel angebracht ist, und mir besonders in der Ausübung sehr schwer wird. Ich nenne Sie^{a}, indem ich die
flüchtigen Worte hinwerfe, meinen treuen, <u>jungen</u> Freund, und halte Sie
gerührt bey der Hand.
    Die Ritterthat, deren Lisette erwähnt, ist eben das, was ich durch Wegei-
len umgehen, vielleicht vermeiden wollte. Mein Brief zeige sie eher an, als
Pander sie Ihnen mittheilen kann, damit Sie*^{b} sehen, daß ihr Erfolg, wie er

ausfalle, auf meine Bewerbung keinen Einfluß hat, daß ich sie nur noch um so sehnlicher verfolge, je mehr ich allein stehe, daß ich sie um so eifriger durch Verdienste zu rechtfertigen suchen werde, je mehr mir Pflichten anderer Art nun^c aufgeladen werden.

Sie haben Lisettens Vertrauen. Sie hat mir's entdeckt. Sie wissen also durch sie^d selbst, wie sie sich gegen mich gestellt hat. Ich sage: Es wird nicht ganz so, wir stemmen uns eigentlich doch nicht. Doch das gehört nicht hieher.

Gestern ist Lisette mit Franzisken abgereist. Nicht, um uns beyde^e zu trennen, sondern um sie mir <u>zurückzugeben</u>. L. hat sich förmlich, doch ohne Förmlichkeiten, von ihr geschieden^f. Er <u>kann</u> keine weiteren Ansprüche auf sie machen wollen, denn dieses ist theils^g gegen seine Wünsche, theils gegen wohlgegründete Verhältnisse.

[S. 2 = Rückseite von S. 1] Dieses ist die Hauptsache, worauf es hier^h ankommt, denn der, dem ich diene, und der, der mich empfielt, dürfen beÿde keinen Fleck und keine Bande im Auslande mit dem neuen Ankömmling sich zuziehen. Es ist aber aufs Bestimmteste dafür gesorgt, und Sie dürfen kühn, ja, Sie sollen, wenn Sie meiner Bitte folgen, gegen Jedermann von meinem häuslichen Verhältniß schweigen.^{i}

Ich gebe Ihnen das Wort eines Mannes, der die Ehre kennt, dass keine Spur unangenehmer Nachzüge an mir haftet.

Ob Franziske mit mir zieht? – Ich weiß es noch nicht, aber sie wird, <u>wenn sie will</u>.

Wenn Lisette folgt: so folgt sie <u>freÿ</u>, als treue Freundin, durch eine alte Macht von mir gedrängt, dem Leib nach, doch wahrlich nicht dem Geiste nach. Auch ihr muß daher das fremde Land willkommen seÿn. Ich hoffe dort durch Fleiß und Thätigkeit wohl fort zu kommen. Lisette hat Vermögen, ob gleich dieses in unserer Ehe sehr vermindert worden ist. Mit mir steht es eben so. Ich kann mich daher für den Augenblick ducken, und bey einem Einkommen, wie es Ihre Vermittlung verspricht, Franzisken leisten, was ich ihr schuldig bin. Dieses Erfolgs^j bin ich um so gewisser, da ich weiß, wie ich mich ganz mit allen Kräften auf das zu werfen pflege, was ich ergreife.

Ist es Ihnen möglich: so verschweigen Sie Lisetten alle Vermuthungen, die Sie aus meinen obigen Äußerungen etwa ziehen könnten. Ich wünsche dieses bloß, weil ich <u>in das, was reine Sache der Großmuth von ihrer, der Liebe von meiner Seite ist, oder scheint</u>^{k}, <u>nicht gern die fremde Maschinerie des äußern Lebens mischen möchte</u>. Gewiß, wenn Sie diese Stelle zweÿmal lesen, liegt ein Siegel auf Ihren Lippen, derweil^l Sie leben.

Und nun, liebster Freund, erschrecken Sie doch ja nicht vor den Ansprü-
chen, die so viele Interessen in einem einzigen Wunsche auf Ihre Theilnahme machen! Es ist gut, früh in die Verhängnisse der Menschen geblickt
zu haben, und das Urtheil beherrschen zu lernen, [S. 3] das^m nach unrichti-
gen Vordersätzen, oder gar aus dunklen Beziehungen, auf die practischen
Lebensverhältnisse, und auf die wechselseitige Hülfe und Tröstung influiren will.

Mein nächster Brief wird endlich doch einmal wieder die Intelligenz berühren können. Heute habe ich Eile.

Wenn Pander ihnen harte Urtheile über^n mich oder Lisetten u. Franzisken mittheilt, so warnen Sie doch freundlich vor Voreiligkeit. Ich handle, wie ich muß, Lisette wie ein edler Geist will, ohne alle Rücksicht, selbst
ohne die Ahnung, daß es anderer Mächte, als der allmächtigen Liebe be-
dürfe, um das Loos des Lebens zu bestimmen.

Leben Sie wohl. Gott lasse Ihre Bemühungen für mein Unterkommen
gedeihen und mich bald gute Nachrichten von Ihnen hören. Diese will ich
jetzt doch abwarten, ehe ich wieder schreibe. Ich plage Sie sonst zu sehr.

Franziske weiß jetzt noch nicht, daß Sie sich für mich verwenden, aber
sie vermuthet es. Ich habe ihr bloß durch Lisetten sagen lassen, daß ich
Aussichten nach Rußland habe. Sie schweigt zu Allem, und ich weiß noch
nicht, ob sie mir folgen wird. Doch hoff' ichs. Auf diese persönliche Über-
raschung spielte ich an, als ich neulich schrieb[.]

Die Wertheimer lassen Sie herzlich grüßen! Sie stehen dort in sehr gutem Andenken. Am 9^n. waren wir dort auf einem Ball. Da wußt ich noch
nicht das Mindeste von dem, was vorging. Erst gestern entschied es sich
plötzlich vor meinen Augen.

Ihr

Dr. Nees v. Esenbeck.

Anm.: ^{a} – „Sie" korrigiert aus „sie"; ^{b} – mit Stern hierzu Fußnote am Seitenende eingefügt: „aus der besten Quelle schöpfend"; ^{c} – geändert aus „dadurch"; ^{d} – davor „S" getilgt; ^{e} – „beyde" nachträglich eingefügt; ^{f} – geändert aus „getrennt"; ^{g} – davor „he"
getilgt; ^{h} – „hier" über der Zeile eingefügt; ^{i} – am linken Seitenrand ein Haken √ zur
Hervorhebung; ^{j} – „Erfolgs" nachträglich eingefügt; ^{k} – „oder scheint" nachträglich
eingefügt; ^{l} – aus „weil" korrigiert; ^{m} – geändert aus „daß"; ^{n} – davor „oder" getilgt; ^{o} –
„u. Franzisken" nachträglich eingefügt; ^{p} – geändert aus „sie"; ^{q} – Aus „entschieds"
korrigiert.

Kommentar:

einen Brief über Wolfart etc: NEES wollte den am Ende von Brief 8 angekündigten sachbezogenen Brief schreiben, und zwar über laufende Arbeiten zum Magnetismus.

die Einlage: Nicht erhalten.

die nöthige Aufklärung: Der Brief ist ziemlich wirr und keinesfalls klärend: NEES selbst agierte in verschiedene Richtungen (traf auch Vorbereitungen für eine Karriere in Deutschland), und mit den beiden betroffenen Frauen waren die Pläne nicht abgestimmt. Offenbar wusste BAER aber bereits einiges, evtl. von Elisabeth NEES und PANDER (s. u.), so dass er mit Abkürzungen und Andeutungen vielleicht mehr anfangen konnte als heutige Leser; allerdings ist von möglichen „Mißverständnissen" und weiter unten von „Vermuthungen" die Rede: NEES geht also – sicher zu Recht – davon aus, dass BAER nicht alles verstehen konnte. Dieser Brief ist exemplarisch zitiert bei Röther 2009, 113; nur kursorisch zu dieser Liebesaffäre auch Bohley 2003b, 40-42.

jungen Freund: NEES war 16 Jahre älter als BAER.

Ritterthat: Unklar. Die einzige „Rittertat", die den Namen verdienen würde, wäre eine Beendigung der Affäre gewesen. Vielleicht hatte NEES Sorge, dass BAER von seinen zweigleisigen Bemühungen erfuhr und sich düpiert fühlte.

gegen mich gestellt: Wahrscheinlich weniger im Sinne von „Opposition", sondern von „Position beziehen".

mit Franzisken: Gemeint ist hier nicht ihre kleine Tochter Franziska, sondern NEES' damalige Geliebte, die auch in den Briefen 11 und 12 namentlich erwähnte Franziska LAUBREIS. Diese „Abreise" sollte wohl der Aussprache dienen und spricht für eine große Toleranz seitens Elisabeth NEES.

L. hat sich förmlich ... von ihr geschieden: Andreas LAUBREIS, Ehemann von Franziske, die wohl mit „ihr" gemeint ist. Das Ehepaar hat sich zunächst kurz getrennt, eine offizielle Scheidung war aber nicht angestrebt und wurde auch späterhin nicht verfolgt.

wohlgegründete Verhältnisse: So „wohlgegründet" ist die Situation keineswegs, wie NEES behauptet, und dies zeigen schon die nächsten Sätze: Auf keiner Seite sind die Familienverhältnisse geklärt, und die Russlandpläne wurden einseitig von NEES geschmiedet.

keine Bande im Auslande/keine Spur unangenehmer Nachzüge: Da ist vieles vorstellbar, von der verlassenen Ehefrau über den betrogenen Gatten bis hin zu den unversorgten Kindern. NEES rechnet hier mit enormer Großzügigkeit der jeweiligen Partner.

Ob Franziske mit mir zieht/ich weiß noch nicht, ob sie mir folgen wird: Dass NEES allen Ernstes ohne Not allein nach Estland ziehen und seine Forschungen aufgeben wollte, scheint wenig glaubwürdig. Wahrscheinlich ging es ihm mehr darum zu betonen, dass er keinen Druck ausgeübt hat und ausübt.

Wenn Lisette folgt: NEES stellte sich tatsächlich eine *ménage à trois* als ideale Lösung vor.

wahrlich nicht dem Geiste nach/wie ein edler Geist: Elisabeth NEES hat auf ihre Umgebung durchweg den Eindruck einer gebildeten und feinsinnigen Dame gemacht: So nennt sie BAER z.b. eine „geist- und gemüthreiche Frau" (Baer 1866, 201).

Vermögen, ob gleich ... in unserer Ehe sehr vermindert: Diese Einschätzung bedeutet nicht, dass sich NEES aus Geldnot um eine Stellung, sei es in Russland oder in Erlangen, bemühen musste, wie z.b. in NDB 19 (1999), 26, oder bei Bohley 2005, 372, angedeutet. Bei Röther 2006, 88, und Röther 2009, 130, wird zu Recht darauf hingewiesen, dass NEES als Akademiepräsident bedeutende Eigenmittel eingebracht bzw. vorgeschossen hat.

Siegel auf Ihren Lippen: Es wäre für NEES' Karrierepläne in Deutschland fatal gewesen, wenn seine Sondierungen in Richtung Russland bekannt geworden wären. Er konnte sich in der Tat auf BAERs Diskretion verlassen.

influiren: „Einfluss nehmen".

Mein nächster Brief: Brief 10 handelt tatsächlich wieder von Botanik.

Pander: PANDER hatte durch seine Arbeiten in Sickershausen natürlich direkte Einblicke in die Familienverhältnisse und war Elisabeth NEES besonders eng verbunden.

Die Wertheimer: Gemeint sind hier D'ALTON und seine Familie, die 1817/1818 in Wertheim wohnten. Außerdem kannte NEES auch den Hofrat August Wilhelm Eberhard Christoph WIBEL; die beiden Ehefrauen waren Schwestern (vgl. bereits Brief 6 sowie Zwiener 2004, 6). In Brief 39 ist von weiteren Wertheimer Bekannten die Rede: Franziska LAUBREIS stammte von dort, und NEES verkehrte auch mit ihrer Familie BREIS(S)KY (vgl. später noch Brief 39). Zur Zeit dieses Briefes war Wertheim als Hauptstadt des badischen Main- und Tauberkreises und Standesherrschaft der Fürsten und Grafen VON LÖWENSTEIN-WERTHEIM mit einem Bergschloss und zwei Residenzschlössern sowie „3230 größtentheils lutherischen Einwohnern" ein lebhaftes Wirtschafts- und Handelszentrum für die Region, vgl. Stein 4. Bd. (1821), 1026.

Am 9ⁿ. ... auf einem Ball: Anfang Februar war noch Karneval- und damit Ballsaison.

Da wußt ich noch nicht das Mindeste ... Erst gestern entschied es sich: Unklar, was am 12. Februar Neues passiert ist, möglicherweise der eingangs erwähnte Streit mit der Ehefrau.

NEES' Rittergut in Sickershausen („Schlössle"), Garten. Undatierte Fotografie (um 1900?)

Brief 10
Nees an Baer, Sickershausen, 09. März 1817

Nachweis: UB Gießen, Nachlass BAER, Bd. 16.
Seiten: 2 Seiten, ohne Anschrift.
Format: 1 Blatt, ca. 21 x 24 cm.
Zustand: Stempel „Bibliothek der Ludwigs-Universität Gießen" auf S. 1.

[S. 1]
                                        Sickershausen den 9^n. Merz 17.

Lieber Freund!

Da die Statuten der Gesellschaft correspondirender Botaniker fertig sind,
und ausgetheilt werden sollen: so will ich ihnen doch ein Paar Zeilen beý-
legen, ungeachtet Sie an zweý meiner früheren Briefe genug^a zu lesen gehabt haben werden. Dafür stehe hier von dem Inhalt derselben kein Wort,
als daß mein Wunsch, mein Bedürfniß, mein^b Vertrauen noch dieselben,
wo möglich noch stärker, sind, und daß ich mit Verlangen, und nicht ohne
eine verzeihliche Unruhe, Ihrem nächsten Brief entgegen sehe.

Ich wünsche herzlich, daß die Idee unserer Statuten, die Sie^c nun genauer zu beurtheilen im Stande sind, Ihren Beyfall habe, und uns ein <u>möglichst</u>
thätiges Mitglied an Ihnen erwerben möge^d. Wenn nur von vielen Seiten
her <u>oft</u> Etwas zur Belebung des Interesses für Botanik geschieht, so läßt
sich das Institut einem wohleingerichteten Windofen vergleichen, den ein
guter Aufseher gehörig mit Kohlen versorgt. Der Silberblick muß endlich
kommen.

Ich bin jezt wieder sehr in Activität, und räume gleichsam auf, um so
wenig, als möglich, literarische Schulden zu hinterlassen. Die^e Verhandlungen der L. Car. Akademie der Naturforscher habe ich nun zum Druck
und Commissionsverlag verdungen, und denke^f, bald den Druck anfangen
zu lassen. Die Materialien sind geordnet. Es kann also ein Anderer fortfahren.

Martius Flora rückt auch dem Ziel nahe. Ich mache noch eine kleine
Vorrede zu der seinigen, und ordne etwas im Conspectus. Sein Manuscript
ist in der schönsten Ordnung.

Für das 2e Heft des Archivs für th. M. schreibe^g ich jezt wieder ein Paar
Rezensionen. Das erste werden Sie haben. Tritschlers Beobachtung ist das
Beste^h darin. Schreiben Sie mir doch, wie sich Wolfarth über unsere Arbei-
ten äußert. <u>Ihm</u> denke ich im $3.^n$ Heft sein Recht angedeihen zu lassen, und

dazu nuzte mir Ihr Brief sehr viel. Darum herzlichen Dank dafür! Bey Beurtheilung magnetischer Wirkungen muß man [S. 2 = Rückseite] den Menschen ansehen[i], und um die Vorstellungen eines Andern von dem Magnetismus zu begreifen, muß man seine Frau oder seine Geliebte kennen. Darum schwatzen und raisonniren wir alle so in den Tag hinein jeder über den
Andern, und keiner weiß, wovon die Rede ist. Wolfarth[j] ist, wie Tritschlers
Knabe. Er hält im Hellsehen den Magnetiseur für seine Mutter. Von diesem Standpuncte aus werden Sie sehen, daß ich, ganz in schlichten und
gemeinen Worten, sein Buch würdige und erläutere. Ich meine aber Mesmers Schrift mit.

Von Herrn Panders Tafeln habe ich nun 2. Proben gesehen. Er schickte
mir von der einen ein Exempl[ar]. Der Stich ist sehr zart, und strebt nach
dem Ausdruck des Eŷartigen. Ich weiß mich nicht rühmender darüber aus-
zudrücken. Jetzt sind's 14. Tage, als ich in Würzb[urg] war. Stahel hatte
mich und Lisetten zum Essen geladen. Herr Pander ging mit uns ins Theater[.]

Haben Sie nicht noch eine bot. Reise von Raab ins[k] Chamouni unter Ihren Papiren oder wissen sich doch zu erinnern, wo sie hinkam? Sie lasen
Sie noch zuletzt bey mir, und nun, will sie sich nicht finden. Es ist die, in
welcher die Solana, littorale u. Dulcamara, unterschieden wurden. Meine
Moose habe ich nun bald geordnet, und lege Einiges für Sie zurück.

Ich habe den Plan, in unsere Verhandlungen Abhandl. in allen abendlän-
dischen Sprachen (die slavischen also abgerechnet) aufzunehmen. Dieses
zur Notiz, wenn Sie von Jemand hören der in den nordischen (schwedisch,
dänisch, engl.) Sprachen, oder im Neugriechischen etwas geben würde.

Lisette grüßt herzlich.

Ihr

Nees v. E.

[Nachtrag links unten:]
Herrn Professor Link empfehlen Sie mich.
Erzählen Sie ihm von unseren Verhandlungen, und lassen Sie den Wunsch
fallen, daß er auch Etwas in diese Sammlung geben möge. Er hat wohl vielen Vorrath.

Anm.: [a] – davor „auch" gestrichen; [b] – „mein" aus „meŷn" korrigiert; [c] – „Sie" aus
„sie" korrigiert; [d] – davor „werde" gestrichen; [e] – „Die" aus „Dien" korrigiert; [f] –
„denke" aus „drucke" korrigiert; [g] – davor „m" gestrichen; [h] – aus „Beßte" korrigiert; [i]
– „ansehen" über gestrichenem „kennen" eingefügt; [j] – aus „Wohlfarth" korrigiert; [k] –
davor „nach" gestrichen.

Kommentar:

Statuten der Gesellschaft correspondirender Botaniker: Statuten 1817; Röther 2006; Röther/Feistauer/Monecke 2007; Röther/Monecke 2008.

zweŷ meiner früheren Briefe: Vermutlich Brief 8 und 9 mit ihren kryptischen Andeutungen.

Windofen: Schmelzofen ohne Gebläse, bei dem durch das entzündete Feuer selbst ein Luftzug entsteht, der wiederum das Feuer anfacht und die erforderliche Hitze erzeugt. Die Metapher soll die Hoffnung auf eine selbst tragende Entwicklung ausdrücken, nachdem nun ein Anstoß gegeben ist.

Silberblick: Augenblick in der Gewinnung von Silber aus Bleierzen: Der im vorausgehenden Satz angedeutete Luftstrom wird durch Bleischmelze (Reichblei) geleitet und lässt das Blei darin zu Bleioxid oxidieren, während das Silber unverändert bleibt. Durch ständiges Ableiten des Bleioxids wird das Blei nach und nach entfernt, bis schließlich unter der letzten Oxidschicht das Silber leuchtend sichtbar wird. BAER schildert eine solche eindrucksvolle Beobachtung, die er in Annaberg (auf dem Weg von Würzburg nach Berlin im Herbst 1816) machte, „an einer Masse von mehreren tausend Pfunden": Baer 1866, 208.

Druck und Commissionsverlag: Gemeint ist der Buchhändler und Verleger Johann Veit Joseph STAHEL (1760-1832) in Würzburg. Bei STAHEL erschien nur ein Band der *Nova Acta Physico-medica Academiae Caesareae Leopoldino-Carolinae Naturae Curiosorum*: Vol. IX (1818). Dieser und die nachfolgenden weiteren Bände trugen nun auch den Titel *Verhandlungen der Kaiserlichen Leopoldinisch-Carolinischen Akademie der Naturforscher*. Da es eine neue Reihe war, geben manche Bibliographien (schon im 19. Jahrhundert) den Zusatz „Neue Folge" an, obwohl die Titelblätter das so nicht ausweisen. Die folgenden Bände erschienen unter NEES' Präsidentschaft von 1820 (2. Bd.) bis 1831 (7. Bd., 1. Abt.) in Bonn und ab 1831 (7. Bd., 2. Abt.) bis 1858 (18. Bd.) in Bonn und Breslau, dann ab 1860 (19. Bd.) in Jena. Eine kurze informative Darstellung zur Geschichte der Publikationen der Leopoldina geben Kaasch/Kaasch 1995. Der Band IX der *Nova Acta* wurde offiziell noch vom damaligen Leopoldina-Präsidenten Friedrich VON WENDT (1738-1818) herausgegeben. NEES war jedoch bereits 1816 zusammen mit Ignaz DÖLLINGER mit der Redaktion des Journals beauftragt worden: Röther 2009, 28 und Anm. 131.

Ein Anderer: NEES hält BAER gegenüber an seinen Auswanderungsplänen fest.

Martius Flora: Martius 1817b.

kleine Vorrede ... Conspectus: Gemeint ist Nees 1817a sowie dort K. F. Ph. Martius: *Conspectus systematicus plantarum cryptogamicarum sive ordines et genera definiti*, XXXI-LXXVIII.

ein Paar Rezensionen: Nees 1817c und Nees 1817d.

Tritschlers Beobachtung: Tritschler 1817. Über den Praktiker TRITSCHLER ist ansonsten nichts bekannt; Weiteres zur „Beobachtung" siehe unten.

Wolfarth ... sein Recht: Nees 1817f. Ebenfalls im 3. Stück rezensierte NEES J[ohann] A[ugust] KLINGER (Nees 1817g).

Ihr Brief: Es ist anzunehmen, dass BAER sich in diesem nicht erhaltenen Brief ähnlich kritisch äußerte wie viel später in seiner Autobiographie, denn NEES scheint auf distanzierende Äußerungen einzugehen. Obwohl WOLFART als Kapazität in Sachen Magnetismus galt, konnte BAER diese Begeisterung nicht teilen. Schon in Würzburg hatte er Betrügereien auf diesem Gebiet feststellen müssen (Baer 1866, 210-211), und indem er versuchte, für sich nun in Berlin „ein eigenes Urthel über diesen sehr verschieden beurtheilten Gegenstand" zu gewinnen (ebd., 210), musste er feststellen, dass WOLFART in seinen Vorlesungen kritiklos „die Wunderthaten Gassner's, Messmer's und Anderer" vortrug (ebd., 211) und dass der magnetisierte Zustand von „ziemlich viele[n] Personen", der – angeblich mit Händen oder Metallstäben ausgelöst – täglich um 14 Uhr vorgeführt wurde, in verdächtiger Weise einem postprandialen Mittagsschläfchen glich (ebd., 211-212). Die präsentierten Heilerfolge schließlich waren nicht beurteilbar, weil WOLFART sich „nie erkundigte", „ob seine Kranken auch andere Heilmittel gebrauchten, und da seine Klinik nichts kostete, so benutzten sie viele neben andern Heilkünsten" (ebd., 214). BAER spielt hier auf den Landpfarrer Johann Joseph GASSNER (1727-1779) an, dessen Wunderheilungen in den 1740er Jahren in aller Munde waren, zu MESMER s.u. Zur zeitgenössischen Rezeption kritisch Glaser 2008, 11-26.

Tritschlers Knabe: In Tritschler 1817 wird davon berichtet, dass ein Junge infolge eines Traums so erschreckt worden war, dass er psychische und somatische Auffälligkeiten zeigte. Im Verlauf der Behandlung mit Entwurmungsmitteln und Magnetisieren [!] entwickelte er angeblich zeitweise hellseherische Fähigkeiten.

in ... gemeinen Worten: i.S.v. „allgemein verständlich".

Mesmers Schrift: Der damals kürzlich verstorbene Franz Anton MESMER (1734-1815) hatte die Lehre vom „tierischen Magnetismus" begründet und teilweise sensationelle Heilerfolge verzeichnet, war jedoch immer wieder dem Verdacht des Betrugs ausgesetzt gewesen. WOLFART hatte bei ihm in Paris hospitiert. NEES bezieht sich hauptsächlich auf Mesmer 1966 [1814], kannte aber sicher auch Mesmer 2005 [1781].

Franz Anton MESMER (1734-1815).
Stich von Augustin LEGRAND (1765-nach 1815) nach einer Zeichnung von André PUJOS (1738-1788)

Herrn Panders Tafeln: Es handelt sich um die von D'ALTON gefertigten Illustrationen zur deutschen Fassung der Dissertation (Pander 1817b). Vgl. bereits Brief 2 und 3. Die Tafeln selbst enthalten keine Legende, sondern sind von einem Blatt mit schematischen Vorzeichnungen bedeckt, auf denen die entsprechende Legende steht. Stéphane SCHMITT hat dies auf dem Workshop *Graphing Genes, Cells and Embryos* (2007) mit der sich langsam entwickelnden Herausbildung des Keimblattkonzepts in Zusammenhang gebracht: http://www.google.de/imgres?q=christian +heinrich+pander&start=88&hl=de&sa=X&tbm=isch&prmd=imvnso&tbnid= cHfUTwAOnTg4DM:&imgrefurl=http://www.utlib.ee/teadusosakond/konverentsid /graphing_genes/abstracts.htm&docid=UG8WRudFHA68YM&imgurl=http://www. utlib.   ee/teadusosakond/konverentsid/graphing_genes/abstracts_files/file2f2047ee 50f8baa1af256842ae7900ed.jpeg&w=150&h=206&ei=QvYIULTrEMbUtAaxsPT-CA&zoom=1&biw=1280&bih=841 (20.07.2012).

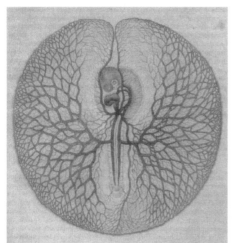 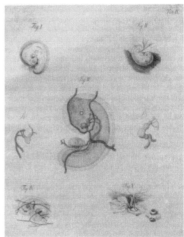

Pander 1817b, Tafel VIII und IX

eine bot. Reise von Raab: Christian Wilhelm Julius RAAB (1788-1835) hatte 1815 zu den Gründern der *Gesellschaft correspondirender Botaniker* gehört und war mit NEES gut bekannt. Hier wird Bezug genommen auf RAABs Exkursionen in die französischen Alpen 1815, die er von seiner Praktikantenstelle in Lausanne aus unternahm. Zur Zeit des Briefes war RAAB nach Franken zurückgekehrt, um das Studium abzuschließen und das Staatsexamen abzulegen. NEES ist auf der Suche nach Raab 1819; ihm lag offenbar bereits das Manuskript vor.

Chamouni: Damals auch „Chamouny", heute nur „Chamonix" (Département Haute-Savoie), Touristenort am Fuß des Mont Blanc.

Solana, littorale u. Dulcamara: Die *Solanum*-Arten gehören zur Gattung der *Solanaceae* („Nachtschattengewächse"). *Solanum dulcamara* L. = Bittersüß, Rankender Nachtschatten, Hinschkraut: Geiger 1843, 560-561; Marzell 1943-1979, hier Bd. 4

(1979), Sp. 351-359. *Solanum littorale* Raab ist eine „seltnere, auf alten Mauern wachsende Form [sc. von *Solanum dulcamara* L., O. R.] mit behaarten Stengeln und Blättern": Geiger 1843, 560. Nees 1820c, 74, korrigiert ein irrtümliches Zitat RAABs, teilt aber dessen Einschätzung als neue Art. Die Bezeichnung *littorale* („am Strand vorkommend") wählte RAAB, weil er diese Form am Ufer des Genfer Sees gefunden hatte: Röhling/Mertens/Koch 1823-1839, hier Bd. 2 (1826), 230. *Solanum littorale* Raab wird heute nicht mehr von *Solanum dulcamara* unterschieden.

Solanum dulcamara.
Aus: Eduard Winkler: *Pharmaceutische Waarenkunde*. Leipzig 1845

Moose: NEES ist in der Biologiegeschichte für seine Arbeiten zu den Lebermoosen bekannt (Nees 1833-1838); die Beschäftigung mit Moosen begann jedoch bereits in Sickershausen, vgl. Hoppe 2006.

unsere Verhandlungen: Es geht um die zukünftige Gestaltung der *Nova Acta Physico-medica Academiae Caesareae Leopoldino-Carolinae Naturae Curiosorum*, zu Skandinavien Brief 40. In den nächsten Bänden sind nur Beiträge in Deutsch und Latein erschienen.

im Neugriechischen: Hier wird, wie auch in der Freundschaft mit den drei griechischen Studenten (vgl. Brief 2 und 3), ein besonderes Faible von NEES für diesen Kultur-kreis sichtbar, das sich auch in die Bonner Zeit transportiert hat (vgl. Brief 38). Er beschäftigte sich selbst mit dieser Sprache (Bohley 2003b, 40) und hätte diese Kenntnisse vielleicht gern einmal erprobt.

Professor Link/Etwas in diese Sammlung geben: LINK hat zwar zu den *Horae Beroli-nenses* (Nees [Hg.] 1820) einen kleinen, achtseitigen Beitrag über Algen beigesteu-ert, aber nichts zu den *Nova Acta*.

Brief 11
Nees an Baer, Sickershausen, 18. April 1817

Nachweis: UB Gießen, Nachlass BAER, Bd. 16.
Seiten: 4 Seiten, ohne Anschrift.
Format: 1 Bogen, ca. 42 x 26,5 cm, in der Mitte zu 4 S. gefaltet.
Zustand: 2 kleine Rechteck-Stempel der Universitätsbibliothek Gießen auf S. 1. Tinte im oberen Drittel von S. 1 verblasst. S. 1 und Rückseite durch einen Falt-
bruch im oberen Drittel sowie S. 3 und Rückseite im unteren Drittel durch
den gleichen Bruch infolge Faltung des Bogens beschädigt, dadurch mehrere Worte verstümmelt oder verloren. Nachträge am linken Rand von S. 4.

[S. 1]

Sickershausen den 18.^{en} Apl 17.

Gestern, liebster Freund, erhielt ich Ihren Brief vom 9^n. der aber am 12n.
das Postzeichen erhielt, und bin nun sehr besorgt, meine Antwort, die ich
eilig abgehen lasse, möge Sie nicht mehr treffen, was mir in hundert Rücksichten sehr schmerzhaft seyn würde.

Nehmen Sie meinen innigsten Dank für Alles, was Sie m[ir] zu Gunsten
thaten, aber auch meine wiederholte Bitte, in dieser Sorge fortzufahren.
Wollen Sie das thun?

Stünde diese Sache noch, wie beŷm Abgang meines lezten Briefs, so
folgte ich dem Wink, und ließ mich ohne bestimmte Aussicht auf Gewinn
u. Gefahr in Ihrem Vaterlande nieder. Sollte aber nicht dazu noch immer
Zeit und Platz seŷn? Ich wünschte, daß Sie mir diese Frage beantworteten.

Ich sage: Es steht nicht mehr, wie damals. Das heißt: Ich war gezwungen, einen alten Schein wieder eintreten zu lassen, um Muße und freŷe
Hand zu gewinnen; denn ich will F in keine Gefahr führen, sondern ihr einen ihrer würdigen Standpunct gewinnen. Dieses leztere will und muß ich.
Mithin ist, was ich früher wünschte, doppeltes und innigeres Bedürfniß,
nur scheue ich einen Versuch aufs Gerathewohl, sosehr ich auch Ihren
Worten und Winken traue. So lange, als nöthig wäre, meine Verhältnisse
auf eigne Faust zu begründen, darf ich F. nicht ihrer Lage überlassen. Da-
raus^a [S. 2 = Rückseite von S. 1] entspringt^b mein Wunsch, ehe ich mich ent-
ferne, wenigstens einige Aussicht von bestimmter Art zu haben, um meine
Maaßregeln darnach nehmen zu können, ehe ich gehe.

Meine Bitte ist also: Erfahren Sie bey vielseitigeren Beziehungen auf Ihren Reisen, als Lehrer in Königsberg u.s.w. Etwas, das^c für mich nur einige
Aussicht geben könnte, wie z.B. gleich die Professur der Botanik z[u]

D[orpat], so gedenken Sie meiner, unterrichten Sie mich von den nöthigen Schritten und Wegen, empfehlen Sie mich.

Ich weiß, Sie werden die Sache nicht laß betreiben. Es ist Ihre Art nicht, und Ihre Freundschaft gibt Motiven hinzu. Sollte in dem weiten Rußland nicht ein Punct in Jahresfrist oder früher, sich finden lassen, wohin^d ein Mann, der das Bewußtseyn hat, daß er eine Stelle als Arzt oder Lehrer tüchtig ausfüllen kann, vor einem Schicksal, das ihn mit tiefer innrer Nothwendigkeit verfolgt, so lange er in den alten Verhältnissen verweilt, sich flüchten könnte? Ich hatte gehofft, Sie sprechen zu können, und würde Ihnen dann mündlich mit zweŷ Worten über mich, und das was hieher gehört, hinlänglichen Aufschluß gegeben haben. Dem Papier läßt sich das Wesentliche nicht vertrauen, u. was ich^e einmal darüber sagte, haben Sie nicht verstanden, sonst würden sie F. nicht <u>meine Dame</u> nennen. Im Grunde war es wohl nicht möglich, den Wink zu deuten, da Sie von meinen früheren Lebensverhältnissen nichts wissen.

[S. 3] Nochmals, lieber Freund, bitte ich Sie um Ihre Verwendung. Auch wenn Sie etwa hören sollten, daß doch in dem Städtchen Weißenstein wirklich sichres Fortkommen zu hoffen seŷ, möchte ich Sie^f um Nachrichten bitten.

Ich denke immer mein Buch, die Verhandl. der Akademie der Naturforscher, Manches, was ich sonst noch liefern werde, sollen mich auch in Rußland bekannt^g und mir den Weg, den Sie ausfinden werden, leichter machen. Helfen Sie ein wenig dazu. Ich fühls, daß ich der Theilnahme und Unterstützung meiner Freunde nicht unwerth geworden bin. Was mir einen bösen Schein gibt, ist eben <u>nur Schein</u>, und das Rechte und Wahre, was unter diesem Schein liegt zwingt mich, noch Schlimmeres nicht zu achten.

Wie schön wäre es gewesen, wenn Sie von Halle aus noch einen Abstecher zu mir gemacht hätten. Es hätte sich doch vielleicht thun lassen. Schicken Sie mir manchmal einen Landsmann! Ich weiß gewiß, daß ich, wenn ich nicht in Deutschland bald <u>sterbe</u>, in Rußland [<u>leben</u> werde, und ich er]freue^h mich daher jeder neuen Bekanntschaft. Mit D'Alton, Pander, Siewald und Ramm habe ich vom Sonnabend bis zum Dienstag einige recht schöne Stunden verlebt. Siewald interessirt mich, Pander wird mir lieb. Ich hoffe, beŷde sollen mich bald wieder besuchen, wo ich ihnen meine Ansicht der Pilze unter dem Mikroskop erläutern will. Was Pandern Ehre macht, ist, daß D'Alton sehr günstig auf seine Entwicklung wirkt. Da muß innrer Grund seŷn, wo es [S. 4 = Rückseite von S. 3] so abläuft.

Ihre Theilnahme an unserer Gesellschaft freut mich sehr. Ich bin begirig, Ihre Mittheilung zu lesen. Bleiben Sie uns in K. treu. Es ist Zweck der Ge-

sellsch. sich möglichst auszubreiten. Dank daher für die neuen Propositionen. Ich lasse sogleich die Vorschläge in Umlauf bey den Directoren
kommen, u. zweifle nicht an ihrer Zustimmung. Herr [!] von Schlechtendahl kenne ich schon durch Link. Er entdeckte ein[i] sehr interessantes Fusarium, das mir Prof. Link unter dem Namen Tubercularia Lolii schickte. Ich
beschreibe es in einer Abhandl., die ich den Verhandl. der Akademie ein-
verleibe. De plantis nonnullis e Mycetoidearum regno. tum nuper detectis,
tum minus cognitis Commentatio prior Dr. Nees ab Esenbeck et Friderici
Nees, Fratrum. 25 Arten mit 1 Ktafel, u. habe darin schon Herrn von
Schlechtendahls erwähnt.

Für Ihre Vermittlung bey Link herzlichen Dank. Ich er[hielt][j] gestern die
Silenensamen [und] werde ihm[k] heute selbst[l] [dafür] Dank sagen.

Schreiben Sie mir ja bald von ihrem neuen Standpunct aus und geben
Sie genaue Adressen. Haben Sie dem Secretair wegen der Circularien, wie
Sie sie zu erhalten wünschen, geschrieben? Ich lese nochmals die Stelle
Ihres Briefs: Auf jeden Fall möchte ich Sie doch auffordern, nicht früher
eine andere Stelle anzunehmen (ausgenommen es fände sich eine ausgezeichnet vortheilhafte) als bis ich Ihnen aus Rußland geschrieben. Das ist
mein Vorsatz und darauf gebe ich Ihnen Wort und – Bitte. Ich bin fast gewiß, daß keiner an dem andern werde zu Schanden werden.

Der Ihrige

Nees v. E.

[Auf dem linken Rand von S. 4, Text durch Rand u. Bruch beschädigt:]
Meine Traumphysik ruht wieder. Ich habe mancherley gethan. Eine Vorrede zu Goldfuß Thierey, eine [zu][m] Martius Flora (die fertig ist), die oben-
genannte Abhandl.[,] Rezension[en,] Aufsätze an die Isis, für die Sie auch
arbeiten müssen.

Anm.: [a] – geändert aus „daran"; [b] – „entspringt" nachträglich eingefügt; [c] – „das" geändert aus „daß"; [d] – ergänzt aus „wo"; [e] – davor „I" gestrichen; [f] – „Sie" geändert aus
„sie"; [g] – danach „machen" gestrichen; [h] – Zeile beschädigt; [i] – aus „eine" korrigiert; [j]
– Zeile beschädigt; [k] – „ihm" nachträglich eingefügt; [l] – „selbst" nachträglich eingefügt; [m] – Das Wort ist durch einen Tintenfleck überdeckt.

Kommentar:

meine Antwort ... möge Sie nicht mehr treffen: Fast den ganzen April 1817 benötigte
BAER für seine Reise nach Halle (s. u.); NEES' Brief dürfte ihn tatsächlich nicht
mehr vor seiner Abreise erreicht haben.

Es steht nicht mehr, wie damals/einen alten Schein: NEES hatte offenbar naiverweise geglaubt, ohne weiteres mit seiner Geliebten in Sickershausen zusammenleben zu können. Stattdessen blieb diese offenbar weiterhin im eigenen Haushalt bei ihrem Ehemann; Elisabeth NEES hatte ohnehin nicht vorgehabt, das Feld zu räumen.

F: Für „Franziska" [sc. LAUBREIS], siehe Brief 9.

die Professur der Botanik z[u] D[orpat]: Gottfried Albert GERMANN (1773-1809) war 1802 Professor der Naturgeschichte und Direktor des botanischen Gartens in Dorpat geworden (zu GERMANN Recke/Napiersky 1827-1832, 2. Bd. [1829], 25-26); nach seinem frühen Tod blieb der Lehrstuhl für Botanik in Dorpat zunächst vakant. 1811 wurde der damals erst 25-jährige Botaniker Karl Friedrich (VON) LEDEBOUR (1786-1851) berufen und wirkte in Dorpat bis 1836 (vgl. ADB 18 [1883], 111); bei ihm hat BAER studiert (Baer 1866, 118). Durch LEDEBOURs beharrliche Bemühungen wurde schließlich eine zweite naturkundliche Stelle bewilligt und 1820 mit dem Geographen und Mineralogen Moritz VON ENGELHARDT (1779-1842) besetzt (Recke/Napiersky 1827-1832, 1. Bd. [1827], 506-509) – dies war wohl die Position, die NEES hier im Auge hat. Als deutschsprachige Universität hätte Dorpat NEES eine wissenschaftliche Tätigkeit im Russischen Reich ohne Sprachprobleme geboten und wäre so erheblich attraktiver gewesen als eine Landarztpraxis in Estland.

laß: Altertümlich (entsprechend mittelhochdeutsch *laz*) für „lasch", hier i.S.v. „träge", „nachlässig".

haben Sie nicht verstanden ... Im Grunde war es wohl nicht möglich, den Wink zu deuten: In der Tat waren die Andeutungen der vorausgehenden Briefe vielfach unverständlich – und bleiben es –; möglicherweise hat sich NEES eine private Rechtfertigung und persönliche Sprachregelung zurecht gelegt, die für Außenstehende undurchschaubar ist. Vielleicht missversteht jedoch NEES auch einfach nur seinerseits die Diskretion BAERs, der den Namen der „Dame" nicht nennen wollte, den er sicher entschlüsseln konnte.

Städtchen Weißenstein: auch Wittenstein, heute estn. Paide, eine Kleinstadt am Fluss Pernau in Estland, ca. 100 km nordöstlich von Dorpat (Tartu). Die älteste Siedlung entstand bei der 1263-66 erbauten Ordensburg dieses Namens und erhielt schon 1291 das Rigasche Stadtrecht. Zur Zeit dieser Briefe war Weißenstein Kreisstadt des gleichnamigen Kreises im russischen Gouvernement Estland und hatte 60 Häuser, 440 meist deutsche Einwohner, eine 1787 eingeweihte steinerne Kirche, Kreis-, Knaben- und Töchterschulen und Krämerei: Stein 1818-1822, 4. Bd. (1821), 1010; Jäger/Mannert 1805-1811, 3. Bd. (1811), 719.

Mein Buch: Nees 1816-1817. Grundsätzlich kämen auch Nees 1820 sowie Nees 1820-1821 infrage; an beiden Büchern arbeitete er zu dieser Zeit

die Verhandl. der Akademie der Naturforscher: NEES bezieht sich hier auf den von ihm redaktionell verantworteten Bd. IX der *Nova Acta*, der 1818 erschien. Sein Engagement zur Fortsetzung der unter den betagten Präsidenten Johann Christian Daniel VON SCHREBER (1739-1810, Präsident 1791-1810) und Friedrich VON WENDT (1738-1818, Präsident 1811-1818) ins Stocken geratenen Publikationsreihe war ein wichtiger Baustein auf NEES' Weg ins Amt des Leopoldina-Präsidenten.

von Halle aus: BAER hielt sich im April 1817 in Halle auf, um im Auftrag seines künftigen Königsberger Vorgesetzten Karl Friedrich BURDACH die berühmte embryologisch-anatomische Sammlung des Geburtshelfers Karl Friedrich SENFF (1776-1816) zu erwerben. Er transferierte sie nach Königsberg und arbeitete dort auch selbst intensiv mit diesem Material: Baer 1866, 216; dazu Schmuck 2009, 128-129. Sickershausen ist allerdings für einen „Abstecher" zu weit von Halle entfernt, und BAER hasste Reisen mit der Postkutsche, so dass er sie nur unternahm, wenn es unbedingt sein musste.

D'Alton, Pander: Zur Zusammenarbeit der beiden Forscher bei den Illustrationen für PANDERs Dissertation vgl. schon Brief 2, 3, 5 und 10. Wenn NEES hier D'ALTONs Einfluss positiv einschätzt, so steht dies in einem gewissen Widerspruch zu den Befürchtungen von Elisabeth NEES (und wohl auch BAER), die in Brief 17 angedeutet werden. Konkretisieren lässt sich weder das eine noch das andere.

Sickershausen um 1900, Postkarte

Siewald: Heinrich VON SIEWALD (1797-1829) immatrikulierte sich nach einigen Semestern Medizinstudium in Dorpat und Heidelberg am 6.3.1817 in Würzburg (*Die Matrikel der Universität Würzburg*, 2. Hälfte, 919) und blieb dort bis 1821.

Ramm: Vermutlich ein Mitglied der estnischen Adelsfamilie VON RAMM, die seit 1622 das Kloster bzw. nach 1766 den Herrensitz Padise (Kreis Harju, etwa 50 km von Reval/Tallinn entfernt) besaß. In der Familienchronik ist die Auslandsreise 1817/18 (zu erschließen aus dem gleichzeitig notierten Regierungsantritt von Zar ALEKSANDR II.) [wahrscheinlich] eines Thomas VON RAMM erwähnt (http://www.rammfamilien.de/mitgliedseiten/clasvonramm/index.htm#fc1, 27.03.2012).

unter dem Mikroskop: Es ist nicht bekannt, welches Modell NEES benutzte. Wegen technischer Probleme (z.b. sphärische und chromatische Aberration der Linsen, Unmöglichkeit der Feinschnitte bei tierischem Gewebe) machten damals keineswegs alle Naturforscher vom Mikroskop Gebrauch, dessen Aussagefähigkeit aus den erwähnten Gründen limitiert war (Hoppe 2006, 27-28). Zu dem seit dem späten 18. Jahrhundert relativ verbreiteten „Einfachen Mikroskop" vgl. Gerlach 2009, 169-176.

Theilnahme an unserer Gesellschaft/Ihre Mittheilung/K.: BAER war der *Gesellschaft corresponditender Botaniker* in Berlin treu geblieben und hatte dies offenbar auch für Königsberg versprochen. Wie die nächsten Briefe zeigen, schickte BAER Proben der lokal doch recht unterschiedlichen Flora nach Franken. Bei der „Mittheilung" ging es nicht um eine Publikation, sondern um Nachrichten zu bestimmten Pflanzen zum internen Gebrauch für die Mitglieder (vgl. Brief 6). Veröffentlicht wurde – ausgewiesen als Beitrag aus den Reihen der *Gesellschaft corresponditender Botaniker* – nur Baer 1821a.

die neuen Propositionen: BAER hatte neue Mitglieder aus seinem Berliner Bekanntenkreis zur Aufnahme vorgeschlagen, und zwar sicherlich den im Folgenden genannten SCHLECHTENDAL (s. nächste Anm.) sowie dessen Studienfreund Karl Wilhelm EYSENHARDT (1794-1825), den späteren Direktor des botanischen Gartens in Königsberg. Beide wurden 1817 in die *Gesellschaft* aufgenommen, vgl. Röther 2006, 93 mit Anm. 214, 95 mit Anm. 234.

Herr von Schlechtendahl: Diederich Franz Leonhard VON SCHLECHTENDAL (1794-1866) studierte 1813-1819 in Berlin Medizin. Dort hat ihn BAER kennengelernt und sein Interesse an Botanik wahrgenommen. SCHLECHTENDALs Mitgliedschaft bestätigte NEES in einem Brief vom 04.11.1817: „Es freut mich herzlich, aus Ihrem Briefe zu ersehen, daß Sie gerne unserem Verein beytreten, u Ihren Beytritt durch eine Mittheilung, die zum Umlauf bestimmt ist, bethätigen. Gewiß, wenn es den Mitgliedern, besonders den jüngeren, Ernst ist. So kann aus der Gesellschaft corresponditerender Botaniker viel wechselseitiger Gewinn entspringen, wenn nachmals auch die Wißenschaft, deren uneigennützige gemeinschaftliche Bearbeitung unser Ziel ist, Theil nehmen wird. Was ich Ihnen sage: meinen Danck für die Gesinnung, die Sie an den Tag legen und meine Bitte um thätige Förderung der Zwecke des Vereins, müßte ich auch H. Eysenhard wiederholen. Ich bitte Sie daher, ihm diesen Brief, als ein Zeichen meiner […?] und herzlichen Gesinnung mitzutheilen. Aus Ihren u Herrn Eysenhardts Duplettenverzeichnißen habe ich Einiges ausgelesen, was mir, zu bequemer Zeit, etwa durch Buchhändler an die Stahelsche Buchh. zu Würzburg oder an Riegel und Wießener zu Nürnberg, oder auch an Herrn Sturm daselbst gerichtet, zukommen könnte. Sollte sich keine bequeme Gelegenheit bieten: so ist mir auch die directe Sendung durch die Post nicht zuwider." (Martin-Luther-Universität Halle/Saale, Institut für Geobotanik und Botanischer Garten, Briefnachlass Diederich Leonhard Franz von Schlechtendal [1794-1866]).

durch Link/Prof. Link: LINK war damals Direktor des botanischen Gartens in Berlin und hat den für Botanik interessierten und begabten Medizinstudenten als „Mitarbeiter" an seinen Untersuchungen zu den Schimmelpilzen genannt. Auch BAER stand mit LINK in persönlichem Kontakt, vgl. z.B. schon Brief 10.

Fusarium: Im Boden und auf Pflanzen verbreitete Gattung der Schimmelpilze, von denen einige Arten giftig bzw. phytopathogener Natur sind.

Tubercularia Lolii: *Tubercularia* heißen heute Pustelpilzarten (*Nectriaceae*); *Lolium* („Lolch", „Weidelgras") ist eine Gattung aus der Familie der Süßgräser (*Poaceae*). Pustelpilze werden nach den von ihnen bevorzugten Wirtspflanzen benannt, aber die Bezeichnung *T. Lolii* ist nicht (mehr) gebräuchlich.

Der Pustelpilz *Tubercularia vulgaris*

Abhandl. ... De plantis nonnullis e Mycetoidearum regno …: Nees/Nees 1818. NEES' Beschreibung des von LINK als *T. Lolii* bezeichneten *Fusarium*s findet sich auf den Seiten 235-236, die Erwähnung SCHLECHTENDALs auf S. 236.

Silenensamen: *Silene* = „Leimkraut", eine Gattung aus der Familie der Nelkengewächse (*Caryophyllaceae*). Bereits erwähnt in Brief 6.

dem Secretair: Sekretär der *Gesellschaft correspondirender Botaniker* war damals der Marktbreiter Apotheker Georg HOFMEISTER, vgl. Röther/Feistauer/Monecke 2007, 599, Anm. 16.

aus Rußland geschrieben: BAER wollte anlässlich des für den Sommer geplanten Besuchs in seiner Heimat für NEES dort persönlich berufliche Möglichkeiten ausloten.

Meine Traumphysik: Nees 1820.

Vorrede zu Goldfuß Thierey: Nees 1817b zu Goldfuß 1817.

eine [sc. Vorrede zu] *Martius Flora*: Nees 1817a zu Martius 1817b. Vgl. Brief 6.

Aufsätze an die Isis: Nees 1817h, Nees 1817i, Nees/Goldfuß 1817. Letztere Besprechung gibt sich zwar als Selbstrezension aus, wurde jedoch von NEES (allein) verfasst, wie sein Brief an Lorenz OKEN vom 25.02.1817 belegt: „eine Selbstrezension von Dr. Goldfuß, die ich aber für ihn gemacht habe, von seinem Fichtelberg" (Bayerische Staatsbibliothek München, Cgm 6268, Fol. 110). Als „Aufsatz" in Betracht

kommt auch: *Bruchstück eines Briefes an meinen Freund M***. (Vor der Beurtheilung meines Systems der Pilze und Schwämme zu lesen.). Isis [1] (1817) Heft III,
Nr. 39, Sp. 305-309.

für die Sie auch arbeiten müssen: Von BAER sind erst 1826 Beiträge in der *Isis* erschienen (Baer 1826a-c).

Neu entdeckte Pilzarten. Nees/Nees 1818, Tafel VI

Brief 12
Nees an Baer, Sickershausen, 30. Juni 1817

Nachweis: UB Gießen, Nachlass BAER, Bd. 16.
Seiten: 2 Seiten, ohne Anschrift.
Format: 1 Blatt, ca. 21 x 25,5 cm.
Zustand: Stempel „Bibliothek der Ludwigs-Universität Gießen" auf 1. Seite, leich-
             te Einrisse am oberen Rand; Nachträge 180° gegen die Schreibrichtung
             auf der 1. und 2. Seite oben sowie auf S. 2, linker Rand.

[S. 1]
                                              Sickershausen den 30^n. Jun 17.
Liebster Freund!

Ihr Brief vom 26^n. May, den ich in den ersten Tagen dieses Monats erhielt,
hat mir eine warme und treue Anregung gegeben. Haben Sie Dank dafür!
     Was Sie über Bonn sagen empfind' ich und sag' ich mir selbst. Be-
stimmteres aber, als Ihr Brief mir mittheilt, wußte ich hinsichtlich meiner
nicht, daher mein Schweigen, zum Theil auch, wie Sie ahnen, mein Handeln, als seŷ von solchen Aussichten nie die Rede gewesen.
     Da Sie, wie der Schluß Ihres Briefes zeigt, das Wesentliche meiner Ver-
hältnisse ganz recht verstanden haben: so werden Sie daraus am besten beurtheilen können, warum ich über die Düna blickte, und noch blicke, denn
das Innre geht vor dem Äußren, und nur die Möglichkeit, daß in Bonn sich
beydes vereinigen lasse läßt mich mit heimlicher Sehnsucht nach diesem
neuen Jerusalem schauen[a], von dem wirklich alles gilt, was Sie in Ihrem
Brief lebhaft und theilnehmend schildern, für mich doppelt; da meine besten Freunde sich wahrscheinlich dort sammeln werden, ja, da ich hoffen
darf, auch Sie, wenn Sie sich darum bemühen wollen, dort zu treffen.
     Sollte ich also einen Ruf bekommen: so werde ich, wie ich eben mit ei-
nem Ruf nach Erlangen that, erwägen und fragen: F und E? und fällt die
Copula weg, – dann blick ich wieder über die Düna.
     Sie wissen nun, was mein Freund für mich thun kann. Sie sind der Ein-
zige, der ein Geständniß von mir hat. Sehen Sie darin den Grund einer gewissen Zudringlichkeit. Bewahren Sie mein Geheimniß wohl. Es ist zwar
an sich nicht von Bedeutung, aber für mein Leben wichtig, weil daran
liegt, eine alte[b] Lebensform, die aber neu scheint, mit einer gewohnten und
geistiges Bedürfniß gewordenen, die man hier allein anerkennt, an[c] einem
fremden Orte in Harmonie zu setzen. Solches Streben nach Ortswechsel,
nach neuem Grund und Boden, lähmt die geistige Thätigkeit, [S. 2 = Rück-

seite von S. 1] als rationale Function, ungemein, u. bloß darum möchte ich keine Zeit verlieren, da ich eben nicht viele Jahre mehr zu verlieren habe. Wie ich hoffe wird B[onn] im Frühling eröffnet. Ich weiß also bald woran ich bin, und Sie können ruhig fortfahren, so zu handeln, als wüßten Sie nichts von diesem Plan, bloß mit der Vorsicht, daß Sie dadurch nicht etwa den Glauben an meine Bereitwilligkeit, nach R[ussland] zu gehen, schmälern, was aber wohl von selbst sich fügt.

Ists möglich: so wirken Sie auch für sich nach diesem Ziel. Es wäre schön, wenn wir dort zusammentreffen könnten.

Aber in K[önigsberg] muß mein Wunsch Geheimniß bleiben, denn gerade dort dürfte sich mein bedeutendster Nebenbuhler erheben. Könnten Sie Etwas darüber wissen: so melden Sie mirs, auch ob Sie nach B. zu kommen^d wünschen, und ob ich etwas für Sie thun kann. Soviel von dieser Sache!

Pander wird Ihnen von seinem Doktorschmause etc gesagt haben. Wir waren sehr vergnügt und nachmals auf dem Schwabenberg, wo wir die Johannisnacht feŷerten. Döllinger, Pander, Siewald, Ramm, die Griechen, ein Siebold, u noch 4. Studenten, dann die Mainbernh[eimer] Weiber und Laubreis bildeten den Kreis. Ich habe oft an Sie gedacht, und vielleicht jeder, der im vorigen Jahre dort war.

Wir sehen nun Panders Dissertation entgegen. Ich habe Ihnen, glaube ich, schon geschrieben, wie ich sein Fortschreiten anerkenne und seinen Charakter lieben gelernt habe. Auch Siewald wird mir sehr werth, und ich habe die Bemerkung gemacht, daß, ungeachtet ich unter den Studirenden aus anderen deutschen Stämmen manche recht tüchtige junge Leute kennen gelernt habe, z.B. eben neulich auf dem Schwabenberge, mich doch immer Ihre Landsleute auf eine ganz besondere Weise anziehen. Es mag darin liegen, daß in Ihrem Vaterland die Bildung Oasen, wie in den afrikanischen^e Wüsten, abschneidet, wo sich das Leben enger zusammendrängt, und im eignen Wachsthum früher befestigt.

Goldfußs Thereŷ werden Sie durch Pandern erhalten. Martius Flora liegt bey mir bereit, um zu Ihnen zu wandern, nur weiß ich noch nicht recht, wie?

Haben Sie nicht eine anatomische Abhandl., wenn auch kurz, wenn nur interessant, in die Verhandlungen der Leop. Car. Akademie zu geben? Sie müßten sie^f aber bald schicken. Etwa eine Zeichnung dabeŷ. Ich wünschte, daß Sie Mitglied würden. Schreiben Sie lateinisch, deutsch, englisch, wie Sie wollen.

F. u. E. grüßen.

Ihr

Nees v. E.

[Nachtrag auf S. 1, am oberen Rand, um 180° gedreht:]
Über Callitriche ist nichts angekommen.
Raabs Reisebeschreibung gab Pander[g] an D[r]. Kapp.
Die beyden Friz, (Nees u. Laubreis) kommen in 14. Tagen ins Kappsche genannte[h] Institut.

[Nachtrag auf S. 2, am oberem Rand, um 180° gedreht:]
In Petersburg suchen Sie doch den Doctor Louis Meÿnier, Instructor des jungen Prinzen Galizin auf. Ich habe ihm viel von Ihnen gesagt, und er erwartet Sie[i]. Er weiß, von meinen Blicken über die Düna, aber nichts von meinen Gründen. Sie werden einen jungen Mann von Geist u. Herz finden, den man lieb gewinnen muß. Er ist Zeitgenosse und Landsmann[j] von Martius.

[Nachtrag auf linkem Rand von S. 2:]
Das Neuste, was Goldfuß aus Paris mitgebracht hat, ist Blainvilles Entdeckung, daß der Sporn an den Hinterfüßen des Ornithorhynchus peredocus eine Giftblase mit Ausführungskanal enthält, daher die Wirkung seines Stichs gleich der vom Schlangenbiß. In der Isis kommt diese Abbildung[.]

Anm.: [a] – davor „bl" gestrichen; [b] – davor „n" gestrichen; [c] – geändert aus „in"; [d] – „zu kommen" über der Zeile nachträglich eingefügt; [e] – davor ein Buchstabe (vielleicht „o") gestrichen; [f] – davor eine Anfangsklammer „(" ohne Schlussklammer; [g] – davor „Hr" gestrichen; [h] – „genannte" nachträglich über der Zeile eingefügt; [i] – aus „sie" korrigiert; [j] – Rand an dieser Stelle beschädigt.

Kommentar:

warme und treue Anregung: Anders als NEES spielt BAER mit offenen Karten, sieht die Situation klar und schätzt den möglichen Ausprägungsgrad beruflicher Veränderungen realistisch ein.

über Bonn: Zur Geschichte der (Neu)Gründung der Rheinischen Universität Bonn (1818) mit den politischen Hintergründen nach der preußischen Übernahme des Rheinlands 1815 Bezold 1920; Renger 1982; Becker 2012; Bibliographie zur Bonner Universitätsgeschichte unter http://www3.uni-bonn.de/einrichtungen /uni versitaetsverwaltng/organisationsplan/archiv/universitaetsgeschichte/bibliographie-zur-geschichte-der-universitaet-bonn (28.03.2012). Die entscheidende Rolle, die der 1817 zum Minister für Kultus, Unterricht und Medizinalwesen ernannte Karl Sigmund Franz Freiherr VOM STEIN ZUM ALTENSTEIN (1770-1840) dabei spielte, ist erkennbar aus Bohley/Monecke 2004 und Röther 2009, 55-68. NEES' Kollege Georg

August GOLDFUß stand als maßgeblicher Vertreter der Leopoldina (der ALTENSTEIN selbst seit 1816 angehörte) in dieser Sache ständig mit dem Minister in Kontakt. Vgl. hierzu auch Brief 14.

Georg August GOLDFUß (1782-1848) im Jahr 1834.
Kreidelithographie von Nicolaus Christian HOHE

von solchen Aussichten: NEES betont immer die Unsicherheit von „Aussichten" und hat im Grundsatz sicher recht damit. Trotzdem dürfte er sich von BAER durchschaut gefühlt haben, daher das Bedürfnis nach Rechtfertigung.

Düna: Die Düna, russ. „Westliche Dwina", lettisch „Daugava", mündet bei Riga in die Ostsee und symbolisierte seit dem 16. Jahrhundert (Union von Wilna, 1561), als sie Polen-Litauen von Russland trennte, eine politische und kulturelle Grenze.

Ruf nach Erlangen: Anspielung auf die Anfrage des Münchner Innenministeriums vom 20.05.1817, ob sich NEES, der sich im September 1815 um eine Professur in Erlangen beworben hatte, mit einem Extraordinariat zufrieden geben würde. Da der ablehnende Bescheid des Erlanger Senats vom 13.06.1817 datiert, lässt sich folgern, dass der Senat mit NEES Rücksprache gehalten hatte, so dass dieser abwägen musste, wie er mit dem Angebot verfahren sollte. In NEES' Korrespondenz gibt es keine weiteren Hinweise auf diese Kontaktaufnahme. – Die Motivlage für den Wechsel nach Erlangen, der dann erst 1818 erfolgte, ist vielschichtig. Finanzielle Gründe, die bisweilen angeführt werden, dürften nicht den Ausschlag gegeben haben (vgl. Brief 9; Röther 2009, 130), auch war die Stelle für NEES nicht sehr attraktiv und er konnte sie nicht schnell genug wieder loswerden (vgl. Brief 13). Anderseits war der Botanik-Lehrstuhl in Bonn noch unsicher (s.o.) und in Erlangen war der Sitz der Leopoldina, deren amtierender Präsident VON WENDT schwer krank war.

F und E? und fällt die Copula weg: Die vage Aussicht auf die Stelle in Erlangen machte es für NEES offenbar noch nicht unmittelbar notwendig, sich zwischen seiner Ehefrau und Franziska LAUBREIS zu entscheiden, und im Augenblick drängte wohl

auch keine der beiden Frauen darauf. Mit „Copula" ist das „eheliche Band" gemeint, d.h. vor die Wahl „F *oder* E" gestellt, würde NEES sich – zumindest klingt
dieser Satz so – am ehesten für seine Geliebte entscheiden und sich mit ihr in Richtung Russland orientieren; der Grund bleibt allerdings undeutlich. Der Gedanken-
gang ist wirr (vielleicht absichtlich offen gehalten), wirkt unglaubwürdig und wi-
derspricht den Ausführungen in den folgenden Sätzen.

*eine alte Lebensform ... mit einer gewohnten ... an einem fremden Orte in Harmonie
zu setzen*: Im Unterschied zum soeben kommentierten Satz passt diese Position zu
der in den früheren Briefen angedeuteten Vorstellung: NEES wäre eine *ménage à
trois* am liebsten, und die Chance dafür sieht er am ehesten in der Fremde. Das
nicht-eheliche Zusammenleben bezeichnet er als „alte Lebensform", weil die offizielle Eheschließung in bürgerlichen Kreisen in der Tat erst in der Neuzeit unter
dem Einfluss des (städtischen) Protestantismus allgemeine Praxis wurde. Mit dem
„geistigen Bedürfniß" betont NEES wieder die unveränderte intellektuelle Verbundenheit mit seiner Frau, zumal er BAERs Hochschätzung für diese kennt.

da ich eben nicht viele Jahre mehr zu verlieren habe: NEES war zur Zeit des Briefs 43
Jahre alt; er erwähnt jedoch häufig – auch gegenüber Minister ALTENSTEIN (Brief
1001 in Nees/Altenstein 2009a) – sein vorgerücktes Alter, vgl. auch schon Brief 11
und unten Brief 26). Zwar war die Lebenserwartung im Durchschnitt niedriger als
heute und die (Selbst)Wahrnehmung entsprechend anders, aber es wird darüber hinaus erkennbar, dass NEES sowohl beruflich wie privat so etwas wie eine „letzte
Chance" sah. Eine Erstberufung auf eine Professur mit über 40 Jahren war für damalige Verhältnisse sehr spät.

wird B[onn] *im Frühling eröffnet*: NEES hofft, die Stelle in Erlangen gar nicht erst antreten zu müssen bzw. bald Klarheit über seine „Aussichten" in Bonn zu bekommen. Die Gründung der „Rheinuniversität" erfolgte am 18. Oktober 1818.

mein bedeutendster Nebenbuhler: Gemeint ist August Friedrich SCHWEIGGER (1783-
1821), der 1809 zum Professor für Botanik und Medizin nach Königsberg berufen
worden war und dort den botanischen Garten anlegte. Auch SCHWEIGGER stand mit
Minister ALTENSTEIN in persönlicher Verbindung. Der tatsächliche (einzige) Mit-
bewerber war jedoch der Erfurter Professor Johann Jakob BERNHARDI (1774-1850),
vgl. Renger 1982, 198.

nach B. zu kommen: B. für „Bonn" ist schlecht geschrieben, aber aus dem Kontext
klar. Von einem Wechsel BAERs nach Bonn wird noch öfter die Rede sein. Zu diesem Zeitpunkt war BAER aber noch nicht einmal auf seiner Position als Prosektor in
Königsberg angekommen; diese Tätigkeit nahm er erst Ende August 1817 auf.

Pander ... von seinem Doktorschmause ...: PANDER stand mit seinem Jugendfreund
BAER natürlich ebenfalls in Briefkontakt, insofern ist „gesagt" i.S.v. „erzählt" zu
verstehen. PANDER wurde im Sommersemester 1817 mit seiner Arbeit über die Embryonalentwicklung des Hühnchens (Pander 1817a) bei DÖLLINGER promoviert. Ein
festliches Essen im Freundes- und Bekanntenkreis gehörte zum gesellschaftlichen
Ritual am Abend nach Bestehen der Disputation. Da PANDER wohlhabend war, ist

es möglich, dass er nach alter – aber damals in Würzburg nicht mehr allgemeiner – Sitte auch alle Professoren der Fakultät dazu eingeladen hatte.

auf dem Schwabenberg/im vorigen Jahre dort: Zum Ausflug auf den Schwanberg im Sommer 1816 vgl. Brief 1, 2 und 3.

Johann Leonhard STÄDTLER (1758-1827):
Kitzingen (links) und Etwashausen von Süden (vor 1817)

Johannisnacht: Nacht vom 23. auf den 24. Juni; oft werden auf dieses Datum Feste zur Sommersonnenwende gelegt.

Siewald, Ramm: Vgl. Brief 11.

die Griechen: Es handelt sich um die drei zu jener Zeit in Würzburg studierenden, schon in Brief 2 erwähnten griechischen Studenten.

ein Siebold: Höchstwahrscheinlich Philipp Franz VON SIEBOLD (1796-1866), Sohn des früh verstorbenen Würzburger Professors der Geburtshilfe Johann Georg Christoph VON SIEBOLD (1767-1798). Er studierte ab 1815 in Würzburg Medizin und wurde 1820 dort promoviert. Während seines Studiums nahm ihn DÖLLINGER Anfang 1817 in seine Wohnung im Rückermainhof auf, wo er viele Kontakte zu den dort verkehrenden Gelehrten bekam und sich mit Naturwissenschaften im Allgemeinen zu beschäftigen begann. Daher ist SIEBOLD vermutlich zusammen mit dem ebenfalls anwesenden DÖLLINGER zu dieser Feier auf den Schwanberg gekommen. Angesichts des engen persönlichen Verhältnisses, das DÖLLINGER zu seinen Schülern pflegte (Baer 1866, 185), gehörten wohl auch die namenlos bleibenden „noch 4. Studenten" zu diesen.

die Mainbernh[eimer] *Weiber und Laubreis*: NEES hatte in Mainbernheim außer dem Ehepaar LAUBREIS und der Familie MAYER möglicherweise noch weitere Bekannte

(vgl. Brief 5 und 6). – Offenbar war trotz des Liebesverhältnisses der freundschaft-
lich-gesellige Kontakt zu Andreas LAUBREIS nicht abgebrochen, vermutlich ging
die Affäre mit Franziska LAUBREIS entgegen den Andeutungen oben ohnehin dem
Ende zu; schon einen Monat später (Brief 13) fällt kein Wort mehr darüber.

Panders Dissertation: Pander 1817b als aufwendige Fassung der kargen Promotionsschrift Pander 1817a.

Goldfußs Thiereÿ: Goldfuß 1817. NEES war von dieser Studie offenbar sehr angetan,
weil sie seiner naturphilosophischen Tendenz entgegenkam, und hatte sie auch bereits GOETHE übermittelt: Brief vom 11.06.1817 (Nees/Goethe 2003, 52).

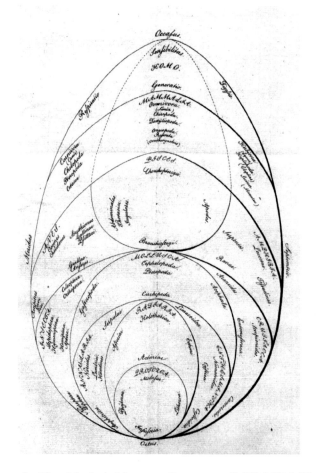

Einteilung des Tierreichs in Anlehnung an SCHELLING. Goldfuß 1817, Klapptafel

Martius Flora: Martius 1817b. Beide Publikationen wurden bereits in Brief 11 erwähnt.

eine anatomische Abhandl. ... in die Verhandlungen der Leop. Car. Akademie: In Vol. IX der *Nova Acta Physico-medica* ... 1818 und in den Bänden der folgenden Jahre erschienen keine Abhandlungen von BAER, und später gab es bei Baer 1827a Irritationen wegen des schleppenden Erscheinens der *Nova Acta*, vgl. Briefe 23-37.

Mitglied: BAER wurde am 1. Januar 1820 in die Leopoldina aufgenommen, vgl. Brief 18.

Callitriche: „Wassersterne", eine Gattung der Bedecktsamer; früher als monogenerische Familie der *Callitrichaceae* geführt, heute aus molekulargenetischen Gründen den Wegerichgewächsen (*Plantaginaceae*) zugeordnet.

Raabs Reisebeschreibung: Zu dem Manuskript für Raab 1819 siehe schon Brief 10.

Dʳ. Kapp/ins Kappsche genannte Institut: Zur privaten Lehranstalt von Friedrich Christian Georg KAPP in Würzburg, die nur 1816-1817 bestand, vgl. auch Brief 3.

Die beyden Friz: NEES' Sohn Johann Friedrich Konrad, der spätere Theologe (vgl. Brief 26), war 1806 geboren. Zu Fritz LAUBREIS, Sohn von Franziska und Andreas LAUBREIS, konnten die Lebensdaten nicht ermittelt werden; er dürfte jünger als Fritz NEES gewesen sein. Im Staatsarchiv Wertheim liegt ein Gesuch der Leutnantswitwe BREISKY, der Mutter von Franziska LAUBREIS, auf Ausstellung eines Zertifikats, das die Höhe der möglichen Mitgift (1000 bis 1200 Gulden) bei deren Eheschließung mit Andreas LAUBREIS bestätigen sollte (18.05.1808) (https://www2.landesarchiv-bw.de/ofs21/olf/struktur.php?bestand=15603&sprungId =273182&letztesLimit=suchen, 09.10.2012; freundl. Mitteilung vom 10.10.2012). Wenn die Heirat 1808 erfolgte, war Fritz LAUBREIS 1817 wohl etwa acht Jahre alt.

In Petersburg: Im Sommer 1817 besuchte BAER vor dem Dienstantritt in Königsberg seine Heimat.

Doctor Louis Meÿnier: Es handelt sich um den Sohn des Erlanger Jugendschriftstellers, Pädagogen, Philologen, Philosophen, Diplomaten und Zeichenlehrers Johann Heinrich MEYNIER (1764-1825): NDB 17 (1994), 401-402 (dort jedoch keine Angaben zu einem Sohn Louis bzw. zum Russland-Aufenthalt des Sohnes). Zur Familie MEYNIER hatte NEES engen Kontakt; es liegen Briefe MEYNIERs d.Ä. an NEES aus den Jahren 1810, 1811 und 1817 im Leopoldina-Archiv in Halle. Ludwig Friedrich Wilhelm, gen. Louis, MEYNIER (1791/92-1867) hatte Sprachen und Rechtswissenschaften studiert und war auch künstlerisch begabt.

des jungen Prinzen Galizin: Die russische Adelsfamilie Golicyn' schreibt sich auch Galyzyn, Golyzin, Galitzin, Gallitzin; es handelt sich um eines der größten und vornehmsten russischen Fürstenhäuser. Vom Alter her infrage kämen die Prinzen Michail Andreevič (1802-1851) und Fëdor Andreevič (1806-1869) (http://genealogy.euweb.cz/ russia/galitzin2.html), Valerian Michailovič (1803-1859) und Leonid Michailovič, Nikolai Borisovič (1802-1876) und Dmitri Borisovič (1803-1864) (http://genealogy.euweb.cz/russia/galitzin3.html), Sergei Grigorevič (1803-1868), Lev Grigorevič (1804-1871), Michail Grigorevič (1808-1868), Grigori Grigorevič (1809-1853) und Dmitri Grigorevič (1812-1873), Aleksandr Fëdorovič (1810-1898) und Sergei Fëdorovič (1812-1849) (http://genealogy.euweb.cz/russia/galitzin5.html), Michail

Aleksandrovič (1804-1860) und Fëdor Aleksandrovič (1805-1848) (http://genealogy. euweb.cz/russia/galitzin7.html, alle Zugriffe vom 28.03.2012).

Goldfuß aus Paris: Die in der GOLDFUß-Biographie wenig bekannte Parisreise zu dem berühmten Zoologen Georges CUVIER (1769-1832) hatte der Münchener Anatom Samuel Thomas SOEMMERING (1755-1830) vermittelt, der 1816 Mitglied der Leopoldina geworden war: Wagner 1986 [1844], 175; Röther 2009, 548.

Blainvilles Entdeckung: Henri-Marie Ducrotay DE BLAINVILLE (1777-1850) war damals Prof. der Anatomie und Zoologie in Paris und wurde 1818 Mitglied der Leopoldina.

Ornithorhynchus peredocus: Heute *Ornithorhynchus anatinus* = „Schnabeltier".

In der Isis: Der Beitrag *Giftsporn des Schnabelthiers (Ornithorynchus)* erschien anonym in Isis Bd. 1 (1817), Heft IX, Nr. 161, Sp. 1283-1285 (Blainville 1817). Die Abbildung des Giftsporns zum Beitrag findet sich neben anderen Abbildungen im Anhang des Bandes auf der unübersichtlichen Tafel 9 (s. Abb.). Den erwähnten Sporn tragen nur Männchen, Gift ist nur während der Paarungszeit enthalten. Es ist für den Menschen zwar nicht lebensgefährlich, jedoch hochgradig und lang anhaltend schmerzhaft. Vgl. hierzu Greg de Plater: *The Venom of the Platypus*, online unter http://www.kingsnake.com/toxinology/old/mammals/platypus.html (28.03.2012).

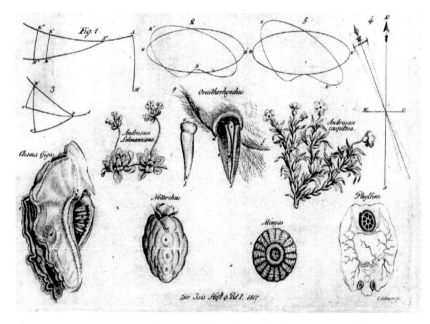

Giftsporn des Schnabeltiers (in der Mitte). Blainville 1817, Tafel 9

Brief 13
Nees an Baer, Erlangen, 23. Juli 1818

Nachweis: UB Gießen, Nachlass BAER, Bd. 16.
Seiten: 2 Seiten, ohne Anschrift.
Format: 1 Blatt, ca. 21 x 25,5 cm.
Zustand: Ecken eingeknickt, Knitterfalten, Tinte schlägt teilweise durch, kleine Flecken.

[S. 1]

Erlangen den 23. Jul 18.

Hier, lieber Freund, mein Programm über die Astern und meine Zuschrift an meine Zuhörer, leztere nur <u>für Sie</u>[.]

Ihr Brief hat mich recht aus der Tiefe des Herzens erfreut. Wie?[a] hoffe ich noch immer, Ihnen einst <u>sagen</u> zu können.

Was ich einst Ihnen äußerte, nehme ich nun vorläufig zurück, jener Tendenz willen, auf die Sie anspielen. Möge mein Wunsch, durch die Zeitverhältnisse gerechtfertigt, bey Ihnen ruhen und schweigen.

Ich gebe die Hoffnung nie auf, Sie einst, wann es auch sey, wie lange es auch seÿ, in meiner Nähe leben zu sehen. Wohin mich das Schicksal noch führt, weiß ich nicht; aber wohin ich mich einst sehnte, wissen Sie, und so steht es auch noch beÿ mir. Manchmal ist mir, als fühle ich mich diesem Ziel einen Schritt näher, aber ich hänge nicht nach, um frey von Klagen zu bleiben, wenn es der Schluß derer, die weiter sehen, anders fügt.

Hier, wo man mich aufrichtig liebt, sehr hochachtet, – halte ich's doch wohl auf keinen Fall aus, – weil ich nirgends berührt, nirgends angeregt werde, und das muß doch seÿn, wenn man öffentlich leben soll, denn in der Stille des Landes sucht man gerade das Gegentheil. In B[onn] – wird's hoffentlich besser.

Halten Sie wirklich alles für so abgethan, in mir, daß ich Ihnen über mein Leben, als über ein Vergangnes, zusammenhängend schreiben könnte? O mein Freund, ich weiß, Sie schrieben so und dachten nicht weiter. Man machts manchmal so und es ist verzeihlich. That ichs doch einst wohl auch. Jezt weiß ichs besser. Abgebrochne Worte wollte ich Ihnen wohl davon sagen, wären Sie bey mir, aber nicht schreiben. Noch auf dem Todtbette werde ich verschämt, wie von[b] einer Jünglingsliebe, davon sprechen, u. wie von Etwas, das[c] eben anfängt, nicht wie von dem, das vorbey ist. Verschämt, sage ich, erröthend, – aber nicht aus Schaam dazu ist nirgends ein Grund, denn überall war Nothwendigkeit und die freŷe Wahl eines harten Geschicks hat, was Schuld scheinen könnte, versöhnt.

Hier bin ich nun, aufgehoben aus der Ruhe durch jenen ersten Anstoß, obwohl nicht durch [S. 2 = Rückseite von S. 1] ihn allein. Sie kennen mich ja, und wie ich die Wissenschaft treibe. Über der Ruhe mußte ich feind werden, um fort zu wollen aus der schönen Heimath, nach der ich mich nun zurücksenen will, nicht wie von der Reise, sondern wie aus dem Leben ins Grab.

Bleiben Sie dem akademischen Leben treu! Ich glaube, es wird Ihnen und Sie werden ihm zusagen.

Unsere bot. Gesellsch. gedeiht wohl. Sie ist so angewachsen, daß man die Correspondenz mit der bot. Zeitung verbinden mußte. * bezeichnet die dahin gehörigen Aufsätze. Auch Desideraten und Doublettenlisten kommen halbjährig hinein.

Ich lese hier außer der Botanik noch über den th. M., nicht ohne Beŷfall. Es geht überhaupt leidlich mit dem Vortrag[.]

Daß ich Ihren Wunsch, daß ich Ihnen Kryptogamen senden möge, nicht erfüllt habe, erklären Sie sich theils aus den unruhigen Zeiten meines Umzugs und seiner Vorläufer, theils daraus, daß ich hier noch nicht ausgepackt habe[.] Ich erschrecke, wenn ich an das Eintragen einer 4-jährigen reichen Kryptogamenerndte denke, und hoffe, der Himmel werde mir Freundeshände zu seiner Zeit dazu schenken.

Auf Ihre plantae[d] boreales, Cornus, Rubus, bin ich sehr begirig.

Ich will den Brief, den Herr von Schlechtendahl besorgen soll, nicht länger liegen lassen, und da ich gestört bin: so schick ich ihn halb vollendet ab.

Lisette grüßt Sie herzlich!

                                        Ihr

                                                    Nees v. E.

[Nachtrag links unten:]
Das Zettelchen bestelle ich sicher.

Anm.: [a] – Fragezeichen aus einem Komma geändert; [b] – „von" über der Zeile eingefügt; [c] – aus „daß" korrigiert; [d] – davor „b" gestrichen.

Kommentar:

mein Programm über die Astern: Eine Ankündigung einer Monographie zu den krautartigen Astern erschien mehrmals (z.B. 1820 in der *Isis*, 1. Bd., H. 2, Sp. 205-207); ihr folgte wenige Monate nach dem ersten Druck in der *Flora* (Nees 1818a) Nees 1818c. Diese 32 Seiten umfassende *Synopsis*, die NEES an BAER schickte, diente als

Vorstufe der späteren Monographie. Für diese, die auch mit Tafel ausgestattet werden sollte, fanden sich trotz mehrfacher Aufforderungen in den nachfolgenden Jahren statt der benötigten 100 Subscribenten lediglich ca. 25. Da die Zahl der Subskribenten zu gering blieb, konnte die 309 Seiten mit einer 14-seitigen Einleitung umfassende Monographie erst Anfang der 30er Jahre erscheinen, allerdings ohne Illustrationen: Nees 1832, ein Nachdruck erschien schon 1833 in Nürnberg (Leseprobe bei Brief 7, S. 46).

Zuschrift an meine Zuhörer: Nees 1818b.

Was ich einst ... nehme ich nun ... zurück: Die Affäre ist vorbei, damit ist auch der Emigrationsplan passé.

jener Tendenz willen: Leider ist BAERs sicher sehr vernünftiger Brief nicht erhalten. Es kann sowohl NEES' Neigung zur Wissenschaft gemeint sein, angesichts derer ein Landarztleben ihn nicht glücklich gemacht haben würde, als auch seine trotz allem bestehende Verbundenheit zu seiner Frau.

Bleiben Sie dem akademischen Leben treu: Vielleicht hatte BAER etwas Sorge geäußert, wie er die Aufgaben als Universitätslehrer meistern sollte (er hatte ja keinerlei Lehrerfahrung) und ob er nicht die medizinische Praxis vermissen würde. Auch in späteren Briefen scheint er zwischen den beiden Lebensentwürfen geschwankt zu haben, vgl. besonders Brief 16 und 17.

Unsere bot. Gesellsch.: *Gesellschaft correspondirender Botaniker.*

mit der bot. Zeitung: Gemeint ist die bereits zitierte *Flora oder Botanische Zeitung*, die ab 1818 in Regensburg erschien. Sie sollte als öffentliches Kommunikationsforum dienen, weil persönliche Mitteilungen im größer werdenden Kreis nicht mehr verbreitet werden konnten.

* bezeichnet: Vgl. oben Brief 7 sowie Röther 2006, 73-74. Die Aufnahme von Beiträgen der *Gesellschaft* in die *Flora* war schon auf den ersten Seiten von deren erster Ausgabe 1818 angekündigt worden, noch ohne Hinweis auf den Asterisk. Die Mitteilung über diese Regelung findet sich erst in einer „Anzeige" „An die Mitglieder des Vereins correspondirender Botaniker" in *Flora* 3 (1820), 2. Bd., Nr. 31, v. 21.08., 492-493; die Beiträge wurden aber schon vorher mit * gekennzeichnet.

Desideraten und Doublettenlisten: Um die privaten Pflanzensammlungen einerseits zu komplettieren und anderseits in Umfang überschaubar zu halten, wurden Listen mit Wünschen („Desiderata") sowie Angeboten veröffentlicht.

Ich lese ... noch über den th. M.: Nees 1820.

Es geht überhaupt leidlich mit dem Vortrag: Vgl. die Antrittsvorlesung Nees 1818b. Auch NEES besaß keine Erfahrung mit Vorlesungen.

Kryptogamen: Heterogene Gruppe blütenloser („bedecktsamiger") Pflanzen, z.B. Algen, Farne, Moose, Pilze, für die sich NEES besonders interessierte. Auf diesem Feld liegen seine bedeutendsten wissenschaftlichen Leistungen, z.B. Nees 1833-1838. Vgl. Hoppe 2006, 34-43.

noch nicht ausgepackt: NEES' Naturaliensammlung umfasste etwa 21 Kisten und wurde während der kurzen Erlanger Zeit überhaupt nicht ausgepackt, vgl. Neigebaur 1860, 28-30.

das Eintragen einer 4-jährigen reichen Kryptogamenerndte ... Freundeshände: Nees' Bruder Theodor Friedrich Ludwig hat sich schließlich des Themas angenommen und wurde damit in Bonn promoviert: Nees 1819 und Nees 1820a (jeweils nur 19 Seiten!); Nees 1820b.

plantae boreales: „nördliche Pflanzen", kein Fachausdruck, sondern eine scherzhafte Anspielung auf BAERs geographische Verortung in Königsberg, wohl auch auf seine Verbindungen zu Russland.

Cornus: „Hartriegel", „Hornstrauch", Gattung aus der Familie *Cornaceae*. Vielleicht hoffte NEES speziell auf Schwedischen Hartriegel, der auch in der Königsberger Gegend vorkommt.

Rubus: Mehrere tausend Arten umfassende Gattung der Rosengewächse (*Rosaceae*), zu der auch Himbeere und Brombeere gehören (daher im deutschen Titel „Brombeersträuche"). Eine „boreale" Art wäre z.b. die Moltebeere und der Zwergmaulbeerstrauch. Es sind bereits Vorbereitungen für die Monographie Nees/Weihe 1822-1827. BAER wird nur an einer Stelle für ein Belegexemplar aus der Königsberger Gegend gedankt: Nees/Weihe 1822-1827 (deutsche Fassung), 34, bei *Rubus Sprengelii*. Der Zwergmaulbeerstrauch wurde dagegen vom Königsberger Botaniker EYSENHARDT übersandt (a.a.O., 130).

den Herr von Schlechtendahl besorgen soll: SCHLECHTENDAHL stand mit dem Königsberger Botaniker EYSENHARDT in Korrespondenz und sollte diese Sendung mitschicken. In einem Brief vom 17.07.1818 schreibt ihm NEES: „Grüßen Sie Eysenhardt von mir wenn Sie ihm schreiben. Ich dancke ihm herzlich für das Übersandte. Ich wünsche ihm Glück auf dem Weg u daß er meiner gedencken möge [...] Darf ich bitten die Einlage auf die fahrende Post zu geben? Unfrankirt, versteht sich. Sie enthält mein Programm, das ich so frey bin, auch Ihnen beyzufügen." (Martin-Luther-Universität Halle/Saale, Institut für Geobotanik und Botanischer Garten, Briefnachlass Diederich Leonhard Franz von Schlechtendal [1794-1866].

Das Zettelchen: Nicht erhalten, vielleicht ein Gruß an Elisabeth NEES.

Brief 14
Nees an Baer, Erlangen, 15. November 1818

Nachweis: UB Gießen, Nachlass BAER, Bd. 16.
Seiten: 1 Seite + Anschrift.
Format: 1 Blatt, ca. 21 x 26 cm.
Zustand: Kleiner Viereck-Stempel „Bibl. d. L. U. Gießen" auf der Textseite; Text am
oberen und rechten Rand durch Ausreißungen, rechts auch durch das Siegel
beschädigt.

[S. 2 = Rückseite der Textseite]
Herrn Professor C. von Baer
Hochwohlgebohrn
zu
Königsberg
in Preußen
[links daneben:] freŷ Grenze.
[darüber Poststempel:] R. 3. Erlangen
16 Nov. 1818

[S. 1]
                                                                    Erlangen den 15.ten Novbr.^a

Herrn Professor D^r. v.^b Baer zu Königsberg
Noch einen Gruss von Erlangen aus, wo man mich mit Plackereŷen bindet
und hält, bis mich vielleicht mein Genius in einer Wolke herausführt. Vielleicht gehts auch bürgerlicher zu. Ich sehne mich sehr, in Bonn zu seŷn.
    Ihr Brief vom 28.ten 8br. war mir sehr lieb. Mit Bonn ist's ja doch nicht
unmöglich, und sehr gern säh' ich Sie dort. Nun steht's so. D. thut heimlich, u. niemand wei[ß,] ob er einen Ruf hat oder nicht. Mich scheut er
wohl, als Angestellten. Er hört aber sehr gern sagen, daß er den Ruf habe.
Daraus folgt. Schreiben Sie ihm: Sie hätten gehört, in Preußen (ja nicht von
mir!) daß er nach Bonn berufen sey; Sie wünschten, unter ihm dort Prosector zu werden, Sie bäten, daß er Sie empfehle! – Das freut ihn, er ist Ihnen
ohnehin gut, aber der angenehme Eindruck entscheidet. Ist er wirklich berufen und geht: so stimm[t] er für Sie. Mich wird er fragen, oder vielmehr
mir's sagen, weil er weiß, daß ich Sie liebe; dann kann ich sprechen. Ists
möglich, daß Sie etwas drucken lassen: so thun Sie's ja und schicken es an
Rudolphi, an Altenstein, an Döll., an Goldfuß. G. dürfen Sie von Ihrem
Zweck sagen. Aber an D. schreiben Sie auf der Stelle, wenn es Ihr Ernst ist

nach B. zu kommen. Dixi. Wo ich helfen kann, bin ich. Aber hier ist mein Rath besser als Hülfe, das dürfen Sie glauben.

Ihre Reise an den Strand Samlands schicken Sie ja, direct an Hoppe. Ich habe ihn scho[n contac]tirt[c]. Ihre Strand und Meerpflanzen wünschte ich bey Gelegenh. alle zu haben – Nach[d] Bonn. Sobald Sie können, schicken Sie mir auch die Livelander, die ich notirt, Corni, Rubi.

Rau bearbeitet nun auch die Rubusarten und hat schöne Beyträg[e] erhalten. Z.B. von Weihe. Achten Sie ja auf die Juncos Ihrer Gegend! Auf die Rubos auch.[f]

Daß Sie die Flora (Hoppes) freut, freut mich. Sie ist auch <u>mein</u> Kind und jezt das einzige Vehikel der sonst unausführbaren Circulation der corresp. Gesellsch. Was ein * hat, gehört ihr. Die jährlichen Desideraten & Listen werden eben gedruckt. Geben Sie der Flora oft Etwas. In N°. 31. finden Sie einen Bericht von Hoppes Besuch bey mir. Ich will doch sehen, ob Sie[g] damit bis zum nächsten Posttag warten.

Irre ich mich nicht allzu sehr: so ist eine Stelle in deutschen Landen für den wissenschaftlichen Mann doch in jeder Hinsicht, auch bey geringerem Gehalte, einer Stelle in Russland vor zuziehen, und wer sich selbst mit bey seinem Thun und Lehren im Auge hat, nach dem Grundsaze, docendo discimus, fühlt sich nicht wohl da, wo er zu ungefüges Material bearbeitet. Sonst ists, an u. für sich gleichgültig. Hier oder da!

Ihr

Nees v. E.

[Nachtrag links von der Unterschrift]
An M. v. A. hat Preußen ein Kleinod für die Wissenschaft, das hoch brillirt!

Anm.: [a] – wegen Papierausriss evtl. Jahreszahl verloren; [b] – „v." nachträglich eingefügt; [c] – Textverlust durch Ausreißung; [d] – wegen Textausriss nicht sicher lesbar; [e] – Abkürzungen (r-Haken, Nasalstrich) korrigiert; [f] – „Auf die Rubos auch" wurde nachgetragen; [g] – aus „obsie" korrigiert.

Kommentar:

mit Plackereŷen bindet und hält: Die Briefe mit der Berufung nach Bonn in Nees/Altenstein 2009a Nr. 1007-1010, bes. 1009 vom 22.09.1818. Nees hatte am 02.10.1818 in einem Gesuch aus Erlangen an König Maximilian I. Joseph von Bayern (1756-1825) „untertänigst" die Annahme eines Rufs an die Universität Bonn angezeigt und – unter Hinweis, dass er sein Amt in Bonn zum Beginn des kommenden Wintersemesters antreten wolle – um rechtzeitige Entlassung gebeten.

In einem Schreiben aus München vom 22.10. wurde dem Senat der Universität Erlangen zwar die Zustimmung zu NEES' Ausscheiden mitgeteilt, jedoch gleichzeitig – nicht unbillig – von NEES die Durchführung seines Logikkurses und seiner Vorlesungen im bevorstehenden Semester gefordert. Am 2.11. erneuerte NEES in einem umfangreichen Gesuch seine Bitte um frühzeitige Entlassung aus den Erlanger Verpflichtungen. Der Senat befürwortete unter dem gleichen Tag das Gesuch, mit dem Hinweis, dass durch NEES' Ausscheiden im Winter 1819 der Universität kein Schaden erwachse. Unter dem 12.11. erteilte MAXIMILIAN die Erlaubnis und beauftragte den Senat, NEES diese Entscheidung zu eröffnen: Universitätsarchiv der Erlanger Universität, R. R. Th. II Pos. i. N. Nr. 2: „Erlanger Universitaets Acta. Die Ernennung des Herrn Doctor Friedrich Nees von Esenbeck zu Sickershausen zum öffentlichen ordentlichen Lehrer der Naturwissenschaft, insbesondere der Botanik, und zugleich zum Director des botanischen Gartens dahir betrf. Zugleichen 1817 die Leopoldinische Akademie der Naturforscher betrf. (1815-) 1818 den Abgang an die Universitaet zu Bonn betrf. eod. anno." [unfoliiert]. NEES war am 8. August 1818 zum Präsidenten der Leopoldina gewählt worden (Röther 2009, 127 und 133; Nees/Altenstein 2009a, 132, Brief Nr. 1006 vom 12.08.1818), so dass manche „Plackereỹen" auch durch den anstehenden Umzug der Akademie nach Preußen begründet waren: Röther 2009, 29-34.

Genius in einer Wolke: Anspielung auf einen dramaturgischen Trick des Barocktheaters, wobei in einer ausweglosen Situation durch himmlisches Eingreifen eine Lösung herbeigeführt wird. Wenige Tage später wird Minister ALTENSTEIN von NEES in einem Brief als ein solcher „Deus ex Machina" bezeichnet (Nees/Altenstein 2009a, Brief Nr. 1030 vom 19.11.1818, 201). Insofern könnte auch hier konkret ALTENSTEIN als hilfreicher „Genius" im Hintergrund gemeint sein.

D. thut heimlich …: NEES hatte bereits im Oktober Kenntnis von DÖLLINGERs Interesse an einem Ordinariat in Bonn und verwendete sich für ihn beim Minister (Nees/Altenstein 2009a, Brief Nr. 1016 vom 16.10.1818, 164-165). Auf der Reise nach Bonn hatte er nochmals mit DÖLLINGER gesprochen „u. aufs neue die Versicherung seines Wunsches, nach Bonn zu kommen, vernommen" (Nees/Altenstein 2009a, Brief Nr. 1033 vom 07.12.1818, 211). DÖLLINGER fungierte seit 1816 in der Leopoldina als Adjunkt und hatte so bei der Wahl NEES' zum Präsidenten mitgewirkt, auch deshalb nahm er NEES' Fürsprache an: „… ist es Ihnen Ernst, was Sie schreiben, so wäre es ein Beweis, ächter Freundschaft, wenn Sie die Sache beförderten, falls es thunlich; ich selbst thue nichts, aber ich bin bereit, das geschehene zu acceptiren." (Brief vom 13.10.1818, beglaubigte Abschrift: Geheimes Staatsarchiv, Preußischer Kulturbesitz, I. HA, Rep. 76 Kultusministerium Va, Sekt. 3, Tit. IV, Nr. 1, Bd. 3, Fol. 159).

als Angestellten: NEES hatte bereits einen Ruf nach Bonn erhalten, war also dort gleichsam „angestellt", wenn er auch den Dienst noch nicht offiziell angetreten hatte. NEES war über DÖLLINGERs Streben nach Bonn informiert (s.o.), aber nicht über die reellen Erfolgsaussichten, die im Übrigen auch DÖLLINGER nicht kannte. Dass dieser seinen langjährigen engen Kooperationspartner und Freund NEES aus Scheu vor der erfolgreichen „Konkurrenz" nicht eingeweiht hätte, klingt, zumal vor dem

Hintergrund der zitierten Briefe, merkwürdig. – DÖLLINGER bekam keinen Ruf nach Bonn; Minister ALTENSTEIN holte stattdessen Franz Joseph Karl MAYER (1787-1865) an die Rheinuniversität, vgl. Brief 16.

dort Prosector: BAER hätte sich mit dem Wechsel nach Bonn beruflich nicht verbessert, sondern die gleiche Position wie in Königsberg innegehabt.

er ist Ihnen ohnehin gut: DÖLLINGER kannte und schätzte BAER von dessen Würzburger Studienaufenthalt 1815/16 her. Auch hatte ihm BAER den begabten Doktoranden PANDER vermittelt.

Rudolphi: Carl Asmund RUDOLPHI (1771-1832) war damals Ordinarius für Anatomie und Physiologie in Berlin. BAER hatte im Winter 1816/17 bei ihm Lehrveranstaltungen besucht und stand seitdem mit ihm in wissenschaftlichem Kontakt: Knorre 1973.

Carl Asmund RUDOLPHI (1771-1832).
Lithographie von FORESTIER nach einer Vorlage [Stich] von Ambroise TARDIEU
(1788-1841)

Altenstein: Karl Freiherr VOM STEIN ZUM ALTENSTEIN (1770-1840) hatte 1817 die Leitung des neuen preußischen Ministeriums der geistlichen, Unterrichts- und Medizinal-Angelegenheiten übernommen und besaß insofern größten Einfluss auf die Besetzung von Professuren (vgl. auch Brief 12). Darüber hinaus war er persönlich – als Leopoldina-Mitglied – auch naturwissenschaftlich sehr interessiert und konnte daher eine ihm vorgelegte Arbeit kompetent bewerten, dazu ausführlich die Einleitung (bei Röther 2009, 1. Bd.) zu Nees/Altenstein 2009a.

Goldfuß: Georg August GOLDFUß (1782-1848), einflussreicher Adjunkt der Leopoldina, war gerade – wenn auch seitens ALTENSTEIN hauptsächlich NEES zuliebe (Nees/Altenstein 2009a, 142-143, Brief Nr. 1010 vom 22.09.1818) – als Ordinarius für Zoologie, Paläontologie und Mineralogie an die eben eröffnete Universität Bonn berufen worden.

Dixi: „Ich habe gesprochen".

Strand Samlands: Samland ist eine ostpreußische Halbinsel, etwa 75 km lang und 35 km breit, zwischen Kurischem Haff im Norden und Frischem Haff im Süden. Die südliche Grenze wird ferner durch den Pregel markiert, der durch Königsberg fließt; es handelt sich also um die unmittelbare Nachbarschaft von BAERs neuer Wirkungsstätte.

direct an Hoppe: In der *Flora oder Botanischen Zeitung*, hg. von David Heinrich HOPPE, erschien Baer 1821a. HOPPE (1760-1846) hatte 1790 zu den Gründern der Regensburger botanischen Gesellschaft gehört, gab von 1790 bis 1811 deren botanische Taschenbücher heraus und war von 1812 bis zu seinem Tod ihr Vorsitzender. 1818 begann er zusammen mit Christian Friedrich HORNSCHUCH (1793-1850) und im Einvernehmen mit NEES die Herausgabe der *Flora oder Botanischen Zeitung*, der weltweit ältesten botanischen Fachzeitschrift. Zu HOPPEs Anteil an der Regensburger botanischen Gesellschaft und ihren Publikationen vgl. Ilg 1984. HOPPE war auch Direktor der *Gesellschaft corresponrdirender Botaniker* und damit verantwortlich für die Annahme von deren Beiträgen.

David Heinrich HOPPE (1760-1846). Ölgemälde

Livelander: Pflanzen aus Livland (vgl. Brief 2). Der Begriff meint entweder das heutige Estland und Lettland zusammen oder – im engeren Sinn und eigentlich in der Zarenzeit gebräuchlicher – die Region nördlich von Riga bis zum Peipussee, also die

Südhälfte Estlands und die heutige lettische Region Vizdeme. BAERs väterliches Landgut Piep (Piibe) liegt im nördlichen Estland. Wie die Briefe 2 und 16 zeigen, dürfte jedenfalls im Hause NEES diese Gegend auch unter „Livland" gelaufen sein, es geht also um Pflanzen aus BAERs Heimat.

Corni, Rubi: Hartriegelgewächse und eine Gattung der Rosengewächse; vgl. hierzu schon Brief 13.

Rau: Zu Ambrosius RAU vgl. Brief 2. RAU hatte bereits über die unterfränkischen Wildrosen publiziert (Rau 1816).

von Weihe: Carl Ernst August WEIHE (1779-1834) war Mitglied in der Gesellschaft correspondirender Botaniker und versorgte auch das Senckenbergianum mit Belegexemplaren: Röther/Feistauer/Monecke 2007, 602. WEIHE arbeitete zu dieser Zeit mehr mit NEES zusammen und legte letztlich mit diesem eine Monographie zu den einheimischen *Rubus*-Arten vor: Nees/Weihe 1822-1827.

Juncos: Binsen.

mein Kind: Zu NEES' Anteil an der Gründung und Entwicklung der *Flora* siehe u.a. Ilg 1984 und die obige Anmerkung zu HOPPE.

*das einzige Vehikel ... Was ein * hat, gehört ihr*: Zur *Flora* als neuem Publikations- und Kommunikationsorgan der Gesellschaft correspondirender Botaniker vgl. Brief 13. Im Jahr 1820 wurde den Mitgliedern des Vereins in einer Anzeige mitgeteilt, dass die Direktoren die *Flora* zum Organ der Vereinsmitteilungen erwählt hätten, weil die über ganz Europa zerstreuten Mitglieder auf andere Weise nicht mehr zu erreichen gewesen seien. Beiträge von Vereinsmitgliedern würden künftig in der *Flora* jeweils durch ein Sternchen gekennzeichnet („Anzeige an die Mitglieder des Vereins correspondirender Botaniker". *Flora*. 3. Jg. Regensburg 1820, 2. Bd., Nr. 31 vom 21.08., 492-493).

Bericht von Hoppes Besuch bey mir: Es muss hier eine Verwechslung der Namen HOPPE und FUNCK vorliegen, denn über einen Besuch HOPPEs bei NEES in diesem Zeitraum (der aber durchaus stattgefunden haben kann) findet sich in der *Flora* kein Bericht, dagegen enthält *Flora* 1 (1818), Nr. 31, 10.11., 517-529, unter der Rubrik „Correspondenz" einen Bericht von Apotheker FUNCK über seinen Besuch bei NEES in Erlangen. Heinrich Christian FUNCK (1771-1839) war Apotheker in Gefrees in Oberfranken (heute Landkreis Bayreuth) und ebenfalls Gründungsdirektor der *Gesellschaft correspondirender Botaniker*: Röther 2006, 71-74; Röther/Feistauer/Monecke 2007, 597.

einer Stelle in Russland vor zuziehen ... docendo discimus: „durch Lehren lernen wir". NEES vermutet, dass russische Studenten ein „zu ungefüges Material" sind, als dass sie – wie BAER, PANDER, seine Würzburger Bekannten oder die für die *Gesellschaft correspondirender Botaniker* angeworbenen Kommilitonen – etablierten Wissenschaftlern als anregende Gesprächspartner oder Mitarbeiter taugen könnten. Mit der vorherigen Verklärung des Russlandbildes im Zuge der Auswanderungspläne (vgl. z.B. Brief 6) ist es nun vorbei.

M. v. A.: Minister VON ALTENSTEIN, s.o.

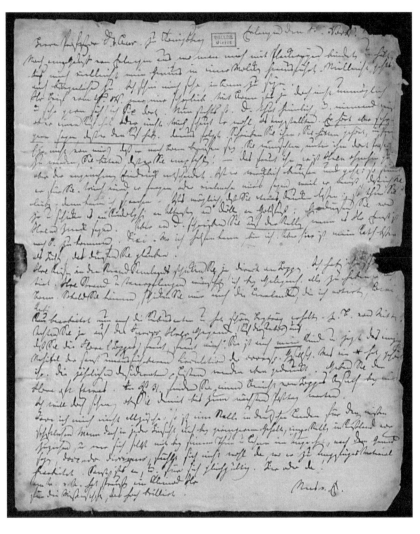

NEES VON ESENBECK an Karl Ernst VON BAER, Brief vom 15.11.1818

Brief 15
Nees an Baer, Bonn, 12. Januar 1819

Nachweis: UB Gießen, Nachlass BAER, Bd. 16.
Seiten: 1 Seite + Anschrift auf der Rückseite.
Format: 1 Blatt, ca. 21 x 17 cm.
Zustand: Stempel „Bibliothek der Ludwigs-Universität Gießen" auf Textseite. Leichte Beschädigung durch Faltung und das erbrochene Siegel, Tinte ungleichmäßig. Siegelreste auf der Anschriftseite; Flecken an der Faltkante.

[S. 2 = Rückseite]
Herrn Professor D^r von Baer,
Hochwohlgebohrn
zu
Königsberg
[Links daneben:] Durch Einschl[uss]

[S. 1]
                                                        Bonn den 12^n Jan 19

Hier bin ich, lieber Freund, u. so Gott will sollen Sie auch noch hier seŷn. Es^a ist Hoffnung, daß D. hieherkomme. Er will Ihnen nicht übel, und Ihr Brief an ihn^b hat ihm gefallen. Sobald sichs entscheidet, schreiben Sie ihm $nochmals^c$ und $fragen^d$ ihn dabey, ob er, im Fall er Prof. der Anatomie hier würde, nichts gegen Ihre Anstellung habe und ob er Ihnen erlaube, sich in ihrer Meldung auf ihn berufen zu dürfen. Das ist ihm recht, und Sie können sich zu gleicher Zeit melden (beÿ der Regirung nemlich). Vielleicht schadet es nichts, wenn Sie gleich noch einmal an ihn schrieben, und zugleich an den Minister von Altenstein sich wendeten, ohne die bestimmte Anstellung D.s abzuwarten, von der Sie sonst spät erst Nachricht erhalten würden.^{e}
    Es wird Ihnen hier gefallen.
                                    Ihr
                                                        N. v. E.

[Nachtrag links neben der Unterschrift:]

Wenn Sie Schritte thun: so lassen Sie mich darum gleich wissen. Ich helfe dann, wenn ich kann, bey D.

Anm.: [a] – aus „als" korrigiert; [b] – verbessert aus „Ihr"; [c] – Das „m" von „mals" am Zeilenanfang wurde aus einem anderen Wortanfang geändert; [d] – davor „an" gestrichen; [e] – „ohne" bis „würden" ist nachträglich zwischen zwei Zeilen eingefügt.

Kommentar:

Durch Einschl[uss]: Der Brief wurde offenbar einer Sendung beigelegt, da es keinen Poststempel gibt.

Hier bin ich: NEES war seit Anfang Dezember 1818 in Bonn.

D.: DÖLLINGER. Zu den Spekulationen um den Ruf an DÖLLINGER schon Brief 14, zum (negativen) Ergebnis Brief 16 sowie Renger 1982. NEES bezieht sich auf einen (nicht erhaltenen) Brief DÖLLINGERs vom 08.01.1819, in dem von „Unterhandlungen" in Bonn die Rede war und von dem NEES auch sehr zuversichtlich an ALTENSTEIN schreibt (Nees/Altenstein 2009a, Brief Nr. 1044 vom 14.01.1819, 249-250).

Karl Sigmund Franz Freiherr VOM STEIN ZUM ALTENSTEIN (1770-1840), 1827.
Stich von Johann Friedrich BOLT (1769-1836)
nach einer Zeichnung von Friedrich KRÜGER

Brief 16
Elisabeth Nees an Baer, Bonn, 24. Februar 1819

Nachweis: UB Gießen, Nachlass BAER, Bd. 16.
Seiten: 4 Seiten, ohne Anschrift.
Format: 1 Blatt, ca. 42 x 24,5 cm, in der Mitte zu 4 Seiten gefaltet.
Zustand: Kleiner Rechteckstempel „Bibl. d. L. U. Gießen" auf 1. Seite, Einrisse am unte-
           ren Rand des Blattes.

[S. 1]

Bonn, d. 24$^{\underline{\text{ten}}}$ Febr. 19.,

Sie haben mir so viel aus Ihrem Leben mitgetheilt daß ich weniger Antheil
an Ihnen nehmen müßte als ich es thue, wenn ich Ihnen nicht recht bald
antworten sollte. Rathen kann ich Ihnen nicht, will es auch nicht, doch
glaube ich zu wissen was Sie ergreifen werden, zu ahnen sollte ich sagen,
denn ich müßte schweigen wenn ich Sie als völlig entschieden dächte.

    Nach Dorpat gehen Sie wohl nicht; daß Sie nicht nach Liefland aufs
Land^{a} zurükkehren, darum möchte ich Sie fast einzig bitten. Lassen Sie
nicht ein, durch langes Entbehren vielleicht allzu empfänglich gewordenes
Herz hier die einzige Stimme haben. Das idealische solcher in patrichar-
chalischer^{b} Zurükgezogenheit verlebten Jahre der ersten glücklichen Liebe
wird nur zu oft vom Schiksal auf eine unfreundliche Weise zurükgefordert,
wenn wir den rechten Augenblick versäumen wo der wieder aufwachende
Trieb nach Würksamkeit, nach Wissenschaft und ausgedehnter praktischer
Weltumfassung den Mann aus dem Familienkreise ins Leben zurükführen
will. Wir selbst täuschen uns oft gerne über diese innre Anfoderungen und
eben so oft binden uns äußere Verhältniße. Neigungen die wir lange mit
Liebe genährt und gepflegt, können wohl für eine gewisse Zeit durch ge-
waltigere Gefühle unterdrückt, aber gewiß nicht getödtet werden. – Ich
sollte dies nicht sagen, denn Sie wissen das Alles besser als ich, und doch
glaube ich so Manches erlebt zu haben was mir wenigstens bey einem
nachsichtsvollen Freunde eine Stimme erlaubt wenn vom Glük und Unglü-
ke des Lebens die Rede ist. Über den wichtigsten Schritt Ihres Lebens haben Sie entschieden, möge alles Heil und Glük für Sie daraus hervorgehen
dessen Sie so empfänglich sind. Ich denke und fühle bey dieser Veranlas-
sung^{c} mancherley was ich nicht sagen kann.

    Meine besten Wünsche begleiten Sie, dies glauben Sie.

    Sagen Sie mir einmal wenn Sie erst Worte gefunden haben, etwas von
ihr.

[S. 2 = Rückseite von S. 1] Nees trägt mir auf, da er selbst in diesem Augenblik sehr beschäftigt ist, einige Ihrer Fragen in Beziehung auf die hiesige Universität zu beantworten. Seltsam ist es daß Sie abermalen von mir hören müssen daß Meyer von Aarau für die Professur der Anatomie berufen ist. Ich habe nie ernstlich an Döllinger geglaubt[d]; es schien mir sein Bemühen, wie es sich vielleicht auch jetzt ergiebt, eine etwas rundte Speculation auf Gehaltszulage in Würzburg. Ich zweifle ob Sie durch den Tausch verlieren würden. Es lebt sich nicht immer gut mit Döllinger im näheren Verhältniß.

Anatomische Sammlungen sind so wenig vorhanden wie andere, doch hat die Regierung für Alles bedeutende Summen bewilligt, jeder Professor sorgt für seine Sphäre. Büchersammlungen werden gekauft, auch geschenkt; Die Bibliothek soll jetzt schon bedeutend seyn. Am meisten scheint der Minister v. A. doch die Naturgeschichte zu begünstigen; Im Lustschlosse Poppelsdorf, 10 Minuten von der Stadt, erhält sie die 12 Säle, welche das Erdgeschoß des Schlosses bilden; oben Wohnungen für Kästner, Goldfus, uns, die Aufseher u.s.w. (auch die Physik und Chemie siedelt sich dort an.) rings um das Schlos der botanische Garten, große neue Treibhäuser, Büsche von ausländischen Holzarten, in dem kleinen Park der schon da ist, wohnten bis jetzt[e] 20 Nachtigallen. Mögten sie nicht durch das neue Wesen vertrieben worden seyn. In der Stadt sind die Wohnungen ziemlich theuer, wie überhaupt alle Lebensbedürfnisse, wenigstens theurer als in Franken; doch soll dies sonst nicht gewesen seyn. Man rühmte ehemals Bonn wegen der Wohlfeilheit der Lebensmittel. Um den Professoren u. Staatsdienern überhaupt, wohlfeilere und bessere Wohnungen zu verschaffen hat der König 400,000 Thl angewiesen zur Erbauung von 20 Häusern im Schlosgarten, die die Professoren mit 40 PCt. Gewinn zu kaufen. [S. 3] oder vermiethet erhalten. – Handwerker, Dienstboten und sonstige Verhältniße des innern Hauswesens sind hier dem Fremden anstößig und schwer anzuzeignen. Schon die Steinkohlen statt des Holzes sind wegen des beständigen feinen Staubes, schmuzig und widrig, doch wissen dies die Eingebohrnen gut zu versteken, denn die Einrichtungen sind nett und gefällig; in Kleidung kein großer Luxus. Die Gesellschaft im Ganzen mit Geist, man genießt gern u. viel. Das hiesige Bergamt verknüpft die ernstere Wissenschaft freundlich mit der Natur. – Von dieser erwarten Sie wohl auch etwas zu hören. Doch mögte ich hier lieber schweigen; ich bin diesen ganzen Winter hindurch kränklich gewesen und habe die Stadt wenig verlassen. Eine unangenehme Zugluft vom Rheine her, die hier herrschend seyn soll, scheuchte mich immer wieder zurük. Ich hoffe auf das Frühjahr.

– Neue Professoren die auf Ostern hier erwartet werden, sind Walther von
Landshut u. Mittermaier, Bischoff aus Erlangen (ob Kieser ist noch unge-
wiß) Münchow aus Weimar für Astronomie; Wenzel aus Frankfurt für die
Entbindungskunst hat abgelehnt. Noch ist die Medizin nicht voll besezt,
die Rechtswissenschaft u. katholische Theologie, Philosophie am stärksten.
Auch Philologie. – Von Delbrük u. Hüllmann hörten Sie wohl in Königsberg. Delbrük bin ich sehr gewogen. Auch Windischmann, Arndt, Sak sind
werthe Namen. Arndt's Frau, Schleyermachers Schwester, ist anziehend,
still, sinnig, in deutscher Tracht, verschleyert möchte man sagen. Gräfin
Dohna, ehemals auch in Königsberg, Scharnhorsts Tochter, ist eine der
vorzüglichsten hiesigen Frauen.

So weit Bonn. – Nees geht in diesen Tagen nach Berlin, vom Minister
berufen, dort wird Manches mündlich besprochen werden was so schneller
der Entscheidung entgegengeht. Er geht mit Aufträgen, Wünschen, Vor-
schlägen, vom Ganzen und jedem Einzelnen ins besondere.

[S. 4 = Rückseite von S. 3] D'Alton schreibt mir aus London daß er so eben
nach Schottland abgehe. Pander schien zweifelhaft ob er dorthin oder nach
Paris gehe, zu seiner Schwester. Er hat ersteres gewählt. Goldfus und mein
Mann bemühten sich D'Alton für die Akademie zu gewinnen; er ver-
schmäht es ganz und entschieden. Seine Frau ist über seine lange Abwesenheit untröstlich. Er ist übrigens ungeheuer fleißig u. wird wahrscheinlich noch etwas Tüchtiges für die Naturgeschichte leisten, der er sich nun
ganz ergeben hat. – Glauben Sie nicht[f] daß ich d'Alton überschäze, ich
nehme nur gern zurük, wo ich fühle daß ich Unrecht gethan. Zwischen
d'Alton u. mir bestand lange die entschiedenste Abstoßung; die Bereitwilligkeit mit der er ein Unrecht zurükgenommen daß er mir gethan legte mir
gleiche Verbindlichkeit auf. So stehen wir zusammen. Er schreibt mir sehr
oft, lange Briefe, humoristisch, launig, gefühlvoll, wie beschreibend oder
reflektirend. Ich antworte selten. – Seine[g] Briefe können nie beantwortet
werden. – A.W. Schlegel erinnert mich zuweilen an ihn, nur ist D'Altons
Ton leichter, spielender; beyde sind nur leider! auf dem Abwege des An-
ekdoten erzählens, zur geselligen Unterhaltung, der Tod aller lebendig
fortschreitenden Rede. Auch Schlegel neigt sich zur Naturwissenschaft, sie
steht wie eine Hieroglyphe vor ihm, die ihm vielleicht zu lange wie ein be-
deutungsloser Schnörkel erschienen. – Die indische Sprache, darin die Be-
nennungen der Thiere u. Pflanzen noch der würkliche Ausdruk ihres Wesens sind, scheint ihm zuerst die poetische Seite der Wissenschaft eröffnet
zu haben. Schlegel ist sehr freundlich und ermunternd für alle die ihm taugen.

Sagen Sie mir recht bald wie sich Ihr Schiksal entschieden hat, ich sage nicht: wie Sie es entschieden haben. Gewiß ich nehme recht herzlichen und innigen Antheil an Ihrem Leben. – Von mir könnte ich Ihnen viel sagen, jetzt aber schweige ich besser. Mein Leben wird eng und enger, die Sterne die mir noch leuchten sind einzig meine Kinder und Julia, meine theure, unaussprechlich liebe Freundin in Erlangen. Kommen Sie noch zu uns, so werden Sie sie diesen Sommer bey mir finden. Nur halb so alt als ich und mir so gleich an Sinnes- u. Empfindungsweise, nur besser, frömmer, unverfälschter. O ich sollte nicht klagen, Gott hat mir viel geschenkt; – ich klage ja auch nicht. Nur mit der Freude will es nicht mehr recht gehen.

Gott sey mit Ihnen!

Elisabethe

Anm.: [a] – „aufs Land" geändert aus „zu ihrer"; [b] – durch Einfügung geändert aus „patricharalischer", gemeint „patriarchalischer"; [c] – unleserliches, ebenfalls mit „Ver" beginnendes und mehrfach korrigiertes Wort gestrichen, „Veranlassung" darüber geschrieben; [d] – geändert aus „ged"; [e] – „jährlich" gestrichen, „bis jetzt" darüber eingefügt; [f] – danach „etwa" gestrichen; [g] – davor ein Wort unleserlich gemacht.

Kommentar:

Nach Dorpat gehen Sie wohl nicht: Das Berufungsschreiben hatte BAER im Januar 1819 erreicht, er antwortete jedoch erst Anfang März (Raikov 1968, 43-44). BAER hatte aus seiner Studentenzeit nur wenige gute Erinnerungen an Dorpat, sowohl hinsichtlich der Universität insgesamt als auch was die dortigen Professoren betraf. Der Fachvertreter für Anatomie war seinerzeit der etwas verschrobene Ludwig Emil CICHORIUS (1770-1829) gewesen (Baer 1866, 130-132), während BURDACH damals eher an theoretischen Fragen, wie etwa der Gewebelehre und der Entwicklungsgeschichte, interessiert war; in seiner Autobiographie nennt BURDACH CICHORIUS – immerhin seinen damaligen Prosektor – einen „eigensinnigen Sonderling" und „starken Trinker" (Burdach 1848, 263). Nach seinem Weggang war CICHORIUS auf den Lehrstuhl aufgerückt und suchte nun seinerseits einen Prosektor. Obwohl frühere Kommilitonen und sogar der Rektor sich für ihn einsetzten, schreckte BAER deshalb vor einer Zusammenarbeit mit ihm zurück. Auch den Ruf auf den Dorpater Lehrstuhl nach CICHORIUS' Tod 1829 lehnte BAER ab.

nach Liefland aufs Land zurükkehren: BAER erwog offenbar eine Rückkehr auf sein väterliches Landgut Piep (Piibe) im nördlichen Estland, wozu ihn auch seine Familie drängte: Raikov 1968, 137-138. Dort hätte er als Privatgelehrter forschen können, ähnlich wie es PANDER für einige Zeit tat. An eine ärztliche Tätigkeit hat er wahrscheinlich – trotz evtl. anfänglichen Zweifeln an der universitären Tätigkeit (vgl. Brief 13) – weniger gedacht.

Das idealische … zurükgefordert: Vermutlich Anspielung auf die Zurückgezogenheit in Sickershausen während NEES' Arbeit an der Monographie zu den Pilzen und seine anschließende Affäre mit der Ehefrau eines Bekannten (vgl. Briefe 6 bis 12).

in patricharchalischer Zurükgezogenheit: Gemeint ist die Beschränkung auf die Pflichten als Familienoberhaupt und Gutsbesitzer; Herrschaftsstrukturen hat Elisabeth NEES sicher nicht im Sinn. Sie hat jedoch BAER klar als Mann der Wissenschaft mit Drang zu Außenwirksamkeit erkannt.

Über den wichtigsten Schritt Ihres Lebens haben Sie entschieden: BAERs Verlobung mit der Königsbergerin Auguste VON MEDEM (* wohl August 1791 im masurischen Rastenburg, heute Kętrzyn/Polen, † März 1864, St. Petersburg), deren Familie zum baltendeutschen Adel zählte, fand im Januar oder Februar 1819 statt (Raikov 1968, 44 und 137), am 1. Januar 1820 heirateten die beiden. Aus der Ehe gingen sechs Kinder hervor: Magnus (1820-1828), Karl Julius Friedrich (1822-1843), August Emmerich (1824-1891), Alexander Andreas Ernst (1826-1914), Marie Juliane (1828-1900) und Hermann Theodor (1829-1866). Vgl. http://www.geni.com/people /Auguste-von-Medem/6000000009521773163 (30.3.2012) mit Altersporträt.

Meyer von Aarau: Gemeint ist August Franz Joseph Karl MAYER (1787-1865), seit 1815 Ordinarius für Anatomie und Physiologie in Bern. Er wurde im Januar 1819 auf den Lehrstuhl für Anatomie und Physiologie an die Universität Bonn berufen; im gleichen Jahr wurde er auch Mitglied der Leopoldina.

nicht immer gut mit Döllinger: DÖLLINGER wird von BAER in seiner Autobiographie als hingebungsvoller Lehrer und geistreicher Gesellschafter gelobt (Baer 1866, 182-189), doch erwähnt er auch gefürchtete Sarkasmen (a.a.O., 188). Das passt in etwa zur Neigung zu übler Nachrede, die andere Zeitgenossen beobachtet haben (Bohley 2003b, 40, Anm. 137).

für Alles bedeutende Summen: Aus dem Briefwechsel Nees/Altenstein 2009a gehen Details nicht hervor, doch betrugen allein NEES' Umzugskosten 1100 Taler (a.a.O., 253), rund zwei Drittel seines Jahreseinkommens, weiteres s.u. Bei Becker 2004, 118, stehen die von ALTENSTEIN angesetzten Jahresetats der naturwissenschaftlichen Einrichtungen, leider ohne genaue Quellenangabe: Sternwarte 1600 Taler, Naturwissenschaftliches Museum 350 Taler, Mineralogisches Museum 300 Taler, Chemisches Laboratorium 400 Taler, Physikalische Apparate 400 Taler. Um den Etat für den Botanischen Garten (ursprünglich 2000 Taler) wurde heftig gerungen; er wurde schließlich auf 2500 Taler festgelegt (Röther 2009, 57-58).

gekauft, auch geschenkt: Einen guten Überblick über die von verschiedenen Seiten der Universität Bonn im Gründungsjahrzehnt gemachten Zuwendungen an Büchern, Pflanzen, Präparaten und Mineralien gewähren die Akten des Regierungsbevollmächtigten (Bonner Universitätsarchiv, Kuratorium B 15, „Schenkungen an die Universität", Vol. I, 1819 -1820, Vol. II, 1820-1822 und Vol. III, 1822-1826) sowie die des Rektorats (Bonner Universitätsarchiv, Rektorat A 28,2: „Geschenke von Büchern", Vol. I: 1818-1854.

Minister v. A. doch die Naturgeschichte zu begünstigen: Allein die Anlage des botanischen Gartens kostete insgesamt über 17600 Taler; dabei waren für die Erstausstattung der gesamten Universität zunächst überhaupt nur 60000 Taler vorgesehen gewesen (Röther 2009, 56, Anm. 320).

Im Lustschlosse Poppelsdorf: FRIEDRICH WILHELM III. überließ das ehemalige Lustschloss Clemensruhe des Kölner Kurfürsten CLEMENS AUGUST I. von Bayern (1700-1761) der neu gegründeten Rheinuniversität Bonn. Es war 1715 bis 1740 erbaut worden, wurde nach Zerstörungen im Zweiten Weltkrieg in vereinfachter Form wieder errichtet und ist noch heute Sitz naturwissenschaftlicher Institute der Universität Bonn.

12 Säle, welche das Erdgeschoß des Schlosses bilden: Hierzu u.a. Stoverock 1995. NEES berichtete Dezember 1818 in der Rubrik „Correspondenz" der *Flora* 2. Jg. (1819), 1. Bd., Nr. 1, vom 07.01., 8: „Denken Sie sich einen runden Hof von Säulen ganz umgeben, und von den 4 Flügeln des Gebäudes umschlossen, das nach einer artigen Idee ein Ganzes bildet. Im Erdgeschoß hohe Säle, alle einander[!] führend, so daß man im Kreise im Schlosse herum gehen kann. Diese Säle werden die Sammlungen aus allen 3 Naturreichen in methodischer Folge, wahrscheinlich auch den physikalischen und chemischen Apparat enthalten. Einige sind zu Hörsälen bestimmt, und die Bibliothek der Akademie der Naturforscher, … werden hier, wenn nicht die Mächtigen anders entscheiden, durch die Gnade der Königl. Preuß. Regierung auch einen anständigen unentgeldlichen Wohnort finden."

Kästner: Gemeint ist Karl Wilhelm Gottlob KASTNER (1783-1857); er kam gleich zum 18.10.1818 als Professor der Chemie und Physik von Halle nach Bonn, wechselte jedoch schon 1821 nach Erlangen.

400,000 Thl angewiesen zur Erbauung von 20 Häusern im Schlosgarten: Die Pläne wurden aus Finanzmangel nicht verwirklicht.

Das hiesige Bergamt: Bonn war seit 1816 Sitz eines Oberbergamts, dem die Bergämter Düren, Siegen und Saarbrücken unterstanden. Es war unabhängig von den Regierungspräsidien und zuständig für Berg-, Hütten- und Salinenverwaltung. Durch den außerordentlich rührigen Naturforscher Johann Jacob NOEGGERATH (1788-1877), der 1816 als Assessor in die Behörde eingetreten und 1818 zunächst als außerordentlicher Professor (dann 1821 als Ordinarius) für Mineralogie und Bergwissenschaften an die Universität Bonn berufen worden war, bestand auch eine personelle Verbindung zwischen Hochschule und Bergamt.

unangenehme Zugluft: Elisabeth NEES ist das Bonner Klima, das ihr Mann stets lobt, nicht bekommen, vgl. auch Brief 40.

Walther von Landshut: Philipp Franz VON WALTHER (1782-1849) war Professor für Chirurgie und Physiologie in Landshut und hatte 1816 einen Ruf nach Halle abgelehnt. Auch er gehörte zu den Bonner Gründungsprofessoren, vgl. Renger 1982, 168.

Mittermaier: Karl Joseph Anton MITTERMAIER (1787-1867) war seit 1811 Ordinarius der Rechte in Landshut und bayerischer Hofrat; er kam 1819 nach Bonn, ging jedoch schon 1821 nach Heidelberg.

Bischoff aus Erlangen: Karl Gustav Christoph BISCHOF (1792-1870) wirkte ab 1819 als außerordentlicher Professor der Technologie und ab 1822 als ordentlicher Professor der Chemie an der Universität Bonn. Er übernahm dort auch das Direktorat des chemischen Laboratoriums und des technologischen Cabinets.

Kieser: Dietrich Georg (VON) KIESER (1779-1862) hatte sich selbst beworben. Minister HARDENBERG (1750-1822) hatte nach anfänglicher Zurückweisung die Berufung im November genehmigt, aber ALTENSTEIN hat den Ruf nicht ratifiziert. Nach Renger 1982, 179-181, wollte der Minister die Naturphilosophie in Bonn nicht noch mehr stärken. NEES hätte ihn wegen des gemeinsamen Interesses am tierischen Magnetismus (vgl. Brief 6) allerdings gern in seiner Nähe gehabt.

Münchow aus Weimar: Karl Dietrich VON MÜNCHOW (1778-1836) hatte seit 1816 als ordentlicher Professor der Philosophie in Jena gewirkt. 1818 kam er als Prof. für Astronomie, Mathematik und Physik nach Bonn. Dort fungierte er 1822/23 sogar als Rektor.

Wenzel aus Frankfurt: Karl WENZEL (1769-1827), der zu dieser Zeit eine „medicinisch-chirurgische Specialschule" in Frankfurt leitete, hatte zu hohe Gehaltsforderungen gestellt, so dass Minister ALTENSTEIN nach anderen Professoren für die Besetzung der Geburtshilfe in Bonn suchte. Vgl. Renger 1982, 170-171.

Noch ist die Medizin nicht voll besezt ... Philologie: Die Universität Bonn bestand seit ihrer Gründung aus einer Medizinischen, Juristischen, Philosophischen und zwei Theologischen Fakultäten (je eine für katholische und eine für evangelische Theologie). Insgesamt waren 35 Ordinarien und acht außerordentliche Professuren vorgesehen: 17 Professuren für die Philosophische Fakultät, sechs für die Medizin, je vier für Theologie und Rechtswissenschaften, wobei letztere 1827 zwei weitere Lehrstühle erhielten. Vgl. http://www3.uni-bonn.de/einrichtungen/universitaets verwaltung/organisationsplan/archiv/universitaetsgeschichte/unigeschichte (10.05. 2012); Braubach 1968; Renger 1982.

Delbrük: Ferdinand DELBRÜCK (1772-1848) hatte zwischen 1809 und 1816 (also vor BAERs Zeit dort) als außerordentlicher Professor in Königsberg gewirkt. 1818 wurde er zum ordentlichen Prof. für Rhetorik, schöne Literatur und Philosophie in Bonn berufen.

Ferdinand DELBRÜCK (1772-1848).
Steindruck von einer Daguerrotypie vom
25. März 1844.

Hüllmann: Karl Dietrich HÜLLMANN (1765-1846) war 1808-1818 Professor für Geschichte in Königsberg. 1818 übernahm er die Professur für Geschichte in Bonn und wurde gleichzeitig zum ersten Rektor der neugegründeten Universität ernannt; er war damit Stellvertreter des Regierungsbevollmächtigten der Universität, Philipp Joseph (VON) REHFUES (1779-1843): ADB 13 (1881), 330-332. Seine Ehefrau sollte später nach der Scheidung NEES ehelichen.

Karl Dietrich HÜLLMANN (1765-1846), 1835.
Lithographie von Christian HOHE (1798-1868)

Windischmann: Karl Joseph Hieronymus WINDISCHMANN (1775-1839) kam 1818 als Ordinarius für Medizin (Pathologie i.s.v. Allgemeiner Krankheitslehre), Magnetische Heilkunde und Geschichte der Medizin aus Aschaffenburg nach Bonn; im gleichen Jahr wurde er Leopoldina-Mitglied.

Arndt: Ernst Moritz ARNDT (1769-1860) wurde 1818 zum ordentlichen Professor für neuere Geschichte in Bonn ernannt; als „Nationaldichter" gehörte er zu den berühmtesten der neu berufenen Professoren. Schon 1820 wurde er jedoch wegen „demagogischer Umtriebe" suspendiert, und zwar aufgrund der sogenannten „Karlsbader Beschlüsse" im Gefolge des Attentats, das der Burschenschafter Karl Ludwig SAND (1795-1820) auf den Schriftsteller August von KOTZEBUE (1761-1819) verübt hatte. Das Verfahren wurde eingestellt, eine Rehabilitation erfolgte jedoch erst 1840 nach dem Regierungsantritt FRIEDRICH WILHELMs IV. (1795-1861).

Sak: Der evangelische Theologe Karl Heinrich SACK (1790-1875) kam 1818 zunächst als außerordentlicher, dann ab 1823 als ordentlicher Prof. für Praktische Theologie nach Bonn; ab 1819 wirkte er dort auch als erster evangelischer Pfarrer.

Arndt's Frau, Schleyermachers Schwester: ARNDT hatte am 18.9.1817 in Berlin seine zweite Frau (N)Anna Maria (1786-1869) geheiratet, die Halbschwester des Philosophen und Theologen Friedrich Ernst Daniel SCHLEIERMACHER (1768-1834). Aus dieser zweiten Ehe gingen sechs Söhne und eine Tochter hervor. SCHLEIERMACHER war 1790-1793 Hauslehrer auf dem Gut des Grafen DOHNA in Schlobitten/Ostpreußen.

in deutscher Tracht: In bewusstem Rückgriff auf Elemente der Kleidung des 15. und 16. Jahrhunderts als Nationaltracht entworfene und gegen ausländische, insbes. französische Mode propagierte Gewänder. Diese Bemühungen setzten im letzten Jahrzehnt des 18. Jahrhunderts ein und erreichten ihren Höhepunkt zur Zeit der Befreiungskriege. Das Tragen dieser als Signal gemeinten Kleidung spiegelt die politische Gesinnung ARNDTs. In der Zeit der „Demagogenverfolgung" galten ihre Träger als verdächtig: Schneider 2002 mit Abb. 7:

„Deutsche Nationaltracht". Modekupfer von 07.02.1815

Gräfin Dohna ... Scharnhorsts Tochter: Juliane bzw. Julie Gräfin DOHNA-SCHLOBITTEN (1788-1827), die Frau des preußischen Generalstabsoffiziers Carl Friedrich Emil Graf DOHNA-SCHLOBITTEN (1784-1859), war die Tochter des preußischen Generals und Heeresreformers Gerhard Johann David VON SCHARNHORST (1755-1813); ihr Mann war durch diese Ehe mit SCHARNHORST eng verbunden gewesen.

Nees geht ... nach Berlin: Zu dieser Reise Röther 2009, 56-57, sowie die Briefe Nr. 1054-1100 in Nees/Altenstein 2009a, 276-347.

D'Alton ... Pander: D'ALTON und PANDER hatten eigentlich ihre anatomisch-zoologische Forschungsreise durch Europa von Spanien aus in den Maghreb fortsetzen wollen; da dort jedoch die Pest ausgebrochen war, wurde England das neue Ziel. Paris wurde auf dem Rückweg nach Deutschland besucht: Schmuck 2009, 88-92; wissenschaftliches Ergebnis war Pander/d'Alton 1821-1838.

zu seiner Schwester: Wahrscheinlich Anna Gerdrutha PANDER, seit 1814 verehelichte PYCHLAU (1796-1872), vgl. http://www.die-ginzels.de/ahnen/gf_15f.htm (29.08. 2012).

Goldfus und mein Mann bemühten sich D'Alton für die Akademie zu gewinnen: D'ALTON war am 28.11.1818 von NEES unter der Matrikelnummer 1093 in die Leopoldina berufen worden. Die Bemerkungen von Elisabeth NEES beziehen sich auf die Bemühungen von GOLDFUß und NEES, ihn für die Universität Bonn zu gewinnen. D'ALTON hatte seine ursprüngliche Absicht, sich in Erlangen niederzulassen, um mit NEES und GOLDFUß an den *Nova Acta* der Leopoldina zu arbeiten, aufgegeben, als diese nach Bonn gingen. Nun interessierte er sich für eine Professur der schönen Künste in Bonn. Doch dann zögerte er angesichts eines finanziell günstigeren Angebots aus Baden (D'ALTON an NEES VON ESENBECK, Karlsruhe, 26.3.1819, Berlin, GStA, PK., HA I, Kulturministerium, Rep. 76 Va Sekt. 3 Tit. IV Nr. 1 Vol. V, fol. 273-274 [Abschrift]), die von ALTENSTEIN und HARDENBERG gewährte Stelle anzunehmen. NEES leitete den Brief an den Minister weiter und bat um eine Entscheidung (Nees/Altenstein 2009a, Brief Nr. 1062 vom 09.04.1819, 295). Der Kultusminister erhöhte daraufhin das Anfangsgehalt von 200 auf 600 Taler und erteilte NEES, der sich zu Verhandlungen in Berlin aufhielt, die Vollmacht, D'ALTON mit 600 Talern nach Bonn zu berufen. Am 8.5. übermittelte NEES die Zusage D'ALTONS (Nees/Altenstein 2009a, Brief Nr. 1085 vom 08.05.1819, 325), und am 18.05.1819 konnte ALTENSTEIN das Ernennungsschreiben ausstellen.

Seine Frau: Sophie Friederike D'ALTON, geb. BUCH (1776-1852).

lange Abwesenheit: PANDER und D'ALTON waren bereits seit dem Frühjahr 1818 unterwegs.

A.W. Schlegel: August Wilhelm SCHLEGEL (1767-1845) hatte sich von Berlin aus um die Stelle eines ordentlichen Professors für Literaturwissenschaft in Bonn bemüht, die er auch gleich 1818 bekam. In Bonn begründete er das Studium der altindischen Philologie. Auch NEES könnte diese Vorlesungen besucht haben (Bohley 2003b, 82-83); beide arbeiteten damals gemeinsam an der Übertragung von Sanskrittexten.

Schlegel neigt sich zur Naturwissenschaft: Eher im Sinne der romantischen Naturphilosophie gemeint. Die Beschäftigung mit der „Natur" (einschließlich Anthropologie) gehört – ebenso wie Sprachen, Geschichte, Theologie und Philosophie – zum „ganzheitlichen" Weltverständnis der Romantik, demzufolge die einzelnen Perspektiven nicht nebeneinander stehen, sondern ineinander fließen.

der würkliche Ausdruk ihres Wesens: Diese etwas optimistische Hypothese SCHLEGELs stellt eine Spielart der onomatopoetischen Theorie der Sprachentstehung dar, die bereits PLATON im *Kratylos* (nach 399) zur Diskussion stellte und die Johann Gottfried HERDER (*Über den Ursprung der Sprache*, 1772) wieder aufgriff. Dem-

nach hätten die ersten Wörter der Menschheit die Gegenstände lautmalerisch be-
schrieben („Wau-Wau-Theorie"). Bei SCHLEGEL kommt noch eine „wesenhafte"
Übereinstimmung von Signifikant und Signifikat dazu; belegbar sind beide Varian-
ten jedoch nicht. Zu den Theorien der Sprachentstehung grundlegend Roger Liebi:
Herkunft und Entwicklung der Sprachen. Linguistik contra Evolution. 3. Aufl.
Holzgerlingen 2007; Peter Macneilage: *The Origin of Speech.* Oxford 2010.

Julia: Alle genannten Fakten passen zu Emma Julie Henriette MEYNIER (1800-1859),
mit deren Vater NEES gut bekannt war (vgl. Brief 12); die Familien besuchten sich
häufig gegenseitig in Erlangen und Sickershausen.

Schloss Poppelsdorf 1792, aus:
Fünfzig malerische Ansichten des Rhein-Stroms von Speyer bis Düsseldorf
(Wien 1798), Illustration von Johann Andreas ZIEGLER (1749-1802)
nach Aquarellen von Laurenz JANSCHA (1792)

Brief 17
Elisabeth Nees an Baer, Poppelsdorf, 23. Januar 1820

Nachweis: UB Gießen, Nachlass BAER, Bd. 16.
Seiten: 4 Seiten, ohne Anschrift.
Format: 1 Blatt, ca. 42 x 25 cm, in der Mitte zu 4 Seiten gefaltet.
Zustand: Stempel „Bibliothek der Ludwigs-Universität Gießen" auf S. 1; Textbeschä-
            digung durch Faltung.

[S. 1]

Poppelsdorf d. 23ten Jenner 20.

Ich habe Ihnen so lange nicht geschrieben daß mein Schweigen wohl einer
Entschuldigung oder wenigstens Erklärung bedürfte wüßte ich mir nur selbst
darüber Rechenschaft zu geben. Nicht daß ich Ihrer nicht häufig mit dem
Wunsche gedacht hätte öfter von Ihrem Leben und Wirken Nachricht zu erhalten; aber schreiben – Sie an mich erinnern, konnte ich dennoch nicht. Ich
muß wünschen, daß meine entfernten Freunde auch ohne Briefe zuweilen an
mich denken möchten, denn mir wird mit jedem Tage schwerer etwas von
mir zu sagen, das Innerliche meines Lebens heraus zu kehren, zu eigner und
fremder Betrachtung. In mir wird es still, ganz still, und wenn es wahr ist
daß unser inneres[a] Leben nur der Abdruk unseres Äußeren ist, so ist der umgekehrte Fall doch nicht weniger wahr.
    Ich lebe völlig einsam hier im Schlosse mit meinen Kindern, Nees ist in
der Stadt zurükgeblieben; außer mir mein Schwager, Inspektor des Gartens
und[b] Prof. Goldfus, mit dessen Familie ich doch wenig Verkehr habe. Das
Schloß ein weitläufiges zerfallenes Gebäude, nothdürftig zu Wohnungen
eingerichtet, nicht ländlich, nicht häuslich bequem, Spuren ehemaligen
Prunks in den marmornen Kaminen und Säulengängen u. Sälen. Wind und
Regen schlagen durch die zerklüfteten Fenster, und Schutt [S. 2 =Rückseite
von S. 1] und Graas ist[c] auf den Stiegen, in den Hallen u. im innern Hofraum.
Die unteren 16 Säle noch völlig leer; – überall neue Winkel und Ekchen neben den größeren Räumen. Noch ist mir das ganze Gebäude kaum zur Hälfte
bekannt. Neben meinem Wohnzimmer die, ehemals heitere Schloßkapelle,
jetzt von Goldfus für die Abtheilung der <u>Insekten</u> bestimmt. Um das Schloß
der botanische Garten, dann ein Graben, Brüke[d] und eisens Gatter, auf dem
Plaz vor dem Eingang hohe dunkle Fichten. Der Garten, wie jede neue Anlage, ohne Schatten, die Nachtigallen zogen mit den belaubten Gängen. Das
Treibhaus zum dritten Theil kaum fertig, am Neuen Jahre bezog[e] man das
warme Haus, so starben die meisten Gewächse. Die Aussicht ist schön aus

den oberen Zimmern, vornen die sieben Berge, links der Kreuzberg mit der
schönen Kapelle, am Fuße das Dorf. – Die Entfernung von der Stadt ist gros
genug um^f selten dahin zu kommen, noch weniger sehe ich Besuche von
dorther. Nees kommt jeden Abend zum Essen u. kehrt in der Nacht zurük.
Wollen Sie mich fragen was denn nun von dieser Lebensweise zu halten sey,
so kann ich Ihnen nichts als Gutes davon sagen; es hat die Einsamkeit aber-
mals ihre wohlthätige Macht an mir geübt, ich habe mich allein durch sie
aus einem verwirrten, unlautern, und trüben Leben herausgefunden das mich
hier am Rheine begrüßte; – eben Ihr Brief traf mich im Junius in einem [S. 3]
Zustande großer äußerer u. innerer Unruhe. – Lange hätte ich keinen unbe-
fangnen, nicht formellen^g, Brief schreiben können, einige Monate von
Krankheit folgten.

So geschah es, daß ich bis jetzt geschwiegen^h, ohne doch Sie und Ihr Le-
ben vergessen zu haben. Rechnen Sie mir es nicht allzu hoch an, schreiben
Sie mir bald, über Sie, und ihre Braut – oder Frau? – über Ihre Aussichten.
Sie haben völlig Recht daß wohl nur Wenige so aufrichtigen und herzlichen
Antheil an Ihrem Wohlergehen nehmen als ich. Es ist auch keineswegs mein
Fall etwa über neuen Freunden die alten zu vergessen; die Zahl derer die
mich kennen und verstehen wie Sie mich kennen, ist so klein daß ich nicht
Einen entbehren könnte, ohne sehr zu verarmen.

Nachdem ich so viel von mir gesprochen, erwarten Sie wohl auch Einiges
von Bonn zu hören; hier wäre sehr viel zu sagen; getäuschte Erwartungen,
unerfüllte Hoffnungen, Mismuth, Partheygeist, Ungeduld, dies umfaßt dennoch so ziemlich alles. Beklagen Sie es nicht zu sehr die^i hiesige Stelle nicht
erhalten zu haben; Ihre äußeren Verhältniße würden schwerlich dadurch gewonnen haben; die Zahl der Lehrer beläuft sich wohl auf 50, ein Drittheil
wenigstens hat keine Zuhörer. Für Naturgeschichte, im weitesten Sinne, sind
die Gemüther am verstoktesten. Prosektor ist ein gewisser Weber aus
Landshut ein Schüler Walthers. Mayer, der Pr[of]. der Anatomie ist ein ein-
facher [S. 4 = Rückseite von S. 3] etwas unbedeutender Mann, nicht geeignet
für seine Sache und die der Wissenschaft zu begeistern. – Walther dagegen
wird sehr geschätzt und ich glaube er verdient es in jeder Rüksicht. Man sagt
er habe gegen Döllinger gewürkt. Dieser ist seit kurzem als Akademiker
nach München berufen. Sömmering privatisirt künftig in Frankfurt. Einige
glauben, daß Oken Döllingers Stelle bekommen würde. Oken war im lezten
Herbst in München, mit Döllinger. – Daß D'Alton hier Professor ist werden
Sie wissen, ob zu seiner und des Publikums Zufriedenheit will ich nicht beantworten. Er lebt mit seiner Familie sehr zurükgezogen u. still; doch scheint
ihm das bürgerlich-einfache dieser Lebensweise nicht sehr zuzusagen, und

in der That ist er derselbe D'Alton nicht mehr der er in Würzburg u. Sikershausen war. Panther habe ich[j] im vorigen Frühjahr auf seiner Durchreise aus
Frankfurt gesehen, die heitersten Stunden die ich hier verlebte. Die Lie-
benswürdigkeit seiner Erscheinung hat mir eine ganze Welt angenehmer Erinnerungen vor die Seele geführt. Wie reich waren jene Zeiten, an Lust und
Thränen reich! Ich glaube, daß Panther doch sehr unverdorben zurükgekehrt
ist[k], obwohl ich Ihre Besorgniß in Rüksicht seiner völlig theilte. Ich hatte
noch an wenig Menschen ein so inniges herzliches Wohlgefallen wie an
Panther; wolle ein gütiges Schiksal über ihm walten! Er schrieb meinem
Manne kürzlich aus Dorpat, wo er nicht eben glüklich zu seyn scheint.

Können Sie mir etwas über die Professoren Delbrük und Hüllmann sagen
die früher in Königsberg waren? Auch über Hüllmanns Frau? Kennen Sie
Doktor Moterby? – Minna Doro[l]?

Ich habe kürzlich wieder einen großen Verlust erlitten an Julien, meiner
so lieben Freundin. Sie ist nicht todt, aber verheurathet, u. somit am Todt für
mich. Ist die Ehe immer das Grab der Freundschaft? Ich fürchte es, u. ehre
es zugleich. – Gott sei mit Ihnen, und Ihrer Auguste. Wie gerne möchte ich
diese kennen! Noch einmal, leben sie glüklich.

E.

[Nachtrag am linken Rand:]

Meine kleine Emilie entwikelt sich zu meiner großen Lust. Sie allein fesselt
mich ans Leben. Auch meine andren Kinder sind gut, u. besonders der jüngere Knabe, Carl, sehr gemüthlich u. brav; doch schwebt über dem kleinen
Mädchen ein gewißes namenloses Etwas, eine Anmuth, u. eine Ruhe bey so
reicher Phantasie, die sie ungemein [Fortsetzung am oberen Rand der Seite, um
180° gegen die Schreibrichtung gedreht] liebenswürdig macht. Sie ist nicht schön,
aber graziös. Nur die Augen sind vom schönsten blau mit langen schwarzen
Wimpern. – Lächeln Sie nicht, Sie wissen daß ich die Eitelkeiten der Mütter
nicht kenne.

Anm.: [a] – „inneres" über ein unleserlich gemachtes Wort geschrieben („eigenes"?); [b] –
„mein Schwager, Inspektor des Gartens und" nachträglich eingefügt; [c] – „ist" nachträglich eingefügt; [d] – aus „Zugbrücke" korrigiert; [e] – aus „bezogen" korrigiert; [f] – davor
„daß" gestrichen; [g] – davor „ganz" gestrichen; [h] – danach „habe" gestrichen; [i] – davor
„Ihre" gestrichen; [j] – „ich" über der Zeile eingefügt; [k] – „ist" über der Zeile eingefügt; [l]
– davor „Mine" gestrichen.

Kommentar:

inneres Leben nur der Abdruk unseres Äußeren ... der umgekehrte Fall: Dass äußere und innere Schönheit miteinander korrelieren und äußerliche Hässlichkeit auch mit einem schlechten Charakter einhergeht, ist eine verbreitete volkstümliche Vorstellung, die mit entsprechenden Diskriminierungen einher ging; die Vorurteile haben sich bis heute gehalten. Elisabeth NEES hebt hier aber wohl speziell auf die seit der Antike belegte und damals wieder sehr beliebte Physiognomie ab, wonach man aus äußeren Merkmalen (besonders – aber nicht nur – des Gesichts) auf Charakterzüge schließen könne; der bekannteste Exponent war Johann Caspar LAVATER (1741-1801; *Von der Physiognomik,* 1772; *Physiognomische Fragmente,* 1775-1778), der auch GOETHE beeindruckte. Der Anatom Franz Joseph GALL (1758-1828) hat diesen Ansatz zu einer komplexen Schädellehre ausgebaut: Besondere Begabungen und Vorzüge, aber auch ausgeprägte Laster spiegelten sich demnach in einer Vergrößerung der zugehörigen Hirnareale und diese wiederum hinterließen Spuren auf dem Schädel, so dass man über Schädeluntersuchung und –vermessung (Kraniometrie) z.B. heimliche Fehler entdecken könne (Phrenologie); eine Überblicksdarstellung mit Gegenwartsbezügen bei Schmölders 2007.

hier im Schlosse ...: NEES VON ESENBECK schilderte die Gegebenheiten in Schloss Poppelsdorf und im umgebenden Park vom Dezember 1818 in der *Flora* (2. Jg. [1819] 1. Bd., Nr. 1 vom 07.01., 8-9, Rubrik „Correspondenz"): „Über den Sälen wohnen die Aufseher und Lehrer im naturhistorischen Fache. Das Schloß umgibt der Garten von einem Graben eingeschlossen. Er ist bequem, in jeder Hinsicht, für die Zwecke des Botanikers, und ein geschickter Gärtner, der bereits an den Rissen arbeitet, wird bald Hand ans Werk legen [...] Sobald übers Lokale entschieden ist, werde ich Geschenke annehmen, kaufen, tauschen, daß bald im Sommer Einiges im Umfang des Schlosses blühen solle. Artige Lustgebüsche, die sich dort befinden, die Herbergen eines Nachtigallenchors, werde ich mit ehrfurchtsvollen Rücksichten schonen."

mein Schwager: Theodor Friedrich Ludwig NEES VON ESENBECK hatte die Inspektoren-Stelle 1819 von seinem Bruder vermittelt bekommen.

Goldfus: Georg August GOLDFUß, Zoologe und Direktor des Naturhistorischen Museums in Bonn, daher verantwortlich für die Aufstellung der Sammlungen.

die Nachtigallen: Vgl. Brief 16. Anders als im obigen Zitat versprochen, scheinen die Nachtigallen sich doch im Zuge der Neuanlagen zurückgezogen zu haben.

so starben die meisten Gewächse: Ungeachtet des milden Bonner Klimas, das NEES lobt (Brief 26), kann es natürlich im Winter empfindliche Nachtfröste geben, die tropische Pflanzen nicht vertragen. Die seit dem Sommer 1819 im Bau befindlichen Gewächshäuser waren nicht rechtzeitig fertig geworden, so dass einige Pflanzen in die ungeheizten Säle des Poppelsdorfer Schlosses überführt wurden, wo sie eingingen. Zu den Pflanzenverlusten des Winters 1819/20 vgl. Brief Nr. 1133 vom 14.03.1820 in Nees/Altenstein 2009a, 417-418, sowie NEES' Bericht an das Kuratorium der Bonner Universität (ebd., Nr. 1240 vom 20.05.1820, 672-681).

die sieben Berge: Siebengebirge bei Bonn.

der Kreuzberg mit der schönen Kapelle: 1627 vollendete Wallfahrtskirche, 1746 um eine „Heilige Stiege" in einem vorgelagerten Gebäude erweitert. Die Sichtachse in die entgegengesetzte Richtung stellt die Poppelsdorfer Allee in Richtung Rhein mit dem Kurfürstlichen Schloss (nun Hauptgebäude der Bonner Universität) als Endpunkt dar.

Das Dorf: Poppelsdorf.

kehrt in der Nacht zurük: Bohley 2003b, 85, berichtet nach Quellen aus den späten 20er Jahren, dass NEES in Bonn den Karneval und die Ballsaison genoss und seinen galanten Neigungen nachging. Elisabeths Briefe lassen aber erkennen, dass die Ehe (nach der Affäre mit Franziska LAUBREIS) Schaden genommen hatte.

bis jetzt geschwiegen: Seit Brief 16 ist fast ein Jahr vergangen. Dazwischen scheint es keine Nachricht gegeben zu haben.

Braut – oder Frau: Die Heirat hatte am Neujahrstag 1820 in Königsberg stattgefunden, vgl. Brief 16.

keine Zuhörer: Dies betraf teilweise auch NEES, vgl. Röther 2009, 63-64.

ein gewisser Weber: Moritz Ignaz WEBER (1795-1875) hat (vielleicht auf Fürsprache WALTHERs hin) die Stelle des Prosektors noch vor der Promotion erhalten, die er erst 1823 und erstaunlicherweise in Würzburg absolvierte. Insofern sind gewisse Anfangschwierigkeiten leicht nachvollziehbar.

Walther: Philipp Franz VON WALTHER (1782-1849) war Professor für Chirurgie mit besonderem Interesse für Augenheilkunde.

Mayer: August Franz Karl Joseph MAYER (1787-1865) hatte den Lehrstuhl für Anatomie und Physiologie inne.

Döllinger: DÖLLINGER war am 26.06.1819 zum korrespondierenden Mitglied der Bayerischen Akademie der Wissenschaften ernannt worden. 1823 wurde er dann als Nachfolger SOEMMERRINGs ordentliches Mitglied und Konservator. Der berufliche Wechsel erfolgte aber erst nach der 1826 erfolgten Übersiedlung der Universität von Landshut nach München (vgl. Brief 39).

Sömmering: Der bedeutende Anatom, Embryologe und Paläontologe Samuel Thomas VON SOEMMERRING (1755-1830) wechselte mehrmals zwischen Forschung und praktisch-ärztlicher Tätigkeit. Er war 1805 als Mitglied der Akademie der Wissenschaften nach München berufen worden, wurde 1816 Mitglied der Leopoldina, 1818 Adjunkt (Röther 2009, 263). Ab 1820 arbeitete er wieder als praktischer Arzt in Frankfurt a.M., wie schon zuvor 1795-1804, wenn auch wegen seines Alters in beschränkterem Umfang.

Oken: Die Spekulationen um Lorenz OKEN (1779-1851) in Würzburg erfüllten sich nicht: OKEN war zwar nach seiner Entlassung wegen Kritik an der Zensur derzeit ohne feste Anstellung und war immer nur für kurze Zeit in Jena, München, Paris und Basel tätig, doch war er zum einen noch politisch suspekt und anderseits räumte DÖLLINGER seinen Platz nicht so schnell wie erwartet.

D'Alton: D'ALTON war 1819 zum ao. Prof. für Natur- und Kunstgeschichte an der Philosophischen Fakultät der Univ. Bonn ernannt worden: Renger 1982, 245-246. Vgl. auch Brief 16.

Panther: Christian Heinrich PANDER kehrte 1819 von seiner Europareise endgültig nach Russland zurück. Elisabeth NEES spielt auf Erinnerungen an Sickershausen an; dort hatte PANDER häufig an seiner Dissertation gearbeitet und war Teil des engsten Freundeskreises gewesen.

aus Dorpat: Die Universität in Dorpat (heute estn. Tartu) wurde zunächst 1632 von GUSTAV II. ADOLF (1594-1632) gegründet, 1710 wurde der Lehrbetrieb eingestellt. 1802 Neugründung, bis 1889 deutschsprachig und intellektueller und wirtschaftlicher Mittelpunkt der Deutschbalten. Russifizierung 1889, bis 1908 russ. Jur'ev. BAER und PANDER hatten in Dorpat u.a. bei BURDACH studiert. PANDER war 1819 nach der Europareise mit D'ALTON nach Dorpat gegangen (Pander 1820, vgl. Schmuck 2009, 92), sein Aufenthalt dort war aber nur von kurzer Dauer, denn schon 1820 brach er zu einer größeren Expedition nach Buchara auf. Ein Briefwechsel NEES/PANDER ist nicht überliefert.

Delbrük und Hüllmann: Zu dem Literaturwissenschaftler und Philosophen Ferdinand DELBRÜCK und dem Historiker Karl Dietrich HÜLLMANN siehe schon Brief 16.

Hüllmanns Frau: Henriette Maria HÜLLMANN, geb. SCHNEIDER (1781-1862). Sie sollte 1829/30 der Grund für NEES' Scheidung von Elisabeth NEES und seinen Wechsel nach Breslau sein und 1834 seine dritte Frau werden.

Doktor Moterby: William (Wilhelm) MOTHERBY (1776-1846) war in Königsberg ein angesehener Arzt und bis zur Trennung 1824 zusammen mit seiner Frau Johanna Charlotte (1783-1842) ein Mittelpunkt des geselligen Lebens dort. BAER hat ihn insofern natürlich gekannt und nennt ihn „lebhaft und geistreich" (Baer 1866, 244). Wie Elisabeth NEES auf den Namen stieß, ist unklar, vielleicht aus Erzählungen der aus Königsberg berufenen Professoren(gattinnen). Er kam erst im Herbst 1826 besuchsweise nach Bonn, vgl. Brief 35.

Minna Doro: Gemeint ist die Ehefrau des Archäologen Wilhelm DOROW (1790-1845), der aus Königsberg gebürtig war, seine Heimatstadt aber schon 1811 verlassen hatte. 1819 von der philos. Fakultät der Universität Marburg zum Dr. ernannt, trat er 1820 in Bonn eine Stelle als Direktor der Verwaltung für Altertumskunde in Rheinland und Westfalen an und begründete in dieser Funktion das Museum rheinischwestfälischer Altertümer. Von den Bonner Professoren wegen Kompetenzstreitigkeiten angefeindet, wurde er schon 1822 entlassen und 1824 pensioniert. Danach erfolgreiche Ausgrabungen in Italien, 1829 Rückkehr nach Deutschland und private Studien: ADB 5 (1877), 359-360.

Julien: Vgl. Brief 16. Julie MEYNIER heiratete am 04.03.1821 den Erlanger Strafrechtler Friedrich Christian Carl SCHUNCK (1790-1836) (freundliche Mitteilung von Frau WÜNSCHMANN, Stadtarchiv Erlangen, 16.10.2012); das Hochzeitsjahr wird auch mit 1821 angegeben in: Eva Wedel-Schaper, Christoph Hafner, Astrid Ley: *Die Professoren und Dozenten der Friedrich-Alexander-Universität Erlangen 1743-1960. 1. Teil.* Erlangen 1993, 166. Insofern meint Elisabeth Nees vielleicht zunächst nur die Verlobung. SCHUNCK bewarb sich 1818 und 1822 vergeblich (trotz NEES' Unterstützung) in Bonn. Er erhielt 1825 ein Ordinariat in Erlangen und wurde später Oberappellationsgerichtsrat in München. Vgl. NDB 17 (1994), 401-402, zum Vater Johann Heinrich MEYNIER.

Meine kleine Emilie: Emilie Elisabetha Franziska, geboren am 13.10.1816 in Sickershausen. Der Rufname hat sich offenbar im Lauf der Zeit geändert (vgl. auch Brief 32), denn in Brief 6 nennt NEES sie noch nach seiner damaligen Geliebten „Franziska".

Carl: Carl Heinrich August Theodor, geboren 14.04.1809 in Sickershausen.

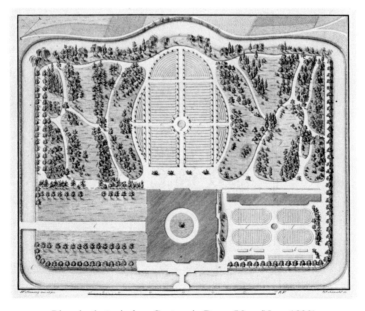

Plan des botanischen Gartens in Bonn (Nees/Nees 1823)

Brief 18
Nees an Baer, Bonn, 13. März 1820

Nachweis: UB Gießen, Nachlass BAER, Bd. 16.
Seiten: 1 Seite, Anschrift auf Rückseite.
Format: 1 Blatt, etwa 20 x 24,5 cm.
Zustand: Stempel „Bibliothek der Ludwigs-Universität Gießen" auf Textseite; durch
              das erbrochene Wachssiegel am linken Rand Textverlust durch Ausreißung
              und am rechten Rand nach Durchschlag.

[S. 2 = Rückseite, quer geschrieben, ohne postalische Vermerke]
Herrn Professor D^{r} von Baer,
Hochwohlgebohrn
Königsberg

[S. 1, hochkant beschrieben]

März 1820^{a}

Lieber Freund!

Mehrere Zeichen Ihres freundlichen Andenckens liegen vor mir, seit langer
Zeit unbeantwortet. Auch heute keine Antwort darauf, nur daß ich versucht
habe, Sie fester, oder doch neuer, an unser hiesiges Treiben auf^{b} dem Felde
der Naturkunde zu ketten, indem ich Sie zum Mitglied der K.L.C. Akademie der Naturforscher machte. Ihr Diplom erhalten Sie nächstens. Ists
möglich, so schreibe ich dabey, und bitte Sie, dem^{c} [ne]uen^{d} Band schöne
Abhandlungen zu schencken. Er wird freundlich [und]^{e} vielseitig genug
unterstüzt.
      [Ich li]ege^{e} jezt so über tausenderley Arbeiten, daß ich mir nicht [Rat ?]^{f}
weiß. Verzeihen Sie mir daher die Eile und Flüchtigkeit. Es [ist hier]^{g} doch
beÿm Alten in allen Stücken.
      Mit dem Diplom schicke ich Ihnen ein kleines Schriftchen meines Bru-
ders über Pilze, das eben erschienen ist.
      Ich habe eine Schrift: Horae Berolinenses, herausgegeben. Können Sie,
so machen Sie, daß sie in ihre Bibliothek gekauft wird.
      Die Meinen sind wohl, sie grüßen. Unter Unruhe nachher und Geschef-
ten lesst sich heute nicht von dem schreiben, was herzlich nah liegt. Also
Gott mit Ihnen. Gedenken Sie

Ihres

Nees v. Esenbeck

Bonn
d. 13 Mz 20.

Anm.: [a] – Notiz von unbekannter Hand, nicht von NEES; [b] – „auf" vor den Zeilenanfang nachträglich eingefügt; [c] – geändert aus „darum"; [d] – Substanzverlust durch erbrochenes Siegel; [e] – Substanzverlust durch erbrochenes Siegel, Ergänzung nach dem
Papierrest auf dem Siegeldurchschlag am rechten Rand; [f] – Stelle durch Siegeldurchschlag beschädigt, Ergänzung sinngemäß; [g] – Stelle durch Siegeldurchschlag beschädigt, Ergänzung sinngemäß nach Buchstabenfragmenten.

Kommentar:

indem ich Sie zum Mitglied ... machte: NEES konnte in seiner Eigenschaft als Präsident
der Leopoldina offenbar eigenverantwortlich Mitglieder ernennen. BAER wurde am
1. Januar als erstes Mitglied des Jahres 1820 unter der Matrikel-Nr. 1150 in die Leopoldina aufgenommen und erhielt sinnigerweise den Akademienamen *Veslingius*
nach dem Anatomen Johannes WESLING (1598-1648).

dem [ne]*uen Band:* Band X der *Nova Acta* erschien 1820. BAER hat keinen Beitrag
dazu geliefert.

freundlich [und] *vielseitig genug unterstüzt*: Es ist hier wohl einmal nicht die Finanzierung der *Acta* gemeint, die ein Dauerthema in der Korrespondenz zwischen NEES
und Minister ALTENSTEIN ist, vgl. hierzu im Überblick Röther 2009, 48-50. Vielmehr dürfte NEES auf die Unterstützung durch die Einreichung von Arbeiten be-
freundeter Naturforscher abheben, denn bis dahin waren 31 Abhandlungen eingegangen, weshalb die Bände nunmehr in zwei Abteilungen untergliedert wurden
(vgl. Brief Nr. 1142 vom 06.05.1820 in Nees/Altenstein 2009a).

ein kleines Schriftchen meines Bruders über Pilze: Vermutlich handelt es sich um die
Buchhandels-Fassung der Promotionsschrift. Diese Schrift (Nees 1819), deren
Übersendung an die K. botanische Gesellschaft Th. Fr. NEES auch in der *Flora* (3.
Jg., 1. Bd., Nr. 5 vom 07.02.1820, 73) ankündigte, hatte er am 26.08.1819 in Bonn
dem Dekan der philosophischen Fakultät, Karl Wilhelm Gottlob KASTNER, als Anlage zu seinem Gesuch um Habilitation übermittelt. 1820 erschien diese Arbeit
nochmals unter dem Titel *Radix plantarum mycetoidearum* (Nees 1820a). Im gleichen Jahr erschien auch Nees 1820b als Zweitauflage der ersten (Erlanger) Promotionsschrift von 1818.

Horae Berolinenses: Nees (Hg.) 1820.

daß sie ... gekauft wird: Der Absatz blieb allerdings dauerhaft hinter den Erwartungen
zurück. NEES musste sogar Minister ALTENSTEIN, der im Gespräch mit ihm die
Schrift angeregt und sich dann für das Erscheinen bei ihm bedankt hatte, um Hilfe
zum Ausgleich des Verlusts bitten. Der Misserfolg des Buches führte sogar zu einem Zerwürfnis mit dem Verleger MARCUS, hierzu Brief 24.

Brief 19
Nees an Baer, Bonn, 17. Dezember 1820

Nachweis: UB Gießen, Nachlass BAER, Bd. 16.

Seiten: 2 Seiten, auf S. 2 zwischen dem Text im mittleren Drittel die Anschrift.
Format: 1 Blatt, ca. 21 x 25,5 cm.
Zustand: Stempel „Bibliothek der Ludwigs-Universität Gießen" auf S. 1, oberer
           Rand beschädigt. Text auf S. 2 oben und unten eingeschlagen, nach Adres-
           sierung nochmals zweimal eingefaltet und dann gesiegelt.

[S. 2, Mitte, senkrecht zur Schreibrichtung]
Herrn Professor D^r. von Baer,
Hochwohlgebohren
zu
Königsberg
in Preußen
[links daneben:] Frey Berlin
[darüber blasser Poststempel:]
BONN
18 DEZ

[S. 1]

Bonn d. 17.^{n} Decbr. 20.

[oberer Rand über der Anrede:]
Glück zum Jahreswechsel!

Lieber Freund!

Ein kleines Briefchen, worin ich Ihnen unseres Friederici Ankunft meldete,
werden Sie über Berlin erhalten haben. Heute gibt es wohl wieder ein kleines Briefchen, denn ich fühle, daß ich Ihnen zu viel schuldig geworden
bin, und schlage daher vor, mich für banquerrote^a zu nehmen, das Alte fahren zu lassen, und zu sehen, ob nicht bey dem neuen Anfang etwas Besse-
res herauskomme.

Von Ihnen muß aber ein Brief verloren seŷn, auf welchen Sie sich in
dem, den Friederici brachte, beziehen: Ich habe nur zwey. Ihre Pflanzen,
und das Päckchen mit Drucksachen und dem Bericht über das Cabinete,
wofür ich Ihnen, glaube ich, damals gleich gedanckt habe.

Daß ich Ihnen keine Pilze etc senden kann, daran ist Schuld, daß ich erst
morgen, geliebt es Gott, anfange, das Chaos meiner aufgehäuften trocknen
Pflanzen zu sichten; komme ich noch weit genug in diesem Winter, den

ich, meiner geschwächten Gesundheit wegen, nicht, wie ich gedachte, nutzen kann, so erhalten Sie im Frühling von Krÿptogamen, was ich aussuchen konnte. Sie müssen ein wenig Gedult mit mir haben, denn ich ziehe hart im Fach.

In Friederici finde ich einen sehr wackern und tüchtigen jungen Mann, der sich seine Studien mit Fleiß und Glück angelegen seŷn läßt. Ich freue mich[b] seiner Bekanntschaft, und werde gewiß alles thun, seine Studien zu fördern.

Ich darf Sie wohl bitten, die Verbreitung des ersten Theils des 10.[n] Bandes der Acta Academiae nat. cur. von da[c] zu unterstützen, der eben ausgegeben wird; für die nächste Abtheilung sehe ich auch von Ihnen einem Beytrag entgegen.[d]

Ihr neuer Herr College, wenigstens quoad tempus, Herr D[r]. Eysenhardt hat mit Freund v. Chamisso zusammen uns eine herrliche Abhandlung verliehen, die eben in der[e] 2n. Abtheilung[f] gedruckt wird. Sollten Sie Herrn D[r]. Eysenhardt sehen, so bitte ich Sie, ihm zu sagen: der Stich seiner Tafeln werde in Paris aufgehalten, sonst hätte er schon Correctur erhalten, ich wolle sie aber senden, sobald sie mir zukommen. Die Anatomie lasse ich in Deutschland dazu stechen und werde sie ihm auch senden. –

Nach einer neuen Einrichtung erhält jedes Mitglied ein[g] Exempl. der ganzen Abtheilung, wozu es beÿgetragen hat, nebst einigen Extraabdrucken. Ich werde übrigens Herrn D[r]. Eisenhard auch von der 1.[n] Abth. ein Exempl. mittheilen. [S. 2] Von unserem Pander höre ich Erfreuliches. Ich wünschte, daß er nicht so stumm wäre, sondern auch zuweilen aus Petersburg auf uns Feuer gäbe. Das 1.[e] Heft der vergleichenden Osteologie von ihm und Dalton ist fertig und findet sehr vielen verdienten Beyfall. Es enthält die schönste Darstellung des Riesenfaulthiers, nebst den Skelet des Ai und Unau. Sollten Sie mit Pandern in Correspondenz stehen, so erinnern Sie ihn an mich, und daß er der Akademie der Naturforscher auch einen Beytrag geben möge.

Theilen Sie uns doch bey Gelegenheit preußisch[e] Pflanz[en], besonders Kryptogamen mit, wenn Sie etwas Merkwürdiges finden.
[Hier Faltung für Adresse und Einfügung der Anschrift]

Ihre Kritik des Thiereŷs scheint mir bloß darin zu fehlen, daß Sie das Ey mehr als Ebene dachten und überhaupt die Verwandtschaft nach Parallelen nicht statuiren, wodurch das ganze[h] Ey[i] dann fast lächerlich wird. Goldfuß wollte, wenn ich nicht irre, gleichnamige Stellen bestimmen, in denen Verwandtschaftsmomente hervortreten, die nicht durch die Zwischenstufen zu ihnen herübergeführt werden, sondern hier durch eine reine Wiederho-

<u>lung</u> der Bildungsmomente ursprünglich da sind, wie[j] auf jeder früheren Stufe. Doch hier, auf dem Felde der Ansichten, will ich nicht Sachwalter werden.

Durch Friederici hoffte ich, etwas aus Ihrem Häuslichen zu hören. Er ist aber nicht unterrichtet. Sie müssen sich also wohl selbst hören lassen.

Unter Grüßen von Lisetten

Ihr

Nees v Esenbeck

[Nachtrag auf dem linken Rand von S. 1:]

Daß meine Familie seit einem Jahr aus 5. Köpfen besteht, wissen Sie, glaub' ich, schon von mir. Sonst ist alles wohl. Bonn leßt auch manches zu wünschen, besonders stehe ich ökonomisch schlecht hier, da die Bibliothek gar nichts für mich hat, auch sonst die Corresp. viel kostet.

[Nachtrag auf dem unteren Rand von S. 1:]

Daß Friederici viele seiner Effecten zur See verloren hat, werden Sie wissen?

Anm.: [a] – Wort mehrfach korrigiert; [b] – hier ein Komma gestrichen; [c] – „von da" geändert aus „für die"; [d] – Punkt aus einem Ausrufezeichen geändert; [e] – „der" geändert aus „dem"; [f] – davor „B" gestrichen; [g] – „ein" geändert aus „einen"; [h] – geändert aus „Ganze"; [i] – „Ey" über der Zeile eingefügt; [j] – davor „d" gestrichen.

Kommentar:

unseres Friederici: Die Immatrikulation eines 19-jährigen Wilhelm FRIDERICI in Bonn zum Medizinstudium erfolgte am 23.10.1820 (angegebener Geburtsort: „Romanappen"). Während der Studienzeit in Bonn wohnte er in Poppelsdorf, Nr. 1. Im Sommersemester 1823 ist er nicht mehr eingetragen (*Verzeichniss der auf der Universität Bonn immatriculirten Studirenden im Sommer-Semester 1823*. Bonn 1823).

banquerrote: heute „bankrott". Die Bankrotterklärung zeigt an, dass Schulden nicht mehr bedient bzw. beglichen werden können. NEES bezieht sich hier scherzhaft auf unbeantwortet gebliebene Briefe.

Bericht über das Cabinete: Vermutlich ist Baer 1820 gemeint. BAER bemühte sich in Königsberg (u.a. durch Zeitungsaufrufe an Naturfreunde, die er um Überlassung von Bälgen, Tieren zur Präparation, Insekten und Mollusken bat) mit großem Eifer um den Aufbau eines zoologischen Museums. Ein Jahr später konnte die Sammlung eröffnet werden: Baer 1821b.

Verbreitung des ersten Theils des 10." Bandes ... zu unterstützen: Nova Acta Academiae Caesareae Leopoldino-Carolinae Germanicae Naturae Curiosorum, Vol. X., Pars. I (*Verhandlungen* ..., N.F., 2. Bd., 1. Abt.), Bonn 1820. Der Absatz war und blieb schleppend, davon wird im Folgenden noch mehrfach die Rede sein, und die damit verbundenen finanziellen Probleme sind auch ein Dauerthema in der amtlichen Korrespondenz mit Minister ALTENSTEIN (zusammenfassend Röther 2009, 48-50). Dies hing nicht mit dem – stets unhinterfragten – hohen Anspruchsniveau der Beiträge, sondern mit der aufwendigen Herstellung sowie auch mit der im Folgenden erwähnten „neuen Einrichtung" zusammen, wonach Beiträger ein Belegexemplar des gesamten Bandes plus Sonderdrucke erhielten; damit war der – zahlenmäßig kleine – Interessentenkreis bereits versorgt.

von Ihnen einem Beytrag: In Vol. X, Pars. II der *Nova Acta* (*Verhandlungen ...*, N.F., 2. Bd., 2. Abt.), Bonn 1821, und in den folgenden Bänden bis 1826 erschienen keine Abhandlungen von BAER.

quoad tempus: „auf Zeit".

Herr D^r. Eysenhardt: Karl Wilhelm EYSENHARDT (1794-1825) war 1820 Direktor des königlichen Botanischen Gartens in Königsberg und Mitglied der Leopoldina geworden. Mit BAER, der ihn für die *Gesellschaft correspondirender Botaniker* vorgeschlagen hatte (vgl. Brief 11) verband ihn eine enge Freundschaft.

Freund v. Chamisso: Adelbert VON CHAMISSO (1781-1838), ebenfalls Mitglied der *Gesellschaft corresp. Botaniker* (Röther 2006, 93), hatte 1815-1818 gemeinsam mit EYSENHARDT an der russischen Weltumsegelung unter Leitung Otto VON KOTZEBUES (1787-1846) teilgenommen („Rurik-Expedition"), die er zusammen mit Diederich Franz Leonhard SCHLECHTENDAL unter naturwissenschaftlichen Aspekten auswertete. 1819 war er Mitglied der Leopoldina und Ehrendoktor der Philosophie an der Univ. Berlin geworden und hatte eine Forschungstätigkeit im botanischen Garten in Berlin aufgenommen. Er war seit 1819 mit NEES durch dessen Dienstreise nach Berlin persönlich bekannt und korrespondierte mit ihm.

Adelbert VON CHAMISSO (1781-1838). Ölgemälde

eine herrliche Abhandlung ... Tafeln: EYSENHARDT und CHAMISSO arbeiteten gemeinsam über marine Wirbellose: Chamisso/Eysenhardt 1821:

Die Medusen *Rhizostoma leptopus* (Fig. 1) und *Geryonia tetraphylla* (Fig. 2).
Chamisso/Eysenhardt 1821, Tafel XXVII

Stich seiner Tafeln ... aufgehalten: In Brief Nr. 1156 vom 12.01.1821 klagt NEES über
den Mangel an fähigen ortsansässigen Kupferstechern und die fehlende Unterstützung seitens D'ALTON. Aus diesem Grund ging der Auftrag trotz Vorbehalten durch
„Kosten und Umstände" nach Paris (Nees/Altenstein 2009a, 458-459).

Pander ... aus Petersburg: Seit Oktober 1820 war PANDER – zusammen mit Georg
VON MEYENDORFF (1795-1863) – auf einer wissenschaftlichen Expedition nach
Buchara.

Das 1.ᵉ Heft der vergleichenden Osteologie: Pander/d'Alton 1821. Es handelt sich um
den 1. Teil des in weiteren 13 Lieferungen erschienen Werks beider Autoren sowie
später auch unter Mitarbeit von D'ALTONs Sohn Johann Samuel Eduard D'ALTON
über den Knochenbau verschiedener Tiergattungen: Pander/d'Alton 1821-1838.
Vgl. dazu auch Schmuck 2011, Riha/Schmuck 2012.

des Riesenfaulthiers ... Ai und Unau: Zum damals so genannten *Megatherium* Schmuck 2011. Aï (*Bradypus tridactylus*) ist das Weißkehlen- bzw. Dreizehenfaultier, Unau das Eigentliche Zweifingerfaultier (*Choloepus didactylus*) Auch BAER interessierte sich für diese Tiere (Raikov 1968, 429-430 [Nr. 15 und 259]: Baer 1823a).

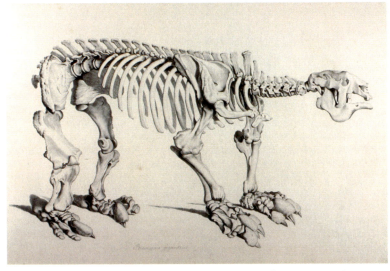

Skelett des ausgestorbenen Riesenfaultiers (*Bradypus giganteus*).
Pander/d'Alton 1821, Tafel I

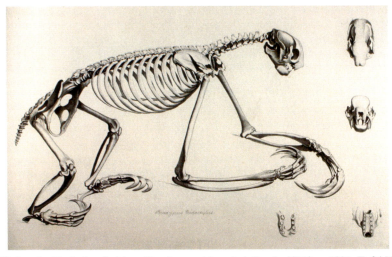

Skelett des Dreizehenfaultiers (*Bradypus tridactylus*). Pander/d'Alton 1821, Tafel VI *mit Pandern in Correspondenz:* Dazu Knorre 1873b.

Kritik des Thiereŷs: Bezogen primär auf Goldfuß 1817. GOLDFUß hatte diesen ersten
Entwurf seines sich OKEN anschließenden Systems der verwandtschaftlichen Beziehungen der Tiere, in dem er diese Verbindungen auf das Schema eines Eies zu-
rückführte, sinnigerweise zu Ostern 1817 NEES und der Öffentlichkeit als „Osterei"
übergeben. Unbekannt ist, wo BAER diese Kritik äußerte, ob in einem seiner Vorträge oder – was wahrscheinlicher ist – in einem vorausgegangenen Brief und ob er
bereits da Goldfuß 1820 einbezog. „Naturphilosophische" Schematisierungen dieser
Art waren BAER grundsätzlich suspekt (zur Ironisierung des „alles viertheilenden
[Johann Jakob] Wagner" in Würzburg Baer 1866, 216). Am 03.08.1825 kam BAER
jedenfalls in seinem Vortrag *Ueber die Verwandtschaft der Thiere* in der Deutschen
Gesellschaft zu Königsberg auf Goldfuß 1817 und 1820 zurück. Sarkastisch kritisiert er „einen Zoologen" – eben GOLDFUß –, der OKENs viergliedriges System
„einbalsamiert" und in eine leblose Mumie verwandelt habe. „So hat denn jener
vom Okenschen Systeme nichts als das vierfächrige Prokrustesbett, in welchem alle
Familien von Thieren gleichförmig zugeschnitten werden. Er pflegt es mit solcher
Liebe, daß er den Findling in allem Ernste für sein eigenes Kind hält. Nachdem er
sein System zuerst in Form eines Ostereies begleitet mit wenig Bogen Text den Na-
turforschern vorgesetzt, hat er es später in zwei ansehnlichen Bänden zu Nutz und
Frommen der Studierenden noch einmal produziert. Jetzt erscheint es für die Jugend
der Schulbänke, und die Mitwirkung der obersten Behörden ist aufgefordert worden, um es gehörig zu verbreiten", nach dem Manuskript wiedergegeben bei Raikov
1968, 72-73.

reine Wiederholung der Bildungsmomente: GOLDFUß (und NEES) waren damit Verfechter der damals durchaus populären Rekapitulationshypothese, wonach der Emb-
ryo bei seiner Entwicklung der Reihe nach „niedrigere" Stufen durchläuft: „... jedes
Thier muss bey seiner Bildung aus seinem individuellen Grundschleim, auf seinem
eigenthümlichen Grund und Boden, herauswachsen, und die Formen der unter ihm
stehenden Thierklassen sinnbildlich durchlaufen. Alle Thierklassen sind nichts anderes, als fixierte Bildungsstufen, welche das Urthier bis zu seiner höchsten Ausbildung erhebt. Diese fixirten Entwicklungsstufen soll nun ein Thiersystem in ihrer na-
türlichen Folge darzustellen suchen" (Goldfuß 1817, 21). BAER lehnte diese Theorie
entschieden ab und konzentrierte sich auf die Untersuchung epigenetischer Abläufe.
Hierzu ausführlich Schmuck 2009, 200-213.

aus 5. Köpfen: Bezogen auf die jüngste Tochter Julia (1819-1887), die nach ihrer Patin
Julie MEYNIER, einer engen Freundin von Elisabeth NEES, genannt wurde (vgl.
Brief 16 und 17).

ökonomisch schlecht ... Corresp.: NEES schoss immer wieder Beträge von seinem eigenen Vermögen zu bzw. vor, um den laufenden Geschäftsgang der Akademie zu
gewährleisten. Die (noch) nicht gegebene Portobefreiung wird später in den Briefen
22, 23 und 24 thematisiert.

Effecten: beweglicher Besitz, Gepäck.

Brief 20
Nees an Baer, ohne Ort [Bonn], ohne Datum [1820/21?]

Nachweis: UB Gießen, Nachlass BAER, Bd. 16.
Seiten: 2 Seiten.
Format: 1 Blatt, 11 x 6,5-7 cm (schräg geschnitten), beidseitig quer beschrieben.
Anmerkung: Ohne Anschrift und Grußformel, offenbar ein einer Sendung beigelegter
             Zettel. Die Notiz muss relativ bald nach dem Erscheinen von DÖLLIN-
             GERs erwähnter Schrift (1819) und dem Dienstantritt Karl Wilhelm EY-
             SENHARDTs in Königsberg (1820) geschrieben worden sein. Offenbar ist
             die Würzburger Zeit von NEES und BAER beiden noch sehr präsent. Der
             Kontext passt auch zu BAERs erster Auseinandersetzung mit Goldfuß
             1817 (ggf. schon Goldfuß 1820, vgl. Brief 19) sowie zur damals intensi-
             ven Arbeit von NEES an *Rubus*-Arten (im Ergebnis Nees/Weihe 1822-
             1827, vgl. schon Briefe 13 und 14).

[S. 1]

Rubus arten können Sie direct an mich, mit dem Zusaz: für den Bot. Garten, schicken. Eysenhardt oder Sie selbst, haben ja ein Königl. Siegel.
   Wollen Sie nicht Ihre Ansicht des Thiersystems nach solchem Schema
kurz und aphoristisch für die Acta bearbeiten, wenn die Herausgabe des
Ganzen zu kostspielig wird? Ich dächte, dergleichen müßte, rasch und
schnell angedeutet, auf wenigen [S. 2] Bogen am besten einleuchten. Es
liegt gar nichts daran, ob sich die Menschen u. Leute überzeugen oder
nicht. Buchen und <u>Birken</u> würden wachsen, wenn auch[a] niemand Holz fäll-
te.
   Gott mit Ihnen, lieber Freund!
   Kennen Sie Döllingers Schrift über die Absonderung? Da liegen die
schönsten Nachtische von der Zeit, der schönen, die Sie u Pander in Würzburg erlebten, einbalsamirt.

Anm.: [a] – „auch" nachträglich eingefügt.

Kommentar:

Rubus arten: Fortsetzung des Themas von Brief 13 und 14.

Eysenhardt: ab 1820 Direktor des botanischen Gartens in Königsberg.

Königl. Siegel: Der Pflanzenversand soll portobefreit bzw. –reduziert als Dienstpost
   erfolgen.

Ihre Ansicht des Thiersystems: Es handelt sich sehr wahrscheinlich um BAERs Überlegungen zu seiner Typenlehre (Baer 1866, 453-457, und Raikov 1968, 87-89, 116-

117), die in der brieflich erwähnten Kritik an Goldfuß 1817 (Brief 19) durchschien und dann wieder zumindest teilweise in der als 7. Abhandlung (*Die Verwandt-schaftsverhältnisse unter den niedern Thierformen*) der *Beiträge zur Kenntnis der niedern Thiere* aufgegriffen wurde: Baer 1827a, 731-762. Am ausführlichsten und als Ergebnis jahrelanger vergleichend-anatomischer Forschungen stellt BAER seine Typenlehre in der *Entwickelungsgeschichte der Tiere* dar (Baer 1828a, besonders 89-90, 139-140; frühe Überlegungen stammen schon aus dem Berliner Winterse-mester 1816/17 (dazu die Einleitung ebd., VII), und auch 1819 – also ganz aktuell und im Brief vermutlich konkret gemeint – hat BAER dazu gearbeitet und erst da-durch PANDERs Dissertation wirklich verstanden (Baer 1866, 296-298). BAER wies stets darauf hin, dass er unabhängig von den berühmten Anatomen Georges CUVIER (1769-1832) und Karl Asmund RUDOLPHI (1771-1832) seine eigene Typologie entwickelt hatte; vgl. zur Bedeutung der Typenlehre in BAERs Denken Ri-ha/Schmuck 2011, 20-23.

Döllingers Schrift: Döllinger 1819. Ausgangspunkt ist dort allerdings die Embryonal-entwicklung von „Fischchen"; ein so direkter Bezug zu den Arbeiten von BAER oder insbesondere PANDER, wie NEES ihn andeutet, besteht nicht.

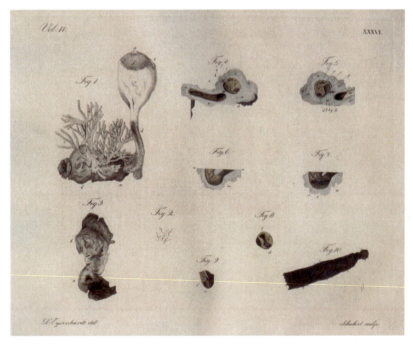

Auffällige Erscheinungen an Seescheiden.
Eysenhardt 1823, Tafel XXXVI (zu Brief 21)

Brief 21
Nees an Baer, Bonn, 10. April 1822

Nachweis: UB Gießen, Nachlass BAER, Bd. 16.
Seiten: 4 Seiten, ohne Anschrift.
Format: 1 Blatt, mittig zu 4 Seiten gefaltet und nur noch einmal quer geknickt.
Zustand: Stempel „Bibliothek der Ludwigs-Universität Gießen" auf S. 1; gut erhal-
           ten, da kein Siegel und kein Postvermerk (offenbar einem Päckchen beige-
           legt), oberes Viertel der Seiten unbeschrieben.

[S. 1]

April 1822[a]

Theurer Freund!

Daß ich, seit Sie mir unseren Grünewald gesandt haben, recht oft an Sie
dachte und von Ihnen redete, mögen Sie mir wohl glauben, Sie[b] werden
aber auch wahrscheinlich wissen, daß ich Ihnen darum nicht häufiger geschrieben habe, als sonst, d.i., so gut als gar nicht. Entschuldigt ist dieses
durch mein innres und äußeres Verhältniß. Die Akademie, mein Amt, kleinere litterärische Scher[er]eihen hezen mich ab, ich weiß kaum mehr, wie
ein bloß freundschaftlich abgefaßter Brief aussieht, geschweige wie man
einen solchen schreibt; dabey weiß ich nicht einmal, ob nicht meine Thätigkeit für die Leopoldina, in ihrer Unschuld, in ihrer gedeihlichen und nun
wircksam erscheinenden Zweckmäßigkeit, obwohl von Anfang an von Seiten des Staats begünstigt und noch immer ermuntert, doch zulezt auch wieder durch Ansprüche, Verkehr u.s.w. lästig wird, nachdem sie, mit Daran-
setzung eines guten Stücks Leben dem Ziel näher erscheint. So sinkt der
Muth, die Arbeit steigt, u. selten bleibt ein lichter Augenblick, um an Anderes, als an Geschäfte, zu dencken.
     Grünewald ist ein liebeswürdiger junger[c] Mann, der sich sogleich zu
meiner Freude, an den männlich gerichteten Friderici anschloß und mit
ihm über vergleichende Anatomie arbeitet. Friderici hat sich auf diesem
Felde einen weitaussehenden Plan gemacht, eine streng tabellarisch vergleichende Osteologie und Myologie, wobey er von den Amphibien aus-
geht. Vielleicht liefert sein Specimen ein andeutendes Bruchstück daraus.
Wie ich höre, denkt er, hier zu [S. 2 = Rückseite von S. 1] promoviren. So hat
sich auch Grünewald sehr auf die Seite der vergl. Anatomie gewandt, und
ich kann ihm daher nicht so nüzlich seyn, als ich wohl wünschte. Daß Sich[d]
selbst Beschränken wird durch die Professur verordnet. Leid thut mir's,
daß ein Verein zur Beförderung der Naturstudien in Bonn[e] den die hiesigen

Professoren Goldfuß, Bischof, v. Münchow, Nöggerath, mein Bruder u. meine Wenigkeit, auf Anregung des K. Ministerii und nach dem Muster des von mir in Erlangen gestifteten vor 1½ Jahren errichtet hatten, worin alle 14 Tage einmal Arbeiten vorgelesen und beurtheilt, disputirt, Inhaltsanzeigen von Büchern gemacht, kleine Kritiken entworfen wurden etc etc (gerade wie's in den Instructionen heißt:[f] er soll fleißig die Studenten examiniren und mit ihnen disputiren etc etc), daß diser Verein Verein hieße, also durch einen Wink, den man dankbar[g] erkennen muß, vor der Hand suspendirt wurde. Ich habe in diesen 1½ Jahren treffliche Köpfe, redliche Gesinnungen für die Wissenschaft, gutes Geschick zum Arbeiten, aber beÿ Gott keinen verrätherischen Gedancken oder auch nur eine Neigung für Politik kennen gelernt. – So was thut aber in der That weh.

Das Traurige dabey ist, daß Einem unter solchen Umständen jede Erinnerung an die heitere Vergangenheit des Lebens, (ich meine nicht den politischen Zustand, sondern den häuslichen, freundschaftlichen, innern der eignen Lebensgeschichte etc etc) wie an die wunderliche und leidige, gleich sehr verleidet wird. Ich wenigstens laße mich ungern an die Vergangenheit erinnern, Baiern [S. 3] liegt mit Leid und Freuden wie das Leben vor dem jüngsten Tage hinter mir u. Sie selbst sind mir fast nur wie ein Landsmann diesseits der Auferstehung. Ob Sie dabeÿ zum Fegefeuer oder zum Himmel befördert worden sind, weiß ich nicht, wünsche aber, daß das Leztere der Fall seÿn möge.

Grünewald will uns schon wieder verlassen, um[h] sich mit Ihnen zur Reise nach dem Norden vorzubereiten. Dazu wünsche ich ihm herzlich Glück, auch Ihnen zu ihm. Seine Begleitung wird Sie sehr erfreuen. Ich will manchmal in Gedanken mit Ihnen seÿn; leiblich siz' ich fest, so lang Gott will.

Was das mit dem Elenn für eine Bewandtniß habe, weiß ich nicht, muß aber bey diser Gelegenheit Sie u. Herrn Collegen Burdach bitten, mich mit keinem Andern, als höchstens mit mir selbst, am wenigsten mit Prof. Goldfuß, zu verwechseln, sich überhaupt alles, was wie innre Eintracht klingt, wenn von neuen Universitäten die Rede ist, gänzlich aus dem Sinn zu schlagen. Goldfuß ist unstreitig der Klügste in Poppelsdorf; er hat sich die Form zu eigen gemacht, u. Sie können sich's für eine Ehre rechnen, daß Sie seine Willensmeynung durch das Ministerium selbst erfuhren; ich erfahre sie, wo möglich, gewöhnlich durch den Herrn Reg. Bevollmächtigten oder auch gar nicht, ob wir gleich auf einem Gang wohnen. Seit ich mehr zu Verstand gekommen bin, mach ich's eben so. Um das Museum bekümmre ich mich durchaus gar nicht und sorge nur, daß sich niemand um den Garten bekümmert als die humanen Spaziergänger, die mir nun Freund Eysenhardts Reglement auch abgeschnitten hat [S. 4 = Rückseite von S. 3] und mich auf die unglücklichen Gelehrten einschränken will, worauf ich dann den Zweck fast übertrieben erreicht haben werde, indem sich gar niemand mehr um den Garten und mich bekümmern wird.

Fragen Sie doch gelegenheitl. Freund Eysenhardt, ob er seinen Band der Acta p p habe und ob er etwas in den XI. Bd. geben wolle. Es ist nur der vorläufigen Arrangements wegen.

Diesen Brief haben Sie selbst verschuldet, – warum erinnern Sie mich an die Landluft von Sickershausen? Ich gab Ihnen ein Pröbchen, daß ich noch lustig seŷn kann, nemlich auf eine neue Manir, oder wie ein Fadenwurm zwischen Fleisch und Knochen. Lassen Sie das übrigens unter uns, obgleich nichts Verfängliches drin liegt sondern nur ein Bischen Ärger, wobey ich mich, wie Sie wissen, nicht schlecht fühle u. nie zufriedener bin, als in diesem Gegensaz.

D'Altons Werk rückt rasch und erfreulich fort. Ich beschreib jezt Pflanzen. Grüßen Sie Freund Eysenhardt und besorgen Sie gefälligst diesen Brief nachdem Sie ihn mit der Adreße versehen haben, nur unfrankirt.

Herzlichst

                                        Ihr

                                        Nees v Esenbeck

Bonn
d 10. Apl. 22

Anm.: [a] – Vermerk von unbekannter Hand, wie Brief 18; [b] – „Sie" aus „sie" korrigiert; [c] – davor „M" gestrichen; [d] – „Sich" aus „sich" geändert; [e] – danach ein Komma gestrichen; [f] – Doppelpunkt aus einem Komma geändert; [g] – davor unklare Korrekturen, vielleicht „nun" aus „in"; [h] – aus „ums" korrigiert.

Kommentar:

unseren Grünewald: Die Immatrikulation Otto Magnus VON GRÜNEWALDTs (1801-1890) in Bonn zum Philosophiestudium erfolgte am 11.5.1822 (*Verzeichniss der auf der Universität Bonn immatriculirten Studirenden im Sommer-Semester 1822*. Bonn 1822, [4]). Der Eintrag lautet auf „v. Gruinewald, Otto M.", geboren in Reval/Russland, wohnhaft Poppelsdorf, Nr. 13. – Für das Sommersemester 1823 findet sich für GRÜNEWALDT kein Eintrag mehr (*Verzeichniss der auf der Universität Bonn immatriculirten Studirenden im Sommer-Semester 1823*. Bonn 1823). Die Aufzeichnungen und Briefe VON GRÜNEWALDTs von seiner Reise nach Schweden, Deutschland, Schweiz, Italien und Frankreich (1821-1824) sind erhalten, ebenso die Tagebücher und Briefe von der Reise (1843) mit der Großfürstin ELENA (1807-

1873) sowie sein Tagebuch von 1878-1887 (alle Angaben nach Jürjo 1993, 153; vgl. hierzu auch Grünewaldt-Haackhof 1900 [mit Auszügen aus Briefen und Tagebüchern] und Grünewaldt 1977). Otto Magnus VON GRÜNEWALDT begleitete BAER 1845 auf seiner Forschungsreise nach Norditalien. In der Geschichte Estlands wird sein Eintreten für den Übergang von der Fron- zur Mietarbeit hervorgehoben (z.B. Jürjo 1993, 151).

von Anfang an ... begünstigt und ... ermuntert: Vgl. hierzu insgesamt Nees/Altenstein 2009a und Röther 2009, bes. 18-24. Ohne ALTENSTEIN wäre NEES nicht nach Bonn gekommen und hätte sich in seiner Wirksamkeit als Präsident der Leopoldina nicht dauerhaft entfalten können.

Friderici: Begabter Student der Naturwissenschaften, vgl. Brief 19 sowie unten 28-30.

Osteologie und Myologie: Lehre von Knochen und Muskeln.

Specimen: Hier „Muster", „Probestück".

hier zu promovieren: Hierfür findet sich kein Hinweis. FRIDERICI ist im Sommer 1823 schon nicht mehr an der Universität Bonn nachweisbar, eine Doktorarbeit ist nicht aufzufinden. Im Herbst 1823 war er bereits in Königsberg, vgl. Brief 23.

Verein zur Beförderung der Naturstudien: Der Verein wurde am 23.06.1821 gegründet. Ankündigung der Gründung in einem Brief von NEES an ALTENSTEIN vom 07.05.1821: Nees/Altenstein 2009a, 481, Nr. 1168. Bericht über den Fortgang in Briefen vom 06.07.1821 (Nees/Altenstein 2009a, 508, Nr. 1178) und 13.08.1821 (ebd., 522, Nr. 1183) sowie Nachweis der Statuten im jeweils zugehörigen Kommentar ebd., 514-515 und 524. Letztlich handelte es sich um den Ursprung des späteren naturwissenschaftlichen Seminars in Bonn (1825-1887), zu diesem Schubring 2004 und Röther 2009, 60-63.

Goldfuß: GOLDFUß verantwortete damals in Bonn in erster Linie Zoologie und Paläontologie und war für die Einrichtung einer naturhistorischen Sammlung zuständig; auf diese Kompetenz wird im Folgenden noch abgehoben. NEES verdankte seinem Engagement sowohl das Präsidentenamt als auch den Bonner Lehrstuhl, das persönliche Verhältnis war aber, wie der Brief zeigt, auf längere Sicht relativ distanziert und in manchen Punkten auch konfliktbehaftet.

Bischof, v. Münchow: Beide Naturwissenschaftler wurden bereits in Brief 16 unter den neu nach Bonn berufenen Professoren genannt. BISCHOF war inzwischen Ordinarius für Chemie geworden; VON MÜNCHOW vertrat weiterhin die Fächer Astronomie, Mathematik und Physik.

Nöggerath: Johann Jacob NÖGGERATH (1788-1877) war zur Zeit dieses Briefs in Bonn Ordinarius für Mineralogie, Geognosie und Geologie und vertrat auch die Montanwissenschaften.

auf Anregung des K. Ministerii: ALTENSTEIN hatte NEES' Idee der Vereinsgründung schon im November 1820 in einem Schreiben an REHFUES wohlwollend aufgegriffen: Nees/Altenstein 2009a, 681. Zur Entstehung und zum Schicksal des Vereins und die mit dessen zwangsweiser Auflösung in Zusammenhang stehende Errichtung des ersten naturhistorischen Seminars an einer deutschen Universität siehe Höpfner 1992, Miszelle 2: *Einige Bemerkungen zu Altenstein, den ‚Verein zur Beförderung der Naturstudien' in Bonn und zur Gründung des ‚Seminars für die gesammten Naturwissenschaften'*, 142-161.

des von mir in Erlangen gestifteten: Auch in einem Brief an das Kuratorium der Universität Bonn vom 20.05.1820 sprach NEES von einem „Verein", „den ich in Erlangen von Nutzen fand" (Nees/Altenstein 2009a, Nr. 1240, 675). Es handelte sich jedoch nicht um einen eigentlichen „Verein", sondern um eine informelle „Vereinigung" von Wissenschaftlern im Sinne einer Arbeitsgemeinschaft von NEES mit den beiden späteren Bonner Kollegen GOLDFUß und BISCHOF sowie mit dem Mathematiker Heinrich August ROTHE (1773-1842), der sich auch für Pflanzenphysiologie interessierte. BISCHOF berichtete auch Anfang Oktober 1818 über diese Aktivitäten an ALTENSTEIN: Nees/Altenstein 2009a, 681.

Instructionen: Statuten des Vereins zur Beförderung der Naturstudien in Bonn, Poppelsdorf, 23.06.1821 (GStA PK, I. HA, Rep. 76 Kultusministerium Va, Sekt. 3, Tit. X, Nr. 26, fol. 3-5). Unterzeichner waren die Brüder NEES, GOLDFUß, MÜNCHOW, NOEGGERATH, BISCHOF, FRIDERICI, Johannes MÜLLER, Eduard D'ALTON jun., Karl Heinrich EBERMAIER (1802-1870), Ferdinand Karl FÖRSTEMANN (1798-1861), Carl Traugott BEILSCHMIED (1793-1848), der Pharmaziestudent und nachmalige Apotheker in Erfurt Friedrich Carl BUCHHOLZ (1796-1867) sowie der Medizinstudent Hans HÜBBE (1799-1842) aus Hamburg, der 1824 in Tübingen promovierte, 1825 nach Mexiko auswanderte und dort auch starb (*Lexikon der hamburgischen Schriftsteller bis zur Gegenwart. 3. Bd.* [1857], 398). Diese „Instructionen" dürften den Formulierungen nach in das Reglement für das *Seminarium für die gesammten Naturwissenschaften* vom 3. Mai 1825 eingeflossen sein, abgedruckt bei Koch 1840, 624-631 (Nr. 516).

Verein ... suspendirt: Als Folge der Karlsbader Beschlüsse wurden Vereine allgemein misstrauisch beobachtet. Die zwangsweise Aufhebung des hier erwähnten Vereins erfolgte im Sommer 1822 (Röther 2009, 52, mit Vw. auf einen ausführlichen Brief von NEES an ALTENSTEIN vom 14.12.1823 in Anm. 296, sowie ebd. 60 mit Anm. 350): ALTENSTEIN selbst hatte den Verein als verdienstvoll und politisch völlig unbedenklich eingestuft (Brief vom 4.12.1823).

Reise nach dem Norden: Die großen Expeditionen BAERs wurden erst in seiner St. Petersburger Zeit unternommen. In seiner Autobiographie ist für die Jahre 1822/23 keine solche Reise erwähnt, nicht einmal ein Besuch in Estland. Es scheint sich um ein nicht verwirklichtes Projekt zu handeln, das bei Raikov 1968, 105, erwähnt ist; demnach sei BAER zu Beginn seiner Königsberger Zeit bereit gewesen, für eine Polarexpedition alles stehen und liegen zu lassen.

mit dem Elenn: BAER engagierte sich für Auf- und Ausbau eines naturhistorischen Museums in Königsberg und sammelte deshalb Tiere unterschiedlichster Arten (vgl. Baer 1820 und 1821b). Bei der Präparation der (nicht leicht zu bekommenden) Elche war ihm die Varianz in Zahl und Ausprägung der Rippen aufgefallen (Baer 1866, 284-285). Vermutlich hatte er deswegen eine Anfrage an NEES gerichtet, ob auch die Bonner Zoologen solche Beobachtungen gemacht hätten. NEES war aber nur für Botanik zuständig, deshalb der leicht ironische Hinweis auf GOLDFUß als Fachvertreter.

Herrn Collegen Burdach: Karl Friedrich BURDACH (1776-1847) war damals als Ordinarius für Anatomie und Physiologie in Königsberg BAERs unmittelbarer Vorgesetzter, auch wenn er ein kollegiales Verhältnis gegenüber dem Jüngeren pflegte. Im Januar 1822 hatte BAER zusätzlich zur Position als Prosektor der Anatomie eine Professur für Naturgeschichte (genauer: Zoologie) erhalten und war insofern auf diesem Gebiet unabhängig und von seiner Einstufung her gleichrangig.

Karl Friedrich BURDACH (1776-1847)
mit seinem Wahlspruch
„Treu sich selbst".
Kupferstich von W. HESSLOCHL

seine Willensmeynung: Möglicherweise hat GOLDFUß eine Stellungnahme zum Aufbau von naturhistorischen Sammlungen im Allgemeinen oder speziell zu den Königsberger Aktivitäten abgegeben, die einen Bescheid auf eine Eingabe BAERs beeinflusst hat. GOLDFUß stand wegen Finanzierungsfragen sowie wegen der Berichte über den Fortgang des Aufbaus in Bonn jedenfalls regelmäßig mit dem Ministerium in Kontakt.

durch den Herrn Reg. Bevollmächtigten: Philipp Joseph REHFUES (1779-1843) war von 1818 bis 1840 Kurator der Universität Bonn und zugleich als Regierungsbevollmächtigter primärer Ansprechpartner in finanziellen und organisatorischen Angelegenheiten.

das Museum: Das naturhistorische Museum der Universität Bonn war in den unteren Sälen des Schlosses Poppelsdorf untergebracht, vgl. dazu auch Brief 16 und 17. Das Reglement für den Direktor der naturhistorischen Sammlungen mit genauer Aufgabenbeschreibung vom 14. November 1820 bei Koch 1840, 658-660 (Nr. 529).

bekümmre ich mich durchaus gar nicht ... um den Garten: Hintergrund ist eine Ver-
stimmung, die z.T. auf eine Verfügung ALTENSTEINs an den zuständigen Regie-
rungspräsidenten Friedrich Ludwig Christian zu SOLMS-LAUBACH (1769-1822)
vom 16.05.1819 zurückging, in der es in Hinsicht auf einen Antrag GOLDFUß' vom
10.04. über 11.607 Taler zur Gründung und 1150 Taler zur Erhaltung der Sammlungen hieß, der Kurator möge GOLDFUß bemerklich machen, „daß nach dem Willen des Ministerii alle auf Gründung, Erweiterung und Erhaltung der naturhistorischen Sammlungen bezüglichen Vorschläge und Berichte in Zukunft von ihm und
dem Professor Nees von Esenbeck{, welcher als ordentlicher Professor der allgemeinen Naturgeschichte ein mehres Interesse an allen naturhistorischen Sammlungen hat, und sich in übersichtlicher Kenntniß derselben halten muß,} gemeinschaftlich ausgehen und gezeichnet werden müssen": Rep. 76 Va Sekt.3 Tit X Nr. 20 Vol.
I, f. 98v-99. Der Text in {} ist eine Einfügung von Johann Wilhelm VON SÜVERN
(1775-1829), damals Schlüsselfigur im Referat „Akademie der Wissenschaften".
Das Mitdirektorat von NEES führte zu Spannungen zwischen beiden. Mit Schreiben
vom 19. Oktober 1819 bat NEES deshalb darum, die Leitung des Museums von offizieller Seite ganz in GOLDFUß' Hände zu legen, und er scheint auch in seinem Ver-
halten konsequent diese Position eingehalten und sich auf die Betreuung des botanischen Gartens konzentriert zu haben (Nees/Altenstein 2009a, Nr. 1123, 396-397).

die humanen Spaziergänger: „human" hier: „der Spezies Mensch zugehörig" und halb
scherzhaft gemeint: Tiere, wie Vögel und Insekten, dürfen sich frei bewegen, die
Menschen werden ferngehalten. Dahinter steht eine Weisung des Reglements, wonach der botanische Garten nicht „zum öffentlichen Spaziergange" benutzt werden
sollte (Koch 1840, 668, s. auch die nächste Anmerkung).

Freund Eysenhardts Reglement: Es gab ein Reglement für die Benutzung des zoologischen Museums in Königsberg (datiert vom 30. Mai 1821), in dem gleichzeitig die
Öffnungszeiten des botanischen Gartens geregelt waren: 1. Mai bis 31. Oktober,
Mittwoch und Freitag, 14 bis 17 Uhr (Koch 1840, 866-867, Nr. 615). Für Bonn hatte NEES eine „Einlassordnung" nach Vorlagen selbst verfasst und am 28.01.1822
dem Kuratorium der Universität vorgelegt. Die Öffnungszeiten des botanischen
Gartens wurden mit Veränderungen dann zum 1. September 1822 genehmigt – vielleicht tatsächlich aufgrund von Anregungen aus Königsberg. Belege gibt es nicht;
im Briefwechsel mit ALTENSTEIN kommt nur der Wunsch nach entsprechenden
Vorlagen aus Berlin zur Sprache (vgl. Nees/Altenstein 2009a, 680, und Brief Nr.
1051 vom 11.02.1819 mit Kommentar, 269). Demnach konnte das interessierte
Publikum dienstags und freitags von 15 bis 19 Uhr den Garten besuchen, die Gewächshäuser allerdings nur in Begleitung eines Gärtnergehilfen (Koch 1840, 667-
668 [Nr. 533]). Studenten und Durchreisende konnten Zusatztermine vereinbaren.
Es gibt ferner ein Reglement für den Inspektor des botanischen Gartens in Bonn
(Koch 1840, 665 [Nr. 531]) sowie für den botanischen Gärtner (ebd., 665-557 [Nr.
532]) ebenfalls vom 1. September 1822; beide wurden verpflichtet, Fachbesuchern
(den „unglücklichen Gelehrten") auch außerhalb der Öffnungszeiten den Garten zu
zeigen.

in den XI Band geben: Im Ergebnis Eysenhardt 1823 (Abb. bei Brief 20, S. 120). Die „vorläufigen Arrangements" beziehen sich auf die Tafeln, deren Herstellung einen längeren Planungsvorlauf benötigte.

Landluft von Sickershausen: BAERs Brief mit der Reminiszenz an die gemeinsamen Monate 1815-1816 ist nicht erhalten. Zu den Anspielungen auf die dortigen Ereignisse vgl. Brief 1 bis 12.

wie ein Fadenwurm: Unter den *Nematoden* gibt es viele parasitische Arten, die Tiere und Menschen befallen können. Zu den größten davon gehören die Spulwürmer; „zwischen Fleisch und Knochen", also in der Muskulatur, allerdings leben beispielsweise Trichinen. NEES' Scherz, der sich auf Wirken und Sich-Wohlfühlen im Verborgenen bezieht, ist allerdings nicht ganz leicht nachzuvollziehen, da es eher Attitüde als Realität ist. Möglicherweise hat ihm BAER im Vorfeld von entsprechenden Studien über Schmarotzer berichtet, wie sie dann schließlich in Baer 1827a publiziert wurden.

D'Altons Werk: Pander/d'Alton 1821-1838. NEES gehört zur Mehrheit der Rezipienten, die bei der *Vergleichenden Osteologie* nur D'ALTONs Illustrationen wahrnehmen, nicht PANDERs Einleitungen, vgl. Schmuck 2011 und Riha/Schmuck 2012.

Ich beschreib jezt Pflanzen: Möglicherweise bezogen auf die relativ umfangreiche Abhandlung Nees/Martius 1823b in dem oben angesprochenen Band XI der *Nova Acta.* Infrage kommen auch die Vorbereitungen für Nees/Nees 1824.

besorgen/nur unfrankirt: BAER soll offenbar einen beigelegten Brief an EYSENHARDT persönlich überbringen (lassen).

gefälligst: „wenn es Ihnen gefällt" i.S.v. „freundlicherweise". Die Wortbedeutung hat sich mittlerweile stark verändert.

Erstbeschriebene „*Fraxinellae*" (heute Rautengewächse, *Rutaceae*). Die auf der Tafel genannten Bezeichnungen sind obsolet bis auf *Erythrochiton brasiliensis*, den (giftigen) Brasilianischen Rotkelch. *Sciuris multiflora* ist heute *Galipea jasminiflora.*
Nees/Martius 1823b, Tafel XVIII

Brief 22
Baer an Nees, o. O. [Königsberg], 12. Juni o. J. [1823?]

Nachweis: Bayerische Staatsbibliothek München, E. Petzetiana V, Baer.
Seiten: 1 Seite, ohne Anschrift.
Format: 1 Blatt, ca 24,5 x 12,5 cm, quer beschrieben (Begleitzettel zu einer [Bü-cher-]Sendung).

Nur dieses hat mir Prof. Bojanus geschickt. Seine eigenen Arbeiten sind, wie er versichert entweder in Zeitschriften erschienen, oder wenn sie für sich gedruckt sind, so enthalten sie Reden – vor einem gemischten Publikum gehalten, welche nicht verdienen sollen vor Männern vom Fach gelesen zu werden. Herzliche Empfehlung von
Den 12ten Juni   Prof Baer

Indem ich nicht bestimmt weiß, ob Ihr Institut Postfreiheit besitzt, übersende ich diese Zeilen lieber durch Buchhändler – Gelegenheit.
                                                                    B.

Kommentar:

Nur dieses ... Prof. Bojanus: Ludwig Heinrich BOJANUS, bis 1824 Ordinarius für Veterinärmedizin und Vergleichende Anatomie an der Tierarzneischule in Wilna. Die Datierung ist problematisch, NEES als Adressat steht jedoch fest. Der erste Satz suggeriert die Reaktion auf ein vorausgehendes Schreiben (das nicht erhalten ist); die Anfrage von NEES nach deponierten Kupferplatten in Brief 25 kommt nicht infrage: Dort ist die Rede von einer „Niederlegung", die vermutlich auf BOJANUS' Rückreise nach Deutschland 1824 geschah, hier von einer postalischen Sendung. Auch ist eine Reaktion erst nach einem halben Jahr (bei mehreren dazwischen liegenden Briefen) wenig plausibel. Ein Datierungshinweis ist auch die Erwähnung der Postfreiheit, die BAER wohl nicht alle Jahre wieder erfragt hat; vielmehr ist eine konkrete Wiederholung der Frage wenige Wochen später im ausführlichen Brief 23 überzeugender. Mit hinreichender Wahrscheinlichkeit handelt es sich deshalb um eine Sendung aus BOJANUS' aktiver Zeit in Wilna, also spätestens aus den Jahren 1823 oder auch bereits 1822. Es scheint hier nicht um eine von BOJANUS' „eigenen Arbeiten" zu gehen, aber wohl um einen optionalen Beitrag für die *Nova Acta*, für die auch BOJANUS selbst ja nach seiner Aufnahme in die Leopoldina (1818 ernannt, Antwort erst am 02.01.1820) mehrfach tätig war (Bojanus 1824a, 1824b, 1825).

Reden ...: Die Formulierung nimmt eine Einschätzung vorweg, die rund vierzig Jahre später in BAERs Autobiographie wieder thematisiert wird. BAER stand der Wissensvermittlung an ein „gemischtes Publikum" kritisch gegenüber, obwohl er selbst gerade in seiner Königsberger Zeit auf diesem Gebiet sehr aktiv war: „Durch die zahlreichen öffentlichen Ansprachen in den Zeitungen, durch die Vorlesungen über Anthropologie vor einem gemischten Publicum, und die begonnene Herausgabe derselben war ich auf eine schlüpfrige und für ein wissenschaftliches Leben gefährliche Bahn gerathen, auf die Gewohnheit zu einem grössern, nicht urtheilsfähigen Publicum zu sprechen. Man gewöhnt sich dabei leicht, auf fremde Autoritäten zu bauen, ohne sie gehörig geprüft zu haben" (Baer 1866, 292). In der Rückschau nennt er die Probleme dieser „nicht wissenschaftlichen" Darstellungsform, wenngleich er selbst auch viele seiner Reden drucken ließ: „Die Wissenschaften müssen popularisirt werden, ruft man. Sehr wohl, ich habe auch immer dieser Lehre angehangen. Nun aber, da die Arbeit im Gange ist, und die Früchte der Finder und Erfinder auf unzähligen Mühlen, von denen ich die wenigsten kenne, vermahlen werden, kommen mir diese doch wie die Knochenmühlen vor, welche die Reste lebendiger Organismen in ein formloses Pulver umändern, um damit das Feld zu düngen und dem Volke Nahrung zu verschaffen. Das ist sicher ein guter Zweck, allein zu leicht kommt dabei auch unwahrer und also ungesunder Stoff in das Pulver, und er ist nicht mehr kenntlich, da alle Zeugnisse des Abstammungsprocesses verloren gehen" (Baer 1866, 404).

Postfreiheit: Erst 1828 auf Zeit verliehen, vgl. Brief 44.

Fragment aus dem Nachlass Erich PETZET (1870-1928) (Brief 22).
München, Bayerische Staatsbibliothek

Brief 23
Baer an Nees, Königsberg, 22. August 1823

Nachweis: UB Gießen, Nachlass BAER, Bd. 25.
Seiten: 4 Seiten, ohne Anschrift.
Format: 1 Blatt, ca. 42 x 24,5 cm, in der Mitte gefaltet.
Zustand: Schrift schlägt auf allen Seiten durch. Auf S. 1 oben befindet sich eine No-
           tiz von NEES (gleiches Datum wie Brief 24), unten späterer Nutzervermerk:
           In der Mitte mit Bleistift „interessant"; ganz unten am Rand „Carl Ernst v.
           Baer, gebor. 1792, Embryol., Physiolog, Arzt u. Naturforscher". (Fehlerhaf-
           te) Abschrift vorhanden.

[S. 1]
Hochgeschätzter und geliebter Freund

Wenn man nach so langer Pause sich wieder unter den Lebendigen zeigt,
wie ich – so sollte man billig etwas von seinem körperlichen und geistigen
Leben erzählen so lange man hoffen kann, daß es Menschen giebt die der
Erzählung ein williges Ohr leihen. Allein, wo die Zeit hernehmen zu solchen Dingen. Mir will es immer scheinen, als ob man dazu nur in der langen Ewigkeit Zeit haben werde weshalb ich denn alles dahin verschiebe.
Auch ist das Leben in Königsberg so monoton und für einen Prosector wenigstens so phantasieleer (für einen Prosector ist ja, wie Jean Paul im Hesperus bemerkt, das Herz nichts als der dickste Muskel) wie der Gang einer
Uhr die ihr Pensum abläuft. (Sie sehen schon aus diesem Vergleiche wie
sehr die poetische Ader in mir verdorrt seyn muß.[a]

    Doch zum Präsidenten der Akademie wollte ich sprechen, denn nur in
dieser Qualität sind Sie heute für mich da. Ich bin zwar nicht nunquam otiosus doch auch nicht semper otiosus, sondern habe in diesem und frühern
Jahren mich bemüht, den Braunfisch Delphinus Phocaena L zu zergliedern,
damit man endlich ein Thier aus [S. 2] der Familie der Wallfische genau
kenne. Nachdem ich diese Creatur nach allen Richtungen zerschnitten,
kann ich augenfällig beweisen, daß der Braunfisch weder[b] ein Ochs noch
ein Kabliau ist, von beiden so Etwas in sich hat. Diese Weisheit nun möchte ich der Welt auf etwa 12 Druckbogen und 10 Foliokupfertafeln vorlegen, und da findet sich zu meinem Schrecken, daß kein Verleger die Weisheit geschenkt haben will, wenn ich die Bedingung mache, die Kupfer so
sauber zu stechen, als sie sauber gezeichnet sind. Vergeblich habe ich mich
darum bemüht zuerst in Königsberg und dann in Berlin. – Für solche Fälle
sind mir die Acta d[er] Academie eine treffliche Aushülfe, und ich hätte
schon zu Anfange gebeten, mich in der ehrenhaften Gesellschaft sprechen

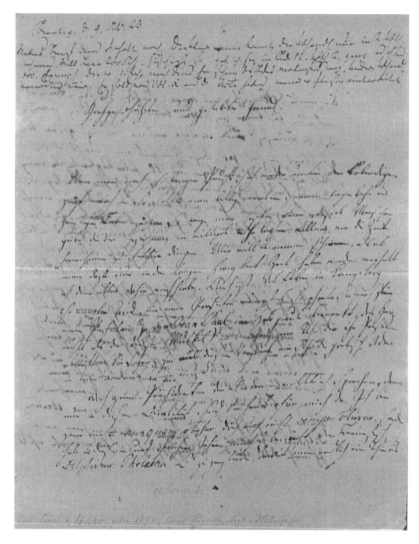

BAER an NEES, Brief vom 22.08.1823 (Brief 23), erste Seite

zu lassen, wenn es mir nicht unangenehm wäre, daß meine Arbeit, wie ein
vielgliedriger Bandwurm sich durch mehrer[e] Bände hindurch schleppen
müßte. Ich betrachte daher auch jetzt noch die Aufnahme meiner Arbeit in

die Acta als ein ultimum refugium und als eine calamité, für die Acta und
für mich. Darum geht meine

Erste Bitte dahin, Herrn Marcus, der ein unternehmender Mann zu seyn
scheint, zu fragen, ob er nicht meine Anatome Delphini Phocaenae nebst
Zubehör in Verlag nehmen will. Ich mache dabei nur die Bedingung, daß
ich 25 Freiexemplare erhalte.

[S. 3] 2. daß Kupfer und Druck mit einiger Eleganz ausgeführt werden, 3.
daß der Druck und Stich sogleich begonnen werden.

Will mir ein Verleger das Honorar für den Zeichner mit 50 Thl. anset-
zen, so würde [er] dises^c wohl mit Dank annehmen, indessen bin ich schon
zu einem solchen Opfer erbötig. Der Text ist lateinisch, um dem Buch den
Weg in das Ausland nicht zu verbieten. Überhaupt glaube ich, daß ein Verleger keinen Schaden bei diesem Werk habe und die Zergliederung ist ausführlich genug, um den Anatomen vom Fache unentbehrlich zu seyn. Ich
gehe mit and[erm] den Muskelbau, das Gefäßsyst[em]^d, Nervensystem ausführlich durch. Alle diese Partien sind bisher vernachläßigt worden. Ich
habe aus einem Fötus jeden einzelnen Knochen zeichnen lassen. Sehe ich
nun Albers icones ad anatomen comparatam, wovon das Heft 3 Thl kostet
an, so sollte ich meinen, könnte der Ladenpreis immer von meiner Arbeit 8
Thl betragen. Für den Fall aber, daß Hr Marcus nicht glaubt bestehen zu
können, so bitte ich ihn doch noch zum Ueberfluß zu fragen ob er, wenn
ich einen Zuschuß von 100-200 Thl gebe, drucken lassen will. Vielleicht
ist dann etwas zu thun!

Zweite^e Bitte. Sagt Hr Marcus nein so bitt ich mir gütigst ist anzuzeigen,
ob die Nova acta mich aufnehmen können und wollen. Es ist nur ein
schlimmer Umstand dabei. Ich kann meine Kupfer nicht in Quartformat
umwandlen, wenigstens [S. 4] die ersten nicht, denn auf diesen sind d[ie]
Schädelknochen des Fötus so gezeichnet, wie sie neben und auf einander
liegen, so daß d[ie] Abbild[un]g[en] gleichsam die Stelle eines gesprengten
Kopfes vertreten.

Für jeden Fall sende ich ein od[er] 2 Abhandl[un]g[en] für den nächste[n] Band d[er] Verhandl[un]g[en], denn die 2 ersten Bände sind so treff-
lich daß man sie nicht entbehren kann, und doch so teuer, dass ein ehrli-
cher Mensch sie nicht bezahlen kann, da muß man^f als Mitarbeiter eintreten. Nun könt man[.]

Dritte Bitte und Anfrage. Kann man durch mehre[re] od[er] einige größere Abhandl[un]g[en] für den 9ten u. die folgenden Bände sich auf die erste[n] aquiriren, oder ist das unmöglich? Ich habe allerlei liegen. z.B. ein
neues Thiergenus aus Preußen, das am Herz der Teichmuschel lebt, oder^g

eine weitere Untersuchung unserer Meduse[h], wovon sie den Anfang in Meckels Archiv, finden werden. Dazu schicke ich Ihnen eine Abbild[ung] die prachtvoll aussieht, eine rosarothe Meduse mit Milch injicirt auf schwarzer Grundlage.

Weiters bitt ich die Einlage an Hr Professor d'Alton gütigst zu befördern.

Fünftens ersuche ich Sie, für die höchst interessante Dissertation über Rhizomorphe den Verfassern meinen herzlichsten Dank abzustatt[en.]

Sechstens einige Tausend Grüße für Ihre liebe Frau.

Und endlich damit die Zahl der 7 Bitten voll werde, flehe ich um Entschuldigung für diese flüchtigen Zeilen. Es ist längst über Mitternacht.

Ihr

von ganz[er] Seele ergebener Baer

Königsb. d 22ten Aug 1823

PS. Hat die Akademie keine Postfreiheit?
Versenden Sie gefälligst mit Addresse d. Königl. zoolog. Museums.

[Auf dem oberen Rand von S. 1 folgende Notiz von NEES' Hand, bezogen auf den Antwortbrief (Brief 24)]

Beantw. d. 9. 7bt. 23.

Webers Brief dem Inhalt nach. Die Akademie könnte die Abhandl. nur in 2 Abth. nehmen. Will Baer 200 Thl. zuschieß[en], so gebe ich sie in Bd 12. Abth. 2. ganz und ihm 100. Exempl. die er 1. Jahr nach dem Erscheinen des Bdes verkaufen mag. Andere Abhandl. erwarten wir. Er soll von Vol. X an die Acta haben, wenn er fleißig mitarbeitet.

Anm.: [a] – abschließende Klammer fehlt; [b] – aus „leider" korrigiert; [c] – individuelle Abbreviaturen sinngemäß aufgelöst; [d] – Wort durch Nachziehen von Buchstaben korrigiert, möglicherweise wegen Versagen der Feder; [e] – aus „Zweites" geändert; [f] – aus „der" korrigiert; [g] – Buchstaben doppelt gezogen, möglicherweise Korrektur; [h] – dazu wird hier mit [f] auf einen Nachtrag am linken Rand verwiesen: „besonders in physiologischer Hinsicht".

Kommentar:

Jean Paul im Hesperus: Jean Paul: *Hesperus, oder 45 Hundposttage. Eine Lebensbeschreibung* [Berlin 1795]. In: Sämtliche Werke. Abt. 1. Bd. 1. Frankfurt a.M. 1996, 471-1236. Die Wendung steht gleich im ersten Satz der „Vorrede". BAER schätzte JEAN PAUL sehr, denn dessen charakteristische Art des Humors kam seiner eigenen entgegen. Auch die Anlage des Briefs mit sieben Bitten ist ein *Hesperus*-Zitat („Vorrede, sieben Bitten und Beschluß").

nunquam otiosus/semper otiosus: „niemals untätig" bzw. „immer untätig". „Nunquam otiosus" ist der Wahlspruch der Leopoldina.

Braunfisch Delphinus Phocaena L: Die Bezeichnung ist heute obsolet, gemeint ist der Gewöhnliche Schweinswal (seit 1828 *Phocoena phocoena*). Die Schweinswale sind mit den Delfinen verwandt (gehören wie diese zu den Zahnwalen), bilden aber eine eigene Familie.

ultimum refugium: „letzte Zuflucht".

calamité: „Unglück"; eine etwas merkwürdige Formulierung anlässlich der mgl. Einreichung eines Manuskripts, vielleicht ein Bescheidenheitstopos (BAER dürfte vom wissenschaftlichen Wert sehr wohl überzeugt gewesen sein), dazu sicher auch auf den Umfang (12 Bogen ergeben im Quartformat 96 Seiten) und den technischen und finanziellen Aufwand der 10 Kupfertafeln bezogen.

Herrn Marcus: Franz Adolph Otto MARCUS (1793-1857) hatte sich 1818 im Zusammenhang mit der Universitätsgründung in Bonn als Verleger niedergelassen und führte einen auf langfristige Kooperation mit den Autoren orientierten Wissenschaftsverlag. Bei ihm erschienen die *Nova Acta* der Leopoldina bis 1822.

Anatome Delphini Phocaenae: „Die Zergliederung des Schweinswals", wohl der (Arbeits)Titel für den Fall einer monographischen Publikation. Dieses Werk blieb letztlich unveröffentlicht (Baer 1866, 518). BAER konnte zunächst nur in kurzen Artikeln einzelne Ergebnisse seiner Forschungen zum Braunfisch vorstellen, so insbesondere Baer 1826a und Baer 1826b, dem Gefäßsystem war dann ein deutlich später erschienener Beitrag in den *Nova Acta* gewidmet: Baer 1835b.

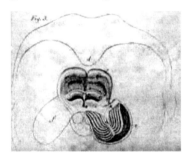

Querschnitt durch die Kehle des Braunfischs.
Abbildung zu Baer 1826a (Tafel VI, Ausschnitt)

Honorar für den Zeichner: 50 Taler Honorar reichen – je nach Aufwand – höchstens für zwei Tafeln (vgl. Brief 50 und Kommentar zu Brief 47).

Albers icones ad anatomen comparatam: Der Bremer Arzt Johann Abraham ALBERS (1772-1821) hatte dieses Werk in eindrucksvollem Großfolio angelegt (Albers 1818-1822). Der Umfang ist jedoch unverhältnismäßig schmal, die erste Lieferung umfasst z.B. nur 13 Seiten mit lediglich drei, wenn auch qualitätvollen Kupfertafeln.

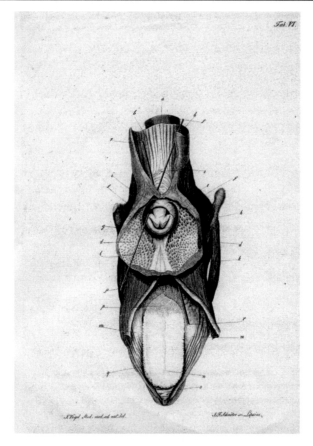

Rachenraum des Braunfischs. Albers 1818-1822, Tafel VI

8 Thl: Dies entspricht dem Preis für einen Teilband der *Nova Acta*.

als Mitarbeiter eintreten/sich auf die ersten aquiriren: Vgl. Brief 19: Wer einen Beitrag für die *Nova Acta* lieferte, erhielt ein Exemplar und Sonderdrucke gratis. BAER
möchte jedoch zusätzlich durch gesteigerte Bemühungen rückwirkend frühere Bände erhalten, und NEES kam ihm diesbezüglich auch entgegen, obwohl gar nicht viel
von BAER in den *Nova Acta* gedruckt werden wird. Außer dieser tatsächlich umfangreichen Abhandlung, deren Erscheinen sich jedoch deutlich verzögerte (Baer
1827a), kamen in den *Nova Acta* letztlich nur noch zwei kurze Artikel heraus, ein
zehnseitiger teratologischer Beitrag zu „Schädel- und Kopfmangel" bei Schweine-
embryonen in Vol. XIV, der im Briefwechsel nicht thematisiert wird, sowie Baer
1835b (Brief 50).

ein neues Thiergenus: Zur Erstbeschreibung eines Parasiten der Teichmuschel (*Aspidogaster conchicola*) unten Brief 31, publiziert als Unterkapitel I von Baer 1827a.

Meduse ... in Meckels Archiv: Baer 1823b. Die angekündigte Fortsetzung erschien, nachdem es offenbar mit den *Nova Acta* nicht geklappt hatte, – wie auch die Arbeiten zum Braunfisch – in Kurzform in der *Isis* (Baer 1826c), allerdings nicht mit der beschriebenen Farbabbildung.

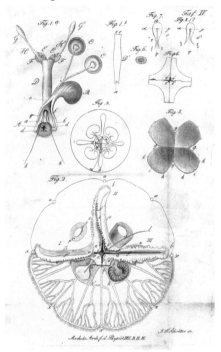

Medusa aurita. Baer 1823b, Tafel IV

Hr Professor d'Alton: Der im Zeichnen wie für Naturkunde gleichermaßen begabte Eduard D'ALTON war seit 1819 als ao. Prof. für Natur- und Kunstgeschichte in Bonn tätig (vgl. zu seinem Zögern bei der Berufung Brief 16). BAER hatte ihn in seiner Würzburger Zeit persönlich kennen gelernt.

Dissertation über Rhizomorphe: Zu den Myzelsträngen von Ständerpilzen war mit Nees/Nöggerath/Nees/Bischof 1823 eine aufwendige physikalisch-chemische Analyse vorgelegt worden. „Dissertation" ist nicht als akademische Qualifikationsschrift gemeint, sondern im Wortsinne einer „wissenschaftlichen Erörterung". Vgl. zu den untersuchten Phänomenen den Ausstellungskatalog *Bakterienlicht & Wurzelpilz. Endosymbiosen in Forschung und Geschichte* (mit Textbeiträgen von Armin Geus, Ekkehard Höxtermann und Irmgard Müller. Marburg 1998).

Pilzmyzele mit leuchtenden Spitzen.
Nees/Nöggerath/Nees/Bischof 1823, Tafel LXII

Postfreiheit: Befreiung von Postgebühren, die bestimmten Einrichtungen durch königlichen Beschluss zugestanden wurde; deshalb wird auch die Verwendung der Dienstadresse vorgeschlagen. Wie Brief 24 zeigt, genoss die Leopoldina dieses Privileg (noch) nicht. Die Portokosten stellen in der Korrespondenz NEES' mit ALTENSTEIN ein häufiges Thema dar; eine (zeitweise) Befreiung wurde erst 1828 gewährt (Brief 44), aber auch dann lagen die Kosten noch zwischen 100 und 250 Talern im Jahr, vgl. Röther 2009, 47.

Webers Brief: Eduard WEBER (1791-1868), Verleger und Buchhändler in Bonn, arbeitete teilweise mit Adolph MARCUS zusammen. WEBER oblag ab 1823 der Vertrieb der *Nova Acta*; er war also der für die Umsetzung des von NEES avisierten Arrangements zuständige Ansprechpartner. Zu den Hintergründen des Wechsels Brief 24.

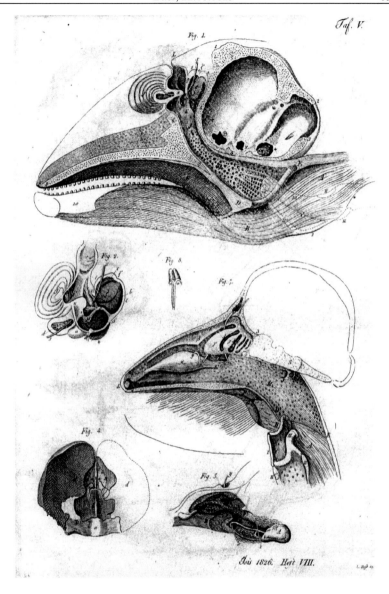

Nasen-Rachenraum des Braunfischs.
Illustrationen zu Baer 1826a und Baer 1826b, Tafel V

Brief 24
Nees an Baer, Bonn, 09. September 1823

Nachweis: UB Gießen, Nachlass BAER, Bd. 16.
Seiten: 3 Seiten + Anschrift auf Rückseite von S. 3.
Format: 1 Blatt, ca. 42 x 25,5 cm, in der Mitte gefaltet.
Zustand: Stempel „Bibliothek der Ludwigs-Universität Gießen" auf S. 1. Auf den
           Textseiten jeweils oberes Drittel unbeschrieben, Seiten je zweimal senk-
           recht und wagrecht zum Verschließen zusammengefaltet. Auf S. 3 durch
           erbrochenes Siegel am rechten Rand Textverlust und senkrechter Riss in
           gleicher Höhe links.

[S. 4 = Rückseite von S. 3]
Herrn Professor D^r. von Baer
Hochwohlgebohrn
zu
Königsberg
in Preußen
[links neben der Anschrift schräg geschriebener Vermerk:]
Für das zool.
Museum
[über der Adresse blasser Poststempel (rund):]
BONN 10/9

[S. 1]
                                                                         1823.^{a}
Lieber Freund!

Ich danke Ihnen herzlichst für das freundliche Lebenszeichen, das Sie mir
unter dem 22n August zugeschickt haben. Galt es auch nur größtentheil der
Akademie, so nahm ichs doch zugleich mit in Empfang, und leider wächst
man (ich meine mich selbst) so in den Ernst der Jahre hinein, daß man ein
zootomisches Manuscript und ein Billet doux mit gleich zärtlichen Augen
ansieht. Es ist schlimm, aber es ist natürlich.
    Also Sie non semper otiosus bieten uns ein großes Opus über Delphinus
Phocaena an, wenn sich kein Verleger findet:
    Ich muß anerkennen, daß Letzteres der Sache, als Ganzes betrachtet,
förderlicher wäre, und habe mich daher an Herrn Buchh. Weber (nicht
mehr Marcus, der im Unternehmenden betrüglich erfunden wurde) gewandt, Ihre Bedingungen unter N° 1. vorgerückt, wurden abgeschlagen.
    Ich ging zu N° 2. über. Mit einen Beyschuß von 200. Thalern, meynt
Weber, lasse sich's versuchen, doch müßte man erst die Tafeln sehen, um

mit Kupferstechern Abreden und Accord treffen[b] zu können. Größe, Fül-
lung [S. 2 = Rückseite von S. 1] der Tafeln, Schwierigkeit der Ausführung
kommen in Anschlag. Darin hat er recht[c]; Unrecht aber scheint er mir zu
haben, wenn er höchstens auf 60. Absatz rechnet. Ich habe ihm erwiesen,
daß eine Monographie stehender Artikel bleibe, immer fort gesucht und
auch von Einzelnen gekauft werden, da der Preiß ein für allemal, nicht, wie
beŷ großen Folgen von Heften und Bänden, eine stetige Ausgabe sey.

So wünscht denn Weber die Tafeln zu sehen.

Da Sie die Abhandl. als ultimum refugium der Akademie überlassen
wollen, so müßten sie in diesem Fall doch hierher wandern.

Ich schlage also vor, sie zu senden. Auch der Akademie würden 9-10.
Tafeln in Folio, vielleicht voll, vielleicht meist mit dem Grabstichel auszu-
führen, für eine Abtheilung eines Bandes zu sauer werden. Unter 30. Thl.
sticht wohl niemand eine solche Tafel,[d] das wären also bloß für Stich 300
Thl. Dazu Kupfer etc etc[.] In 2. Abtheil. könnte ich sie aber wohl bringen.
Wollten Sie aber den Zuschuß, den Sie dem Buchh. zudachten, der Akademie geben so könnte ich vielleicht das Ganze mit der 2n. Abth. des 12n.
Bandes zusammen [S. 3] liefern und Ihnen 100. Exempl., besonders abgedruckt[e] in 4o freylich[f] mit eignem Titel zur Disposition stellen, unter der
einzigen Bedingung, daß dies[es Sepa]^g ratwerk[h] nicht eher, als ein Jahr
nach dem Erscheinen der 2n. A[btheilung]^g des 12n. Bandes, worin es
steht, in den Buchhandel kommen darf. [An Ge^g?]schenken erhalten Sie
sogleich die nöthigen Abdrucke.

Was Sie weiter der Akademie gönnen wollen, wird freudig
gen[ommen?]^g u. sehen wir dem begirig entgegen.

Zwar ist es eingeführt, daß ein Mitarbeiter immer nur die Abtheilung
worin sein Aufsatz steht, gratis erhält, aber gegen thätige Theilnehmer u.
gegen solche, die so Vorzügliches liefern, als ich weiß, daß Sie können,
darf ich unbedenklich eine Ausnahme machen.

Sie sollen also vom 10.[n] Band an die Acta haben, und bitte ich Sie, bey
Übersendung Ihrer Beyträge, oder besonders, wenn Sie sich etwa wegen
des Delphinus einlaßen sollten, ausdrücklich darauf anzutragen, damit ich
etwas ad acta habe.

Meine Frau grüßt. Treulichst und herzlich

Ihr

Nees v. Esenbeck.

Bonn
d. 9. 7br. 23

[Nachsatz]
Die Akademie hat nicht Postfreyheit.
Grüßen Sie Eysenhardt und Friderici

Anm.: [a] – Notiz von unbekannter Hand, vgl. bereits Briefe 18 und 21; [b] – davor „machen" gestrichen; [c] – aus „Recht" geändert; [d] – mit Häkchen ⌐ als Fußnote am unteren Seitenrand nachgetragen: „und in Jahresfrist wird ein Einzelner kaum damit fertig, da er doch meist noch andere Kunden befriedigen muß." [e] – geändert aus „gedruckt"; [f] – „in 4o freylich" nachträglich über der Zeile eingefügt; [g] – Textverlust durch Seitenausriss nach Erbrechen des Siegels; [h] – durch Riss im Blatt nicht eindeutig lesbar.

Kommentar:

Billet doux: „Liebesbrief".

Sie non semper otiosus: „Sie nicht immer Untätiger". NEES greift scherzhaft die Formulierung von BAER in Brief 23 auf, ebenso weiter unten „ultimum refugium".

großes Opus über Delphinus Phocaena: Dazu Brief 23.

Buchh. Weber: Ab 1823 verlegte Eduard WEBER die *Nova Acta*, deren Verkauf bei MARCUS schleppend verlaufen war; in deren Vermarktung war WEBER dann letztlich aber ebenso wenig erfolgreich wie sein Vorgänger, weil die Bände wegen ihrer aufwendigen Produktion einfach zu teuer gerieten (die Abbildungen in diesem Buch geben einen Eindruck von der kompromisslos prächtigen Ausstattung). NEES unterstellte seinem früheren Verleger jedenfalls mangelndes Engagement hinsichtlich Absatzförderung und wollte wohl BAER ähnliche Erfahrungen ersparen.

nicht mehr Marcus ... betrüglich erfunden: Diese Formulierung ist unangemessen: NEES kannte MARCUS seit 1820, als er bei ihm den Sammelband *Horae physicae Berolinenses* veröffentlichte (vgl. Brief 18). Der Absatz ließ zu wünschen übrig, so dass NEES im Juli 1821 eine Regresszahlung von 350 Talern leisten musste, die schließlich auf sein Drängen hin Minister ALTENSTEIN aus dem Bonner Universitätsfonds beglich (Röther 2009, Bd. 2, 450, im Kommentar zu Brief 1153 vom 29.08.1820). In einem Brief an ALTENSTEIN vom 03.10.1822 (GStA PK, I. HA, Rep. 76 Kultusministerium Vf, Lit. E, Nr. 1a, Bl. 73-76, hier 73-74) wird der für NEES ungünstige Vertrag und seine Folgen folgendermaßen geschildert: „Über die *Horae physicae* hatte ich, wie *Euer Exzellenz* bekannt ist, mit dem Buchhändler Marcus so accordirt, daß ich nach der Leipziger Oster Messe 1821 soviel Exemplare, als zu Deckung etwaigen Verlusts nöthig würde, an mich kaufen wolle. Er wusste geschickt genug zu rechnen, wie alle diese Herren verstehen, und ich hätte die Hälfte mit 800 rt. Cöllnisch an mich bringen müssen. Da mir dieses zu schwer fiel, der Absaz noch bedencklicher für mich, als für den Buchhändler wäre, u. der Termin der Abrechnung für die Akademie mit Marcus herankam, wo ich ihm völlig frey gegenüberstehen musste, so verhandelte ich im Julius dieses Jahrs auf einen Abstand von 350. Th[aler] Pr[eußisch] Cour[rent], wogegen Marcus im Besiz des ganzen Werks blieb. Diese Summe habe ich also rein verloren. Marcus hat mich damit an die Akademie gewiesen und mein Guthaben an dieselbe ist dadurch, daß ich den Betrag hier in Einnahme brachte, von 420 Thl bis auf 70 Thlr herabgesunken, welches mir freylich etwas wehe thut, zumal da ich den grössten Theil jener Forderung an die Akademie schon vom 9.^{n} Band her ohne Zinssen hatte stehen lassen, und nun die [Bl. 74] Rückstände von der 2.^{n} Abth. des 10.^{n} Bandes bey Drucker und Kupferdrucker noch eine abermalige dringende Aushülfe aus meinem Beutel forderten, weil die Casse der Akademie leer ist. Es wäre schön gewesen, diese *Horae* der Akademie zu übergeben, aber leider konnte ich so etwas für mich weder thun, noch erlauben es auch die Fonds."

Accord: i.S.v. frz. *d'accord*, also „einverständliche Vereinbarungen".

Grabstichel: Werkzeug speziell für den Kupferstich. Das Bild wird damit Linie für Linie spanabhebend in die polierte Kupferplatte eingraviert.

in 4o freylich: NEES bezieht sich auf das (kleinere, aber immer noch stattliche) „Quart"-Format, in dem die *Nova Acta* gedruckt wurden, denn BAER hatte in Brief 23 den Wunsch nach dem doppelt so großen „Folio" geäußert, weil seine Tafeln darauf ausgelegt waren.

Vorzügliches ...daß Sie können: Das ist ein großer Vertrauensvorschuss, denn BAER hatte bis dahin nur wenige Einzelbeobachtungen meist in Form kleiner Aufsätze (z.T. auch populär formulierte Artikel) veröffentlicht, vgl. Raikov 1968, 428-430.

ad acta: hier: „für die Unterlagen". BAER soll den Antrag auf Freiexemplare im Zusammenhang mit der Einreichung eines Beitrags nochmals offiziell stellen, damit es nicht nach willkürlicher Sonderbehandlung seitens des Präsidenten aussieht.

Postfreyheit: Vgl. Brief 22 und 23.

Eysenhardt: Direktor des botanischen Gartens in Königsberg.

Friderici: Ein Student aus Königsberg, den NEES in Bonn kennen und schätzen gelernt hat.

Brief 25
Nees an Baer, Bonn, 25. Dezember 1824

Nachweis: UB Gießen, Nachlass BAER, Bd. 16.
Seiten: 1 Seite + Anschrift.
Format: 1 Blatt, ca. 22 x 26 cm, in der Mitte gefaltet, linke Seite für Adresse be-
nutzt.
Zustand: Stempel „Bibliothek der Ludwigs-Universität Gießen" auf Textseite, oberes
Viertel der Seite frei, Siegelreste und Blattausriss auf Anschriftseite.

[S. 1 = linke Bogenhälfte]
Herrn Professor D^r. von Baer,
Hochwohlgebohrn
zu
Königsberg
Preußen
[Links daneben:]
Allgem. Univ.
Sachen, den bot.
G. betrf.
N$^{\underline{o}}$ 340.
[Rechts neben der Anschrift Poststempel (rund):] BONN 26/12

[S. 2 = rechte Bogenhälfte]

Dec. 1824.[a]

Lieber Freund!

Bojanus sagt mir, daß er 4.[b] Kupferplatten nebst noch einigen andren Dingen bey Ihnen niedergelegt habe, um mir solche zuzusenden. Da die[c] hinzugehörige Abh[an]dlung [!] eben in den Druck kommen, so bitte ich, die
Absendung derselben, wohl in Wachstuch verpackt, zu beschleunigen und
mich brieflich von dem Abgang zu avisiren. Ich denke, Sie können dieses
unter Ihrem Garten-Siegel bewerkstelligen, da Sie jetzt für unseren Eysenhardt vicariren.
    Wie steht es denn um Ihren Delphinus? Marcus und Weber haben nichts
von H. Reimern herausgebracht[d]. Sollte sich denn da kein Mittel finden
lassen.
    Die Krankheit u. lange Abwesenheit des Herrn Ministers hat hoffentlich
auf Ihren Zuschuß keinen Einfluß gehabt. Auch für Steindruck ist jetzt hier
gesorgt, u. ich glaube, daß auch dieser nach Umständen Ihren Zwecken
entsprechen dürfte.

Herzlich grüße ich Sie und wünsche Gutes zum Christfest und zum nahen Jahreswechsel! Was macht Friderici? Was hören Sie von Grünewald, was von Pandern? Er ist doch bei der gräulichen Überschwemmung nicht in Gefahr gewesen? Wem schmücken Sie jetzt den Christbaum?

Ihr

Nees v. Esenbeck

Bonn
d 25. Decbr. 24.

Anm.: [a] – Vermerk von unbekannter Hand, wie Brief 18, 21 und 24; [b] – davor „3."
gestrichen; [c] – „die" aus „diese" korrigiert; [d] – davor „sa" gestrichen.

Kommentar:

Bojanus: Der für seine vergleichend-anatomischen Arbeiten renommierte Ludwig Heinrich VON BOJANUS (1776-1827) hatte 1824 aus gesundheitlichen Gründen seine Professur an der Tierarzneischule in Wilna aufgegeben und war nach Deutschland zurückgekehrt. Auf diesem Weg war er in Königsberg vorbeigekommen und hatte sich bei den dortigen Anatomen BAER und BURDACH vorgestellt. In der Autobiographie BURDACHs findet sich eine eindrucksvolle Schilderung von BOJANUS' chronischer Krankheit: „Bojanus war 1824 auf der Reise nach dem Bade einige Tage in Königsberg gewesen, leider in einem betrübenden Zustande, mit Hohlgeschwüren am Rücken, die in Folge vernachlässigter rheumatischer Entzündungen entstanden waren und offenbar mit der Brusthöhle in Verbindung standen" (Burdach 1848, 356).

sagt mir: Dies scheint wörtlich gemeint zu sein, nicht nur allgemein i.S.v. „teilt mir mit", vgl. hierzu den Brief von BOJANUS an NEES vom 24.12.1824: „Sie haben mir, verehrter Freund, durch Ihren Brief vom 17. eine ungemeine Freude gemacht. Insbesondere ist es Ihre versprochene Hieherkunft an der ich mich weide u. wahrhaft stärke, die mir, in meiner einsamen Lage u. bei der Unmöglichkeit mich durch eine angemeßene Beschäftigung aufrecht zu halten, jetzt so Noth thut. Indeßen möchte ich doch nicht die Verantwortung auf mich laden, Sie allzu früh nach Ihrer Genesung der veränderlichen u. stürmischen Witterung ausgesezt zu haben, u. bescheide mich daher gern, in meinem Wunsche, Sie zu sehen, einigen Aufschub zu finden. Wie immer, wenn Sie hier ankommen, so fahren Sie nur am Kurhause an u. fragen beim Hausmeister, H. Georg, nach mir; wegen erforderlicher Unterkunft soll schon gesorgt seyn. [...] In der frohen Hoffnung Sie bald zu sehen ..." (Leopoldina-Archiv, 28/3/1, o. Fol.). NEES scheint also den schwerkranken BOJANUS mehrfach besucht und persönlich gesprochen zu haben, was vertrauter klingt als Brief 22, wo BAER noch als eine Art Mittelsmann agiert. Es sind außer dem zitierten noch drei weitere Briefe von BOJANUS an NEES bekannt (20.09.1822; 10.01.1823; 04.08.1826).

die hinzugehörige Abh[an]dlung: Die beiden Abhandlungen Bojanus 1824a und Bojanus 1824b mit je zwei Tafeln sind bereits im ersten Teil des XII. Bandes der *Nova*

Acta noch im Jahr 1824 erschienen und dürften daher nicht infrage kommen. Wahrscheinlicher ist Bojanus 1825, allerdings mit nur zwei Tafeln (LVIII-LIX). Vgl. ansonsten auch Brief 22.

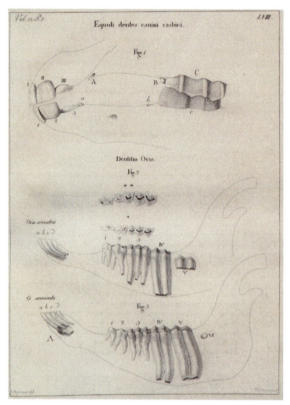

Milchzähne des Pferdes (oben); Zahnentwicklung beim Schaf (unten).
Bojanus 1825, Tafel LVIII

mich ... zu avisieren: „mich vorher zu informieren".

unter Ihrem Garten-Siegel: Wieder ein Hinweis auf das Post-Privileg für universitäre Dienstpost. BAER sollte das Porto keinesfalls privat tragen müssen.

für unseren Eysenhardt vicariren: i.S.v. „dessen Tätigkeit stellvertretend übernehmen", „als dessen Stellvertreter wirken". EYSENHARDT war schwer an Tuberkulose erkrankt und konnte seinen Pflichten als Direktor des botanischen Gartens von Königsberg zeitweise nicht mehr nachkommen. In der zweiten Hälfte des Jahres 1824 hatte er eine (vergebliche, aber damals übliche) „Reise zur Herstellung seiner Gesundheit" unternommen, während der ihn BAER aus Freundschaft mit allen Dienstaufgaben vertrat, vgl. Baer 1866, 291.

Ihren Delphinus: Vgl. Brief 23 und 24. BAER war weiterhin auf der Suche nach einem Verleger für seine Monographie über die Anatomie des Braunfischs.

Marcus und Weber: Zu den beiden Bonner Verlegern vgl. Brief 23 und 24.

H. Reimern: Georg Andreas REIMER (1776-1842) war der Besitzer eines großen und angesehenen Berliner Verlagshauses mit eigener Druckerei. Der Ausdruck „nichts … herausgebracht" bedeutet daher hier wohl „keine Zusage bzw. Rückäußerung erhalten". Wahrscheinlich wollten die beiden Bonner Verlage das Risiko der kostspieligen Monographie nicht allein tragen.

Die Krankheit und lange Abwesenheit des Herrn Ministers: Im Briefwechsel zwischen NEES und ALTENSTEIN spielen Krankheiten durchgängig eine große Rolle. Aus NEES' Formulierungen wird die besondere Schwere der Erkrankung deutlich, ohne dass sie genauer spezifiziert würde. ALTENSTEIN hatte sich offenbar zunächst im Frühjahr 1824 auf dem Weg der Besserung befunden: „Die Nachrichten von der glücklichen Wiederherstellung *Euerer Exzellenz* vervielfältigen und entsprechen sich so, daß ich es mir nicht länger versagen darf, meinen herzlichsten und ehrerbietigsten Glückwunsch bei diesem Anlass wenigstens niederzuschreiben und Gott dabey anzuflehen, daß er mir bald die volle Zuversicht verleihe, diese Zeilen frohen und dankvollen Herzens abgehen zu lassen" (NEES an ALTENSTEIN, 31.03.1824; GStA PK, I. HA, Rep. 76 Kultusministerium Vf, Lit. E, Nr. 1a, Bl. 158-159). Im Sommer jedoch konnte ALTENSTEIN seinen Dienstaufgaben (wieder bzw. noch immer) nicht nachkommen (Brief an NEES vom 06.07.1824, Leopoldina-Archiv 30/1/2). Die Genesung wird erst in NEES' Neujahrsschreiben gewürdigt (01.01.1825; GStA PK, I. HA, Rep. 76 Kultusministerium Vf, Lit. E, Nr. 1a, Bl. 171): „Ich wage es, dem unterthänigsten Schreiben, womit die Akademie der Naturforscher den neuen Jahrestag dankvollst begrüsst, aus eigner Empfindung diese devoten Zeilen mitzugeben. Gott, der *Euer Exzellenz* in dem verwichenen Jahr zum Heil der Wissenschaften und zur lebhaftesten Freude aller theilnehmenden Herzen aus einer gefahrvollen Krankheit errettet hat, wolle nunmehr diese kostbare Gesundheit für lange Jahre befestigen, und Euer Exzellenz, dadurch den schönen und grossen Wirkungskreis erleichtern, zu dem *Sie* berufen sind."

auf Ihren Zuschuß: BAER benötigte stets eine eigene finanzielle Unterstützung für die anatomische Sammlung und besonders für sein im Aufbau befindliches naturhistorisches Museum, da diese nicht im universitären Grundetat enthalten waren.

Steindruck: Die Flachdrucktechnik der Lithographie erlaubte eine deutlich schnellere Fertigung der Platten als der Kupferstich und war im 19. Jahrhundert (ab 1837) das einzige Druckverfahren, das – wenn auch mit großem Aufwand – farbige Drucksachen in größerer Auflage erlaubte. Die Leopoldina nutzte seit 1821 in Zusammenarbeit mit der von Universitätsbaumeister Friedrich WAESEMANN (ca. 1781-1847) in Bonn gegründeten Lithographischen Anstalt dieses neue Verfahren. Erste Lithographien für die *Nova Acta* fertigte der Bonner Zeichner Hermann BECKERS (fl. 1821) zu Arbeiten von GOLDFUß. Vgl. hierzu Nees/Altenstein 2009a, Brief Nr. 1164 vom 21.04.1821, 476-477, und Brief Nr. 1169 vom 09.05.1821, hier 489.

Friderici: NEES war weiterhin am Schicksal des begabten Studenten interessiert, über dessen Entwicklung BAER in Brief 29 Näheres berichten wird.

Grünewald: Otto Magnus VON GRÜNEWALDT hatte 1824 seine dreijährige Bildungs-
reise durch Europa beendet und dürfte auf dem Heimweg nach Estland durch Königsberg gekommen und bei BAER eingekehrt sein.

Pandern: Christian Heinrich PANDER lebte nach seiner Rückkehr von der Expedition
nach Buchara zwischen 1821 und 1833 in St. Petersburg, wo er 1823 außerordentli-
ches und 1826 ordentliches Mitglied der Kaiserlichen Akademie der Wissenschaften wurde und 1825 heiratete (Schmuck 2009, 94-95).

bei der gräulichen Überschwemmung: St. Petersburg ist durch seine Lage an der Neva
und nur wenige Meter über dem Meeresspiegel grundsätzlich hochwassergefährdet;
erst 2011 wurde ein Dammprojekt fertig gestellt. Am 7./19. November 1824 wurde
bei dem bisher höchsten Pegelstand von über 4,20 Metern fast die ganze Stadt über-
flutet, es gab bis zu 550 Tote, und über 450 Häuser wurden zerstört. Aleksandr PUŠKIN
(1799-1837) widmete dem Ereignis seine Ballade *Der bronzene Reiter* (1833). Informationen unter http://en.wikipedia.org/wiki/Floods_in_Saint_Petersburg (05.04.2012).

Überschwemmung in St. Petersburg am 7./19. November 1824.
Ölgemälde von Fëdor Jakovlevič ALEKSEEV (1753-1824)

Wem schmücken Sie jetzt den Christbaum: BAER hat offenbar (auch) in den nicht erhaltenen Briefen wenig oder nichts über seine Familienverhältnisse geschrieben
(vgl. zu NEES' Ahnungslosigkeit auch Brief 26). Er hatte damals schon drei Söhne,
Magnus, Karl Julius Friedrich und August Emmerich, von denen der letztere gerade
1824 geboren war. – Ein Christbaum wurde damals nur in wohlhabenden Kreisen
aufgestellt, weil Tannenbäume selten und deshalb teuer waren. Geschmückt wurde
mit Kerzen, Äpfeln, Nüssen, Gebäck (z.B. Honigkuchen) und Bonbons oder Zu-
ckerstangen, bisweilen wurde auch kleines Spielzeug in den Baum gehängt.

Brief 26
Nees an Baer, Bonn, 27. Januar 1825

Nachweis: UB Gießen, Nachlass BAER, Bd. 16.
Seiten: 3 Seiten + Anschrift auf Rückseite von S. 4.
Format: 1 Blatt, 42 x 25,5 cm, in der Mitte gefaltet.
Zustand: Stempel „Bibliothek der Ludwigs-Universität Gießen" auf S. 1; oberes
            Viertel der Seiten unbeschrieben; auf S. 3 Textverlust durch erbrochenes
            Siegel (dieses jedoch erhalten); eine untere Ecke herausgeschnitten (S. 1
            und 3 rechts, S. 2 und 4 links unten); Tinte schlägt stark durch.

[S. 4 = Rückseite von S. 3, Anschrift quer geschrieben:]
Herrn Professor Dr. von Baer,
Hochwohlgebohrn
zu
Königsberg
Preußen
[links neben der Ortsangabe, etwas kleiner:]
Allgem. Univ. Sache
den bot. Garten betrf.
N° 20. 69.
[Rechts neben dem Namen Poststempel (rund):]
BONN 28/1

[S. 1]

27 Jan 1825[a]

Lieber Freund und Gevatter!

Es freut mich herzlichst zu hören, daß wir Gevatterleute sind und daß Ihr
Carolus mein Pathe ist. Aber warum machten Sie mir nicht die Freude früher? Ich hätte darüber sterben können, ohne es zu erfahren, Nie haben Sie
mir ein Wort davon gesagt, bis zu Ihrem neusten Brief. Lassen Sie unsern
Carl immerhin Zoologie treiben oder was er sonst will, nur treib er's tüchtig. Von meinen Söhnen ist der älteste Theolog, der 2e. Gärtner. Ich wollte,
Sie kämen eines Sommers zu uns mit Frau und Kind; im Reden, würden
Sie dann finden, bin ich noch immer nicht so sehr Pedant, wie im Schreiben, zu welchem Letzteren mich meine zahllosen Geschäftsbriefe bringen,
die zum Theil weitläufig genug sind. Ich halte mich für einen nachlässigen
und flüchtigen Pedanten; das sind die Schlimmsten. Aber wer kann gegen
sein Geschick? das wissen Sie[b] ja am besten, und gestehen mir nun selbst,
daß Sie daran glauben.

Nun gleich wieder ans Geschäft! Tafeln und Abhdl. sind angelangt. Beide freuen mich, letztere aber vorzüglich. Leider ist die 2e. Abth. des 12n. Bdes schon geschloßen, u. ich mag Ihr liebes Werckchen nicht so wie einen Appendix anhängen; dazu ists [S. 2 = Rückseite von S. 1] zu gut. Darum lege ich das Manuscript für d. 1^e. Abth. des 13^n. Bdes zurück, der zu Ende dises Jahrs erscheint; Sie aber erhalten schon im Junius oder August Ihre Extraabdrücke. Dazu kommen nun neue Lettern für den 13^n. Bd. an, wodurch die Eleganz viel gewinnt.

Nehmen Sie also, liebwerthster Freund und Colleg, auf die 2e. Abhdl. Bedacht^c und senden Sie mir den Text oder doch die Tafel baldmöglichst, damit ich die Platte in den Stich geben und Ihnen gemächlich Correcturen derselben senden kann, was immer gut ist.

Ich habe mich mit meinem Gewissen völlig darüber abgefunden, daß ich Ihnen vom 9^n. Bd. an die Acta senden kann. Dazu erwarte ich nur einige Abdrucke von Tafeln zum 10^n. und 11^n. Bd, welche ausgegangen sind, u. werde dann alles bis zur 1^n. Abth. des 12n. Bdes durch Buchh. abgehen lassen. Die übrigen Abtheilungen sind dann Honorar-Exempl. Der Druck geht stetig fort.^{d}

Da Sie nun, (leider! um unsers Eysenhardt willen) auch Botanicus sind für die Universität, so dürfen Sie auch wohl einer alten Neigung hie u. da Raum geben und selbst in meinen Brown hineinsehen, der bald erscheinen wird. Das ist mein Regulator geworden, der mich zur Ordnung ruft, zum Analÿsiren, Vergleichen, Achthaben etc. Eine treffliche, wohltätige Zuchtruthe für unser Einen.

[S. 3] Meine Frau läßt Sie^e schönstens grüßen. Wir sind beide zwar alt aber Gott Lob! noch nicht allzubaufällig.

Pander soll seit 2. Jahren am kalten Fieber leiden und dazu Hoffnung haben, ordentlicher Akademiker zu werden. Das Letztere kann mich nicht freuen. Ich wollt' er wäre im Süden, u. säße etwas wärmer ohne Fieber. Ihre Briefe etc. an d'Alton hab' ich besorgt. Mich freut, daß Sie sich der [...]^f Geschichte annehmen, die d'Alton sonst in ziemliche Verlegenheit gesetz[t haben]^f könnte. Doch das unter uns. Ich habe ihm Alles geschickt, ohne ein [Wort?]^f zu äußern, und er soll glauben, daß ich gar nicht auf ihren offnen Zettel, [den]^f ich in den Brief schob, reflectirt hätte. Sapienti sat.

Für Ihren Vorschlag, Herrn Rathke betrf., schönsten Dank! Ich habe diesen würdigen Mann auf die Liste gesetzt. Schlagen Sie einen akad. Namen für ihn vor.

Der Himmel gebe Ihnen niedern Wasserstand und Planarien die Fülle! Hier wird's nie Winter, Phillyrien^g, Olea etc stehen herrlich im Freyen,

Genisti candicans blüht im freÿen Land, worein ein Exemplar als Experiment gesetzt wurde, Alle Hellebori sind schon da etc etc.
Was macht Friderici?
Ich grüße Sie herzlichst, küße den Pathen, der hoffentlich auch noch Hanneß oder[h] Christian heißt und empfehle mich bestens Ihrer lieben Frau

Ihr

Nees v E

d 27. Jan. 25

[Nachsatz S. 4 unten, quer zur Adresse, durch Faltung im Brief eingeschlossen:]
Goldfuß trägt mir auf, Sie schönstens zu grüßen, und für das Übersandte zu danken.

Anm.: [a] – Vermerk von unbekannter Hand, wie Brief 18, 21, 24 und 25; [b] – danach „selbst" gestrichen; [c] – aus „bedacht" korrigiert; [d] – hier in der Textzeile ein größerer Abstand, wohl statt eines Absatzes; [e] – geändert aus „sie"; [f] – Textverlust durch Erbrechen des Siegels; [g] – geändert aus „Phillyreren"; [h] – geändert aus „ro".

Kommentar:

Gevatterleute: „Gevatter" (wörtl. „Mit-Vater") ist die alte Bezeichnung für „Taufpate". Da mit diesem Amt auch eine gewisse Mit-Verantwortung für die geistige Entwicklung und das Wohlergehen des Kindes verbunden ist, sollte eigentlich ein Pate über sein Amt informiert sein und seine Zustimmung gegeben haben, wenn er schon nicht persönlich bei der Taufe anwesend sein kann. In bürgerlichen Kreisen waren im 19. Jahrhundert zwei bis drei Paten üblich; möglicherweise orientierte sich die estnische Ritterschaft an der im (Hoch)Adel verbreiteten höheren Zahl, bei der es (auch) auf repräsentative Namen ankam.

Ihr Carolus: Karl Julius Friedrich VON BAER, BAERs zweiter Sohn, wurde 1822 geboren und starb am 30.03.1843 als Student der Medizin in seinem Studienort Dorpat an Typhus.

mein Pathe: i.S.v. „Patenkind".

Ich hätte darüber sterben können: NEES kokettiert öfter mit seinem Alter, so auch weiter unten in diesem Brief.

der älteste Theolog: Johann Friedrich Konrad NEES VON ESENBECK, geb. am 22.07.1806 in Sickershausen, zunächst Lehrer in Hamm und Saarbrücken, schließlich Pastor in Boppard.

der 2e. Gärtner: Karl Heinrich August Theodor NEES VON ESENBECK, geb. am 14.04.1809 in Sickershausen, ab 1840 Inspektor des Botanischen Gartens in Breslau.

Tafeln und Abhdl.: Baer 1827a. Der Druck hat sich doch noch in die zweite Abteilung des 13. Bandes verzögert, vielleicht wegen des nicht unerheblichen Umfangs von

240 Seiten und wegen des Aufwands für die sieben Tafeln. Zu den ökonomischen Zwängen Brief 32.

neue Lettern: Es ist kein (für Laien erkennbarer) neuer Schrifttyp, sondern wahrscheinlich eine neue Ausstattung mit Lettern für den Bleisatz, jedenfalls wirkt das Schriftbild im XIII. Band klarer bzw. schärfer.

auf die 2e. Abhdl. bedacht: NEES bezieht sich auf die zweite Abteilung von Baer 1827a über die *Schmarotzer der Süsswassermuscheln* (Baer 1827a, 558-604 mit Tafel XXX), vgl. auch den Nachtrag in Brief 27.

Vom 9^n. Bd. an die Acta: In Brief 24 war noch von Band 10 die Rede. Zu Problemen mit der Lieferbarkeit vgl. Brief 28.

um unsers Eysenhardt willen: Der schon länger tuberkulosekranke Botanik-Professor EYSENHARDT wohnte in BAERs Nachbarschaft und war in der Familie ein „intimer Hausfreund" geworden (Baer 1866, 242); deshalb fungierte BAER während EYSEN-HARDTs (vergeblicher) Kur als Stellvertreter, zumal er sich ja auch selbst für Botanik interessierte.

in meinen Brown: Die Übersetzung und Kommentierung der Schriften Robert BROWNs (1773-1858) sollten NEES in der Tat fast zehn Jahre lang beschäftigen: Nees 1825-1834. NEES dürfte auf diesen Botaniker und Forschungsreisenden zunächst wegen dessen grundlegender Arbeiten über Moose gestoßen sein, für die er sich ebenfalls interessierte, vgl. z.B. Brown 1811 und 1819.

zwar alt: NEES war zum Zeitpunkt des Briefes 48 Jahre alt, seine Frau 41. Wahrnehmung und (Selbst)Verständnis von „alt" war in Zeiten geringerer Lebenserwartung anders als heute; vgl. auch oben: „Ich hätte darüber sterben können" sowie die Gedanken an den Tod in Brief 40.

Pander: BAERs Studienfreund, den NEES in Sickershausen bei der Arbeit an der Dissertation tatkräftig unterstützt hatte.

am kalten Fieber: Zu dieser Zeit bedeutete „Fieber" noch nicht „erhöhte Körpertemperatur" als Begleiterscheinung verschiedener Erkrankungen, sondern umfasste (auch) Krankheiten sui generis; vgl. Hess 2000. Zu den „zusammengesetzten Fiebern" zählten chronische Fieberanfälle („Wechselfieber"), die – wohl wegen der Schüttelfröste – auch als „kaltes Fieber" bezeichnet werden konnten; ein „akutes" Fieber wäre z.B. das sog. „Nervenfieber", vgl. z.B. Brockhaus Bd. 4 (1827), 106. Heute werden diese „Wechselfieber" in der Regel mit Malaria gleichgesetzt, ohne dass jedoch eine solche retrospektive Diagnose als gesichert gelten könnte.

ordentlicher Akademiker: PANDER wurde 1826 ordentliches Mitglied der St. Petersburger Akademie der Wissenschaften.

im Süden: In Zeiten weitgehender therapeutischer Hilflosigkeit der Medizin griff man öfter auf Klimakuren zurück, vgl. auch oben sowie Brief 25 und 32 zu EYSENHARDT.

d'Alton: Zu D'ALTONs Unzuverlässigkeit vgl. auch Brief 40.

der ... Geschichte/Zettel: keine Details bekannt, Zettel nicht erhalten.

Sapienti sat: „Für den Weisen ist es genug".

Herrn Rathke: Der zu dieser Zeit als praktischer Arzt in Danzig tätige Martin Heinrich RATHKE (1793-1860) war mit BAER (und PANDER) persönlich bekannt und stand mit ihm in Briefwechsel; beide verband das Interesse für Embryologie. Möglicherweise wusste BAER bereits von der bahnbrechenden Arbeit RATHKEs über Kiemenanlagen bei Säugetieren, die 1825 erschien. Vgl. Schmuck 2009, 215-223.

Martin Heinrich RATHKE (1793-1860)

auf die Liste gesetzt: Sc. für die Aufnahme in die Leopoldina. RATHKE wurde am 28.11.1825 unter der Matrikel-Nr. 1298 in die Leopoldina aufgenommen.

einen akad. Namen: RATHKEs Akademiename, nach dem BAER hier im Brief gefragt wird, war „Monro II". Der heute als Alexander MONRO II. bezeichnete schottische Anatom lebte von 1733 bis 1817 und lehrte als Professor an der Universität von Edinburgh. Er dürfte jedoch nicht gemeint sein, ebenso wenig wie sein Sohn Alexander MONRO [III.] (1773-1859). Als „Namenspatron" figuriert stattdessen der berühmte Alexander MONRO [I.] (1697-1767), der die „Edinburger Schule" begründete. Der Vermerk „II" bezieht sich nur darauf, dass es bereits ein anderes Leopoldina-Mitglied gab, das „Monro" als Cognomen führte (vgl. z.B. NEES als „Aristoteles III"), und zwar der 1823 aufgenommene Friedrich Christian ROSENTHAL (1780-1829), Prof. der Physiologie und Anatomie in Greifswald.

Planarien: *Planarien* sind eine (heute *Dugesia* genannte) Gattung aus der Klasse der Strudelwürmer (*Turbellaria*), die ihrerseits zu den Plattwürmern (*Plathelminthes*) gehören. *Planarien* wachsen z.T. massenhaft in Teichen, auch an der Küste nach einer Flut in Brackwasserseen. NEES benutzt den Begriff „Planarien" – wie es heute auch noch unter Nicht-Zoologen geläufig ist – hier entweder allgemein für „Plattwürmer" oder er bezieht sich damit scherzhaft konkret auf Baer 1827a, 690-730 (= 6. Teil). Möglicherweise greift er zusätzlich eine Bemerkung BAERs aus einem nicht erhaltenen Brief auf, denn BAER interessierte sich in dieser Zeit sehr für „die stehenden Gewässer in Bezug auf die Mannichfaltigkeit ihrer Bewohner" (Baer 1866, 247).

Phillyrien: Die Gattung *Phillyrea* (Steinlinde) gehört zur Familie der Ölbaumgewächse (*Oleaceae*) und umfasst zwei Arten (Breit- und Schmalblättrige Steinlinde). Die immergrünen Sträucher sind frostempfindlich und kommen natürlicherweise in Südeuropa, Nordafrika und Kleinasien vor.

Olea: Öl- bzw. Olivenbaum, Gattung der *Oleaceae*, als mediterrane Pflanze ebenfalls frostempfindlich.

Genisti candicans: Übersetzt: „weißer Ginster", die Endung –i ist unerklärlich, wahrscheinlich eine Verschreibung statt *Genista.* Heute *Genista monspessulana* L.A.S. Johnson; Synonyme sind *Teline monspessulana, Cytisus monspessulanus, Cytisus candicans.* Der „Montpellier-Ginster" kommt ursprünglich in Südeuropa und auf den Kanarischen Inseln vor. Heute wird von Gartenbaubetrieben *Cytisus praecox* als „Weißer Ginster" für unsere Breiten angeboten, während ansonsten als (auch schon biblischer) Weißer Ginster der Retamastrauch (*Retama raetam*) figuriert, der in den Subtropen vorkommt.

Hellebori: Die Gattung *Helleborus* (Nieswurz, Schneerose, Christrose) gehört zur Familie der Hahnenfußgewächse (*Ranunculaceae*). Die Arten sind frostfest und blühen im Winter und im zeitigen Frühjahr. Sie bezeugen also – im Unterschied zu den anderen genannten Pflanzen – nicht spezifisch das milde Klima in Bonn.

Friderici: NEES nimmt weiterhin regen Anteil an der Entwicklung seines ehemaligen Studenten Wilhelm FRIDERICI, vgl. schon Brief 24 und 25.

Hanneß oder Christian: Christian ist einer von NEES' Vornamen; dass Patenkinder einen der Vornamen von ihren Paten erhielten, war häufig. (Jo)Hannes ist jedoch so nicht zu erklären und bezieht sich wohl auf einen anderen Paten, der im nicht erhaltenen Brief BAERs mit erwähnt war.

Goldfuß: BAER stand mit dem Bonner Zoologen wegen Fragen aus der (Vergleichenden) Anatomie in Kontakt (vgl. Brief 21), und beide tauschten auch Objekte für ihre naturkundlichen Sammlungen aus.

Brief 27
Nees an Baer, Bonn, 27. Februar 1825

Nachweis: UB Gießen, Nachlass BAER, Bd. 16.
Seiten: 1 Seite + Anschrift auf Rückseite.
Format: 1 Blatt, ca. 21 x 25 cm.
Zustand: Stempel „Bibliothek der Ludwigs-Universität Gießen" auf Textseite; Seite
           zweimal waagrecht und einmal senkrecht gefaltet; durch erbrochenes Siegel
           Textverlust am linken Rand.

[S. 2 = Rückseite von S. 1]
Herrn Professor D^r. von Baer,
Hochwohlgebohrn
zu
Königsberg
Preußen
[Links neben der Ortsangabe:]
Allg. U.S.
N$^\text{o}$ 93
[Rechts neben Anschrift Poststempel (rund):]
BONN 28/2

[S. 1]

Febr 1825^a

Lieber Freund!

Eine Frage. Ihre Bände der Acta liegen bereit. Ich mag sie nicht gern durch
unseren Buchhändler schiken, weil der leicht eine Verkürzung seiner
[Int]ereßen^b darin sieht und keine Kränkung verdient, indem er sehr eifrig
ist. [Sollte]^b ich sie nicht mit dem Postwagen senden können unter Adresse,
von der Sie, nach Belieben, Gebrauch machen könnten? Lassen Sie mich
Ihre Meynung wißen.

  Treulichst, grüßend und Hände drückend
       Ihr

            Nees v E

Bonn
d 27. Febr. 25.

[Nachtrag:]

Könnten Sie nicht Hn Hofrath Trinius zu Petersburg wissen lassen, daß ich seine Sendung vorgestern den 25. Febr. richtig erhalten habe, und möglichst bald vornehmen werde? Gedenken Sie Ihrer Arbeiten für den 13n Bd. Abth. 1.

Anmerkungen: [a] – Vermerk von unbekannter Hand, wie Brief 18, 21, 24, 25 und 26; [b] – Textverlust durch erbrochenes Siegel.

Kommentar:

Ihre Bände der Acta: Vgl. Brief 23 (Anfrage BAER, Vermerk NEES) sowie Brief 24 und 26. Es handelt sich hier um die Einlösung dieses Versprechens.

durch unseren Buchhändler: Der gemeinte Buchhändler war Eduard WEBER, der die *Acta* auch verlegte, vgl. Brief 24.

eine Verkürzung seiner [Int]*ereßen:* Der Buchhändler konnte kein Interesse an der Ausgabe von Freiexemplaren haben, sondern wollte natürlich – angesichts ohnehin geringer Absatzzahlen – die *Acta* verkaufen. Zudem wäre die Frage der Transportkosten zu klären gewesen.

unter Adresse: Auf den Briefen an BAER ist i.d.R. keine Anschrift angegeben; sie gingen vermutlich an seine Dienstadresse. Offenbar wollte NEES, um BAER Gebühren zu ersparen, eine portobefreite universitäre Institution genannt wissen, z.B. das Institut für Anatomie oder den botanischen Garten.

Hofrath Trinius: Der angesehene Arzt und versierte Botaniker Karl Bernhard VON TRINIUS (1778-1844) war seit 1821 Leopoldina-Mitglied und seit 1823 ordentliches Mitglied für Botanik an der Kaiserlichen Akademie der Wissenschaften in St. Petersburg; in letzterer Eigenschaft betreute er auch die dortigen botanischen Sammlungen. Offenbar hat er Pflanzen zwecks Austausch und zur Bestimmung an NEES geschickt. Der dieser „Sendung" vorausgeschickte und sie erläuternde Brief vom 10./22.12.1824 ist im Leopoldina-Archiv 105/1/2, o. Fol., überliefert.

Arbeiten für den 13n Bd. Abth. 1: Bezogen auf Baer 1827a (erschienen in der 2. Abteilung), vgl. auch Brief 26.

Brief 28
Nees an Baer, Poppelsdorf, 06. April 1825

Nachweis: UB Gießen, Nachlass BAER, Bd. 16.
Seiten: 2 Seiten + Anschrift mit erhaltenem Siegel.
Format: 1 Blatt, ca. 41 x 25,5 cm, Anschrift auf der linken Blatthälfte.
Zustand: Stempel „Bibliothek der Ludwigs-Universität Gießen" auf S. 1, kleiner
           Blattausriss durch erbrochenes Siegel auf der Anschriftseite.
Anmerkung: Der Brief ist diktiert und von einem Sohn NEES' geschrieben, von NEES'
           Hand nur Schlussformel und Unterschrift sowie Adresse.

[S. 4 (links neben S. 1; S. 3 leer):]
Herrn Professor D.^{r} von Baer,
Hochwohlgebohrn
zu
Königsberg
[Links neben Anschrift:]
Allgem. Univ. Sache N° 120.
[Rechts unter dem Namen Poststempel (rund):]
BONN 6/4

[S. 1]
Poppelsdorf d 6t. April 25.

Lieber Freund!

Ich muß ihnen durch die zweite Hand (meines Sohnes) schreiben, weil ich
den Pack, der heute für sie abgeht nicht ohne einige Zeilen zur Begleitung
laufen laßen will, aber durch einen bösen Catarr im Bette gehalten bin. Sie
werden den 9^t B. vermißen, den die Commissionshandlung vorgeblich
ganz in Leipzig liegen hat, den Sie aber auch bey seinem geringen Preis
entweder leicht selbst nachschaffen, oder bey seiner geringeren Wichtigkeit für Sie später nachträglich von mir erwarten mögen. Die zweite Abtheilung unsres 12^t B. wird in diesen Tagen vollendet, und soll Ihnen nicht
entgehen, worauf Sie^a dann die folgenden theils als fleißiger Mitarbeiter,
theils als ergänzender Käufer zum Nutz und Frommen der Akademie noch
lange Zeit hindurch fortführen können, falls nemlich das Ding so fortgeht.
    Ich habe Ihre beiden mir sehr werthen Briefe, den langen und den kur-
zen, bald hintereinander erhalten, und aus dem ersteren mir manches he-
rausgelesen, was darin stand und nicht darin stand. Es ist mir in der That
noch nicht vorgekommen, so vieles und so treffendes über mich selbst

nicht etwa lesen zu müßen, sondern wirklich gern zu lesen. Als Erwide-
rung stehe hier die Bitte: Sie, der sie mir so nahe auf der Spur sind, sagen
Sie's um's Himmels willen nicht weiter, am wenigsten in Königsberg von
wo mir bis jetzt nur die ernsthaftesten Gesichter und Geister entgegenge-
kommen sind. Es gibt eine seltsame Klaße von Menschen, ich glaube, es
sind die von der Natur vorzugsweise für die Lehrkanzeln eingerichteten,
denen ihre Wissenschaft [S. 2 = Rückseite] mit allen ihren kleinen Hypertinenzien nicht minder mit ihren Spielen und Abgängigkeiten durchaus eriß,
gleich war, und gleichsam sanktionirt, wo nicht durch die Welt, doch durch
ihre eigne kleine Person, erscheint, die sie innerhalb der Schranken zu vertreten hat[b]. Sie können denken, wie übel diese das Gegentheil vermerken;
auch unterbleibt es an keinem Orte, und Sie[a] selbst haben dieses bemerkt.
Daß wir nicht ohne Hirngespinste und ohne verknüpfendes Flickwerk mit
unsrer Zeitweisheit auskommen, nehme ich gern für bekannt an das beßte
aber ist, was von oben kommt, Dichtung oder Gottesgabe. So kommt man
dann überall schlecht weg[c]. So lange es nur keinen interpontirt, kommt
keiner von Jenen dahinten – alle halten es für Narrheit, und damit Punk-
tum. Daher meine Bitte, die ich übrigens mit Freuden thue, weil sie sich
auf ein tieferes und wohlwollendes Entgegenkommen bezieht. Gern hörte
ich, was Sie von Friderici sagen. Grüßen[d] Sie[a] ihn von mir, und suchen Sie
ihn auf seinem jetzigen Wege festzuhalten.

Ich habe einen Wink aus Leiden, nicht[e] ohne Bezug auf ihn, daß man
jemand dort suche, der sich der Bestimmung der höheren Thiere des Kabinets daselbst unterziehe. Ich[f] gestehe, daß ich nicht recht weiß, ob man
deßhalb Schritte thun, oder doch sie zu thun rathen kann. Leider machen
sich zu viele Unmündige an das Geschäft des Bestimmens, das doch gerade am meisten Erfahrung und das Klug werden durch eigne Misgriffe vor-
aussetzt. Dazu nimmt man es in Leiden gerade von dieser Seite ziemlich
streng, weil Temminck[g] Kenner ist und nur aus Mangel an Muße Gehülfen
sucht.

Von ganzem Herzen

Ihr

Nees v Esenbeck

Anmerkungen: [a] – „Sie" aus „sie" korrigiert; [b] – „hat" aus „hatten" korrigiert; [c] –
„schlecht weg" nachträglich aus „schlechtweg" durch einen Strich getrennt; [d] – erster
Buchstabe aus „Z" geändert; [e] – davor „wo man" gestrichen; [f] – aus „ich" korrigiert; [g]
– Name von NEES' Hand aus „Temming" korrigiert, dadurch der folgende Anfangs-
buchstabe z.T. überschrieben.

Kommentar:

meines Sohnes: Es handelt sich um den älteren Sohn und späteren Theologen Johann Friedrich Konrad, der damals 19 Jahre alt war. Vermutlich erklären sich so einige Verschreibungen.

durch einen bösen Catarr: Unter „Katarrh" kann damals Vieles verstanden werden, von Schnupfen über Bronchitis bis zu echter Grippe und Lungenentzündung.

den 9ᵗ B.: Sc. der *Nova Acta physico-medica Academiae Caesareae Leopoldino-Carolinae Naturae Curiosorum*, der noch unter der Ägide von NEES' Vorgänger Friedrich VON WENDT in Erlangen 1818 erschienen ist und wohl deshalb nicht in Bonn vorlag.

bey seiner geringeren Wichtigkeit: Schwer zu beurteilen. Der Band enthält z.b. Nees/Nees 1818, NEES' Abhandlung *Ueber die bartmündigen Enzianarten* (143-178), zwei Beiträge von MARTIUS (183-226), einen Aufsatz von DÖLLINGER *Ueber das Strahlenblaettchen im menschlichen Auge* (267-278) und von GOLDFUß die *Beschreibung eines fossilen Vielfrass-Schädels aus der Gailenreuther Höhle* (313-322).

Die zweite Abtheilung unsres 12ᵗ. B.: Sc. der *Nova Acta*, Bonn 1825.

Ihre beiden ... Briefe: Die Briefe sind bedauerlicherweise nicht erhalten.

eine seltsame Klaße von Menschen ...: NEES macht sich hier über den Wissenschaftsbetrieb, insbesondere die humorlosen, nicht über den Tellerrand blickenden und sich selbst zu wichtig nehmenden Professoren lustig.

Hypertinenzien: Entweder irrtümlich statt „Pertinenzien" = „Dinge, die dazu gehören" („Pertinenz" = „Zubehör", „Zugehörigkeit") oder eine ironische Abwandlung davon i.S.v. „Übertreibung".

Abgängigkeiten: Statt „Abhängigkeiten".

eriß, gleich: Irrtümlich statt „Eris gleich", d.h. „der griechischen Göttin Eris (der Göttin des Streits) gleichend".

nicht ohne Hirngespinste ...: NEES meint hier selbstironisch seine eigene Neigung zur Naturphilosophie, vielleicht auch sein Interesse für Paraphänomene, wie den Tierischen Magnetismus. Beides wurde sogar von anderen Naturphilosophen (wie OKEN, vgl. Bohley 2001) kritisiert, erst recht aber von Vertretern eines experimentell-empirischen Ansatzes in den Naturwissenschaften misstrauisch und mit Unverständnis betrachtet, d.h. gerade bei einem so renommierten Botaniker wie NEES eben für „Narrheit" gehalten. Gerade das „verknüpfende Flickwerk" im *Handbuch der Botanik* (Nees 1820-1821) stieß schon bei den Zeitgenossen auf Befremden und irritiert in der Wissenschaftsgeschichte bei der Bewertung von NEES' Leistungen bis heute (Bohley 2003b, 46-52).

interpontirt: Statt „interponiert", hier i.S.v. „in die Quere kommen".

meine Bitte: Nicht ganz klar, worin diese besteht, vielleicht in einer Einschätzung der Leidener Aussichten (s.u.) für Wilhelm FRIDERICI und ggf. ein Empfehlungsschreiben.

Friderici ... auf seinem jetzigen Wege: Wie dann aus Brief 29 ersichtlich, war FRIDERICI seinen zoologischen Interessen, die er während seiner Studienzeit in Bonn gepflegt hatte, treu geblieben und verdiente als (Gymnasial)Lehrer für Naturkunde damit sogar seinen Lebensunterhalt.

Wink aus Leiden: Wie aufgrund von Brief 30 zu vermuten, stammte der Wink von Johann Jacob HAGENBACH (1801-1825), einem Schüler von NEES, der im Wintersemester 1822/23 in Bonn studiert hatte und seit 1823 in Leiden als Konservator am Naturhistorischen Museum wirkte. HAGENBACH suchte offensichtlich für seine Stelle einen Ersatzmann, denn seit 1823 wurde von Leiden aus eine Forschungsexpedition nach Indonesien geplant, an der er zu diesem Zeitpunkt auch selbst teilnehmen wollte (*Neuer Nekrolog der Deutschen* 3 [1825] 2, 1511). Im Dezember 1825 traten schließlich die drei wissenschaftlichen Assistenten im Reichsmuseum für Naturgeschichte, Heinrich BOIE (1794-1827), Heinrich Christian MACKLOT (1799-1832) und Salomon MÜLLER (1804-1863), diese Reise an; vgl. Miracle 2008.

der höheren Thiere des Kabinets: Es ging um eine Stelle in der Abteilung für Wirbeltiere des Reichsmuseums für Naturgeschichte (*Rijksmuseum van Natuurlijke Historie*).

das Geschäft des Bestimmens: NEES weiß, wovon er spricht, da er sich selbst mit solchen komplexen Problemen befasste, wenn auch auf dem Gebiet der Botanik. BAER hat sich seinerseits kritisch über Schwierigkeiten und voreilige Schlüsse in der Taxonomie geäußert: Baer 1821b, dazu Riha/Schmuck 2011, 30-32. Auch in diesem Kommentar wurden bereits mehrfach Änderungen in der Einordnung von Arten erwähnt. Anfang des 19. Jahrhunderts waren die Wissenschaftler auf den Vergleich äußerer Merkmale angewiesen, der aber – wie schon BAER bemerkte – z.B. wegen Parallelen in Lebensraum und Lebensweise leicht in die Irre führen kann; heute erfolgt die Beurteilung von Verwandtschaftsverhältnissen (auch) mit molekulargenetischen Methoden: Nagel 2006.

Coenraad Jacob TEMMINCK
(1778-1858)

Temminck: Coenraad Jacob TEMMINCK (1778-1858) war Mitglied der Leopoldina und seit 1820 Direktor des Reichsmuseums für Naturgeschichte in Leiden. Er war u.a. Spezialist für Vögel, und von ihm stammen zahlreiche Erstbeschreibungen.

(160)

Alouette à hausse-col noir.   Alauda alpestris.
Linn.

Gorge , sourcils et espace derrière les yeux d'un jaune clair; petit trait au-dessus des yeux, moustaches et un large hausse-col sur le haut de la poitrine d'un noir profond: parties supérieures, haut de l'aile, et parties latérales de la poitrine d'un cendré rougeâtre: rémiges noirâtres, l'intérieure bordée de blanc: pennes latérales de la queue d'un noir profond, l'extérieure blanche en dehors; partie inférieure de la poitrine et flancs d'un fauve blanchâtre: ventre et abdomen blanc pur: bec et pieds noirs. Longueur 6 pouces 10 lignes. *Le mâle.*

La femelle a le front jaunâtre: du noir et du brun sur le haut de la tête: les parties noires avec de petits traits jaunâtres; le hausse col de la poitrine moins grand et les pennes noires de la queue terminées par une étroite bande blanchâtre.

Varie suivant l'âge, avec le noir des moustaches et du hausse col plus ou moins étendu: la jaune des sourcils et de la gorge plus ou moins vif et les pennes latérales de la queue d'un noir plus ou moins profond.

ALAUDA ALPESTRIS. Gmel. Syst. 1. p. 800. /p. 10. — Lath. Ind. v. 2. p. 498. /p. 21. — ALAUDA FLAVA. Gmel. Syst. 1. p. 800. /p. 32. — LE HAUSSE COL NOIR. Buff. Ois. v. 5. p. 55. — LA CEINTURE DE PRÊTRE. Id. v. 5. p. 61. et Pl. Enl. 650. f. 2. — SHORE LARK. Penn. Arct. zool. v. 2. p. 392. — Lath. Syn. v. 4. p. 385 et 387. — BERGLERCHE. Bechst. Naturg. deut. v. 3. p. 801. — Meijer, Taschenb. deut. v. 1. p. 265. — Frisch. t. 16. f. 1. a.

Remarque. Les individus tués en Amérique ne diffèrent point de ceux de l'Europe.

Alou-

(161)

Habite: et niche dans le nord de l'Europe , de l'Asie et de l'Amérique , seulement de passage dans quelques parties de l'Allemagne, jamais plus avant dans le midi; fréquente les plaines et les lieux humides.

Nourriture: insectes et semences des plantes alpestres.

Alouette des champs.   Alauda arvensis.   Linn.

Parties supérieures d'un gris roussâtre , chaque plume noirâtre dans son milieu ; les taches noires plus grandes sur le haut du dos et sur la tête: au-dessus des yeux une bande blanchâtre: joues d'un brun gris: pennes secondaires des ailes échancrées et terminées de blanc: gorge blanche: cou , poitrine et flancs teints du roussâtre; sur le centre de chaque plume une tache brune lancéolée; sur les flancs des lignes brunes qui suivent la direction de la baguette: milieu du ventre d'un blanc très légèrement teint de roussâtre: pennes latérales de la queue d'un brun noirâtre , sur l'extérieure une longue tache blanche conique , et la suivante blanche sur une grande partie de la barbe extérieure. Longueur 6 pouces 10 ou 11 lignes.

La femelle , a sur les couleurs du fond du plumage un plus grand nombre de taches , et celles-ci sont plus foncées sur le dos et sur la poitrine.

Varie accidentellement , du blanc au blanc jaunâtre; plus ou moins tapiré de blanc ou bien tout-une partie du plumage de cette couleur: souvent d'un brun sombre et rougeâtre , tirant plus ou moins sur le noir.

ALAUDA ARVENSIS. Gmel. Syst. 1. p. 791. /p. 1. — Lath. Ind. v. 2. p. 491. /p. 1. — L'ALOUETTE ORDINAIRE. Buff. Ois. v. 5. p. 1. t. 1. — Id. Pl. Enl. 363 f. 1. — Gérard. Tab. Elem. v. 1. p. 248. — SKY LARK. Lath. Syn. v. 4. p. 368. — Brit. zool. p 93. t. S. 2 f. 7. — FELDLERCHE. Bechst. Naturg. deut. v. 3. p. 755. —

L.   Mei-

Eintrag zu Berglerche und Feldlerche aus Temminck 1815, 160-161.

Brief 29
Baer an Nees, Königsberg, 16. April 18[25]

Nachweis: UB Gießen, Nachlass BAER, Bd. 25.
Seiten: 5 Seiten Text + 1 Seite Anschrift.
Format: 2 Blätter; 1. Bl. 42 x 24 cm, in der Mitte zu 4 Seiten gefaltet, 2. Bl. (halber
              Bogen) 21 x 24 cm.
Zustand: Auf Seite 2 einige größere Tintenflecke. Auf den Seiten 1 und 3 Randbe-
              merkungen, auf S. 1 von BAERs Hand. Auf S. 6 Bruchstücke vom erbro-
              chenen Siegel.
Anmerkung: Nach Diktat in lateinischer Schrift geschrieben. Zusätzlich (fehlerhafte)
              Abschrift vorhanden (z.b. falsch datiert auf 1819).

[S. 6 = Rückseite von S. 5, 2. Blatt]
An
den königlichen botanischen
Garten
in
Bonn
[Links unten daneben und etwas kleiner, möglicherweise von BAERs Hand:]
Zur Abgabe an Herrn
Prof Nees den Aelt[ere]n
[darunter größer:] Allg. U.S.
[Poststempel über der Adresse:]
Königsberg 22 Apr.

[S. 1]
                                                        den 16^n April Abends
Verehrter Freund

Meine Frau hatte sehr Unrecht, daß sie um mir eine Freude zu machen und
selbst daran Theil zu nehmen, mir Ihren Brief bis zum Abendessen aufgehoben hat. Da gingen mir nun beim Essen die schönsten Dinge durch den
Kopf, die ihr ergözlicher Brief in mir erweckt hatte und die ich Ihnen mittheilen wollte. Aber es ist jetzt alles fort und es ist mir nichts geblieben, als
ihr köstliches Bild von den Menschen mit den ernsthaften Gesichtern. Ja,
traun, solche gibt es, die nicht einsehen, daß das Heute bald ein Gestern
seyn wird, und daß wir alle nur die Stifte einer großen Mosaikarbeit sind,
die von einer 1000 und 100000jährigen Nachwelt nur aus großer Ferne an-
gesehen^a werden wird, die nicht nach den einzelnen Stiftchen sehen wird,
es sey denn daß sie etwas daran auszubessern fände. Sie begreifen nicht,

daß wir Einzelne[b] nur die Tropfen sind, die zwischen den Schaufeln am
Rade der Ewigkeit hingleiten – ob bewegend oder bewegt – wir wissens
selber nicht! Sie meinen vielmehr, sie säßen unmittelbar an diesem Rade
und drehten es mit ihrem Gewichte. Wahrlich man müsste von der Ge-
wichtigkeit dieser Herren erdrückt werden, wenn man ihrer Schwere nichts
entgegen setzen könnte! Mir gab die Mutter Natur eine Portion Ironie, die
wie das Phlogiston der Alten sich leicht über alles Schwere erhebt und
oben aufschwimmt. Ich habe oft Gelegenheit [S. 2 = Rückseite von S. 1] auch
in meiner Umgebung an diesem innern Schatze mich zu erquicken. So bin
ich hier Mitglied von dreien gelehrten Gesellschaften, von denen Sie vielleicht nichts gehört haben, von denen aber eine immer ernsthafter ist, als
die andere. Vor allen zeichnet sich die Königliche deutsche Gesellschaft
aus. Dieser würdige Verein arbeitet schon seit Jahren an der Frage: was er
für einen Zweck habe? kann aber zu keinem Resultate kommen. Ist das
nicht ächt deutsch? Doch um Gottes Willen nichts davon an Hüllmann!
Den mögte es schmerzlich anregen! Noch hängt im Locale der deutsche[n]
Gesellschaft eine schwarze Tafel, die Hüllmann hat machen lassen um
durch einen kurzen Denkspruch den Zweck der deutschen Gesellschaft
auszusprechen. Allein man konnte sich über die Inschrift nicht vereinigen
und sie hängt also noch ohne[c] Inschrift als Warnungstafel. Der neue Director hat vor wenigen Jahren die Gesellschaft dringend gebeten, sich zu be-
sinnen, ob sie denn keinen Zweck hätte, allein alles widersetzte sich –
Feindschaften gab es genug doch einen Zweck nicht. Ist das nicht köstliche
deutsche[d] Uneinigkeit? In diesem Sommer gedenke ich dem Spottvogel in
mir ein [S. 3] Mahl zu bereiten, auf[e] das ich mich unendlich freue. In mein
Decanat fällt nämlich das Doctor-Jubilaeum des alten Hagen. Nun müssen
Sie wissen, daß bei dem Namen Hagen sich ganz Preußen neigt[f], wie Mo-
ses vor der Flamme im Dornbusch. Er ist der Naturforscher κατ[g] εξοχην,
obgleich es notorisch ist, daß er nicht einen Schüler in der Naturgeschichte
gezogen hat. Die Apotheker mögen mehr gelernt haben, dennoch ist kein
Schriftsteller aus seiner vierzigjährigen Schule hervorgegangen. (Sein
Buch hat mehr gewirkt). Sonst aber las er Zoologie, Botanik, Mineralogie,
Chemie, Physik und Pharmacie. – Ich werde so viel Lärm schlagen, daß
Sie[h] es bis Bonn hören sollen. Das kann ich um so eher, da der Jubilar ein
so guter redlicher Alter ist, dass man ihn lieben muss. Habe ich doch schon
zwei lateinische Reden gehalten über die ehemaligen Naturforscher Preußens, ein[i] würdiges Seitenstück zu Stiefels Geschichte des Superintenden-
ten von Kuhschnappels (Vide Jean Paul's Siebenkäs.).

Doch von Friderici wollte ich schreiben. Das war der Zweck meines Briefes. Ihn zum Bestimmer in einer großen zoologischen Sammlung vorzuschlagen? Nein! damit würden[j] wir[k] wenig Ehre einlegen. Fr. ist nur gehörig bekannt mit specialibus, mit denen er sich grade besonders beschäftigt hat. Von Wirbelthieren kennt er nicht [S. 4 = Rückseite von S. 3] viel mehr als die Salamander – und es würde auch schwer halten, ihn in kurzer Zeit zuzustutzen. Vor Büchern hat er bisher eine wahre Scheu gehabt. Er kennt also auch die Quellen noch gar nicht, aus denen zu schöpfen ist und Französisch hat er erst in diesem Winter auf mein Antreiben zu lernen angefangen. Erst jetzt ließt er Bücher, um lehren zu können, was ihm unendlichen Spaß macht. Erst jetzt sammelt er Kenntniß von Species. Ja, gäbe es Infusorien zu bestimmen, da ware [!] Friderici schon ein ganz anderer Mann! Dennoch beharre ich in meinen guten Nachrichten von Friderici. Er wird dick und fett im Lehrfach und vor allen Dingen fröhlich – recht im innersten Herzen fröhlich – was ihm bei seiner gutmüthigen und redlichen Seele sehr wohl steht.[l] Die Kinder lieben ihn und man trägt an hiesigen Schulen ihm[m] mehr Stunden an, als er bestreiten kann. Ich amüsire mich dabei an manchem Mißgriff den er in seinem Eifer und in seiner Ansicht von Wissenschaftlichkeit macht. So liest er seinen 12jährigen Jungen ein wahres Collegium – und zwar die Thierreihe von unten anfang[end] (das Umgekehrte würde er für eine Sünde gegen die Wissenschaft halten) – und ist im ersten Semester nur bis an die Mollusken gekommen! Ich habe ihm manche Vorstellung über diese am unrechten Orte angebrachte Vollständigkeit gemacht[,] allein ich lasse ihn gewähren. Experientia docebit! Einem öffentlichen Examen in einer noch niedern Klasse von 8-9jährigen Kerlen, wo Friderici nur rhapsodisch erzählt, habe ich mit Vergnügen zugehört[n]. Sein[o] beßter Schüler ist er aber selbst, darum ist es ihm gut, er docirt noch einige Jahre fort. Jetzt zieht er leider weg von mir, weil [S. 5 = 2. Blatt, Vorderseite] er sich ein bildet, daß er nicht Licht genug hat um Infusorien zu beobachten, zu deren Erzeugung und Pflege er sich eine besondere Maschine erfunden hat.

Aber wenn man in Leiden einen Bestimmer braucht, und man auf meinen Vorschlag Gewicht legen will, so kann ich einen anderen nennen[p]. Er heißt Lietzau – war ehemaliger Compagnie-Chirurgus, ist jetzt Doctor und wünscht Privat-Docent zu werden – ein Mensch von vielem Fleiße, sehr treuem Gedächtniße – ein wahrer Bücherwurm und voll Eifer für die Naturgeschichte – im Französischen und Lateinischen gewandt genug – hat auch das Englische angefangen und wünscht nichts sehnlicher als fremde Länder zu sehen. Er ist Friderici in allen Dingen sehr[q] überlegen, ausge-

nommen in ganz feinen Zergliederungen. Größere Thiere aber zergliedert
er so gut wie ein anderer. Von Vögeln, Fischen etc kennt er zwar nicht allzu viel Arten – jedoch eine Anzahl – und er arbeitet sich in alles schnell
ein. Er hat jedoch nicht wie Friderici einige Vermögen, sondern müßte
<u>ganz</u> unterhalten werden. Jedoch hat er gelernt mit Wenigen auszukom-
men. Wollen Sie diesen vorschlagen, wenn Sie nicht einen bessern haben?
Wenn der Director des Leidener Museums es geduldig ansehn will, dass er
seine Sache im ersten halben Jahr mittelmässig macht, so bin ich überzeugt, dass er sie <u>nachher sehr</u> gut macht. Ich^r habe ihn zu allem brauchen
können. Nur mit Einem ist es mir unglücklich gegangen, mit dem Register
zu Cuviers vergleichender Anatomie, das von diesem Lietzau ist und von
Druckfehlern wimmelt. Diese Schuld liegt aber nur an Herrn <u>Kummer</u>^{s}.
Auf wie lange soll das Engagement währen? Gern hörte ich recht bald etwas über die Wahrscheinlichkeit der Berücksichtigung meiner Propositionen.

Vergessen Sie den Artedi II^t nicht. Das ist auch ein Mann mit ernsthaf-
tem Gesichte – aber grade deshalb empfehle ich ihn. Als er zuerst etwas
hatte drucken lassen, schrieb ich ihm: ich reichte ihm die Hand über das
frische Haff“^{u}. Darüber hat er sich so entsetzt, daß er sich erkundigt hat, ob
ich auch wohl ein reeller Mensch sey? Sie geben mir doch das Zeugniß,
daß ich es bin.

Ihr Baer

[Auf dem linken Rand von S. 1 von BAERs Hand nachgetragen:]

P.S. Für die versprochene Übersendung der Acta dank ich sehr. Den 9^t Bd
werde ich mir verschreiben

B.

Anmerkungen: ^{a} – geändert aus „gesehen“; ^{b} – geändert aus „einzelne“; ^{c} – geändert
aus „so“; ^{d} – aus „deutche“ korrigiert; ^{e} – geändert aus „an“; ^{f} – Wortanfang aus „ver“
geändert; ^{g} – „κατ“ aus „καδ“ geändert; ^{h} – geändert aus „sie“; ^{i} – geändert aus „eine“;
^{j} – geändert aus „würde“; ^{k} – „wir“ nachträglich eingefügt; ^{l} – An dieser Stelle mit Asterisk *) Nachtrag am linken Rand eingefügt: „Früher war er melancholisch, wie etwas
das keinen Zweck hat z. B. die Deutsche Gesellschaft.“ ^{m} – „ihm“ nachträglich eingefügt; ^{n} – geändert aus „angehört“; ^{o} – davor „Wenn“ gestrichen; ^{p} – Wortanfang geändert; ^{q} – „sehr“ nachträglich eingefügt; ^{r} – davor „Auf wie lange“ gestrichen; ^{s} – Name
korrigiert; ^{t} – „II“ geändert aus „Nr“; ^{u} – Der Beginn der Anführung zur wörtlichen
Rede fehlt; gehört wohl vor „ich“.

Kommentar:

Prof Nees den Aeltn: NEES' jüngerer Bruder Theodor Friedrich Ludwig arbeitete damals als Inspektor des botanischen Gartens in Bonn und war seit 1822 außerordentlicher Professor für Pharmazie. Eine Verwechslung der beiden namensgleichen Personen wäre deshalb leicht möglich gewesen.

Ihren Brief: Gemeint ist Brief 28 vom 06.04.1825.

traun: „fürwahr".

eine Portion Ironie: Eine sehr richtige Selbsteinschätzung BAERs; dadurch sind seine Briefe bzw. die privaten Äußerungen – etwa in der Autobiographie – so attraktiv zu lesen, und durch diese Gemeinsamkeit erklärt sich wohl auch seine Vorliebe für JEAN PAUL (s.u. und schon Brief 23).

Phlogiston der Alten: von griech φλογιστός = „verbrannt". Schon PLINIUS hatte eine Art Feuermaterie angenommen, um die Brennbarkeit von Stoffen zu erklären. Von größerer Bedeutung wurde die Phlogistontheorie jedoch in der frühen Chemie des 17. und 18. Jahrhunderts, hauptsächlich basierend auf den Theorien von Johann Joachim BECHER (1635-1682; ADB 2 [1875], 201-203) und besonders von Georg Ernst STAHL (1659-1734; ADB 35 [1893], 780-786): Das „Phlogiston" sei ein Stoff, der allen brennbaren Körpern beim Verbrennungsvorgang entweiche (beim Alchemisten BECHER noch *terra pinguis* genannt) und bei Erwärmen in sie eindringe. Aufgrund der Widerlegung dieser Theorie durch die Beschreibung der Oxidation (1774) gilt Antoine Laurent LAVOISIER (1743-1794) als Begründer der modernen Chemie.

Mitglied von dreien gelehrten Gesellschaften: Gemeint sind die Königliche Deutsche Gesellschaft zu Königsberg, die Königliche Physikalisch-Ökonomische Gesellschaft zu Königsberg und die Medizinische Gesellschaft zu Königsberg. In den Jahren 1820 bis 1825 hielt BAER in diesen Gesellschaften eine ganze Reihe von Vorträgen, dazu Stieda 1878, 46, 54, 50, 66, 67, 86-87, und Raikov 1968, 52-68. In diesen Reden erprobte bzw. diskutierte BAER bisweilen Hypothesen, die er in seinen wissenschaftlichen Veröffentlichungen dezidiert zurückwies, so z.B. *Entwickelung des allgemeinen Volkslebens und Lebens der Menschheit verglichen mit individueller Metamorphose in der medicinischen Gesellschaft 1820 gelesen. nachher mit umgeänderter Einleitung in d[er] deutschen Gesellschaft gelesen*, Manuskript, Baer-Nachlass Gießen, 2. Teil, Bd. 21; Teilabdruck und kritische Analyse bei Schmuck 2009, 201-206. Einige Reden wurden auch gedruckt, so beispielsweise Baer 1834, zur Problematik Riha/Schmuck 2011, 65-78. Als Präsident der Physikalisch-Ökonomischen Gesellschaft gab BAER in gleichen Jahr (kurz vor seinem Weggang aus Königsberg) einen mit einem Vorwort versehenen Sammelband der in den öffentlichen Sitzungen der Gesellschaft gehaltenen Vorträge heraus: *Vorträge aus dem Gebiete der Naturwissenschaften und der Ökonomie gehalten vor einem Kreise gebildeter Zuhörer in der Physikalisch-Ökonomischen Gesellschaft zu Königsberg*. Königsberg 1834. BAER äußert sich in seiner Autobiographie unbehaglich über die populäre Darstellung von Wissenschaft in solchem Rahmen von „Unterhaltung", die zu Oberflächlichkeit verführt (Baer 1866, 244, 292, 404).

Hüllmann: Der Historiker Karl Dietrich HÜLLMANN war zwischen 1808 und 1818 in Königsberg tätig gewesen und wechselte dann als Gründungsrektor nach Bonn, wo er zur Zeit des Briefes den Lehrstuhl für Geschichte innehatte.

Zweck der deutschen Gesellschaft: Dazu auch Baer 1866, 244: „... die Deutsche Gesellschaft kam sehr in Verlegenheit, wenn man nach ihrem Zweck fragte. Den wusste Niemand anzugeben. Auf eine solche Frage hörte man, Gottsched habe sie veranlasst, und jetzt gehe sie fort. Man kam zusammen, ein Mitglied trug etwas vor und die andern hörten zu [...] Später hat sie durch Schubert eine mehr entschieden historische Richtung erhalten."

Doctor-Jubilaeum des alten Hagen: Der hochbetagte Pharmazeut Karl Gottfried HAGEN (1749-1829) hatte ab 1807 als Prof. für Chemie, Physik und Naturgeschichte an der philosophischen Fakultät in Königsberg gewirkt, war aber ursprünglich in der Medizin promoviert worden und dort tätig gewesen. BAER ehrte als Dekan der Med. Fakultät HAGEN zu dessen 50-jährigem Doktor-Jubiläum mit einer feierlichen Veranstaltung (die vermutlich mit „Lärm schlagen" gemeint ist, s. u.); der Einladung fügte BAER interessanterweise die Beschreibung einer (vermeintlich) neuen Miesmuschelart bei, um den Jubilar mit entsprechender Widmung (er vergab die Bezeichnung *Mytilus Hagenii*) zu ehren (Baer 1825a, dazu Baer 1866, 446).

Flamme im Dornbusch: Moses 2 (Exodus), 3. Kap.

κατ εξοχην: „schlechthin", entsprechend frz. „par excellence".

nicht einen Schüler/kein Schriftsteller: Bezogen auf die spätere Besetzung von Professuren. Hörer hatte HAGEN jedoch auch in hohem Alter: Immerhin hatte z.B. der nachmalige engagierte Demokrat Johann JACOBY (1805-1877) bei HAGEN noch Physik und Chemie und bei BAER u.a. medizinische Propädeutik, Zoologie und Tieranatomie gehört, vgl. zu ihm ADB 13 (1881), 620-631; NDB 10 (1974), 254-255; Silberner 1976, 22; Weber 1988. HAGENs *Grundsätze der Chemie* von 1786 charakterisierte KANT, zu dessen Tischgesellschaft HAGEN zählte, als ein logisches Meisterstück.

Die Apotheker mögen mehr gelernt haben/sein Buch: Gemeint ist sicher das als HAGENs Hauptwerk geltende, zwischen 1778 und 1829 in acht jeweils verbesserten Auflagen erschienene und in fremde Sprachen übersetzte *Lehrbuch der Apothekerkunst* (Hagen 1778).

ein so guter redlicher Alter ...: BAER verkehrte freundschaftlich mit HAGEN, der ihm liebenswürdigerweise bei Bedarf mit seiner Privatbibliothek aushalf, weil die Buchbestände der Universität mehr als unvollständig waren und BAER sich teure Anschaffungen nicht ohne weiteres leisten konnte (deshalb auch seine Bitte um Freiexemplare der *Nova Acta*): Baer 1866, 257-259.

Titelblatt zur 2. Aufl. (1781) von Hagen 1778

zwei lateinische Reden: In der Bibliographie der Schriften BAERs sowie in der Darstellung bei Raikov 1968 finden sich dazu keine Angaben. In der Autobiographie äußert sich BAER auch nicht dazu; gedruckt wurden sie jedenfalls nicht.

Vide: „siehe".

Stiefels Geschichte ... Siebenkäs: Jean Paul 1796-97. Schulrat STIEFEL kommt gleich zu Beginn als Beschützer von SIEBENKÄS' Braut Lenette vor, der diese auf der Reise von Augsburg begleitet hat, und er bleibt auch ein häufiger Gast, der langsam das Herz der Ehefrau gewinnt und sie nach SIEBENKÄS' vermeintlichem Tod heiratet. Worauf BAER anspielt, lässt sich nicht sicher eruieren; eine denkbare Anekdote, in der die vordergründig-naive Nutzanwendung von „Wissenschaft" aufs Korn genommen wird, ist die falsche Ankündigung eines Erdbebens seitens des Generalsuperintendenten Ziehen – der lokalen Institution von Wissenschaft schlechthin –, der für den 11. Februar 1786 den Untergang von Kuhschnappel prophezeit hatte (Jean Paul 1796-97, 338), was wiederum Lenette zu einer Versöhnung mit ihrem Gatten veranlasst (ebd., 349), dazu Ring 2005, 41-42.

Friderici: NEES' ehemaliger Student, den er zum Vorschlag für die in Brief 28 erwähnte Stelle in Leiden in Erwägung gezogen hat.

specialibus: „speziellen Dingen".

Salamander: FRIDERICI hatte sich bereits in Bonn mit der Anatomie von Amphibien beschäftigt, vgl. Brief 21.

Infusorien: wörtlich „Aufgusstierchen"; Kleinstlebewesen (z.B. Bakterien, Amöben, Flagellaten usw.), die in stehenden Gewässern massenhaft vorkommen und unter dem Mikroskop gut erkennbar sind; im 19. Jahrhundert als „Ordnung" innerhalb des Tierreichs geführt.

Mollusken: Tierstamm der Weichtiere mit vielen Arten und Formen, teilweise mit Schalen, z.B. Muscheln und Schnecken.

Vorstellung: i.S.v. „Vorhaltung".

Experientia docebit: „Die Erfahrung wird [ihn] lehren".

rhapsodisch: „bruchstückhaft", „auszugsweise".

Lietzau: Friedrich Otto LIETZAU (1799-?). Wurde 1825, kurz vor diesem Brief, mit der unter BAERs Aufsicht verfassten teratologischen Dissertation *Historia trium monstrorum* zum Doktor der Medizin und Chirurgie promoviert (Baer 1866, 287); in der Königsberger Univ.-Matrikel ist er jedoch nicht aufgeführt, er hat also vermutlich anderswo studiert. Seine Habilitationspläne scheinen sich zerschlagen zu haben.

Georges CUVIER (1769-1832) bei der Zusammenstellung der Belege für sein Werk über fossile Knochen. Postkarte [Druck n. Gemälde]

der Director des Leidener Museums: zu Coenraad Jacob TEMMINCK vgl. Brief 28.

Register zu Cuviers vergleichender Anatomie: Lietzau 1824, 141 Seiten, 10 Tabellen. Das Register zur deutschen Übersetzung der monumentalen *Leçons d'anatomie comparée* des berühmten Pariser Anatomen und Paläontologen Georges CUVIER (1769-1832) (Cuvier 1809-1810 zu Cuvier 1801-1803) entstand unter BAERs Anleitung, bei dem LIETZAU als Student wohnte (Baer 1866, 505). BAER schrieb hierzu ein Vorwort, es umfasst die Seiten III-VI (vgl. Raikov 1968, 431).

an Herrn Kummer: BAER berichtet darüber – noch nach Jahrzehnten aufgebracht – in seiner Autobiographie (Baer 1866, 505; vgl. dazu auch Raikov 1968, 431). Im Leipziger Verlag des renommierten Buchhändlers Paul Gotthelf KUMMER (1750-1835) sind Übersetzung (Cuvier 1809-1810) und Registerband (Lietzau 1824) erschienen. Der Satz wurde nicht hinreichend korrigiert, obwohl KUMMER für seine Zuverlässigkeit bekannt war.

Propositionen: „Vorschläge". Der stets lösungsorientierte BAER unterbreitete in vielen Funktionen – offiziell und privat – gern praktische Lösungsvorschläge, vgl. z.B. Baer 1866, 372-373, 418, 509-510, allein zur Verbesserung des Schulsystems ebd., 53-106; vgl. auch die Literaturhinweise in seiner *Empfehlung zoologischer Werke für Schulen und für das Selbst-Studium* (Preussische Provinzialblätter 11 [1834], 113-130).

Artedi II: Der Schwede Peter ARTEDI (1705-1735) verfasste grundlegende Werke über Fische (*Ichthyologie; Bibliotheca Ichtyologica; Philosophia Ichthyologica; Genera piscium* u.a.), die erst 1738 postum veröffentlicht werden konnten. Der noch lebende „zweite Artedi", von dem diese Anekdote handelt, könnte der Däne Morten Thrane BRÜNNICH (1737-1827) sein. Er war jedoch zur Zeit der Kontaktaufnahme bereits hochbetagt, aber eben durch allgemeines Interesse für Zoologie und speziell für Ornithologie sowie auch als Verfasser einer *Ichthyologia Massiliensis* (Leipzig 1768) ausgewiesen. Er würde eine Kontaktaufnahme des wesentlich jüngeren BAER sicher als befremdlich empfunden haben. Da er jedoch nicht mehr publizierte, meint BAER mit größerer Wahrscheinlichkeit den schwedischen Botaniker Carl Adolph AGARDH (1785-1859), der 1819 Leopoldina-Mitglied geworden war und mehrfach in den *Nova Acta* veröffentlichte. Er passt auch vom Alter her und als Landsmann besser zu ARTEDI, und seine damals neben der Professur in Stockholm ausgeübte Funktion als Pfarrer im St. Peterskloster in Lund stimmt zu der „Ernsthaftigkeit" seines Wesens. Als Cognomen in der Leopoldina kommt „Artedi II" hier nicht infrage, „Artedi" wurde nur einmal (1836) vergeben.

das frische Haff: Durch die 70 km lange Landzunge der „Frischen Nehrung" von der Ostsee (Danziger Bucht) getrennt. Am nordöstlichen Ufer liegt Königsberg.

mir verschreiben: Sowohl „mir verordnen" [in ironischer Anspielung auf Medizin] als auch „mir zum Erwerb notieren". Die gegenteilige mittelhochdeutsche Bedeutung „mir versagen" war allerdings immer noch in Gebrauch und könnte daher grundsätzlich auch gemeint sein: Grimmsches Wörterbuch Bd. 25, Sp. 1153-1164.

Brief 30
Nees an Baer, Bonn, 12. Juli 1825

Nachweis: UB Gießen, Nachlass BAER, Bd. 16.
Seiten: 1 Seite, ohne Anschrift.
Format: 1 Blatt, ca. 21 x 25,5 cm.
Zustand: Stempel „Bibliothek der Ludwigs-Universität Gießen" neben der Anrede;
                oberes Drittel der Textseite frei; Schrift flüchtig mit vielen (hier aufgelös-
                ten) Abbreviaturen.

Juli 1825[a]

Lieber Freund!

Sie erhalten hier die 2e Abth. unseres 12n. Bandes, damit Gruß und
Freundschaft. Die Adreße stellt alles übrige zu Ihren Diensten.
Grüßen Sie freundlichst unsern Friderici, und danken Sie ihm für seinen
lieben Brief. Jetzt, wo ich zahllose Versendungsbriefe schreiben muß, ver-
zeihen wohl zuerst die Freunde eine Kürze, welche bei Andern die Form
nicht zulaßen würde. Ist doch Alles sehr herzlich und gut gemeint.
Ich grüße die Ihrigen, Gruß und Kuß den Pathen. Die Meinigen stimmen
mit ein.
Die Aussicht[b] in Holland ist verschwunden. Hagenbachs Frage war zu
voreilig.
Treulichst
Ihr

Nees v E
Bonn den 12 Jul. 25.

Anmerkungen: [a] – Vermerk von unbekannter Hand, wie Brief 18, 21, 24, 25, 26 und
27; [b] – An dieser Stelle „für unsern Freund" mit ⌐ rechts neben dem Absendeort
„Bonn" nachträglich eingefügt.

Kommentar:

2e Abth. unseres 12n. Bandes: Nova Acta XII [Bonn] (1825) Pars II (N.F., 4. Bd., 2.
Abt.).

unsern Friderici: FRIEDERICI fühlte sich über die Jahre hinweg NEES eng verbunden,
so schreibt er noch am 15.07.1827: „Ich kann mich an Bonn, einen mir für mein
ganzes Leben so unendlich wichtigen Ort, nicht erinnern, ohne besonders Ihrer und
des Herrn Professor Goldfuss mit einiger Liebe und Verehrung zu gedenken [...]
eigenthümliche Zuneigung, wie sie etwa der Sohn für den Vater empfinden mag,
die mich an Sie Beide kettet" (Leopoldina-Archiv 105/1/1, o. Fol.). In BAERs Nach-

lass findet sich auch ein (undatierter) Brief eines W. FRIEDERICI, Lehrer in Königsberg.

zahllose Versendungsbriefe: Begleitbriefe für den neu erschienenen Band der *Nova Acta*.

den Pathen: Vgl. Brief 26; NEES war Pate von BAERs zweitältestem Sohn Karl. Der Plural ist vielleicht nur ein Versehen aufgrund der Eile, denn von einer weiteren Patenschaft ist nichts bekannt.

Die Aussicht in Holland: Vgl. Brief 28. Die Stelle im Reichsmuseum für Naturgeschichte in Leiden war bereits im Juni 1825 – also kurz vor diesem Brief – mit Hermann SCHLEGEL (1804-1884) besetzt worden, der seine zoologischen Kenntnisse im Naturhistorischen Museum in Wien erworben hatte und zunächst als Präparator eingestellt wurde. Dort machte er sich als Ornithologe einen Namen und wurde schließlich 1858 Nachfolger TEMMINCKs.

Hagenbachs Frage: Vgl. Brief 28. Der Plan HAGENBACHs, an der Expedition nach Java teilzunehmen, hatte sich zerschlagen, da er „aus Besorgnis, durch eine sehr gefahrvolle Reise den Seinigen auf immer entzogen zu werden, in Leyden zu bleiben vorzog." (*Neuer Nekrolog der Deutschen* 3 [1825] 2, 1511). HAGENBACH verstarb wenige Wochen danach nach kurzer Krankheit. NEES stand primär mit seinem Vater in Verbindung, bei dem NEES' Bruder in die Apothekerlehre gegangen war: Karl Friedrich HAGENBACH (1771-1849) war ein botanisch versierter Mediziner und Apotheker, der 1818 seine universitäre Tätigkeit aufgegeben hatte. Er war überwiegend in seiner Offizin und in eigener Praxis in Basel und Arlesheim tätig und 1820 Leopoldina-Mitglied geworden. NEES hatte 1821 den ersten Band von HAGENBACHs *Tentamen Florae Basileensis* (1821-1834) in der *Flora* Jg. 4 [Regensburg] (1821), 1. Bd., Nr. 14 vom 14.04, 209-219, und 2. Bd., Nr. 39 vom 21.10., 618-620, anerkennend rezensiert. Außer Johann Jakob studierte auch dessen Bruder, der spätere Theologe Karl Rudolf HAGENBACH (1801-1874), u.a. in Bonn (http://www.hls-dhs-dss.ch/textes/d/D10655.php, 09.10.2012). An diesen richtet sich (wohl deshalb) ein in Basel erhaltener Kondolenzbrief von NEES vom 16.09.1825: „Mit tiefem Leidwesen habe ich mit den Meinigen den frühen Todt unseres jungen Freundes, Ihres Bruders, vernommen, und wenn ich gleich, meiner Seits, nach unserer letzten traurigen Begegnung auf seiner Reise durch Bonn diesen Schlag als unvermeidlich voraussehen mußte, so muß ich doch bekennen, daß ich mich durch die bestimmte Nachricht von seinem Hinscheiden so überrascht und erschreckt fühlte, als sey sie mir ganz unerwartet gekommen […] Als er mich hier verließ, um nach Holland zu gehen, schien er völlig gesund; sein Aussehen war gut, er hatte große Ausdauer." (Staatsarchiv Basel-Stadt, PA 838a D 292 [1]).

Brief 31
Nees an Baer, Bonn, 22. Juli 1825

Nachweis: UB Gießen, Nachlass BAER, Bd. 16.
Seiten: 2 Seiten, ohne Anschrift.
Format: 1 Blatt, ca. 21 x 25 cm.
Zustand: Stempel „Bibliothek der Ludwigs-Universität Gießen" auf S. 1.

[S. 1]
                                                          Juli 1825ª

Hier, lieber Freund, erhalten Sie Ihre Abhandlung über Aspido-Gaster, V.
2., zurück, woraus Sie denn auch die glückliche Ankunft Ihrer Tafel zu den
Planarien entnehmen können. Dank für Ihre fruchtbare Theilnahme an unsern Acten! Es soll alles so gut wie möglich im Stich ausgeführt werden.
    Glauben Sie ja nicht, daß ich gleichgültig gegen längre Briefe von Ihnen
bin, wenn ich einmal nur in aller Kürze darauf antworte. Ich muß zu viele
Briefe schreiben, um die rechte Laune zum Briefschreiben aufrecht zu erhalten. Muß ich nun zur Stunde, wo diese fehlt, in Geschäften die Feder
führen, so kommen die nöthigen Worte kärglich herbei und ich sage mir,
daß doch nichts herauskomme; bleibe beim Geschäft und schließe mit einem leisen Seufzerlein.
    Jetzt besonders, wo ich die Acta versenden muß, drängen sich die Briefe
in Schaaren und darunter sind manche, die schöner u. umsichtiger geschrieben seŷn sollten, als ich eigentlich vermag.
    Über die schwindende Aussicht auf die bewußte Stelle in L. für unsern
Freund habe ich Ihnen in der kurzen Beylage zu dem Bande, den Sie erhalten haben werden, schon geschrieben.
    Möge doch unsern Acten noch ein kleiner Gewinn an Abnehmern zu-
wachsen! Ich hatte die Berechnung auf 150 Ex., wahrlich billig genug, gemacht, und nun sind's kaum 100., so daß die Buchhandlung anfängt, die
Mehrzahl vonᵇ [S. 2 = Rückseite] 50. Exempl. nicht mehr saldiren zu wollen,
was ein übles Deficit in die Einnahmen bringen würde.
    Von ganzem Herzen, unter Grüßen an Frau, Kinder und Pathen
                                Ihr
                                         Nees v Esenbeck
Bonn den 22. Jul. 25.

Anmerkungen: ª – Vermerk von unbekannter Hand, wie Brief 18, 21, 24, 25, 26, 27
und 30; ᵇ – „von" über gestrichenes „nicht" geschrieben.

Kommentar:

Ihre Abhandlung über Aspidogaster: BAERs Arbeit *Aspidogaster conchicola, ein Schmarotzer der Süßwassermuscheln* ist der I. Teil seiner 7-teiligen *Beiträge zur Kenntniss der niedern Thiere,* die vollständig in der 2. Abt. des XIII. Bandes (1827) der *Nova Acta* erschienen (vgl. Brief 26): Baer 1827a, 523-557. BAER hat sich bereits in Brief 23 auf diese Erstbeschreibung bezogen.

Tafel zu den Planarien: Der Parasit gehört zur Klasse der *Trematoden,* die oft allgemeinsprachlich als „Plattwürmer" bezeichnet werden, deshalb hier bei NEES „Planarien". Gemeint dürfte aber die zu diesem Teil gehörige Tafel XXVIII sein. Die zur Abteilung VI. *Über Planarien* gehörende Abbildung ist Tafel XXXIII (s.u. S. 193).

Aspidogaster conchicola. Baer 1827a, Tafel XXVIII

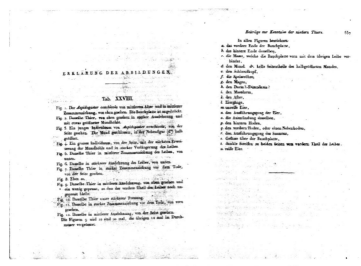

Erläuterungen zu Tafel XXVIII aus Baer 1827a

Briefe in Schaaren ... schöner und umsichtiger: NEES betrieb mit diesen Begleitschreiben zu den *Nova Acta* intensive Kontaktpflege. Die Begleitbriefe, die als De-
dikationsexemplare an bedeutende Personen und Gönner verschickt wurden, waren
hinsichtlich der künftigen Förderung der Bände, aber auch der Akademie insgesamt
wichtig.

Stelle in L.: Zur inzwischen besetzten Zoologen-Stelle in Leiden vgl. Brief 28 und 30
(letzterer ist die genannte „kurze Beylage").

für unsern Freund: NEES scheint – wie auch in Brief 30 – trotz BAERs Bedenken
(Brief 29) seinen Favoriten FRIDERICI zu meinen (vgl. Brief 28), denn der von BAER
vorgeschlagene LIETZAU dürfte ihm persönlich unbekannt gewesen sein.

150 Ex. ... Deficit: Zur Finanzierung der *Nova Acta* als Dauerproblem vgl. auch Röther 2009, 48-50, sowie den gesamten Briefwechsel NEES/ALTENSTEIN, passim.
Weiteres auch in Brief 32.

Mehrzahl: i.S.v. „Überzahl", „Überschuss".

saldiren: Hier: „bei der Ermittlung des Kontostands als Wert einbeziehen". Die über-
zähligen Exemplare hätten dann einen Buchwert Null und würden einerseits nicht
zum Einkaufspreis bezahlt (das wäre ein zu großes unternehmerisches Risiko) und
andererseits auch aus dem Verkaufsangebot genommen, müssten also von der Leopoldina verschenkt werden und brächten so der Akademie keine Einnahmen mehr.
Der Absatz von 150 Exemplaren war zum Ausgleich der Produktionskosten berechnet. Rund 1500 Talern Druckkosten standen nur etwas über 300 Taler Einnahmen
gegenüber, so z.B. Nees/Altenstein 2008, 28 (Kommentar zu Nr. 3001 vom
01.01.1827).

Brief 32
Nees an Baer, Bonn, 25. Januar 1826

Nachweis: UB Gießen, Nachlass BAER, Bd. 16.
Seiten: 3 Seiten + Anschrift auf der Rückseite von S. 3.
Format: 1 Blatt, ca. 42 x 25 cm, in der Mitte gefaltet zu 4 Seiten.
Zustand: Stempel „Bibliothek der Ludwigs-Universität Gießen" auf S. 1; sehr gleich-
           mäßiges Schriftbild; leichte Einrisse am rechten unteren Eck des Blatts;
           Siegelreste auf S. 4.

[S. 4 = Rückseite von S. 3, quer geschrieben:]
Herrn Professor D^r. Herrn von Baer,
Hochwohlgebohrn
zu
Konigsberg [!]
Preußen
[Links neben der Anschrift:]
Allgem. Univ.
Sachen. Bot. Garten.
N° 20.54.
[über dem Namen Poststempel, rund:]
BONN 26/1

[S. 1]
                                                                          Jan 1826^a
Lieber Freund!
Ich reiße mich vom Krankenbett meiner Frau und meiner Emmi los, um
Ihnen mit 2. Worten den Empfang Ihrer werthen Abhdl. und Ihres freundl.
Briefs vom letzten des vorigen Jahrs zu melden, auch alles Gute, wün-
schend, beÿzufügen.
    Daß Sie noch keine Correctur erhielten hat seinen Grund in unserm ge-
meinschaftl. Wunsch, die Abhdl. beisammen zu laßen. Wie ich nemlich
von Bd XI. an die Acta anlegte, war auf einen Absatz von etwa 150. Ex.
und deren Erlös gerechnet; der Buchh[än]dler selbst glaubte daran, und
versprach soviel auf feste Rechnung zu nehmen. Aber der Calcul hatte ge-
täuscht: was der Akademie Ehre, die höchste Ehre, bringt, daß die würdigs-
ten Gelehrten, die das Buch brauchen und zum Theil kaufen würden, vorziehen, es durch Mitarbeiten zu erwerben, ist gerade ein Grund des geringen Absatzes, der noch nicht auf 100. steigt. Ich muß also auf den Aufwand des 10^n. Bandes (höchstens) herunter, u. da für die 1^e. Abth. des 13.
Bdes schon mehreres gearbeitet und bezalt war, Ihre Abh[an]dlungen auf

die 2e. desselben Bandes, die aber auch noch in diesem Jahr erscheint, hinausschieben. Mißdeuten Sie das nicht und stehen Sie mir durch [S. 2 = Rückseite von S. 1] Ihre Zustimmung hiezu bei. Ich habe nie sosehr Ursache gehabt, die Hülfe und das Vertrauen der Mitarbeiter in Anspruch zu nehmen, als jetzt, und ich hoffe, zu beweisen, daß ichs verdiene. Auf Sie rechne ich fest. Ich habe dem Ministerio alles vorgelegt u die Zusicherung erhalten, daß man suchen wolle, die Herausgabe der Acta in ihrer jetzigen, ja noch in beßrer Form, von geringerem Interesse des Absatzes unabhängig zu machen. Meine Aufgabe ist also, bis zu diesem Ziel hin nichts sinken zu lassen, Treffliches zu liefern, und nur an der Zahl der Tafeln und an dem Umfang der Bände, bei dem gleichen, ohnehin ganz unverhältnißmäßig niedrem Preiße, lavirend zu sparen. Auch das ist, bei dem schönen Vorrath, hart, und oft um so schwerer, da ich nicht mit Allen, wie mit Ihnen, offen von der Sache reden darf. Behalten Sie's ganz für sich!

Schicken Sie mir Ihre Fortsetzung doch sobald wie möglich. Ich liebe, Alles beisammen zu haben; wohl habe ich soweit hineingesehen, daß ich weiß, warum die Abhdl. zusammen bleiben müßen. In der Abth., worin sie anheben, kommen noch sonst einig[e] zoologische und zootomische Beyträge, z.B. von Rapp über Doris var. Die erste Abth.^{b} enthält viel^c Botanik, weil die 2e. des 12n. Bdes wenig hatte.

Eysenhardts Todt hat mich doch überrascht, ob ich gleich hier Alles für ihn fürchtete und ihn mündlich, wie nochmals schriftlich, [S. 3] warnend aufforderte, bei dem ersten Ansatz zum Erkranken von K. zu fliehen. — Schreiben Sie seine kurze Biographie für die 2e. Abth. des 13. Bdes, die die Vorrede enthält.

Herzlichst grüße ich und wünsche, daß Gott Sie fröhlicher möge^d das neue Jahr haben anheben lassen, als mich. Meine Frau hatte ein heftiges katarrhalisch-gastrisches Fieber, und meine 2e. Tochter, Emmi, lag noch schlimmer, beide zu gleicher Zeit. Sie fangen an, sich zur Hoffnung zu bessern, und so ergriff ich die Feder.

Gott mit Ihnen und den Ihren.

Ihr

Nees v. E.

Bonn den 25. Jan. 26.

Anmerkungen: ^{a} – Vermerk von unbekannter Hand, wie Brief 31; ^{b} – „Abth." nachträglich eingefügt; ^{c} – „viel" nachträglich eingefügt; ^{d} – aus „möger" geändert.

Kommentar:

vom Krankenbett: Weiteres dazu am Ende des Briefes.

meiner Emmi: NEES' Tochter Emilie Elisabetha Franziska war am 13.10.1816 in Sickershausen zur Welt gekommen, vgl. Brief 17.

Ihrer werthen Abhdl.: Ein weiteres Teilstück von Baer 1827a nach Abschnitt I (Brief 31), denn unten ist von einer „Fortsetzung" die Rede.

Ihres freundl. Briefs: Brief nicht erhalten. BAER hat darin offenbar nach den Korrekturbogen zu dieser Abhandlung gefragt.

Absatz von etwa 150. Ex. …: Vgl. schon Brief 31. Zwischen NEES und den Ministern ALTENSTEIN und (bis 1822) HARDENBERG gab es umfangreiche, langwierige und letztlich unbefriedigende Verhandlungen über die Finanzierung der *Nova Acta*, die ein Zuschussgeschäft blieb; vgl. Nees/Altenstein 2008, 2009a und 2009b, im zusammenfassenden Überblick Röther 2009, 48-50.

der Buchh[än]*dler*: Der Bonner Verleger Eduard WEBER.

der Calcul: „die Kalkulation".

durch Mitarbeiten zu erwerben: Dies trifft auch für BAER zu, vgl. Brief 23 und 24. Vgl. auch den Brief von NEES an ALTENSTEIN vom 24.07.1825: „Leider stellt sich weder der Absatz dieses letztgenannten Werks, noch der der *Acta* ganz so, wie ich gehofft hatte, u. zwar trägt an Letzterem, (dem geringen Erlös aus den *Acta*) hauptsächlich der Umstand Schuld, daß jeder Mitarbeiter ein Exemplar des Bandes, in welchem seine Abhandlung steht, als Honorar erhält; daher denn viele Gelehrte sich beeifern, die Bände zu verdienen u. so den Zweck, aber nicht den Absatz fördern. Überhaupt glaube ich zu bemerken, daß das Bücherkaufen unter den Amtsgenossen immer seltner wird. Dennoch verzweifle ich nicht, an einer künftigen Erhöhung des Absatzes, da ich gewisse Reactionen wohl kenne und gut weiß, daß sie nicht aushalten, wenn man sich nur nicht dadurch irre machen lässt" (GStA PK, I. HA, Rep. 76 Kultusministerium Vf, Lit. E, Nr. 1a, fol. 178-181).

noch in diesem Jahr: Schon wenige Monate später war klar, dass sich das Erscheinen von Vol. XIII, P. II, mindestens ins Frühjahr 1827 verzögern würde (vgl. Brief 33). Es wurde jedoch sogar Spätherbst: Nees/Altenstein 2008, Nr. 3029 v. 22.12.1827.

dem Ministerio alles vorgelegt … Zusicherung: Die amtliche Korrespondenz dieser Jahre ist noch nicht erschienen: Nees/Altenstein 20?? [1822-1826]. Eine solche umfassende Aufstellung scheint im Januar vorläufig noch NEES' Absicht gewesen zu sein, denn zur Umsetzung erst Brief 34 (mit entsprechenden Nachweisen im Kommentar dort). Eine „Zusicherung" enthält aber der Brief ALTENSTEINs vom 09.01.1826 (Leopoldina-Archiv 30/1/2, o. Fol.).

bei dem gleichen … niedrem Preiße: Der Ladenpreis eines Bandes der *Nova Acta* betrug acht Taler, von denen vier an die Leopoldina zurückflossen: Brief NEES an ALTENSTEIN vom 5. Juni 1834 (Nees/Altenstein 2009b, Nr. 4041, 80-81). Für eine Kostendeckung wäre mindestens das Dopppelte erforderlich gewesen, was sich aber definitiv niemand hätte leisten können.

lavirend: etwa „in einem Balanceakt vorsichtig taktierend".

bei dem schönen Vorrath: NEES musste Autoren, die wertvolle Beiträge eingereicht hatten, oft lange bis zum Erscheinen vertrösten, was ja auch für BAER galt. Dieser hat sicher auch aus diesem Grund wenig in den *Nova Acta* publiziert, weil ihm an einem zeitnahen Erscheinen seiner Arbeiten gelegen war.

Rapp: Wilhelm Ludwig VON RAPP (1794-1868) hatte zu dieser Zeit ein Extraordinariat für Anatomie, Physiologie und Zoologie in Tübingen und war 1825 gerade in die Leopoldina aufgenommen worden. NEES bezieht sich auf Rapp 1827 mit der Erstbeschreibung von *Doris pseudoargus* Rapp („Meerzitrone").

Doris var.: *Doris* ist eine (oft bunt gefärbte) marine Mollusken- (Nacktschnecken-) Gattung.

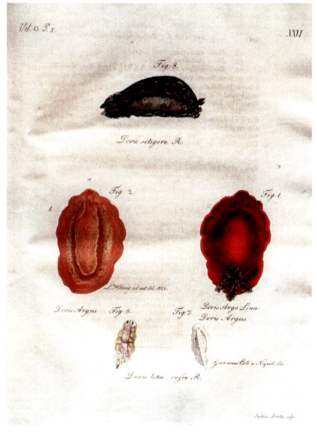

Die erstmals beschriebenen *Doris*-Arten *D. setigera*, *D. Argus* und *D. luteo-rosea*.
Rapp 1827, Tafel XXVI

viel Botanik: Die Brüder NEES bzw. Th. F. NEES und Carl Ludwig BLUME (1796-1862) stellen darin *Fungi Iavanici* vor (1-8, 9-22), AGARDH beschreibt Kotyledonen bei Pflanzen (87-112) sowie Anatomie und Kreislauf der Algengattung *Chara* (Armleuchteralgen) (113-162), Ludolph Christian TREVIRANUS (1779-1864) berichtet aus dem botanischen Garten in Breslau (163-208) und MARTIUS über *Amaranthaceen* (Fuchsschwanzgewächse) (209-322). Insgesamt waren so rund 250 von gut 400 Seiten der Botanik gewidmet.

2e. des 12n. B*des wenig*: Alexander Louis Simon LEJEUNE (1779-1853) präsentierte die *Neue Grasart Libertia* (751-758) und Ernst MEYER (s.u.) *Pflanzen aus Surinam* (759-815). Das sind lediglich 65 von knapp 450 Seiten. Der Anteil der Botanik steigt auch nicht enorm, wenn man den Vergleich des dänischen Agrarhistorikers Jens FRECHLAND zwischen den Getreideernten der Antike und der (damaligen) Gegenwart dazunimmt (843-868).

Eysenhardts Tod: Der Direktor des botanischen Gartens in Königsberg und enge Freund BAERs war am 24. Dezember 1825 „in Folge eines Blutsturzes aus tuberculösen Lungen" verstorben (Baer 1866, 242). BAER hat dies NEES wohl in dem eingangs erwähnten Neujahrsbrief mitgeteilt. BAER übernahm interimistisch nochmals die Vertretung, Nachfolger wurde der „scharfsinnige Botaniker" (ebd.) Ernst MEYER (1791-1858). Die letzten erhaltenen Briefe EYSENHARDTs an NEES datieren vom 12.09. und 01.10.1825 und liegen in der Staatsbibliothek Berlin, Sammlung Darmstädter. Briefe von NEES an EYSENHARDT sind bisher nicht ermittelt.

von K. zu fliehen: Königsberg lag schon aus Berliner, erst recht aus Bonner Sicht praktisch in Russland; als entsprechend rau und ungesund galt das Klima (zur Randlage Königsbergs Riha/Schmuck 2010, 231-233). Ein Aufenthalt in milderen Regionen, insbesondere im Mittelmeerraum, war damals praktisch das Einzige, was man seinerzeit Tuberkulosekranken empfehlen konnte (Riha 2002), deshalb auch EYSENHARDTs Reise im Jahr 1824, vgl. Brief 25.

<u>kurze</u> *Biographie*: BAER hat in den *Nova Acta* keine Biographie über EYSENHARDT veröffentlicht. Es erschien nur eine *Biographische Skizze* in der *Königsberger Zeitung* (Baer 1825b).

die Vorrede: Diese Vorrede von NEES findet sich auf den Seiten I-VI.

katarrhalisch-gastrisches Fieber: Wie grundsätzlich in solchen Quellen verbietet sich eine retrospektive Diagnose. Es dürfte sich um eine Magen-Darmerkrankung mit (Brech)Durchfall gehandelt haben. Bei der schlechten Trinkwasserqualität und der unzureichenden Lebensmittelhygiene waren solche (bakteriell oder parasitär bedingten) Erkrankungen an der Tagesordnung, vor allem in den Sommermonaten, (ohne dass es gleich Typhus oder Ruhr gewesen sein müsste) und sie zogen sich – zumal in der Vor-Antibiotika-Ära – auch durch mangelnde Flüssigkeits- und Elektrolytkontrolle länger hin, gerade bei Kindern.

Brief 33
Nees an Baer, Bonn, 08. Juni 1826

Nachweis: UB Gießen, Nachlass BAER, Bd. 16.
Seiten: 2 Seiten + Anschrift auf linker Blatthälfte.
Format: 1 Blatt, ca. 42 x 25,5 cm, in der Mittel gefaltet, Brief auf der rechten Hälfte.
Zustand: Stempel „Bibliothek der Ludwigs-Universität Gießen" auf S. 1; auf der Anschriftseite Siegelreste und Einriss unten durch Erbrechen des Siegels.

[S. 3 = linke Blattseite, Anschrift quer geschrieben:]
Herrn Professor D^r. von Baer,
Hochwohlgebohrn
zu Königsberg.
Preußen
[Links neben der Anschr.:]
Allgem. Univ
Sachen
N$^{\underline{o}}$ 201
[neben der Anschrift Poststempel, rund:]
BONN 9/6
[über der Anschrift bzw. auf der Rückseite des gefalteten Briefes kleiner Poststempel, rund:] N 18/6 2

[S. 1]

Juni 1826.^{a}

Lieber Freund!

Ich habe Ihre Abhandlungen nicht mehr ungetrennt in die erste^b Abtheilung des 13.^{n} Bandes nehmen können, weil es zur Vollendung der Tafeln an Zeit und Geld fehlte.

Darum redigirte ich diese ganze Sammlung auf die zweite Abtheilung dieses Bandes, in welcher sie längstens bis zu Ostern 1827. erscheint.

Es war mir unmöglich, zu glauben, daß Ihnen bei einer Arbeit, welche Sie mit solcher Gründlichkeit bearbeitet und dadurch vorm Veralten schon an sich gesichert hatten, an der Minute des Journalmäßigen Erscheinens etwas liegen könne, und ich bin sogar der Meinung gewesen, daß in den Acta der Akademie nichts veralte.

Da diese Abhandlungen für die 2e. Abtheilung aufgenommen sind, so kann ich sie nicht zurückgeben u. muß überhaupt glauben, daß Sie hiebei irgend eine falsche Ansicht leitet. Die Bände der Acta sind einmal kein Journal, sie fördern schneller, als die, irgend einer Akademie, das ihnen

Mitgetheilte, sie thun dieses auf die anständigste Art obwohl mit kärglichen Mitteln; sie leisten also, was sie können, u. es ist traurig, wenn Mitglieder von Einsicht die Schwierigkeiten, mit denen dises Institut ringt, durch Argwohn oder unerfüllbaren^c Anspruch [S. 2 = Rückseite] vermehren. Verzeihen Sie mir, lieber Freund, diese Äußerung; aber sie gehört zur Sache. Ich habe keinen Anstand genommen, Ihnen die Bände der Acta zu übersenden; warum wollen Sie doch der Akademie nicht ein Paar Monate Nachsicht gönnen. Wenn Viele so denken, dann hat freÿlich auch disem guten Unternehmen die letzte Stunde geschlagen.

Lassen Sie mich die Sammlung von Abhandlungen so lange behalten, bis Sie sie mit der Erklärung zurückfordern: daß Sie keinen Werth darauf legen, sie in den Acten der Akademie erscheinen zu sehen.^{d} Ich warte nur auf einige solche Zeichen der Zeit, um meine persönlichen Maaßregeln danach zu nehmen.

Es bleibt übrigens unter uns beim Alten, und wenn es so seÿn soll, so will ich noch lieber durch Sie, als durch manchen Andern ein böses Omen empfangen.

Daß ich übrigens nicht für Botanik partheyisch bin, weiß Gott u. die Bände beweisen es.

Herzlichst

Ihr

Nees v Esenbeck

Bonn
d 8 Jun. 26.

Anmerkungen: ^{a} – Vermerk von unbekannter Hand, wie Brief 32; ^{b} – aus „der ersten" geändert; ^{c} – davor „ungern" [?] unleserlich gemacht; ^{d} – Neben diesem Satz befinden sich auf der linken Seite zwei Haken √√, durch die gewöhnlich auf besondere Wichtigkeit verwiesen wird. Sie könnten jedoch auch von BAER stammen.

Kommentar:

nicht mehr ungetrennt: BAERs *Beiträge zur Kenntniss der niedern Thiere* (Baer 1827a) bestehen aus sieben getrennten Abhandlungen, die zusammen immerhin 240 Seiten umfassen. Sie wurden von BAER in den Jahren 1823-1824 verfasst und sollten auf seinen besonderen Wunsch hin geschlossen in einem einzigen Band der *Nova Acta* erscheinen (Raikov 1968, 434); davon war bereits mehrfach die Rede, zuletzt Brief 32. Im Einzelnen handelt es sich um folgende *Beiträge*: 1. *Aspidogaster conchicola*, ein Schmarotzer der Süsswassermuscheln, 527-557 und Tafel XXVIII; 2. *Distoma duplicatum, Bucephalus polymorphus* und andere Schmarotzer der Süsswassermuscheln, 558-604 und Tafel XXIX, Fig. 1-19, sowie Tafel XXX; 3. Ueber Zerkarien, ihren Wohnsitz und ihre Bildungsgeschichte, so wie über einige andere Schmarotzer der Schnecken, 605-659 und Tafel XXIX, Fig. 20-27, sowie Tafel XXXI; 4. *Nitzschia elegans*, 660-678 und Tafel XXXII, Fig. 1-6; 5. Beiträge zur Kenntniss des Polystoma integerrimum, 679-689; 6. Ueber Planarien, 690-730 und Tafel XXXIII; 7. Ueber die Verwandtschaftsverhältnisse der niedern Thierformen, 731-762.

Tafeln: Tafel XXXI s.u. Weitere Abbildungen bei Brief 31 (XXVIII), 35 (XXXIII), 36 (XXXII) und 37 (XXIX und XXX).

Ostern 1827: Es wurde letztlich fast Weihnachten, vgl. Nees/Altenstein 2008, Nr. 3029 (22.12.1827).

veralte: BAER hielt sich stets auf dem Laufenden, was Neuerscheinungen anging, und er musste dabei sehen, das in diesen Jahren ständig neue Arten von „niederen Tieren" vorgestellt wurden. Insofern war seine Sorge, um die Ehre einer Erstbeschreibung zu kommen, durchaus berechtigt.

falsche Ansicht ...: Der Brief ist eine Reaktion auf ein offenbar sehr ungehaltenes Schreiben BAERs, dessen Vorwürfe sich aus NEES' Erwiderungen erschließen lassen. Dass BAER ungeduldig geworden ist, mag verständlich sein, denn in Brief 26 (Januar 1825) war ein Erscheinen für Ende 1825 in Aussicht gestellt worden, und zwar im ersten Teil von Band XIII der *Nova Acta*. Auch hatte schon BAERs Arbeit über den Braunfisch (Brief 23, August 1823) nicht in den *Acta* erscheinen können und blieb so letztlich ungedruckt, auch deshalb, weil BAER selbst die Untersuchung nach einiger Wartezeit für „veraltet" hielt und nicht mehr weiterverfolgte.

keinen Anstand genommen: „nicht gezögert".

meine persönlichen Maaßregeln: Vielleicht hat NEES tatsächlich erwogen, bei einer Häufung von ungeduldigen Autorenbriefen und zurückgezogenen Manuskripten sein Amt als Herausgeber der *Nova Acta* niederzulegen. Vielleicht wollte er aber auch solche Vorfälle nur als Druckmittel gegenüber den Geldgebern einsetzen, jedenfalls nutzte er den möglichen Rücktritt vom Präsidentenamt auch gegenüber ALTENSTEIN und HARDENBERG gern als Drohkulisse, vgl. Nees/Altenstein 2009a, Brief Nr. 1142 vom 06.05.1820; ebd., Brief Nr. 1148 vom 19.06.1820; ebd., Brief Nr. 1241 vom 19.06.1820.

ein böses Omen: BAERs Reaktion betrachtet NEES als ein schlechtes Vorzeichen hinsichtlich der Zukunft der *Nova Acta*.

für Botanik partheyisch: Dies war einer der Vorwürfe BAERs, vielleicht wegen der (von NEES aber nachvollziehbar begründeten) Häufung im ersten Teil von Band XIII, aus dem sich BAER herausgedrängt fühlte; vgl. Brief 32.

die Bände beweisen es: Zum Fächervergleich s. den Kommentar zu Brief 32. Im ersten Teil von Band XII waren knapp 240 von über 400 Seiten der Botanik gewidmet, in Band XI mit Nees/Martius 1823a und Nees/Martius 1823b dominierte die Botanik den ersten, die sonstige Naturkunde (Zoologie, Physik, Meteorologie usw.) den zweiten Teil (wobei Nees/Nöggerath/Nees/Bischof 1823 wohl unter Chemie gelaufen sein dürfte).

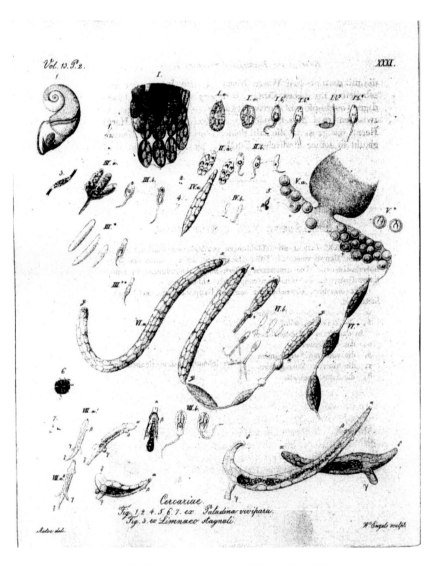

Verschiedene Zerkarien. Baer 1827a, Tafel XXXI

Brief 34
Nees an Baer, Bonn, 03. Juli 1826

Nachweis: UB Gießen, Nachlass BAER, Bd. 16.
Seiten: 3 Seiten, ohne Anschrift.
Format: 1 Blatt, ca. 42 x 25,5 cm, in der Mitte zu 4 Seiten gefaltet.
Zustand: Stempel „Bibliothek der Ludwigs-Universität Gießen" auf S. 1.

[S. 1]

Juli 1826[a]

Lieber Freund!

Es bedurfte keiner Rechtfertigung von Ihrer Seite; durch die That, daß Sie Ihre Abhandlungen den Acta laßen, sind wir einig.

Von mir erwarten Sie auch keine Entschuldigung. Wie ich handle, muß ich handeln. Sie berühren eine Prioritäts-Sache, als Motiv, und ich muß Ihnen bemerken, daß ich, selbst dem verspäteten Werk, die Priorität u. Dauer nur durch die Aufnahme in eine bleibende Sammlung, wie die Acta, gesichert glaube. Wer sucht nach hundert Jahren wohl in der Isis, in Ferußac's Bulletin und tausend Dißertationen, Programmen, Journalauszügen und Anhängen? Das geht wieder unter, und Vieles der Art ist schon unter gegangen, während selbst die ältesten akademischen Schriften pflichtmäßig nachgeschlagen werden und Auctorität bleiben.

Gerade ein solches größeres Werk zu handhaben u. aufrecht zu halten fühle ich mich berufen, u. ich traue mir die Kraft zu, durch die's gelingen wird, selbst wenn mich das Ministerium auf meinem ernsten u. heißen Weg im Stich ließe.

Ich habe in diesem Jahr ein Verzeichniß des vorhandenen Materials für 2. volle Bände, (4 Abtheilungen) und über 200. Tafeln dem Ministerium vorgelegt, und führe dieses Ihnen beiläufig an aus 2. Gründen, einmal um Ihnen zu sagen, daß Ihre Abhandlung nicht etwa aus Noth für die Acta Werth hat, sondern aus Überzeugung und collegialischer Anerkennung von Fachgelehrten; und 2ns, damit Sie sehen, daß die Deutschen doch nicht alle in Dachsbauen sitzen und beißen. Freylich, wenn Oken [S. 2 = Rückseite] uns hohl anbellt, beißen wir. Warum sollten wir das nicht, so lange uns der ewige Friedenscongreß der sich unter einander lobpreißenden Naturforscher u. Ärzte noch[b] nicht septembrisirt hat?

Daß ich vom Jan. an Ihre Abhandlung, selbst wenn ich andre hätte zurück setzen[c] können, der Tafeln wegen nicht mehr hätte fertig bringen können, würden Sie begreifen, wenn Sie einmal mit Kupferstechern, Stein-

zeichnern, Kupfer und Steindruckern, Coloristen etc in die vertraute Came-
radschaft gerathen wären, worin ich mich befinde. Da muß man lange lange voraus fertig seÿn sollen, und ists doch nicht. Ich habe Tafeln zur 2n.
Abth. des XIII. Bandes schon seit Jahren liegen, andere, die eben so lang
bestellt sind, werden vielleicht nicht fertig. So wird viel Geld voraus weg-
gefreßen, und man müßte ganz andre Fonds haben, wenn man immer für 5
– 6. neu hinzukommende Tafeln im Zug bleiben wollte. So streck ich mich
nach der Decke.

Jetzt soll Engels Ihre Tafeln anfangen, und wird sie bald fördern. Ihre
Abhandlung sende ich, bitte mir^d sie aber schleunigst wieder aus. Sie sollte
gerade nach einer eben im Druck befindlichen, von Bojanus, folgen; das ist
jetzt schon nicht mehr möglich; denn unter 6. Wochen kann ich kaum etwas nach K[önigsberg] und zurück bringen. Ich muß also wieder etwas
einschieben. Zu der Beurtheilung der Tafeln sollte man auch den Text haben. Kurz, es entsteht schon wieder ein Aufenthalt, woran ich un[S.
3]schuldig bin. Die Tafeln will ich Ihnen zur Correctur senden; muß sie
aber in Briefform brechen; denn da die meisten colorirt werden, so müßen
sie so zeitig wie möglich gedruckt werden, und die ganze Arbeit wird noch
manche Woche hinziehen.

Dieses nur zu unserer Verständigung. Ich merke, ich habe mich gegen
die meisten Collegen zu leichtsinnig über meine Verrichtungen ausge-
drückt und hätte mehr von Geschäftsführung reden sollen.

Sehen Sie aber ja keinen Vorwurf darin. Ich betrachte Sie als einen alten
Freund, sonst würde ich stets ganz <u>höflich</u> bleiben und in der Hitze des Ju-
li^e nicht ellenlang Briefe schreiben.

Gott mit Ihnen! Habe ich zu groß von mir selbst gesprochen, so will ich
nur hinzusetzen, daß ich nicht bescheiden scheinen mag, wo ich es nicht
bin

Von ganzem Herzen

Ihr

Nees v. Esenbeck

Bonn
d 3. Jul. 26.

Anmerkungen: ^{a} – Vermerk von unbekannter Hand, wie Brief 33; ^{b} – „noch" nachträglich eingefügt; ^{c} – „zurück setzen" aus „zurücksenden" geändert; ^{d} – „mir" nachträglich eingefügt; ^{e} – „des Juli" nachträglich eingefügt.

Kommentar:

Rechtfertigung: NEES reagiert wieder auf einen umgehend eingegangenen Erwiderungsbrief BAERs, in dem dieser wahrscheinlich die zeitlichen Abläufe rekapituliert, aber sich doch versöhnlich gezeigt hat. Man merkt NEES am Tonfall die Erleichterung an, dass ein – wohl mehr oder weniger deutlich angedrohtes – Zurückziehen des Beitrags und somit ein Zerwürfnis mit dem langjährigen Freund ausgeblieben ist.

Prioritäts-Sache: BAER war wohl der Meinung, die Beiträge müssten in der Reihenfolge des Eingangs erscheinen, alles andere sei eine (intransparente, ggf. parteiische) Gewichtung seitens des Herausgebers. Auch war er stets in Sorge, dass die Ergebnisse bei spätem Erscheinen schon überholt sein könnten. Dagegen verwahrt sich NEES natürlich und betont den gleichermaßen hohen Rang aller Arbeiten sowie die Erstklassigkeit des Publikationsorgans.

Isis: Die von Lorenz OKEN herausgegebene und von Friedrich Arnold BROCKHAUS (1772-1823) bzw. seinen Söhnen verlegte enzyklopädische Zeitschrift erschien mit 41 Bänden zwischen 1816 und 1850. Die nur im ersten Jahr hohe Auflage von 1500 Exemplaren (bei einem Jahrespreis von 8 Talern [wie ein Teilband der *Nova Acta*] bzw. 14 rheinischen Gulden) sank rasch auf 1000 bzw. 650 (1817) und lag in den letzten zehn Jahren des Erscheinens bei etwa 200. Zur Zeit des Briefes wurden 400 Exemplare gedruckt (Taszus 2009, 126-137). Im Unterschied zu den *Nova Acta* wurden nicht nur die Naturwissenschaften, sondern auch Technik, Ökonomie, Geschichte und Kunst berücksichtigt, und das Anliegen der durchweg kurzen Beiträge war die Popularisierung von Naturwissenschaft. NEES selbst nutzte anfangs die *Isis* als Mitteilungsforum (z.B. Nees 1817i), erwog dies sogar auch für die Leopoldina insgesamt (Bohley 2001, Anm. 23). BAER publizierte im Jahr 1826 mehrfach in der (schnell reagierenden) *Isis*, außer Baer 1826a, Baer 1826b und Baer 1826c noch einen Beitrag *Ueber eine Süsswasser-Miessmuschel* (Sp. 525-527) als Ergänzung zu Baer 1825a (Baer 1826d) und eine *Nachträgliche Bemerkung über die Riechnerven des Braunfisches* (Sp. 944; Baer 1826e), insofern ist NEES etwas unvorsichtig. Vielleicht aber teilte Baer seine Einschätzung, denn er hat nur noch einmal 1828 vier kleine Artikel dort veröffentlicht (Baer 1866, 462-463).

Ferußac's Bulletin: Das *Bulletin général des sciences physiques* wurde von dem Zoologen und Leopoldina-Mitglied André D'AUDEBARD DE FÉRUSSAC (1786-1836) herausgegeben. Eine kurze lobende Charakterisierung des *Bulletin* (Heft 8 und 9) findet sich in der *Isis* 14/15 (1824), 1. Bd., Litterarischer Anzeiger zu Heft III, Sp. 55. Die Einschätzung von NEES sowohl zur *Isis* als auch zum *Bulletin général* hat sich nicht in dieser Weise bestätigt. BAER hat dort – ebenfalls 1826 – nur eine einseitige Inhaltsanzeige für Baer 1827a (vorab) publiziert (Baer 1866, 455 und 464).

Verzeichniß ... dem Ministerium vorgelegt: Die amtliche Korrespondenz aus dieser Zeit ist noch nicht erschienen (Nees/Altenstein 20??); das Verzeichnis, das 51 für die *Acta* eingereichte Beiträge umfasst, befindet sich unter dem Titel *Verzeichniß der für die Acta der Akademie der Naturforscher mit Ausschluß der 1ten Abth. des 13ten Bandes vorliegenden Abhandlungen* in GStA PK, I. HA, Rep. 76 Kultusminis-

terium Vc, Sekt. I, Tit. XI, Teil II, Bd. 2, Bl. 174-178. Der zugehörige Brief NEES'
stammt vom 12.03.1826 (GStA PK, I. HA, Rep. 76 Kultusministerium Vf, Lit. E,
Nr. 1a, Bl. 195-196) und gibt auch einen Eindruck von den finanziellen Engpässen:
„Da ich schon so oft Euer Exzellenz mit dem Ausdruck: Erweiterung der Thätigkeit
der Akademie zur Last gefallen bin, so glaubte ich, zur Erläuterung ein Verzeichniß
der grösstenteils sehr ausgezeichneten Arbeiten, welche der Akademie übergeben
sind, vorlegen zu dürfen, indem ich die devoteste Bitte hinzufüge, es nicht unter
Fachgelehrten bekannt werden zu lassen, weil ich nicht wissen kann, ob es allen
Einsendern erwünscht ist, daß ihre noch nicht erschienenen Arbeiten vor der Zeit
erwähnt werden. Euer Exzellenz werden nicht ungern hiebey meist ausgezeichnete
Namen [Bl. 196] des In- und Auslandes erblicken. Ich darf nur noch bemerken, daß
hier bloß unedirte Abhandlungen gemeint sind, und daß hier diejenigen, welche die
zur Ostermesse dieses Jahrs erscheinende erste Abtheilung des dreizehnten Bandes
ausmachen, nicht mit genannt wurden. Höchstens dürfte noch eine kleine Abhandlung von den verzeichneten in jene Abtheilung kommen. Mein Plan ist nemlich, um
dem erwähnten Ausfall des Erlöses für das nächste Jahr wieder etwas beizukom-
men, bis zum Neuen Jahr einen ganzen Band zu zwei Abtheilungen aber mit soweit
verminderten Kosten Aufwand zu liefern, daß das daraus erwachsende Guthaben an
die Buchhandlung zur Oster Messe 1827. den Fehlgriff in dem Calcul des Absatzes
ganz oder größtentheils decken wird. Bis dahin ist freylich mein Geschäft recht drückend und bedarf sehr der wohlthätigen Hand, die mich bisher geleitet hat."

Lorenz OKEN (1778-1851).
Kupferstich von
[Johann Adolf?] ROSMAESLER (1770-1821?)

Wenn Oken uns hohl anbellt: Anfangs war NEES' Verhältnis zu OKEN zumindest höflich und von gegenseitigem Respekt geprägt gewesen: OKEN rezensierte NEES' Arbeiten einigermaßen freundlich und NEES seinerseits schrieb zu OKENs *Zeugung*
und dessen *Abriß des Systems der Biologie* Rezensionen in der *Jenaische[n] Allgemeine[n] Literatur-Zeitung* (Nees 1806 zu Oken 1805a und Nees 1808 zu Oken
1805b). 1818 wurde OKEN unter NEES' Präsidentschaft in die Leopoldina aufgenommen und als Adjunkt eingesetzt. Die wissenschaftsorganisatorischen und inhaltlichen Unterschiede traten jedoch bald zutage (zu den akademiepolitischen, naturphilosophischen und wissenschaftstheoretischen Differenzen Bohley 2001, 187-
189, und Bohley 2003b, 66-67). Die eigentliche wissenschaftliche „Fehde" dauerte
von 1819/20 bis 1823 (Bohley 2001, 189-191).

Friedenscongreß der ... Naturforscher und Ärzte: Gemeint ist die *Gesellschaft deutscher Naturforscher und Ärzte*, deren Gründungsversammlung im Sept. 1822 in
Leipzig auf eine Initiative OKENs in seiner *Isis* hin zustande kam (Degen 1955a,
Degen 1955b, Degen 1956). OKEN nahm bis 1830 und noch einmal 1838 an den
Jahresversammlungen teil. NEES empfand die Veranstaltungen als überflüssig bzw.
als Konkurrenz und blieb ihnen zunächst fern, ebenso wie die anderen Bonner Wissenschaftler (Bohley 2001, 194-196; Bohley 2003b, 67). Daneben spielte aber auch
die schwierige politische Lage nach den Karlsbader Beschlüssen eine nicht unwe-
sentliche Rolle (Röther 2009, 50-54). NEES kam ab 1827 aber dann doch (vgl. Brief
42) und präsentierte z.B. auf der Jahrestagung 1833 in Breslau seine Monographie
über Astern (Nees 1832; s. Wendt/Otto 1834, 54). Die „amtlichen Berichte" über
die Jahresversammlungen, in denen Festreden (auf die sich NEES' ironische Bemerkung über das „Lobpreisen" beziehen dürfte), Teilnehmer, Verlauf und Vortrags-
themen dokumentiert wurden, sind ab der Tagung von 1828 im Druck erschienen.
Die Reisekosten waren nicht unerheblich, wie aus Nees/Altenstein 2008, Nr. 3054
(19.09.1828) und Nr. 3056 (20.11.1828) hervorgeht; die Bonner Professoren erhielten jeweils 50 Taler Zuschuss.

septembrisirt: Nach (z.B.) *Meyers Großem Konversations-Lexikon* 18 (1909), 549-
550, bezieht sich das Verbum „septembrisieren" auf die massenweise Hinrichtung
politischer Gegner während der Französischen Revolution zwischen dem 2. und 6.
September 1792. Der Begriff wurde von dem 1794 hingerichteten Schriftsteller und
Politiker Anacharsis CLOOTS (1755-1794) geprägt, und zwar in dem Sinne, dass
man „die Sichel der Gleichheit umhergehen lasse" (zit. n. Schulz 2000, 89). Hier ist
scherzhaft die wissenschaftliche Ächtung unter den Fachkollegen gemeint. Der
Witz erhält eine weitere Dimension durch den Umstand, dass die Versammlungen
immer im September stattfanden.

Engels: Wilhelm ENGELS (1785-1853), zwischen 1821 und 1840 tätiger Kupferstecher
erst in Bonn, später in Köln, vgl. Thieme/Becker 10 (1914), 547.

Ihre Tafeln: Die Herstellung der (schon in früheren Briefen erwähnten) Tafeln XXVI-
II-XXXIII zu Baer 1827a hat sich also ziemlich lange verzögert.

Ihre Abhandlung sende ich: BAER hat vermutlich um eine Korrekturmöglichkeit für
den Text gebeten und wird auch die Tafeln noch einmal durchsehen können (vgl.
Brief 35).

Bojanus: Gemeint ist Bojanus 1827. Der Anatom BOJANUS hatte sich zu diesem Zeitpunkt bereits krankheitshalber aus dem Universitätsbetrieb zurückgezogen. Die Abhandlung ist mit dem Eingangsdatum 1825 versehen. Seinen beklagenswerten Zustand schildert BURDACH, der den Schwerkranken 1826 besuchte, in seiner Autobiographie: „Er lebte nun in Darmstadt, und da ich ihm von meiner Reise geschrieben hatte, bat er mich auf das Dringendste, ihn zu besuchen. Ich that es, aber fand
ihn in der hülflosesten Lage; seine Frau, die mit einer dem Wundarzte unerreichba-
ren Zartheit seine Wunden allein behandelt, gereinigt und verbunden, ihn auf das
Sorgsamste selbst gepflegt, und Tag und Nacht mit einer Hingebung, die nur der
treuesten Liebe möglich ist, über ihn gewacht hatte, war am Tage vor meiner Ankunft gestorben; in der Erwartung, daß sie mit mir einige heitere Stunden verleben
würden, hatte sie schon Alles zu meiner Aufnahme vorbereitet. Mich jammerte der
theure Freund, der, selbst nur noch wenige Schritte vom Grabe entfernt, seiner
Trösterin beraubt worden war, – ich dachte nicht daran, ob es nicht ein ungleich
herberes Loos ist, ohne gleiche Aussicht auf ein nahes Ende die Gefährtin seines
Lebens zu verlieren" (Burdach 1848, 356-357). BOJANUS starb während der Drucklegung dieses Beitrags, dessen fünf riesige Tafeln, die mehrfach gefaltet in die Acta
eingeklebt wurden, die Fertigstellung mit verzögert hatten. Die abgebildete Tafel
XX misst z.B. 67x45 cm.

Geschäftsführung: Ein weiteres verzögerndes Moment des Bandes XIII/2 war die Einfügung eines Programms anlässlich der Übernahme des Akademie-Protektorats seitens FRIEDRICH WILHELM III. (Nees/Altenstein 2008, 71-72, Nr. 3029).

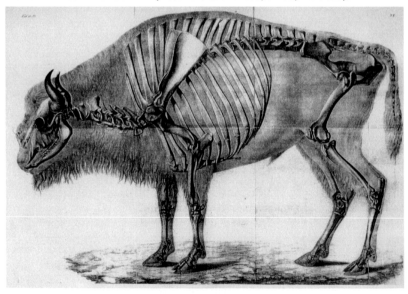

Skelett und Rekonstruktion des Auerochsen.
Bojanus 1827, Tafel XX

Brief 35
Nees an Baer, Bonn, 02. November 1826

Nachweis: UB Gießen, Nachlass BAER, Bd. 16.
Seiten: 1 Seite, ohne Anschrift
Format: 1 Blatt, ca. 21 x 25,5 cm (halber Bogen)
Zustand: Stempel UB Gießen.

[S. 1]
                                                       Nvb 1826[a]
Lieber Freund!

Hierbei erhalten Sie Probedrucke ihrer ersten und fünften Tafel, denen die
der drey übrigen bald folgen sollen. Laßen Sie mir solche bald wieder zukommen mit Ihren Bemerkungen. Der Druck des Texts fängt eben auch an,
wird aber in den Acta sich sehr ausdehnen. Ich bin noch zweifelhaft, ob ich
nicht besser thäte, 2. der übrigen Tafeln in Stein zu geben, da gewisse Figuren in Kupfer sehr schwer sind und doch nicht so nett herauskommen,
wie in Craŷon Manir auf Stein. Wenn Sie Goldfuß's Versteinerungswerk
zu Gesicht bekommen, werden Sie finden, dass ich dadurch Ihrer Abhdlg
keinen Abbruch thun will. Von ganzem Herzen grüße ich Sie und meinen
Pathen. Herrn D[r.] Motterby habe ich kennen gelernen [!] und, wie natürlich,
von Ihnen mit ihm gesprochen; doch war Ihre Empfehlung dises werthen
Mannes noch nicht angelangt und kam erst nach seiner Abreise an.
Herzlichst
                              Ihr
                                           Nees v. Esenbeck
Bonn
d 2n Nov. 26.

Anmerkung: [a] – Vermerk von unbekannter Hand, wie Brief 34.

Kommentar:

ersten und fünften Tafel: 1. Tafel = Tab. XXVIII (Abb. bei Brief 31), 5. Tafel [richtig:
    6., vgl. Brief 36] = Tab. XXXIII (siehe unten).

drey übrigen: Der Beitrag enthält sechs Tafeln.

in Stein zu geben: Vgl. Brief 36, wo NEES begründet, weshalb es doch beim Kupfer-
    stich blieb.

Craŷon Manir: Der französische Kreidezeichnungsstich (frz. *Manière de crayon*;
    dtsch. „Crayon-Manier", „Kreidetechnik", „Pastellstich") wurde von Jean-Charles

FRANÇOIS (1717-1769) erfunden und diente besonders im Rokoko der Reproduktion von Rötel- und Kreidezeichnungen im Kupferdruck (Tiefdruckverfahren). Er
wirkt erstaunlich originalgetreu, vor allem, wenn nicht in Schwarz, sondern in Krei-
defarben oder auf farbiges Papier gedruckt wird. Ein Beispiel wäre das BAER-
Porträt im Personenverzeichnis dieses Bandes. – Bei dieser Stichart bedient man
sich einer Nadel mit mehreren Spitzen, punktförmig gezahnter Hämmerchen (*mat-
toir, moulette*) und kleiner gezahnter Rädchen (*roulettes*). Diese bestehen aus einem
mehr oder weniger breiten Stahlröhrchen mit einer sehr fein gezähnten Oberfläche
und sind an der Spitze eines Drahtes, der in eine Halterung eingelassen ist, drehbar
befestigt: Vgl. Kampmann 1898, 106; Autenrieth 2010, 39. Dieses Verfahren dürfte
– mit Blick auf Brief 36, wo die Technik noch einmal charakterisiert wird – letztlich
zum Einsatz gekommen sein. NEES erwägt hier jedoch die Kreidelithographie
(Flachdruckverfahren), die – bis auf den fehlenden Rand – im Gesamteindruck davon kaum zu unterscheiden ist und sich vor allem für weiche Übergänge eignet.

Goldfuß's Versteinerungswerk: Goldfuß 1826-1844. Diese monumentale paläontolo-
gische Darstellung, die als Hauptwerk des Bonner Zoologen gilt, ist letztlich unvollendet geblieben.

Herrn D^r. Motterby: ein damals in und um Königsberg bekannter Arzt, vgl. Brief 17.

Rostellaria (bzw. *Latiala*) *papilionacea* Goldfuß.
Goldfuß 1826-1844, hier 1844, Tab. CLXX, Fig. 8

Planarien.
Baer 1827a, Tafel XXXIII

Brief 36
Nees an Baer, Bonn, 08. Dezember 1826

Nachweis: UB Gießen, Nachlass BAER, Bd. 16.
Seiten: 1 Seite, ohne Anschrift.
Format: 1 Blatt, ca. 21,4 x 25,5 cm.
Zustand: Stempel „Bibliothek der Ludwigs-Universität Gießen" mittig über dem
           Text.

[S. 1]

Dec 1826.[a]

Lieber Freund!

Hiebeŷ die wahre Tab. XXXII. oder Ihre fünfte zu gefälliger Correctur.
Die Tab. XXVIII und XXXIII. (1. u 6.) habe ich mit Ihren Correcturen erhalten und Engels hat sie in Arbeit. Er kam erst langsam in die Manir, die
Bestimmtheit mit der nöthigen Weichheit paart. Die <u>Manir</u> in T. XXX wird
Ihnen hoffentlich besser gefallen. Da sich Kupfer und Steindruck durch
einander nicht gut ausnimmt, und Engels das Beste versprach, so überließ
ich ihm alle Platten zum Stich und schon ist eine der beiden noch übrigen
bald vollendet.

Die Correcturen wird er bestens machen, auch noch möglichst in der
Manir nachbeßern. Ich will Ihnen aber doch Tab. XXXIII wegen der neuen
Figuren nochmals senden. Von diesen doppelt angebrachten Figuren auf
Tab. XXXII. und XXXIII. haben Sie mir nichts geschrieben; vermuthlich
weil[b] der Text zu letzteren noch zurück war. Ich hätte es aber wohl sehen
können, und habe es auch gesehen, aber als es schon zu spät war, nemlich
als die später gestochene Tab. XXXII mir zurückkam. Bei der Redaction
des Textes hatte ich die Tafeln, die schon bei Engels lagen, nicht vor Augen. Es wird aber alles, auch das Nymphaea-Blatt, verbessert werden.

Noch thu ich Alles an den Acta selbst. Vom neuen Jahr an wird Prof.
Müller mein Gehülfe, dann solls etwas leichter werden. Jetzt bin ich in
graulicher[c] Hetze, um mein Mspt der Gramina Brasiliae zu vollenden, de-
ßen Druck mit dem neuen Jahr beginnt. Ein fünfjähriges schweres Opus.
Die Mon. „Rubi ger." ist eben im Druck ihrem Ende nahe.

Glückliche Feyertage, Grüße an Frau, Pathen und die andern Kinder; an
Meyer Motterby, Nicolovium[d] pp

Ihr

Nees v Esenbeck

Bonn
d 8. Decbr 26

[Nachsatz über der ersten Zeile des Briefs, neben der Anrede, 180° gegen die Schreibrichtung:]
Ihre 2e Abhdl. ist nun bald im Druck aufgegangen.

Anmerkungen: [a] – Vermerk von unbekannter Hand, wie Brief 35; [b] – danach „P" gestrichen; [c] – geändert aus „greulicher"; [d] – Name korrigiert.

Kommentar:

die wahre Tab. XXXII.: NEES hatte sich in Brief 35 in der Reihenfolge der Tafeln geirrt. Dort waren Tafel XXVIII (Abb. bei Brief 31) und XXXIII (Abb. bei Brief 35) mitgeschickt worden. Auf Tafel XXXII sind verschiedene Schmarotzer von Fischen und Muscheln dargestellt:

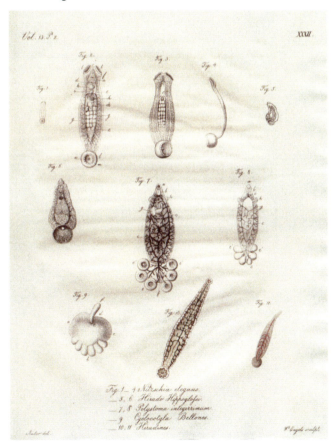

Verschiedene Schmarotzer von Fischen und Muscheln. Baer 1827a, Tafel XXXII

Engels: Bonner Kupferstecher, vgl. Brief 34.

Weichheit/nachbeßern: Der plastische Eindruck ist in der Crayon-Manier mit ihren weich gezeichneten Übergängen ausgeprägter als sonst im Kupferstich, vgl. hierzu die Abb. zu Goldfuß 1826-1844 bei Brief 35 (und natürlich die Tafeln zu Baer 1827a) z.B. mit den „harten" Abb. aus der *Isis* bei Brief 12 zu Blainville 1817 oder bei Brief 23 zu Baer 1823b.

doppelt angebrachten Figuren: Die Fig. 1-7 auf Tafel XXXIII. und Fig. 1 auf Tafel XXXII sehen sehr ähnlich aus; insofern war eine solche Verwechslung in den Entwürfen verständlich.

Nymphaea-Blatt: *Nymphaea* ist die rund 50 Arten umfassende Pflanzengattung der Seerosen. Der Botaniker NEES hat sich in der Eile vermutlich geirrt und meint „Nitzschia", entsprechend Tafel XXXII, Fig. 1-4.

Prof. Müller: Johannes MÜLLER (1801-1858) war 1826 (also im Jahr der Abfassung dieses Briefs) als außerordentlicher Professor für Physiologie nach Bonn gekommen. Die Stelle als Sekretär der Leopoldina (zusätzlich zu einer Tätigkeit als praktischer Arzt) nahm MÜLLER an, um sein spärliches Gehalt aufzubessern. Er erhielt für diese Tätigkeit jährlich 200 Taler aus dem Akademiefonds: Nees/Altenstein 2008, 31, Kommentar zu Nr. 3002. NEES' Erwartung, dass es mit MÜLLERs Unterstützung „leichter werden" würde, sollte sich nicht erfüllen (vgl. Brief 41; Bohley/Monecke 2004, 88).

Gramina Brasiliae: Nees 1829.

Die Mon. „Rubi ger.": NEES bezieht sich auf den Abschluss der (zunächst) in mehreren Teilen erschienenen Monographie zu den deutschen Brombeersträuchern, für die er BAER in mehreren Briefen um Material gebeten hatte (vgl. Brief 13 und 14 zu Nees/Weihe 1822-1827). Der Text ist mit 116 lateinischen bzw. 130 deutschen Seiten nicht sehr lang (wenn auch inhaltlich anspruchsvoll), doch der Druck hatte sich wegen des großen (auch finanziellen) Aufwands mit 49 ganzseitigen, teilweise kolorierten Kupfertafeln hingezogen. Ohne geduldige Subskribenten und Gönner wäre er nicht zustande gekommen. Dem Paderborner Oberlandesgerichtspräsidenten Diederich Friedrich Carl von SCHLECHTENDAL (1767-1842), dem Vater des Berliner Botanikers, wird ausdrücklich für die Unterstützung gedankt. Die Dedikation der „Schlusshefte" an ALTENSTEIN erfolgte kurz vor Weihnachten 1827: Nees/Altenstein 2008, Nr. 3028.

208 GRAMINEAE. PANICUM.

duplo fere brevior, trinervis; superior quinquenervis. Flos-
culi inferioris valvula inferior similis glumae superiori; superior minuta lanceolata. Caryopsis elliptica, acutiuscula,
laeviuscula vel obsolete rugulosa, pallide subfusca.

80. PANICUM DUBIUM.

P. panicula capillari obovata, rhachi ramificationibusque
pilosis, ramis erecto-patulis a basi fasciculatim divisis, spiculis ovato-ellipticis subgibbosis obtusis glabris, flosculo
neutro bivalvi, culmo ramoso nodisque glabris, foliis cor-
dato-lanceolatis amplexicaulibus basi utrisque vaginarum longe ciliatis.

Panicum biflorum, Lam. Illustr. g. n. 719.
Panicum dubium, Lam. Enc. meth. IV. p. 753. R. et
Sch. S. V. II. p. 450.
Panicum hydrophilum, Trin. in litt.

Media quasi est haec species inter Panica trichodes
et hirtum. (sp. 79 et 81.) — Caulis procumbens, basi repens,
geniculis pluribus crassis fuscis insignis, ramosus, teretius-
culus, crassitie pennae passerinae, striatus. Vaginae inter-
nodiis duplo fere breviores, arctae, striatae, oris longe ci-
liatae. Ligulae loco margo longe ciliatus. Folia fere a pol-
lices longa, basi semipollicem lata, acuminata, cordata,
amplexicaulia, glabra at in margine basin versus pilis strictis
tuberculis innascentibus ciliata. Panicula ad basin vaginata,
1½ - 2-pollicaris, erecta, ramis patulis flexuosis, a basi,
sed ramosiuscule, divisis, flavis; rhachi et axillis pilis spar-
sis vestitis. Spiculae figura et magnitudine spicularum Pa-
nici trichodis, glabrae. Gluma inferior longitudine
fere superioris, at multo angustior, lanceolata, acuta, trinervis; superior obovata, convexa, quinquenervis. Flos-
culi neutrius valvula inferior glumis paulo brevior, ovata, ob-
tusa, binervis. Caryopsis oblonga, pallida, laevis.

Habitat in insulis Franciae et Borbonia (Commerson,
Bory de S. Vinc.) — (Vidi s. in Herb. Willd. nomine Pa-
nici cuspidati, sed addito synonymo Lamarkiano.) — In
Brasila cultum? (Langsdorff. — V. in Herb. Trin.)

81. PANICUM HIRTUM.

P. panicula capillari obovata, rhachi patenti-hirsuta,
ramis erecto-patulis supra basin racemosis, ramulis uni-bi-
floris subsecundis, spiculis ovato-oblongis acutis nutantibus
demum hirtis, flosculo neutro bivalvi, culmo ramoso, basi

GRAMINEAE. PANICUM. 209

repente nodis vaginisque villosulis, foliis cordato-oblongis
amplexicaulibus basi ciliatis.

Panicum hirtum, Lam. Enc. meth. IV. p. 741. R. et
Sch. S. V. II. p. 456. (excl. syn. Anthenanthia vil-
losa, in Mant. II. p. 25. citato.) Spr. S. V. I. p. 319.
n. 257. (loco alienissimo.)
Panicum acutifolium, Willd. Herb. (ab Humboldt.)

A. Panico trichode, cui proximum est, discedit:
foliis basi latioribus cordato-amplexicaulibus, inferne longe
ciliatis; panicula ultra vaginas extremi folii parum exserta,
bipollicari circiter, densa, obovata; rhachi communi pilis
patentibus hirsutissima; ramis alternis approximatis erecto-
patulis, capillaribus quidem et glabris, neque vero statim
ad basin fasciculatim ramosis, sed spatio quodam a basi ra-
cematim florigeris; pedicellis brevibus tenuibus glabris ere-
ctis subsecundis, inferioribus bifloris, superioribus unifloris; spiculis dimidio majoribus ovato-oblongis acutis; (nec
obovatis reetiusculis.) Gluma inferior superiore paulo
brevior at multo angustior, plana, oblonga, acuta;
trinervis, membranacea, flosculo inferiori appressa, (unde
deorsae eam potavit Lamarckius); superior ovata, acuta,
convexa, quinquenervis. Flosculus masculus bivalvis, valvula inferiori superiore parum minori, ovata, acuta, dorso
plana membranacea glabra, lateribus herbacea, quinquenervi,
nervis lateralibus approximatis. Hermaphroditus illo dimidio brevior, ovatus, obtusus, bivalvis. Caryopsis ovato-
trigona, acuta, scabriuscula, alba.

Habitat in Guyana australi (Lam., Herb. Willd.) —
In montosis editioribus provinciae Missarum generalim et in
campis udis ad civitatem Pará provinciae Paraënsis. ⊙

82. PANICUM SCIUROTIS.

P. panicula capillari obovata, rhachi ramisque patenti-
hirsutis, ramis erecto-patulis a basi dense fasciculato-ra-
mosis; pedicellis unifloris, spiculis oblongis acutis glabris;
flosculo neutro bivalvi, caryopsi laevi, culmo ramoso basi
repente nodis hirsutis, vaginis ciliatis basi e tuberculis hirsutis, foliis cordato-oblongis acuminatis utrinque subvillosis.

Panicum sciurotis, Trinius Herb.

A praecedentibus tribus differt praesertim ramis pani-
culae densissime fasciculatis, caule firmiore, foliis e basi
cordata oblongis acuminatis amplexicaulibus, nec medullari
versus latioribus, spiculis glabris; a Panico trachy-
spermo (vid. sp. 84.) panicula hirsuta et caryopsi laevi. —

FLORA BRASIL. II.   14

Beispielseite mit Beschreibung verschiedener Hirse- bzw. *Panicum*-Arten.
Nees 1829, 208-209

Meyer: Es handelt sich um den Botaniker Ernst MEYER (1791-1858), der 1826 in Königsberg die Nachfolge EYSENHARDTs als Direktor des botanischen Gartens angetreten hatte.

Motterby: NEES hatte den Königsberger Arzt wenige Wochen zuvor in Bonn kennengelernt, vgl. Brief 35.

Nicolovium: Identität nicht sicher zu klären. Der bedeutende preußische Ministerialbe-
amte, Bildungspolitiker und enge Vertraute ALTENSTEINs, Ludwig NICOLOVIUS
(1767-1839), war NEES und BAER natürlich bekannt; er hat jedoch – soweit man
weiß – seine Heimatstadt Königsberg 1825 das letzte Mal besucht, vgl. ADB 23
(1886), 635-640; NDB 19 (1999), 210-211. Auch hätte NEES wohl ein „Oberregie-
rungsrat" vor seinen Namen gesetzt. Infrage kämen daher Söhne von ihm: Sein dritter Sohn Georg Ferdinand NICOLOVIUS (1800-1881) wurde Oberforstmeister in
Frankfurt an der Oder. Er hatte im Sommer 1821 und im Winter 1821/22 in Bonn
studiert und dort vielleicht fachliche Kontakte zu NEES geknüpft. Anfang 1825 legte
er sein Examen ab und trat im April eine Stelle als Referendar in Danzig an, die er
zur Zeit der Abfassung dieses Briefes noch innehatte, vgl. Hess 1885, 253. Der

jüngste Sohn Alfred Berthold Georg NICOLOVIUS (1806-1890) hatte 1826 in Berlin das Studium der Rechtswissenschaften begonnen. Diese Studien setzte er aber erst 1828 in Bonn (dann in Göttingen) fort, 1831 Promotion zum Dr. jur. in Göttingen. 1832 Habilitation in Königsberg, dort 1834 ao. Prof., 1835 Rückkehr nach Bonn; vgl. ADB 52 (1906), 616-617. Über die beiden ältesten Söhne Friedrich Heinrich Georg (1798-1868) und Georg Friedrich Franz (1797-1877) ist nichts Näheres bekannt. Bei allen Familienmitgliedern sind wiederholte Besuche am „Familiensitz" natürlich möglich und wahrscheinlich. – Daneben lebte jedoch auch ein Friedrich NICOLOVIUS (1768-1836), bis 1818 renommierter Verleger und Buchhändler, in Königsberg; bei ihm ist z.B. die 4. bis 6. Auflage von HAGENs pharmazeutischem Lehrbuch (Hagen 1778) erschienen. Obwohl 1826 nicht mehr als Geschäftsmann tätig, stand er weiterhin mit vielen Gelehrten in Kontakt und war wegen seiner umfangreichen und wertvollen Privatbibliothek eine gesuchte Adresse. Er dürfte hier am ehesten gemeint sein.

Rubus affinis (obsolet statt *R. fruticosus L.*). Nees/Weihe 1822-1827, Tafel IIIb

Brief 37
Nees an Baer, Bonn, 10. Januar 1827

Nachweis: UB Gießen, Nachlass BAER, Bd. 16.
Seiten: 1 Seite, ohne Anschrift.
Format: 1 Blatt, ca. 21 x 24 cm.
Zustand: Stempel „Bibliothek der Ludwigs-Universität Gießen" über dem Text; Risskante links, leicht ausgefranste und eingerissene Ränder

Jan 1827[a]

Nr. 7.[b]

Hier liebster Freund folgt T. XXX. Ich habe nur die Unterschrift berichtigt, sonst nichts verglichen, und überlaße dieses Ihnen. Die Correcturen von T. XXXII. und XXXI. sind angekommen u. besorgt. Sie werden im Wesentlichen leicht seŷn, aber die Manir, (welche Engels nach Ihrer Vorschrift Nitschen's Figuren nachgebildet hat) läßt sich in T. XXXII nicht mehr ändern, ohne alle Haltung zu zerstören. Ich glaube übrigens nicht, daß jemand die Thiere gerade gestrichelt sehen wird, wenn er bedenkt, dass die Puncte in diser Manir (aber nicht mit der Roulette, sie sind frey radirt) durchaus in Reihe stehen müßen. Die Figuren sind etwas groß, und zerstreute Puncte würden ein fleckiges Aussehen verursacht haben. Der Fehler ist eigentlich, dass die Puncte zu groß und die Reihen zu weitläufig sind. Aber Engels arbeitet flüchtig, und es ist nicht möglich, ihn zu größrem Fleiße zu bringen; er verdirbt dann alles. Hier schadete das Muster, und Sie haben schon aus T. XXXI. gesehen, dass ich ihn[c] davon wieder umgelenkt habe.

Mein Anstreichen unter Limnaei[d] etc bedeutete bloß, für Engels, schlechte Buchstaben. Ich notire dergl. gleich, weil man's leicht vergißt.

Der Druck steht bei den Cercarien. Treulichst

Ihr

Nees v. Esenbeck

Bonn
d 10. Jan. 27.

Anmerkungen: [a] – Vermerk von unbekannter Hand, wie Brief 36; [b] – nicht von NEES' Hand, andere Schrift als Datierungsvermerk, möglicherweise zur Ordnung einer Sammel-Postsendung; [c] – „ihn" nachträglich eingefügt; [d] – geändert aus „Limnaeo".

Kommentar:

T. XXX: Bucephalus polymorphus (wörtlich „vielgestaltiger Rindskopf" wegen der „Hörner") und „chaotisches Gewimmel aus Muscheln" (Fig. 28). Bzgl. letzterem bringt BAER in seiner Autobiographie eine Gegendarstellung zu kritischen Äußerungen von seinem Fachkollegen RASPAIL, der ihm vorgeworfen hatte, Flimmerhärchen mit Kleinstlebewesen verwechselt zu haben (Baer 1866, 454-457, vgl. Brief 42):

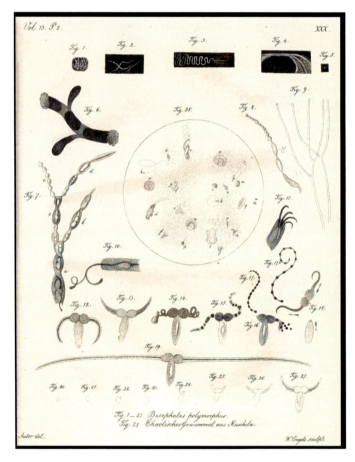

Bucephalus polymorphus und „Chaotisches Gewimmel aus Muscheln" (im Kreis).
Baer 1827a, Tafel XXX

Engels: Über den Bonner Kupferstecher, mit dem NEES auch in eigenen Publikationen zusammengearbeitet hat (z.B. bei Nees/Weihe 1822-1827), erfährt man hier erstmals auch problematische Seiten.

Nitschen's Figuren: Der Hallenser Ordinarius für Zoologie Christian Ludwig NITZSCH (1782-1837) hatte sich mit der Anatomie der Vögel beschäftigt (z.b. Nitzsch 1811 mit 2 Kupfertafeln) und gerade 1826 den letzten Teil einer kleinen Serie von Beiträgen im 11. Band von [*Meckels*] *Deutschem Archiv für die (Anatomie und) Physiologie* herausgebracht; zuvor Bd. 1 (1815) 3, 321-333; Bd. 2 (1816) 3, 361-380; Bd. 6 (1820) 2, 234-269, ohne Abbildungen. NEES dürfte sich wegen der verwandten Thematik jedoch auf Nitzsch 1817 mit sechs Kupfertafeln beziehen, die allerdings weniger detailreich als die von BAER sind (dessen Tafel XXXI mit Zerkarien bei Brief 33, S. 184; vgl. auch umseitig Tafel XXIX, S. 202):

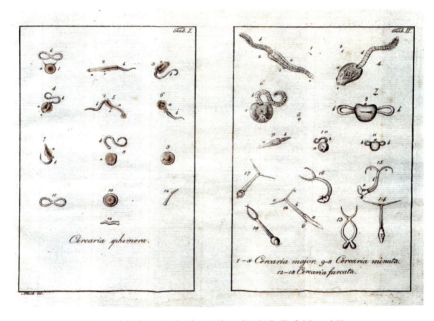

Verschiedene Zerkarien. Nitzsch 1817, Tafel I und II

T. XXXII: Abbildung bei Brief 36, S. 195.

mit der Roulette: Werkzeug für den Kupferstich in Crayon-Manier (vgl. Brief 35).

Anstreichen unter Limnaei: Diese Gattung aus der Familie der Schlammschnecken wird heute *Lymnaea* geschrieben. Gemeint ist die Tafel XXIX nach S. 604 von Baer 1827a, darauf die Figuren 23 und 24 (hier S. 202). Auf der Platte erläutert: „Fig. 23-24 Chaetogaster Limnaei"; bei der Erklärung der Tafel auf S. 604: „Fig. 23. Chaetogaster Limnaei. Fig. 24. Ei desselben".

schlechte Buchstaben: Vermutlich wegen des Zusammendrängens der Schrift am seitlichen Plattenrand, siehe hierzu die Abbildung auf der nächsten Seite.

Cercarien: *Cercarien* sind Saugwurmlarven in einem bestimmten Entwicklungsstadium. Gemeint ist BAERs Beitrag *Über Zercarien, ihren Wohnsitz und ihre Bildungsgeschichte, so wie über einige Schmarotzer der Schnecken.* Der Beitrag ist der 3. Teil von Baer 1827a auf den S. 605-659, hierzu die Tafeln XXIX und XXXI. Die von BAER dort vorgeschlagene neue Bezeichnung *Chaetogaster* für eine Gattung der „Wenigborster" (*Oligochaeta*) aus dem Stamm der Ringelwürmer (*Annelida*) wurde beibehalten; auch der Sonderfall von Parasitismus bei *Chaetogaster limnaei* [heute *Ch. l. vaughini*] bestätigt BAERs Beobachtungen.

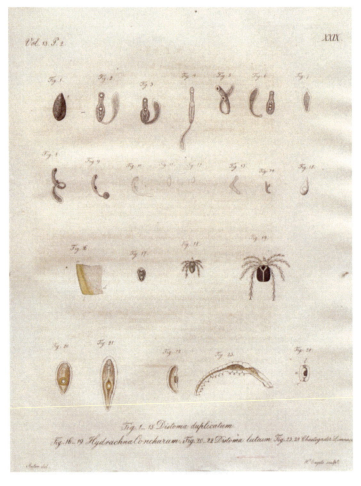

Zerkarien und Schmarotzer von Schnecken.
Baer 1827a, Tafel XXIX

Brief 38
Elisabeth Nees an Baer, Poppelsdorf, 11. Januar 1827

Nachweis: UB Gießen, Nachlass BAER, Bd. 16.
Seiten: 3 Seiten + Anschrift auf S. 4.
Format: 1 Blatt, ca. 26 x 21 cm (halber Bogen), in der Mitte zu 4 schmalen Seiten
              gefaltet.
Zustand: Kleiner Rechteck-Stempel „Bibl. d. L.U. Gießen" auf S. 1; auf der An-
              schriftseite Teile des Siegels; hier und S. 3 kleiner Ausriss am Rand durch
              das Erbrechen des Siegels.

[S. 4 = Rückseite von S. 3, Anschrift quer geschrieben].
An
Herrn Professor von
Baer
Zu
Königsberg

[S. 1]
                                              P.ᵃ d. 11ᵗᵉⁿ Januar. 27.

Sie schlagen meine Würksamkeit mir in jedem Sinne zu hoch an mein
Freund! Ich habe wenig zu Ihren Gunsten, aber gewiß gar nichts zu Ihrem
Nachtheil gethan.

D'Alton seh und spreche ich gar nicht; eben so wenig habe ich mit Andern von Ihren Verhältnißen zu ihm gesprochen, und so glaube ich verbür-
gen zu können daß ihm durch mich nichts von Ihren, an mich gerichteten,
Fragen Kund geworden ist. – Mit dem in Berlin gestorbenen Vetter hat es
zwar seine Richtigkeit, wie es jedoch mit seinen Aufträgen [S. 2 = Rückseite
von S. 1] an Sie bestellt war, steht dahin.

Den Zettel an meinen Mann habe ich nicht abgegeben, weil ich glaubte
es käme mehr darauf an daß Ihre Fragen beantwortet würden, als wie sie es
würden.

Sie batenᵇ mich unlängst um Vokoridas Addreße. Ich selbst habe keine.
In einem Buche von Dʳ Iken in Bremen, der über den Zustand der Neugriechen, namentlich Ihrer Schulanstalten, geschrieben, fand ich seiner gedacht. Vokoridas war eine Zeit lang in Bukarest (oder [S. 3] Yaßi) Professor der Beredtsamkeit.

So viel für Heute; das Schreiben wird mir etwas schwer, denn eine Un-
päßlichkeit hält mich schon geraume Zeit gefangen.

Gott sey mit Ihnen, am Pregel, oder an den Ufern der Newa!
                                              Elisabethe N. v. E.

[Nachtrag:]
Schicken Sie mir keine Briefe mehr durch Pr. Müller, wenn Sie ihm privat
schreiben.

Anmerkungen: [a] – P. für [Schloss] Poppelsdorf. Es gibt keine postalischen Vermerke;
der Brief ist wahrscheinlich mit NEES' Brief vom 10.01. (Brief 37) und den Tafeln
nach Königsberg geschickt worden. [b] – aus „fragten" geändert.

Kommentar:

meine Würksamkeit: Es ist unklar, worauf sich BAERs Vermutung in einem nicht erhaltenen Brief stützte, Elisabeth NEES habe zu seinen Gunsten (oder seinem Nachteil?)
in Bonn (?) interveniert. Dass sich BAER zu dieser Zeit konkret um ein Ordinariat
außerhalb Königsbergs bemüht hätte, ist nicht bekannt.

D'Alton: Das Verhältnis BAERs zu dem nunmehr in Bonn als Ordinarius für Natur-
und Kunstgeschichte wirkenden D'ALTON war zwiespältig, obwohl er die aus der
Würzburger Zeit stammenden Kontakte weiter pflegte (vgl. Brief 23), teils aus persönlichen Gründen, teils weil BAER seine fachliche Kompetenz als Anatom nicht
recht einschätzen konnte, obwohl er D'ALTONs „sehr ausgezeichnetes Künstler-
Talent" (Baer 1866, 197) bewunderte. Hier könnten die im Gießener BAER-
Nachlass erhaltenen Briefe BAER-D'ALTON näheren Aufschluss geben. Auch Elisabeth NEES stand – wie dieser Brief und die früheren Briefe 16 und 17 zeigen –
D'ALTON distanziert gegenüber.

in Berlin gestorbenen Vetter: Die Identität dieses Mannes konnte bisher nicht eruiert
werden. Daher lässt sich auch zu den „Aufträgen" an BAER nichts sagen; Elisabeth
NEES zweifelt den Vorgang offensichtlich ohnehin an.

Vokoridas: Einer der drei in Brief 2 erwähnten griechischen Studenten, mit denen
BAER und das Ehepaar NEES in Sickershausen engeren Kontakt gepflegt hatten.
BAER nennt ihn als einzigen der drei Griechen in seiner Autobiographie namentlich
(VOGORIDES) und hebt seine „mannichfache Bildung" hervor (Baer 1866, 203).
Ein A-thanasios BOGORIDES (1788-1826 [!]) ist nachgewiesen unter
http://thesaurus.cerl.org/record/cnp00407774 (05.10.2012); die abweichende
Schreibung erklärt sich durch die Aussprache des „B" als „V", aber das Todesjahr
stimmt nicht zu Brief 39.

D$^{\ell}$ Iken: Karl Jacob Ludwig IKEN (1789-1841) beschäftigte sich als einer der ersten
Gelehrten in Deutschland mit neugriechischer Literatur und Kultur (Iken 1822) und
bezog öffentlich Stellung für den griechischen Freiheitskampf. Elisabeth NEES dürfte auf IKENs Arbeiten durch NEES aufmerksam geworden sein, der zu jener Zeit
selbst an Übersetzungen neugriechischer Dichtungen mitarbeitete bzw. deren Herausgabe besorgte (Bohley 2003b, 81). Viele europäische Intellektuelle – am bekanntesten Lord BYRON – nahmen wie NEES großen Anteil am griechischen Auf-
stand gegen die Türkenherrschaft (1821-1829). Die Erwähnung von BOGORIDES bei
IKEN konnte nicht verifiziert werden, nur LIBERIOS erscheint im Verzeichnis der

neugriechischen Autoren (Iken 1827, 2. Bd., 155); IKEN hat auch die Briefe von KANELOS herausgegeben (Kanelos 1825).

Yaßi: Für „Jassy", heute Iaşi. Etwa 400 km nördlich von Bukarest gelegen, damals Hauptstadt des Fürstentums Moldau und als Sitz einer aufstrebenden Hochschule kultureller Mittelpunkt der Region. Die Pflege der neugriechischen Kultur war dort ein besonderer Schwerpunkt (Iken 1822, 88-89).

Der Metropolit GERMANOS von Patras segnet am 25. März 1821 im Kloster Hagia Lavra die Flagge der aufständischen Griechen. Ölgemälde (1865) von Theodoros VRYZAKIS (1814-1878)

Pregel: Fluss in Ostpreußen, an dessen Ufer Königsberg liegt.

Newa: St. Petersburg liegt an der Neva. BAER war im Dezember 1826 zum korrespondierenden Mitglied der Kaiserlichen Akademie der Wissenschaften zu St. Petersburg ernannt worden (Raikov 1968, 128). Offenbar trug sich BAER daraufhin ernsthaft mit dem Gedanken, Königsberg zu verlassen und an die Kaiserliche Akademie

zu wechseln (und hatte das im Vertrauen auch Elisabeth NEES mitgeteilt); der Um-
zug erfolgte – nach einem kurzen Intermezzo 1830 (vgl. Brief 46) – aber erst 1834.
Wohl deshalb gab er auch dort zuerst seine berühmte Entdeckung des „Säugetier-
Eies" bekannt, die er noch im Jahr 1827 machen sollte.

Pr. Müller: Der Physiologe und Anatom Johannes MÜLLER war zwar damals in gewisser Weise ein Konkurrent BAERs auf dem Weg zu einem Ordinariat, was aber der
gegenseitigen Hochschätzung und dem brieflichen Austausch keinen Abbruch tat.
Die Bitte von Elisabeth NEES ist umso bemerkenswerter, wenn sie auf eine mög-
lichste Verminderung privater Kontakte zu MÜLLER hinauslaufen sollte, da dieser ja
genau in dieser Zeit Sekretär ihres Mannes wurde (vgl. Brief 36); vielleicht möchte
sie aber auch eine Trennung wegen der „Registratur" (vgl. Brief 43).

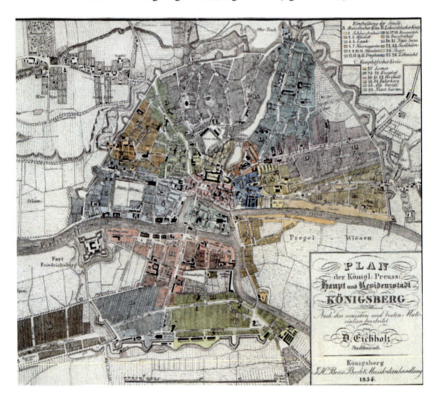

Plan der Königlich Preussischen Haupt- und Residenzstadt Königsberg (1834).
Kolorierte Lithographie.
Der Butterberg mit Botanischem Garten, Anatomie und Zoologischem Museum ist
links nördlich des Pregel erkennbar (orange).

Brief 39
Elisabeth Nees an Baer, Kettenhof bei Frankfurt, 03. August 1827

Nachweis: UB Gießen, Nachlass BAER, Bd. 16.
Seiten: 3 Seiten + Anschrift auf der Rückseite von S. 3.
Format: 1 Blatt, ca. 42 x 25,5 cm.
Zustand: Kleiner Rechteck-Stempel „Bibl. d. L.U. Gießen" auf S. 1; Kanteneinrisse
              sowie siegelbedingter Ausriss auf S. 3 unten bzw. S. 4 rechts; Tinte schlägt
              stark durch.

[S. 4 = Rückseite von S. 3; Anschrift quer geschrieben:]
An
Herrn Professor von
Baer
zu
Königsberg
in Preußen
[links daneben:] wohnhaft auf dem Butteberg.
[darunter, schräg:] freÿ
[Oben links verwaschener Poststempel, rund:] FRANKFURT 1.[!]/AUG. 1827
[Rechts neben der Anschrift bzw. bei Einfaltung auf der Rückseite des Briefs beschä-
digter Stempel:] Berlin 4 AUG
[darüber kleiner Rundstempel:] N 8/8 I

[S. 1]
Kettenhof bey Frankfurt a/M den 3ten August. 27.

Sie äußerten in Ihrem vorigen Briefe den Wunsch, das Land Ihrer Jugend
einmal wiederzusehen; ich denke an Sie, indem mir die Erfüllung dieses
eignen, längst gehegten Wunsches zu Theil wird. Seit mehreren Wochen
befinde ich mich hier auf einer alten Besizung meiner Familie, allein mit
meinen beyden kleinen Mädchen. Niemand als der Pächter bewohnt mit
mir das weitläufige Haus, u. so lebe ich, ohnweit einer grosen geräuschvol-
len Stadt in einer tiefen Einsamkeit. Auf diesem Hofe habe ich die frohen
Tage meiner Kindheit durchlebt, derb, kräftig, und ohne städtische Ver-
wöhnung; ich glaube daß ich mich dadurch für eine zweite höhere Kindheit
die ich in der Einsamkeit von Sikershausen zugebracht, mag vorbereitet
haben. Was zwischen jener und heute liegt kann ich vergeßen, es ist ohne
Bedeutung für mich. Unwürdig glaube ich nicht meine Tage zu durchle-
ben, aber für mein Herz? – Ich könnte einigen Stellen Ihres Briefes, anstatt

der Antwort, die Frage zurückgeben: „Glaubst du daß ich auf Rosen liege?" Ich sollte nicht klagen und will es nicht, denn vor vielen hat mich noch immer der Himmel begünstigt; wo ein lichter Stern mir erlosch dämmerte schon ein anderer daneben auf; ja ich habe einen Zustand lieb gewinnen lernen den ich eine göttliche Trauer nennen möchte, die höher ist als alles was das Leben[a] bietet; nur die Natur ist ewig groß und ewig schön und ich werde Gott für mein Daseyn danken so lange das Blau des Himmels mich entzükt und die Bäume freundliche Gespräche mit mir führen!

Ich wollte von Ihnen sprechen als ich diesen Brief anfieng, und wurde durch die Schönheit meiner Umgebung zu ganz anderen Dingen verlokt.

Darf ich, wie in früherer Zeit, mir in dem Rath Ihrer Gedanken eine Stimme anmaaßen? Sie sind nicht glüklich in Königsberg; Sie können die Foderungen an das Leben noch nicht aufgeben und sich mit Entsagung waffnen wollen, dazu sind Sie zu jung; wäre es nicht denkbar daß Sie auf eine deutsche [S. 2 = Rückseite] Universität übergiengen? Es wird Ihnen in Königsberg wohl schwerlich je beßer zu Muthe werden; die Probezeit hat schon zu lange gedauert.

Ich höre freilich daß die Regierung nur ungern die Lehrer von dort wegnimmt, weil nicht jeder neu gewählte Fremde das Klima gut vertragen soll. Aber einen Versuch gält es doch wohl, und was heute nicht gelingt kann ja doch dem fortgesezten Bemühen bey etwa erledigten Stellen auf andren Universitäten des Königreichs gelingen. Oder ein Anderes. Man sagt daß Schubert von Erlangen nach München gehe. Wäre es unmöglich für Sie einen Ruf nach Erlangen zu erhalten? Auch wenn Sie nicht gehen wollen, soll ein Ruf ja doch von großem Nuzen seyn.

Lächeln Sie nicht und zürnen Sie mir nicht. Vielleicht hätte ich besser gethan Ihre Fragen zu beantworten, als ungefragt mich auf Dinge einzulaßen die ich eigentlich nicht beurtheilen kann. So vergessen Sie es denn.

Von Würzburg, von Franken weiß ich wenig. Rau allein schreibt noch hie u. da. Vor vier Jahren war ich dort; aus der Ferne sah ich das rothe Dach meines Hauses, seine Schwelle betrat ich nicht. Ich möchte die Erinnerung unverfälscht behalten. Döllingern fand ich heiter und genial wie immer. Fritz Laubreis, den Sie als kleinen Knaben kannten, wohnte damals bey Döllinger um das Gymnasium zu besuchen; seine Eltern waren von Mainbernheim weg, nach einer andren Gegend des Würzburgischen versezt worden. Unsre naive [S. 3] Sängerin fand ich noch, jetzt ist sie in Koburg verheyrathet, nachdem eine hoffnungslose Leidenschaft auch über dieses heitre Daseyn ihre Verfinsterung gebreitet hatte. Philippine Mayer (Müller) lebt sehr vergnügt mit Mann und Kindern in Castell, (wohin ein

früher Morgenspaziergang mit Pander mich einst führte). Nur von Wertheim, von Breisky's habe ich nie mehr sprechen hören. Haben Sie nach unsern Griechen sich wohl umgesehen? Kanellos starb an der Pest, Liberios kämpft im Peleponnes, und Vokoridas lebt u. schreibt in Paris. So viel konnte ich erfahren.
Gott sey mit Ihnen und gebe Ihnen ein heitres Herz.

Elisabethe N. v. E.

[Nachtrag:]
In diesen Tagen kehre ich an den Rhein zurük.

Anmerkung: [a] – aus „die Erde" geändert.

Kommentar:

Butteberg: Hier wird erstmals BAERs Privatadresse genannt; BAER hatte bei Amtsantritt eine Dienstwohnung in der Chirurgischen Klinik neben der Anatomie erhalten (Baer 1866, 224; Raikov 1968, 47). Der Butterberg ist eine markante Erhebung in Königsberg (auf der Karte S. 206 links nördlich des Pregel erkennbar [orange unterlegt]). Der 90 Meter hohe Turm der dort ehemals gelegenen Neuroßgärter Kirche aus dem 17. Jahrhundert diente den Haffschiffern als Landmarke. 1795 wurde dort auch ein Telegraph aufgestellt, der eine Meile weit „korrespondieren" konnte. Außerdem waren dort seinerzeit die Sternwarte der Universität, das Zoologische Museum sowie der Botanische Garten angesiedelt. Die Kliniken sowie die Anatomie lagen direkt östlich der Neuroßgärter Kirche.

N 8/8 I: Während sich 8/8 leicht erkennbar auf das Datum (8. August) bezieht, dürfte N I eine Bestätigung des Umfangs der Sendung sein (N für *numerus*), die nur „ein Stück" umfasste, was für die meisten anderen Briefe auch gilt. Dagegen war Brief 33 offenbar Teil einer Doppelsendung.

Kettenhof: Der aus mehreren Gebäude(gruppe)n bestehende Kettenhof lag westlich vom Frankfurter Stadtzentrum; der Straßenname „Kettenhofweg" (die Verlängerung der Bockenheimer Landstraße, damals Bockenheimer Chaussee, nach Westen) erinnert heute noch an ihn. Der Kettenhof – von 1690 bis 1877 in Besitz der Patrizierfamilie GÜNTERRODE – ist in der Literaturgeschichte berühmt, weil sich dort Karoline VON GÜNDERODE (1780-1806) mit ihrem Liebhaber, dem Heidelberger Philologen Friedrich CREUZER (1771-1858), traf.

Besizung meiner Familie: Diese Besitzung lag in unmittelbarer Nähe des Kettenhofs bzw. bildete einen Teil der zugehörigen weitläufigen Liegenschaft. Durch diese Nachbarschaft kannten sich Elisabeth VON METTINGH und Karoline VON GÜNDERODE seit ihrer Kindheit.

mit meinen beyden kleinen Mädchen: Elisabeth NEES verreiste öfter mit ihren Töchtern Emilie Elisabetha Franziska („Emmi", damals knapp 10 Jahre alt) und Julia (damals 8 Jahre alt), vgl. z.B. auch Nees/Altenstein 2008, Nr. 3055 vom 18.11.1828.

Der Kleine Kettenhof bei Frankfurt am Main (1857).
Ölgemälde von Heinrich Adolf Valentin HOFFMANN (1814-1896)

„Glaubst du daß ich auf Rosen liege?": Damals bekanntes Zitat, zugeschrieben dem
  gemarterten letzten Aztekenherrscher GUATIMOZIN (um 1500-14.02.1524) als Er-
  mutigung für seinen ebenfalls gefolterten und darob klagenden Minister, berichtet
  in: *Ueber Grausamkeit und Verfolgung* (Fortsetzung). Göttingische Nebenstunden 2
  (1778) 29. Woche [18. Juli], 341-348, hier 341; zit. z.B. bei Brandes 1810, 40.
  WIELAND soll mit diesem Hinweis Sophie DE LA ROCHEs Klagen über versäumte
  Italienreisen zurückgewiesen haben: Böttiger 1838, 244.

nicht glüklich: Zu den um diese Zeit beginnenden persönlichen Querelen zwischen
  BAER und BURDACH, die im Zuge der gemeinsamen Arbeit an dem von BURDACH
  herausgegebenen Handbuch *Die Physiologie als Erfahrungswissenschaft* (Burdach
  1826-1828) teilweise eskalierten und BAER zur forcierten Abfassung seiner Monographie *Über Entwickelungsgeschichte der Thiere* als „Konkurrenzunternehmen"
  veranlassten (Baer 1828a), vgl. Raikov 1968, 93-100, sowie die Autobiographien
  Burdach 1848, 378-379, und Baer 1866, 304-305 und 331-338. Auch BAERs
  Bemühungen um ein embryologisches Spezialinstitut kamen nicht voran: Schmuck
  2009, 143-144.

Entsagung: Immer wieder hat BAER offenbar ernsthaft an einen Rückzug auf sein väterliches Landgut gedacht, vgl. schon Brief 16.

Probezeit: BAER war zwar schon ordentlicher Professor für Zoologie (damals aber ein
  kleines Nebenfach), arbeitete jedoch in der Anatomie weiterhin unter BURDACH als
  Prosektor und damit als Assistent – eigentlich eine Position, die für einen Lehrstuhl

vorbereiten sollte und nicht auf Dauer vorgesehen war. Ein Aufstieg zum Leiter der Anatomischen Anstalt erfolgte allerdings zum 1. Januar 1828, weil BURDACH sich nur noch auf die Physiologie konzentrieren wollte (Raikov 1968, 47).

ungern die Lehrer von dort wegnimmt: Den Versetzungen stand nicht das Klima entgegen (weder das meteorologische noch das gesellschaftliche), sondern die unbeliebte Randlage Königsbergs. Man war in Berlin froh, dort überhaupt die Stellen besetzt zu haben. Vgl. hierzu Riha/Schmuck 2010.

Schubert: Der auf vielen naturwissenschaftlichen Gebieten versierte und auch naturphilosophisch interessierte Gotthilf Heinrich VON SCHUBERT (1780-1860) wechselte 1827 als Prof. für Allgemeine Naturgeschichte von Erlangen nach München. In Erlangen hatte er die Fächer Zoologie, Botanik und Mineralogie vertreten, von denen BAER nur in ersterer ausgewiesen war, auch wenn er sich in den beiden anderen Fächern auskannte.

Rau: Ambrosius RAU, Professor der Naturgeschichte, Forstwissenschaft und Ökonomie in Würzburg, der zum damaligen Freundeskreis gehört hatte.

Döllingern: Professor für Anatomie und Physiologie in Würzburg, damals gerade im Wechsel nach München begriffen. Über DÖLLINGER hatte BAER NEES überhaupt erst kennengelernt.

Fritz Laubreis: Sohn das damals in Mainbernheim tätigen Kreisarztes, mit dessen Frau Franziska NEES gegen Ende der Sickershauser Zeit eine Affäre hatte (vgl. Brief 6, 7, 8, 9, 11, 12).

Unsre naive Sängerin: Aus dieser Zeit und mit diesen biographischen Angaben ist keine Sängerin in den gängigen Nachschlagewerken verzeichnet, daher nicht zu ermitteln.

Philippine Mayer (Müller): Die Familie des Kammerrats MAYER aus Mainbernheim ist in Brief 6 erwähnt und gehörte in der Sickershausener Zeit zum engeren Freundeskreis. Als verheiratete MÜLLER ist Philippine dann in den Nachbarort gezogen.

Castell: Als diese Briefe geschrieben wurden, war Castell Hauptort der gleichnamigen Grafschaft im bayrischen Untermainkreis, zwei Meilen von Kitzingen entfernt, am

Rand des Steigerwalds und am Fuß des zerstörten alten Bergschlosses und Stamm-
hauses der Grafen gelegen, mit 90 Häusern, 460 Einwohnern, einem schönen (neu-
en) Schloss mit Garten, einer Kirche und Weinbau: Stein 1. Bd. (1818), 716-717.

Wertheim/Breisky's: D'ALTON hatte 1817 mit seiner Familie in Wertheim gewohnt.
NEES pflegte auch die Bekanntschaft mit anderen Wertheimer Familien, nachgewie-
senermaßen mit der Familie WIBEL und der Familie BREIS(S)KY, aus der Franziska
LAUBREIS stammte, vgl. Brief 9. Die Familie scheint sich auch rezenten genealogi-
schen Nachforschungen zu entziehen. Laut freundlicher Auskunft des Staatsarchivs
Wertheim vom 10.10.2012 sind – abgesehen vom Jahr der Heirat Franziskas (1808,
vgl. Brief 12) – keine Lebensdaten zu ermitteln. In Akteneinträgen nachgewiesen
sind vier Personen: Leutnant BREISKY, seine Frau (verwitwet seit spätestens 1804),
die Tochter Franziska und ihr Bruder, der ebenfalls eine militärische Laufbahn ein-
schlug und in badischen Diensten stand.

unsern Griechen: Die drei griechischen Studenten, die zum Sickershauser Freundeskreis gezählt und sich dann auf verschiedene Weise für den griechischen Freiheitskampf engagiert hatten. Dazu und zu BOGORIDES Brief 38, vgl. auch Kanelos 1825.

DÖLLINGERs Wohnhaus: Würzburg, Rückermainhof,
1716-1719 erbaut von Joseph GREISSING (1664-1721)

Brief 40
Elisabeth Nees an Baer, Poppelsdorf, 17. November 1827

Nachweis: UB Gießen, Nachlass BAER, Bd. 16.
Seiten: 4 Seiten + Anschrift auf S. 4.
Format: 1 Blatt (halber Bogen), ca. 26 x 21,5 cm, in der Mitte zu 4 schmalen Seiten
         gefaltet.
Zustand: Kleiner Rechteck-Stempel „Bibl. d. L. U. Gießen"; Reste des zerbrochenen
         Siegels ober- und unterhalb der Anschrift.

[S. 4, Anschrift unter dem Text, quer dazu geschrieben:]
An Herrn Professor
Baer
Hochwohlgebohrn
zu
Königsberg
[Links daneben, schräg:] freÿ 16
[Poststempel rechts neben „Professor":] BONN 19. NOV.
[Darüber bzw. auf der Rückseite des gefalteten Briefes kl. Rundstempel:] N 28/11 I

[S. 1]

Poppelsdorf d. 17ten Novbr. 27.

Sie haben mir in Geschäftssachen einiges Zutrauen bewießen, und dies ist für eine Frau immer schmeichelhaft; ich werde mich daher bemühen durch schnelle Beantwortung Ihrer^a Fragen dies Zutrauen zu recht fertigen.

Ihre Briefe an Borÿ und Savignÿ waren liegen geblieben, weil eine sechsmonatliche Krankheit des Secretairs der Akademie, Prof. Müller, die laufenden Geschäfte ziemlich in Stoken brachte. Wie ich höre hat Ihnen Müller, auf meine Anregung dieser Sache, selbst darüber geschrieben. Mein Mann bittet ihn wegen dieser Nachläßigkeit zu entschuldigen; – wie es denn so geht, haben sich einmal zwey Personen in ein Geschäft getheilt, so geschieht in der Regel weniger als wenn durch Einen alles muß besorgt werden. Den Exemplaren Ihrer Abhandlung, die an Sie abgingen, will mein Mann ein Briefchen beygelegt haben. Ihre Anzeige der richtigen Ankunft dieser Exemplare, ist angelangt.

[S. 2 = Rückseite von S. 1] Die Acta würden schon früher ausgegeben worden seyn, wenn nicht ein Versäumniß des Hr v. Martius Schuld an der Verzögerung geworden wäre. Vermuthlich wartet man nun nicht länger, und sie werden erscheinen.

Von d'Altons Pünktlichkeit in Geldangelegenheiten wird Niemand viel zu rühmen wißen. Seine Grundsäze hierüber sollten Ihnen noch von[b] Franken her bekannt seyn. Wie er die Menschen zu seinen Zwecken gebraucht, so schaltet er auch über ihre Börsen. Sein Sohn ist seit Kurzem in Berlin angestellt als Zeichner bey der Anatomie.

Panders fortdauerndes Übelbefinden geht mir sehr nahe. Ich glaube nicht daß er lange leben wird. Wenige Menschen haben mir einen so ungetrübten Eindruk wahrer Seelenschönheit hinterlassen als er. Ich würde es für eine Lüke in meinem Leben halten ihn nicht kennen gelernt zu haben.

Wenn Sie nicht nach Deutschland wollen, so wundere ich mich daß Sie nicht Petersburg [S. 3] dem Aufenthalt in Königsberg vorziehen. Eine Stadt wie Petersburg muß, wie mir dünkt, unendlich viel darbieten, sowohl für Lebensgenuß als auch[c] für Bereicherung des Geistes. Petersburg würde mich mehr anziehen als Paris und London.

Gedenken Sie Lappland in botanischer Hinsicht zu bereisen, oder um des Landes und der Menschen willen? Gehen Sie nicht an Norwegen vorüber; dort muß die Natur großartiger seyn wie irgend wo im Norden, vielleicht auch wie im europäischen Süden. Wäre ich ein Mann so würde ich Island und Norwegen zu besuchen trachten. Dorthinaus liegt die mythische Welt für Deutschland.

Nach Berlin komme ich nicht im folgenden[d] Herbst, obwohl mein Mann wahrscheinlich hin geht und das Wiedersehen mit meinem Bruder mir sehr erquiklich wäre. Dennoch komme ich nicht.

Der Winter naht heran und bringt die alten Leiden mit. Seit ich vor zwey Jahren an einer Lungenentzündung darnieder lag, ist meine [S. 4 = Rückseite von S. 3] Brust sehr angegriffen; die Winde sind hier scharf, und die Entfernung von der Stadt unbequem. Hätte ich doch nie gedacht daß ich von dieser Seite zu leiden hätte; jetzt aber weiß ich sehr genau, durch welche Thore der Tod bey mir einziehen wird.

Ich bin auch hierüber ruhig, allerdings; doch thun Sie Unrecht mich um diese Ruhe des Gemüthes allzu sehr zu beneiden. Sie ist mich etwas hoch zu stehen gekommen.

Gott befohlen!

E.

Anmerkungen: [a] – aus „dieser" geändert; [b] – „von" aus „aus" geändert; [c] – „auch" nachträglich eingefügt; [d] – aus „kommenden" geändert.

Elisabeth NEES an BAER, Brief vom 17.11.1827, erste Seite

Kommentar:

freÿ 16: Das Porto, das Elisabeth NEES bei diesem Brief übernommen hat, betrug 16
  Silbergroschen aufgrund der großen Distanz zwischen Bonn und Königsberg (das
  Maximum innerhalb Preußens lag bei 19 Sgr.). Das Porto war gestaffelt nach Ent-
  fernung und Gewicht der Sendung: Stephan 1859 und http://de.wikipedia.org/wiki/
  Postgeschichte_und_Briefmarken_Preu%C3%9Fens (05.06.2012).

Geschäftssachen: i.S.v. „dienstliche Angelegenheiten".

Borÿ: Mit dem französischen Naturforscher Jean Baptiste BORY DE SAINT-VINCENT (1780-1846) verband BAER damals vor allem das gemeinsame Interesse an Botanik.

Savignÿ: Marie Jules Cesár Lelorgne DE SAVIGNY (1777-1851) war als Spezialist für Insekten und Würmer ausgewiesen, was zu BAERs laufenden Arbeiten über Wirbellose passte; darüber hinaus war SAVIGNY auch in der Botanik bewandert. Im Findbuch zum BAER-Nachlass in Gießen sind weder Briefe von noch an BORY oder SAVIGNY erwähnt.

sechsmonatliche Krankheit: Wegen Überarbeitung fiel NEES' neuer Sekretär, der Physiologe Johannes MÜLLER, schon relativ kurze Zeit nach Übernahme dieser Aufgabe für rund ein halbes Jahr lang aus, vgl. hierzu auch Nees/Altenstein 2008, 58, Kommentar zu Nr. 3024 vom 07.12.1827: Im Frühjahr 1827 hatte MÜLLER eine Art von „Hypochondrie" befallen, woraufhin er sich auf Anraten seiner Ärzte bzw. Fakultätskollegen auf eine längere Erholungsreise begab. Etwa im August war er wieder gesund und kehrte Ende September nach Bonn zurück, um dort im Oktober seine Amtsgeschäfte wieder aufzunehmen.

hat Ihnen Müller … geschrieben: Gemeint ist der Brief vom 12.11.1827, in dem es heißt: „In Beziehung auf Ihre letzte Anfrage, bin ich beauftragt, Ihnen im Namen unseres Präsidenten zu antworten, dass die Extraabdrucke Ihrer Abhandlung für Savigny und Bory de S. Vincent mit den hierzu gehörigen Briefen besorgt sind" (Hagner 1992, 147-148).

Ihrer Abhandlung: Sonderdrucke zu Baer 1827a.

Ein Briefchen/Ihre Anzeige: Beides nicht erhalten.

ein Versäumniß des Hr v. Martius: NEES' alter Bekannter und Kooperationspartner MARTIUS war im Jahr zuvor Ordinarius für Botanik in München geworden. Dort leitete er zusammen mit DÖLLINGER im September 1827 die „Versammlung deutscher Naturforscher und Ärzte". Auf dieser war beschlossen worden, die *Acta* der Leopoldina als Publikationsforum für die kleineren lokalen Vereinigungen zu öffnen (was nicht geschah); dieses von MARTIUS gefertigte Protokoll sollte eigentlich in der 2. Abteilung des XIII. Bandes der Nova Acta abgedruckt werden, ließ aber zu lange auf sich warten und wurde separat beigelegt (Nees/Altenstein 2008, 57-58, Nr. 3024 vom 07.12.1827, und 65-66, Nr. 3027 vom 21.12.1827). Zu Verzögerungen, an denen MARTIUS beteiligt war, kam es auch wegen der Kupferplatten zu den beiden von ihm und NEES neu beschriebenen Pflanzengattungen *Fridericia* und *Zollernia*, die das ebenfalls für diesen Band vorgesehene „Programm" anlässlich der Protektoratsübernahme durch FRIEDRICH WILHELM III. diesem zu Ehren schmücken sollten (Nees/Altenstein 2008, Nr. 3012 vom 22.06.1827; Nr. 3021 vom 13.08.1827 u.ö., Reproduktion der Farbtafel von *Fridericia Gulielma* ebd., 89).

d'Altons Pünktlichkeit: Vgl. schon Brief 2 und 26.

Sein Sohn: Johann Samuel Eduard D'ALTON (1803-1854) war 1827 (also im Jahr der Abfassung des Briefes) Lehrer für anatomisches Zeichnen an der Akademie der

Künste in Berlin geworden, wo er künstlerische Begabung und anatomische Kenntnisse – wie zuvor sein Vater – miteinander verbinden konnte; im Ergebnis stand
schließlich die Kooperation von Vater und Sohn in d'Alton/d'Alton 1838 auf der
Basis von Studien in Paris 1827.

Panders fortdauerndes Übelbefinden/lange leben: Zu PANDERs chronischem Leiden
schon Brief 26. PANDER ist entgegen dieser düsteren Einschätzung doch immerhin
75 Jahre alt geworden.

Petersburg: Die erste konkrete (Sondierungs)Reise nach der Ernennung 1826 zum korrespondierenden (und 1828 zum ordentlichen) Mitglied der Kaiserlichen Akademie
der Wissenschaften erfolgte erst Ende 1829. Elisabeth NEES hat ein etwas verklä-
rendes Russland-Bild, das auch in NEES' frühen Briefen durchscheint; BAERs Ehefrau dagegen wehrte sich vehement gegen eine Übersiedelung dorthin (Raikov
1968, 147-148).

Lappland: BAERs bekannte Expedition in die russische Arktis (Novaja Zemlja und
Lappland) erfolgte erst von St. Petersburg aus; Berichte darüber finden sich u.a. in
der *St. Petersburger Zeitung* von 1837 sowie im *Bulletin scientifique* der St. Petersburger Akademie der Wissenschaften von 1837 (II, Nr. 15, 223-238; Nr. 16-17,
242-254; Nr. 20, 315-319) und 1838 (III/Nr. 6-7, 5-7 und 96-107; Nr. 8-9, 132-144;
Nr. 17, 171-192; Nr. 22, 343-352). Die Reisepläne von 1827 haben sich zunächst
zerschlagen. In der Autobiographie steht von solchen Überlegungen nichts, denn im
Jahr 1827 stand für BAER seine Entdeckung des „Säugetier-Eies" ganz im Zentrum.

die mythische Welt für Deutschland: Um diese Zeit waren die entsprechenden Dichtungen, besonders die *Edda*, erstmals herausgegeben worden und fanden beim gebildeten Publikum begeistertes Interesse: Rühs 1812 und damals gerade aktuell Heiberg 1827.

Nach Berlin: Die Jahresversammlung der deutschen Naturforscher und Ärzte fand im
September 1828 in Berlin statt (vgl. auch Brief 42). BAER hielt dort einen Vortrag
über *Formen-Änderungen in der Entwickelungsgeschichte des Individuums* (Hum-
boldt/Lichtenstein 1829, 26) und präsentierte von CHAMISSO aus Sibirien mitge-
brachte Mammut-Zähne (ebd., 41). NEES erscheint weder unter den Vortragenden
noch unter den Diskutanten, ist aber in der Teilnehmerliste eingetragen (ebd., Anhang, Blatt 11), zu den Reisekosten für die Bonner Professorengruppe z.B.
Nees/Altenstein 2008, Nr. 3054 vom 19.09.1828).

mit meinem Bruder: In Berlin ansässig war damals der (schon 1824 in den Ruhestand
versetzte) Geheime Legationsrat Menco Heinrich VON METTINGH (1780-1850)
(Zedlitz-Neukirch 1837). Er war 1813-1816 in Weimar als Diplomat tätig und ist
unter den Korrespondenten GOETHEs zu finden: Goethe 2000, 99; online unter:
http://ora-web.swkk.de/goe_reg_online/regest.vollanzeige_bio?id=44553&p_lfdnr=
0&s_par=me&n_par=1 (05.06.2012).

Winde: Vgl. schon Brief 16.

Brief 41
Nees an Baer, Bonn, 19. Januar 1828

Nachweis: UB Gießen, Nachlass BAER, Bd. 16.
Seiten: 3 Seiten + Anschrift.
Format: 1 Blatt, ca. 42 x 25,5 cm, in der Mitte zu 4 Seiten gefaltet, offizieller (dik-
            tierter) Brief auf der rechten Bogenhälfte.
Zustand: Stempel „Bibliothek der Ludwigs-Universität Gießen" auf den Seiten 2 und
            3. Auf der Anschriftseite (S. 4) gut erhaltenes Siegel oberhalb der Anschrift
            mit Randausriss gegenüber; große Wasserflecken.
Anmerkung: S. 1 und 2 bis auf den Namenszug der Unterschrift nicht von NEES' Hand
            (von Johannes MÜLLER; vgl. dessen Brief an BAER vom 20.01.1828 bei Hagner
            1992, 148-149); von NEES stammen der Nachtrag auf S. 3 und die Anschrift.

[S. 4 = Rückseite von S. 3, Brief-Außenseite des gefalteten Bogens:]
Herrn Profeßor etc D^r. von Baer,
Hochwohlgebohren
zu
Königsberg
Preußen
[Links daneben:] Allgem. U. S.
N.° 9.
[Rechts neben der Anschrift Poststempel:] BONN 21. JANR.
[Auf der Rückseite des gefalteten Briefes kleiner Rund-Stempel:] N 30/1 I

[S. 1]

Die Academie der Naturforscher beeilt sich, Ihnen anzuzeigen in Beziehung auf Ihre letzte Anfrage, daß die 2.1. Abth. des XIII Bandes schon
ausgegeben ist und auch Sie Ihr Exemplar nunmehr bald durch Sendung
des Buchhandels erhalten werden, wenn Sie uns vielleicht nicht lieber be-
auftragen, Ihnen durch Post ein Exemplar direct zuzusenden. Von den Extraabdrucken Ihrer Abhandlung besitzen wir keine Exemplare mehr, sonst
würde ein solches sogleich an Herrn Dr. Leuckart abgegangen seÿn; indessen ist Hr. D. Leuckart wohl schon jetzt des Bandes selbst ansichtig geworden, um so mehr er sich um die Schriften der Academie lebhaft intere-
ßirt. Wir bedauern sehr, dass Sie uns Ihre Abhandlung über Entwickelungsgeschichte vorenthalten wollen und ihr schon eine andere Bestimmung gegeben, freuen uns aber wieder, daß Sie uns dafür einigen Ersatz
geben wollen und sehen [S. 2 = Rückseite von S. 1] der uns versprochenen
Abhandlung über die Frucht der Süßwassermuscheln mit gespannter Erwartung entgegen.

Mit ausgezeichneter Hochachtung
Bonn am 19 Jan. 1828.
Der Präsident der Academie
Nees v. Esenbeck
[Unten links Adressvermerk:]
Herrn Profeßor Dr. von Baer
Hochwohlgeboren
zu
Königsberg.

[S. 3]
Lieber Freund

laßen Sie Grillen, als Folge[a] aus längerem persönlichem Schweigen etwas anderes, als daß ich nichts zu sagen habe. Ich bin und bleibe von Herzen der Alte, komme aber selten dazu, einen Freundschaftsbrief zu schreiben. Bitte, sondern Sie künftig, was die Akademie betrifft von allem Andern. Die Beantwortung und Eintragung der Briefe hat dann mehr Bequemlichkeit.
Ein Briefchen von Lisetten liegt bey.
Ganz
Ihr
Nees v. Esenbeck

Anmerkung: [a] – aus „folge" geändert.

Kommentar:

die 2.1. Abth. des XIII Bandes: BAER hatte die Sonderdrucke seines Beitrags (Baer 1827a) schon erhalten, bevor der Band XIII/2 der *Nova Acta* insgesamt vollständig gedruckt vorlag (vgl. Brief 40). Ob dies das übliche Vorgehen oder durch sein Drängen bedingt war, lässt sich schwer einschätzen. Jedenfalls wird deutlich, dass die Sonderdrucke unabhängig vom Sammelband unter den Fachkollegen zirkulierten. Auch das war ein Grund für den geringen Absatz der *Nova Acta* im Buchhandel.

Dr. Leuckart: Friedrich Sigismund LEUCKART (1794-1843) war damals als Privatdozent für Medizin und Naturgeschichte an der med. Fakultät in Heidelberg tätig und wurde 1828 in die Leopoldina aufgenommen. Er war als Spezialist für marine Wirbellose und Würmer ein kompetenter Adressat für Baer 1827a; es war z.B. soeben sein *Versuch einer naturgemäßen Einteilung der Helminthen* (Leuckart 1827) erschienen. BAER dürfte dadurch auf ihn aufmerksam geworden sein und darauf mit der Nachfrage bei NEES reagiert haben.

Ihre Abhandlung über Entwickelungsgeschichte: Baer 1828a ist als Monographie erschienen. Am 12.11.1827 war noch von einer Aufnahme in Band XIV/1 der *Nova Acta* die Rede, „wenn sie nicht zu viele Kupfertafeln hat" (Hagner 1992, 147).

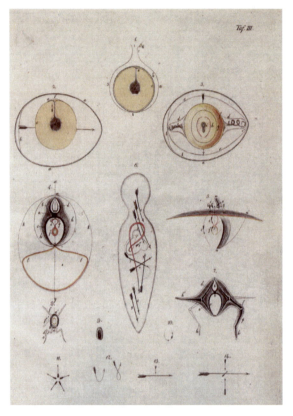

Tafel mit „idealen Abbildungen" zur Embryonalentwicklung der Wirbeltiere
als „Erläuterung der Scholien und Corollarien". Baer 1828a, Tafel III

Abhandlung über die Frucht der Süßwassermuscheln: In den *Nova Acta* erschien keine derartige Abhandlung von BAER. Baer 1830a und 1830b kamen in [Meckels] *Archiv für Anatomie und Physiologie* heraus.

Grillen: i.S.v. „Hirngespinste", „verschrobene Einbildungen". Der Satz „als Folge …" ist unvollständig, es wäre nach „etwas anderes" zu ergänzen „zu vermuten" o.ä.

sondern Sie künftig …: BAER hat auf diese Bitte offenbar erstaunt reagiert, deshalb folgt die Begründung für diesen Wunsch in Brief 43.

Ein Briefchen von Lisetten: Nicht erhalten.

Brief 42
Baer an Nees, o. O. [Königsberg], ohne Datum [zwischen 23.01. und 01.02.1828]

Nachweis: Leopoldina-Archiv, Halle/Saale, 28/03/01, o. Fol.
Seiten: 1 Seite + Anschrift auf der Rückseite.
Format: 1 Blatt, ca. 25 x 19,5 cm, je zweimal längs und quer auf ca. 12 x 9 cm gefaltet.
Zustand: Wachsreste am rechten Rand der Textseite; erhaltenes Siegel am unteren Rand der Anschriftseite; dreieckiger Siegelausschnitt am oberen Rand der Textseite.
Anmerkung: In lateinischer Schrift geschrieben, Duktus der Handschrift jedoch identisch mit Brief 29. Durch Heftung sind die letzten Zeilen der Nachträge am linken Rand schwer lesbar.

[S. 2 = Rückseite]
Herrn Professor
Dr. Nees v. Esenbeck, den Aelteren
Praesidenten der Akad. der Naturforscher
in
Bonn
[Links daneben:] Allg. U. S.
N/5
[Darüber Poststempel (zweizeilig):] KÖNIGSBERG PR
1. FEBR.

[S. 1]

Herzlichen Dank für Ihre Zeilen! Sie werden hoffentlich nicht von mir denken, daß ich erwarte Sie sollten mir schreiben wo nichts zu schreiben ist. Man hat mehr zu thun! Auch bin ich weder so eitel, daß ich meinte Männer die für die Wissenschaft arbeiten, würden mir[a] ihre Zeit opfern, noch so empfindlich, daß ich glaubte, Freunde[b] die mir gewogen sind, und die ich liebe und hochschätze, hätten sich geändert oder seyen mir gram, wenn sie mir nicht schreiben. Meine Gesinnung wenigstens ändert sich so leicht nicht und was das Nichtschreiben anlangt, so darf ich nur in den eigenen Busen greifen. Sehn Sie da ist Freund Pander! Der hat mir in 7 Jahren nicht mehr geschrieben als einige Zeilen in denen er verspricht mir nächstens mehr zu sagen –, hat mir auf heiße Bitte beßer für seine Gesundheit zu sorgen, z. B. nach Südfrankreich zu gehen nicht geantwortet hat[c] auf wißenschaftliche Fragen, die mich sehr intereßirten geschwiegen und doch – wenn Pander heute in die Stube träte würde ich ihm um den Hals fallen und eine ganze Stunde oder mehr weinen vor Freunde und eine zweite vor Trauer über seine Krankheit. So werde ich auch nie aufhören Sie von ganzem Herzen lieb zu haben – ich würde sonst zu viel verehren.

Ich wünschte nun am Ende des vorigen Jahres so bestimmt als möglich zu erfahren wann der versprochene[d] Band der Verh[andlungen] erscheinen würde weil Herr Raspail sich das Vergnügen gemacht hat, mich im Voraus zu widerlegen. Nur war mir die Anfrage selbst unangenehm, weil sie eine kindische Ungeduld zu verrathen schien. Ihnen dachte ich würde theils das Schreiben als Zeitaufwand theils die Frage selbst auch nicht angenehm seyn. Deshalb kleidete ich alles in einen Scherz und hoffte in der That Sie würden in dieser Form antworten. Leider hat nun Prof. Müller auf diese Frage mir keine Nachricht gegeben, obgleich ihre liebe Frau, die ich [ab hier Nachtrag am linken Rand, senkrecht zur Schreibrichtung] herzlich zu grüßen bitte.[e] Ich glaubete nun[f] die Sache sey noch nicht[g] zu bestimmen und habe in dieser Überzeugung Herrn Raspail bedient. Drei Tage vor Ankunft Ihres Briefes ist meine Expectoration an die Isis abgegangen. Dieses nur zur Nachricht. Auf diesen Brief, wenn er einer ist bitte ich mir die Antwort in Berlin nur wenn wir uns wiedersehen im September.[h]

Den Einschluß bitte ich Herrn Prof. Müller mitzutheilen. Er enthält keine Geheimnisse aber durch Ungeschicklichkeit einen offenen Brief an Müller.

Stets [?] d[er] Ihrige

[Bemerkung oben links von NEES' Hand:]
Beantw. mit dem Band
den 18. Febr. 28

Anm.: [a] – erster Buchstabe aus „o" korrigiert; [b] – „Männer" gestrichen, „Freunde" darüber geschrieben; [c] – danach „mir" [?] gestrichen; [d] – aus „versprochete" korrigiert; [e] – Satz unvollständig; [f] – aus „nur" korrigiert; [g] – danach „bestimmt" gestrichen; [h] – danach „Die" gestrichen.

Kommentar:

Ihre Zeilen ...: Bezogen auf den persönlichen Nachtrag von NEES zu Brief 41.

Freund Pander: BAERs Studienfreund Christian Heinrich PANDER war zu dieser Zeit wohl noch ordentliches Mitglied für Zoologie an der Kaiserlichen Akademie der Wissenschaften in St. Petersburg, jedoch bereits im Rückzug von dieser Position begriffen.

geschrieben: Knorre 1973b.

seine Gesundheit: PANDERs Krankheit, an der er seit seiner Expedition nach Buchara 1820/21 litt, wird im Briefwechsel häufig thematisiert, zuletzt in Brief 40.

Südfrankreich: Aufenthalte in mildem, südlichem Klima scheinen nicht nur bei Lungen-
leiden (wofür es in Bezug auf PANDER keinen sicheren Anhaltspunkt gibt), sondern
grundsätzlich bei chronischen Erkrankungen als Allheilmittel gegolten zu haben.

wißenschaftliche Fragen: Auch lange nach Abschluss seiner Dissertation (bis 1829)
arbeitete PANDER weiter intensiv an embryologischen Fragen (z.B. Knorre 1973b,
101-102), mit denen sich auch BAER befasste. Leider hat er jedoch nichts von diesen Untersuchungen veröffentlicht (vgl. Schmuck 2009, 95-97). BAER bekennt in
seiner Autobiographie, dass er stellenweise Schwierigkeiten hatte, die Ausführungen in PANDERs Doktorarbeit zu verstehen (Baer 1866, 296-299), und hat sicher
zumindest diesbezüglich nachgefragt.

der versprochene Band: Band XIII, Teil 2, der *Nova Acta* mit Baer 1827a war bereits
„am Ende des vorigen Jahres" gedruckt, nur der Versand an BAER verzögerte sich
durch Warten auf eine Buchhandelslieferung etwas, weil Porto gespart werden sollte, vgl. Brief 41.

Herr Raspail: Der französische Naturforscher
François-Vincent RASPAIL (1794-1878) war
nicht nur als Chemiker ausgewiesen, sondern
auch Spezialist in der Anwendung des damals noch nicht leicht handhabbaren Mikro-
skops (vgl. schon Brief 11) und insofern eine
ernst zu nehmende Autorität.

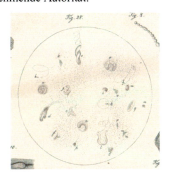

im Voraus zu widerlegen: Es geht um die systematische Einstufung von *Aspidogaster*
sowie insbesondere um die richtige Deutung des „chaotischen Gewimmels" im Inneren von Süßwassermuscheln (Baer 1827a, Teil II und Tafel XXX, S. 200 und
Ausschnitt oben); BAER sah kleine „Infusorien", RASPAIL nur körpereigenes Material. Die Auseinandersetzung mit RASPAIL beschäftigte den gegenüber Kritik sehr
empfindlichen BAER noch nach Jahrzehnten; vor allem wurmte es ihn, dass diese
Kontroverse sogar in ein Handbuch eingegangen war (Karl Theodor Ernst von Siebold: Parasiten [Anhang: Über Pseudoparasiten]. In: Rudolph Wagner: *Handwörterbuch der Physiologie*. 2. Bd. Braunschweig 1844, 692), noch dazu mit dem für
ihn nicht sehr vorteilhaften Zitat, dass er „lauter Fetzen, nichts als Fetzen" für Mik-

roorganismen gehalten habe. Deshalb gibt BAER in seiner Autobiographie eine Darstellung der Abläufe aus seiner Perspektive (Baer 1866, 454-457). Allerdings war RASPAIL 1866 keineswegs „längst todt" [S. 456], sondern lediglich nicht mehr wissenschaftlich, sondern politisch tätig). BAER bezieht sich hier in Brief 42 auf RASPAILs Forschungen zu dem Süßwasser-Moostierchen *Alcyonella*, die 1827 in drei wissenschaftlichen Gesellschaften in Paris präsentiert worden waren; darüber wurde „in allerlei Zeitschriften" berichtet, und nur diese Berichte kannte BAER zum Zeitpunkt des Briefes. Die Druckversion ist später im laufenden Jahr erschienen (Raspail 1828, hier 149-150 mit – respektvoller – Erwähnung BAERs).

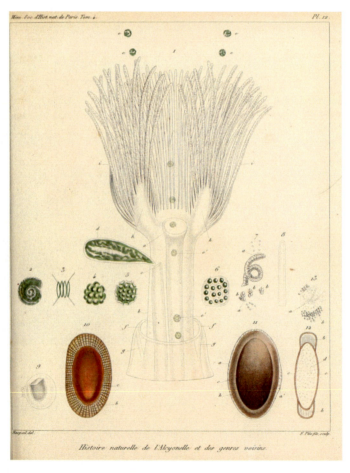

Alcyonella: Entozoen und körpereigenes Material. Raspail 1828, Tafel 12

kindische Ungeduld: BAER war mit einem gewissen Recht in Sorge, dass ihm bei der schnellen Entwicklung der Protozoenforschung ein Fachkollege mit seinen Erstbeschreibungen zuvorkommen könnte. So ließ er vorab in (FERUSSACs, vgl. Brief 34) *Bulletin des sciences naturelles et de géologie* eine knappe Vorankündigung ohne Titel, nur mit Auflistung und Kurzcharakterisierung der besprochenen Mikroorganismen, veröffentlichen (Baer 1826f). Auf diese hat RASPAIL (angeblich) voreilig reagiert; er könnte jedoch auch durch die schon vor dem Band zirkulierenden Sonderdrucke (vgl. Brief 41) genauere Kenntnis gehabt haben. – BAER wies auch explizit auf die lange Vorgeschichte der Publikation hin: „Mein Wunsch, sämmtliche Abhandlungen in ununterbrochener Reihenfolge in den Acten unserer Akademie der Naturforscher erscheinen zu lassen, hat den Abdruck derselben erschwert und verzögert. Eine Folge hievon war, dass sowohl eigne als fremde Untersuchungen Zusätze veranlassten, welche theils im Jahr 1825, theils im Sommer dieses Jahres vielen Stellen beigefügt sind. Königsberg, den 20ten August 1826. v. Baer" (Baer 1827a, 525-526).

Scherz: Brief nicht erhalten.

Expectoration: wörtlich „Auswurf". BAER bediente sich öfter dieser (nicht sehr schönen) Metapher, um emotional geprägte Repliken zu charakterisieren.

an die Isis: Baer 1828d mit einer Klarstellung der eigenen Position. RASPAIL gab BAER dann in seiner Antwort (Raspail 1829) hinsichtlich *Aspidogaster* recht, reagierte aber seinerseits insofern empfindlich, als er behauptete, BAER habe auf seine Publikation (Raspail 1828) hin die Darstellung modifiziert. Dies wies BAER dann in seiner Autobiographie zurück, da – wie schon gesagt – RASPAILs Arbeit ihm noch nicht gedruckt vorgelegen haben konnte (Baer 1866, 455-456).

im September: NEES und BAER nahmen im September 1828 an der von Alexander VON HUMBOLDT und Hinrich LICHTENSTEIN (1780-1857) organisierten Versammlung deutscher Naturforscher und Ärzte teil (Humboldt/Lichtenstein 1829, vgl. Brief 40). BAER bekam dort u.a. die Gelegenheit, seine 1827 gemachte Entdeckung des „Säugetier-Eies" erstmals der wissenschaftlichen Öffentlichkeit persönlich vorzustellen; die Monographie Baer 1827b wurde erst im Januar 1828, also etwa zur Zeit des Briefes, ausgeliefert und war bis zum Herbst noch nicht ernsthaft rezensiert worden. Obwohl BAER als Zuhörer kundige Anatomen und Zoologen hatte (z.B. Johannes MÜLLER, Jan Evangelista PURKYNĚ [1787-1869], Anders Adolf RETZIUS [1796-1860] und Eduard Friedrich WEBER [1806-1871]), die allerdings teilweise dem „Nachwuchs" zuzuordnen waren, war er über das Echo enttäuscht, was teilweise auch an den ungünstigen Präparierbedingungen bei dieser improvisierten Sitzung lag (Baer 1866, 321-322).

Herrn Prof. Müller: Johannes MÜLLER, noch Akademie-Sekretär bei NEES.

der Ihrige: Es fehlt in diesem Brief nicht nur der Adressat, sondern auch der Namenszug der Unterschrift. Vielleicht wurde dieses Schreiben gerade deshalb als einziger BAER-Brief in der Registratur der Leopoldina abgeheftet und blieb so erhalten. Die anderen Briefe BAERs hat NEES vermutlich als Privatschreiben verwahrt.

Beantw.: Brief 43.

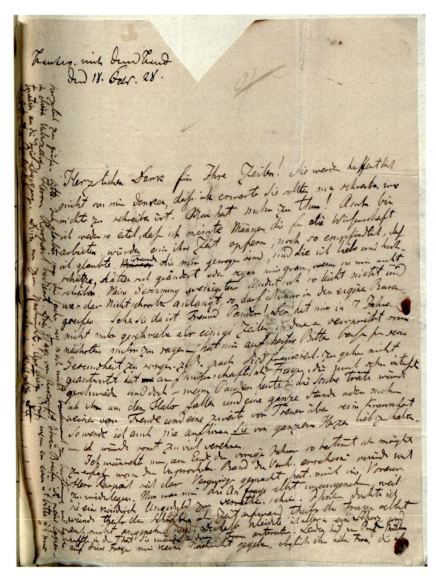

BAER an NEES, Brief vom Januar 1828 (Nr. 42).
Leopoldina-Archiv Halle, 28/03/01

Brief 43
Nees an Baer, Bonn, 18. Februar 1828

Nachweis: UB Gießen, Nachlass BAER, Bd. 16.
Seiten: 2 Seiten, ohne Anschrift.
Format: 1 Blatt, ca. 21 x 25,5 cm.
Zustand: Stempel „Bibliothek der Ludwigs-Universität Gießen" auf S. 1, oberes Drittel der Seiten leer.

[S. 1]

18 Febr 1828[a]

Lieber Freund!

Ich sende Ihnen hiebeŷ Ihr Exempl. der Acta. Laßen Sie keine Mißverständniße unter uns erwachsen, keine, von welcherley Art sie seŷen. Ich weiß, daß Sie[b] keine Ansprüche der Art machen, wie Sie sie bereits von und an Panders Beyspiel recht klar machen. Manchmal habe ich indeß wirklich das Bedürfniß, einem Freund bloß freundschaftlich zu schreiben, u. dann meŷn' ich, der Andre müße das spüren und mir mein Schweigen[c] verargen. So entsteht, worauf die Redensart paßt: qui s' excuse etc.

Wenn ich in akademischen Angelegenheiten Sonderung des Geschäftsbriefs[d] vom vertraulichern wünsche, so hat das eine Rücksicht, die Registratur; eine andre, dem Freund, der lang genug Profeßor ist, vertraubare. Ein College, der durch Bedürfniß, nicht aus Neigung, Privat Secretair eines andern Profeßors wird, welcher Präsident heißt, u. dem der Minister, gewiß in guter Meinung, äußerte, er schätze ihn um meiner Freundschaft für ihn und um meiner Empfehlung willen, ein solcher Profeßor, der sich noch dabeŷ gefeŷert sieht und selbst feŷert, kann mein Freund nicht seŷn. Das ist unmöglich. Ich muß ihm danken, wenn er mich nicht anfeindet. Sapienti sat.

Was mein Briefschreiben anbelangt, so laborire ich jetzt schon seit Januar an Schreiben an hohe Häupter, und deren Genoßen. Der Ordnung der Dinge nach [S. 2 = Rückseite] bey Überreichung der Bände hat jeder Band neben dem Hauptschreiben auch noch diesen und jenen Nebenbrief an den Überreicher etc p. Das ist ein lästiges Geschäft und verleidet mir recht das Briefschreiben.

Ich höre, daß Sie Aussichten nach Pb. haben. Was man von der neuen Gehalts Einrichtung der Akademiker hört, ist nicht unerfreulich.

Pander sollte nach Bonn ziehen; das Klima würde ihn heilen.

Grüßen Sie mein Pathchen.

Ihr

Nees v. Esenbeck.

Bonn
d 18. Febr. 28.

Anmerkungen: [a] – Vermerk von unbekannter Hand, wie Brief 37; [b] – „Sie" aus „sie"
geändert; [c] – „mein Schweigen" nachträglich eingefügt; [d] – erster Buchstabe aus „B"
korrigiert; [e] –

Kommentar:

Ihr Exempl. der Acta: Band XIII, Teil 2, war seit Dezember 1827 fertig, wurde aber
erst jetzt nach und nach ausgeliefert.

Ansprüche/Panders Beyspiel: Bezogen auf die trotz PANDERs seltenen Schreibens bestehende Freundschaft, wie in Brief 42 geschildert.

qui s' excuse: Für „qui s'excuse s'accuse": „wer sich entschuldigt, klagt sich an".

Registratur: Die Eingangspost wurde mit Sachbetreff eingetragen. Gerade im Hinblick
auf die heikle Portofrage war eine unscharfe Trennung NEES wahrscheinlich pein-
lich.

Ein College: Johannes MÜLLER (siehe Brief 36). Er hat auch den förmlichen Brief 41
geschrieben, den NEES (deswegen) mit einem persönlichen Nachtrag versehen und
selbst nochmals adressiert hat. Dieser Brief erläutert die dort gemachte Bitte um
Trennung von Dienstlichem und Privatem.

Bedürfniß: MÜLLER hat die Stelle nur aus Geldmangel angenommen, weil sein Extraordinariat mit 400 Talern jährlich miserabel und eher symbolisch dotiert war
(Nees/Altenstein 2008, 30, Kommentar zu Nr. 3002 vom 02.01.1827). NEES zeigt
sich mehrfach verständnisvoll dafür, dass die Sekretärsarbeit MÜLLER nicht gefällt,
z.B. Nees/Altenstein 2008, Nr. 3028 vom 21.12.1827 und Nr. 3055 vom
18.11.1828.

der Minister: ALTENSTEIN.

der sich noch dabeÿ gefeÿert sieht: MÜLLERs gründliche, mit acht Kupfertafeln aus-
gestattete Arbeit über das Sehen (Müller 1826, Abb. s.u.) war gut angenommen
worden, und auch das kurze Lehrbuch der Physiologie (Müller 1827) war ein Erfolg.

Sapienti sat: „Genug für den Verständigen"; gleiches Zitat in Brief 26.

hohe Häupter, und deren Genoßen: NEES meint hier seine Begleitschreiben zu dem
neuen Band der *Nova Acta,* von dem Belegexemplare an verschiedene Herrscher-
häuser und Ministerien zu versenden waren. Sie sind Dank für finanzielle und ideel-
le Unterstützung, dienen als Tätigkeitsnachweis und sollen zu einer Fortsetzung der
Zuwendungen ermuntern, z.B. Nees/Altenstein 2008, Nr. 3029 vom 22.12.1827
(Begleitbrief an ALTENSTEIN) oder Nr. 3040 vom 22.2.1828 (Zit. d. Begleitbriefs an
FRIEDRICH WILHELM III.).

Aussichten nach Pb.: Die Kaiserliche Akademie der Wissenschaften in St. Petersburg hatte sehr positiv auf das an sie gerichtete *Sendschreiben* BAERs mit der Mitteilung der Entdeckung des Säugetier-Eies (Baer 1827b) reagiert. (Wahrscheinlich) Unabhängig davon und nahezu gleichzeitig hatte BAER eine Anfrage des einflussreichen Leibarztes TRINIUS erhalten, ob er – als Nachfolger PANDERs, der bereits seinen Rückzug angekündigt hatte – Interesse an einer Position an der St. Petersburger Akademie hätte (Baer 1866, 346-347); BAER wurde 1828 als ordentliches Mitglied aufgenommen.

neuen Gehalts Einrichtung: Es war geplant, die Gehälter an der Kaiserlichen Akademie zu verdoppeln. Wegen Kursverlusten betrug das Einkommen derzeit „nur wenig mehr als 700 Thaler". BAER erhielt im Laufe des Jahres 1828 die persönliche Zusage für ein doppeltes Gehalt, unabhängig von der Grundsatzentscheidung für die Akademie (Baer 1866, 347-348); damit bekam er das für Ordinarien auch im Deutschen Reich Übliche (NEES erhielt in Bonn 1500 Taler, in Breslau dann 1300 mit einer späteren Zulage von 100 Talern: Nees/Altenstein 2009b, 95). BAER nahm daraufhin den Ruf an, eine konkrete Sondierungsreise trat er jedoch erst Ende 1829 an, vgl. Brief 46.

Klima: Vgl. Brief 32, wo NEES schon mit Bezug auf den tuberkulosekranken EYSENHARDT das günstige Bonner Klima hervorhebt (anders Elisabeth NEES in Brief 40). Auch ALTENSTEIN gegenüber lobte NEES fast gleichzeitig die gegenüber Berlin mildere Witterung in Bonn, z.B. Nees/Altenstein 2008, Nr. 3041 vom 22.02.1828.

Pathchen: BAERs zweiter Sohn Karl, vgl. Brief 26.

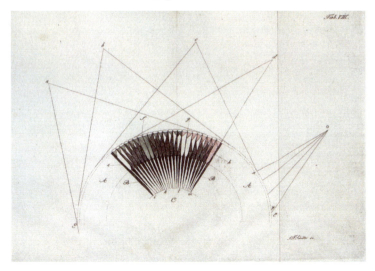

Strahlengang des Lichts im Auge. Müller 1826, Tafel VIII

Brief 44
Nees an Baer, Bonn, 23. April 1828 (Drucksache)

Nachweis: UB Gießen, Nachlass BAER, Bd. 40.
Seiten: 1 Seite mit Anschrift.
Format: 1 Blatt, ca 21 x 25 cm.
Zustand: Ränder eingerissen.
Anmerkung: Es handelt sich um eine Drucksache. Die Anschrift unter dem gedruckten
             Text ist handgeschrieben, aber nicht von NEES selbst (andere Schrift als
             Brief 41 und 45). Nachträgliche Foliierung „18" oben rechts.

Wir zeigen unsern geehrten Herren Correspondenten hiedurch an, dass die Kaiserliche
Leopoldinisch-Carolinische Akademie der Naturforscher für ihre Correspondenz innerhalb der Königl. Preussischen Staaten Portofreyheit erhalten hat.

   Zu dem Ende müssen aber die, an die Akademie gerichteten Briefe und Päcke der
Postbehörde entweder offen oder *sous bande* übergeben, und mit dem Zusatz: Angelegenheiten der Kaiserl. Akademie der Naturforscher versehen werden.

   Hierauf aufmerksam zu machen, ist der Zweck dieser Mittheilung, welche wir gele-
gentlich weiter zu verbreiten bitten.

   Bonn den 23. April 1828.

                                     Der Präsident der Kaiserl. Leopold.-Carol.
                                           Akademie der Naturforscher
                                            NEES v. ESENBECK.

An

[handschriftlich, von unbekannter Hand:] Herrn
Profeßor Dr. von Baer
Hochwohlgeborn
zu
Königsberg

Kommentar:

Portofreyheit: Die Portofreiheit wurde zunächst nur für ein Jahr bewilligt (vgl. hierzu
Nees/Altenstein 2009a, 225). Die von der Leopoldina aufzuwendende Summe für
diesen Posten betrug auch nach der Befreiung jährlich noch 100 bis 250 Taler (Röther 2009, 47). Dabei schlug der Versand der *Nova Acta* durch die Entfernungs- und
Gewichtsabhängigkeit der Gebühren (Scharf 1859) beachtlich zu Buche. Vgl. zu
diesem Thema bereits Brief 22 und 23, Antrag in Nees/Altenstein 2008, Nr. 3038
vom 29.01.1828.

Zu dem Ende: i.S.v. „Um diese Portofreiheit zu erhalten".

sous bande: Die Verpackung „unter Streif- (bzw. Kreuz)band" war eigentlich für
Drucksachen, Kataloge oder Zeitungen üblich und ermöglichte das leichte Öffnen
der Sendung zu Kontrollzwecken.

Brief 45
Nees an Baer, Bonn, 23. August 1828

Nachweis: UB Gießen, Nachlass BAER, Bd. 40.
Seiten: 1 Seite mit Anschrift.
Format: 1 Blatt, ca. 21 x 26 cm.
Zustand: Leichte Einrisse am unteren Rand.
Anmerkung: Gleiche Hand wie Brief 41, eigenhändige Unterschrift von NEES. Nachträgliche Foliierung „19" oben rechts.

Indem ich Ihnen anzeige, daß die Academie der Naturforscher das ihr von Ihnen zugedachte kostbare Geschenk, Ihre Arbeit über die Gefäßverbindung zwischen Mutter und Frucht bei den Säugethieren erhalten, statte ich Ihnen hiefür im Namen der Academie meinen verbindlichsten Dank ab, um so mehr ich über den Gehalt und die große Verdienstlichkeit dieser Untersuchungen in herzlicher Theilnahme freue [!]
Kaiserl. Leopold. Carol. Academie der Naturforscher
Bonn d. 23. Aug. 1828

Der Praesident
Nees v. Esenbeck

Herrn Profeßor
Dr. von Baer
Hochwohlgeboren
zu
Königsberg

Kommentar:

Ihre Arbeit über die Gefäßverbindung ...: Baer 1828b. Es handelt sich um eine 30 Seiten umfassende Festschrift in repräsentativem Folioformat, die von der Medizinisch-physikalischen Gesellschaft zu Königsberg initiiert worden war. In deren Namen gratulierte BAER auf diese Weise dem bedeutenden Anatomen und Embryologen SOEMMERING mit einem dessen Lebenswerk angemessenen Thema zum goldenen Doktorjubiläum. BAER hat der Bibliothek der Leopoldina ein Belegexemplar zukommen lassen (Sign. Le 6750. 2°, ohne Widmung). Der Anlass, der im ganzen deutschen Sprachraum gefeiert wurde, wird auch in NEES' sonstiger Korrespondenz thematisiert: Nees/Altenstein 2008, Nr. 3045 vom 20.05.1828.

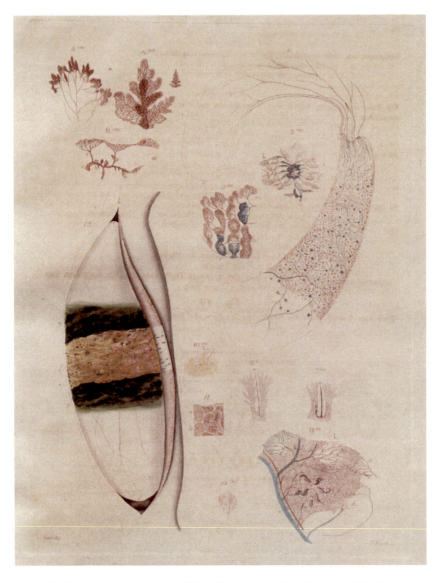

Tafel zur Erläuterung der Gefäßverbindung zwischen Mutter und Frucht.
Abbildung zu Baer 1828b

Brief 46
Nees an Baer, Bonn, 31. März 1830

Nachweis: UB Gießen, Nachlass BAER, Bd. 40.
Seiten: 1 Seite + Anschrift.
Format: 1 Blatt, ca 20 x 25 cm.
Anmerkung: Drucksache mit Unterschrift, handschriftlichen Ergänzungen des Vor-
            drucks und Adressierung von NEES. Nachträgliche Foliierung „20"
            rechts oben.

[S. 2 = Rückseite]
Herrn Professor und
Academiker etc D^r. von Baer,
Hochwohlgebohren
Zu
St. Petersburg

[links daneben, wegen Platzmangel klein und eng geschrieben:]
Durch Bote [?], nebst einem Band der N. Acta Vol. XIV .P. 2.

[S. 1]
Herrn [handschriftlich:] Professor D^r. v. Baer, Hochwohlgebohren zu St. Petersburg

Ew. [handschriftlich:] Hochwohlgebohrn

benachrichtige ich hierdurch, dass ich meine bisherige Stelle in Bonn gegen die Professur der Botanik zu Breslau mit höchster Genehmigung vertauscht habe und die Geschäfte der Akademie der Naturforscher daselbst eifrigst zu besorgen fortfahren werde.

Die Bibliothek der Akademie bleibt unter der Aufsicht des ersten Secretairs und
Bibliothekars der Akademie, Herrn Professors *Goldfuss*, in ihrem bisherigen Locale zu
Bonn, auch habe ich, zur Bequemlichkeit der Correspondenten der Akademie, Sorge
getragen, dass die Einsendungen nach Gefallen der Sender entweder nach Bonn oder
nach Breslau gerichtet werden können.

An die Stellen der beiden, der Akademie durch den Tod entrissenen Adjuncten, des
Geheimen Raths Ritters von *Soemmerring* und des Professors Dr. *Rau*, habe ich zwei
neue Adjuncten aus der Mitte der Akademie erwählt, worüber ich von Breslau aus das
Nähere zur öffentlichen Kenntniss bringen werde.

Bonn den 31. Merz 1830.

                                                                Nees v. Esenbeck

[handschriftlicher Nachtrag:]

Ich bitte, mit herzlicher Begrüßung, diese Verlegung meines Wohnorts zur Kenntniß der Mitglieder in Rußland bringen zu wollen.
Treulichst
                                                          Nees v. Esenbeck

Kommentar:

Academiker ... zu St. Petersburg: BAER war am 20.12.1826 auswärtiges Mitglied, am 09.04.1828 ordentliches Mitglied der dortigen Kaiserlichen Akademie der Wissenschaften geworden. Zur Zeit des Briefes sondierte er in St. Petersburg die Arbeitsbedingungen, konnte sich aber noch nicht zu einem Wechsel entschließen, zumal seine Ehefrau über diese Perspektiven zutiefst unglücklich war. BAER wurde daher am 28.10.1830 auswärtiges Ehrenmitglied und erst wieder vom 11.04.1834 bis zum 27.10.1862 ordentliches Mitglied (ab 02.11.1862 Ehrenmitglied): Vgl. Schmuck 2009, 144, Anm. 150, mit Verweis auf http://www.ras.ru/win/db/show_per?P=.id-49760.ln-ru.dl-.pr-inf.uk-12. Das hier abgebildete Gebäude barg die Bibliothek (und die Kunstkammer), die BAER bei seinem Aufenthalt in Augenschein nahm, und bildet noch immer das Logo der Russischen Akademie der Wissenschaften. Zu BAERs Zeiten war die Akademie selbst schon überwiegend im klassizistischen Neubau nebenan untergebracht (Abb. bei Brief 51, S. 255).

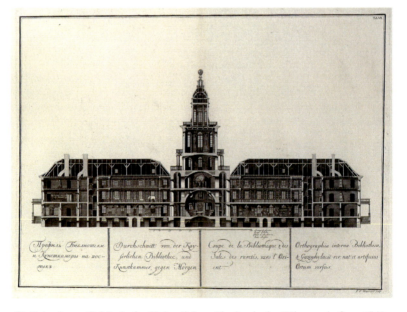

St. Petersburg, Gebäude der Kaiserlichen Akademie der Wissenschaften, 1741.

meine bisherige Stelle ... vertauscht: Im Gegenzug kam der Breslauer Botaniker Ludolph Christian TREVIRANUS (1779-1864) nach Bonn; NEES zeigt ALTENSTEIN seine Ankunft in Breslau am 05.05.1830 an (Nees/Altenstein 2008, Nr. 3088). Der unter großem Entgegenkommen des Ministeriums unbürokratisch durchgeführte Ämtertausch war seitens NEES' privat motiviert, um eine Scheidung von seiner Ehefrau zu erreichen, die in Bonn nicht möglich war, da nach dem dort (auch) geltenden französischen Recht eine über 20 Jahre bestehende Ehe, aus der Kinder hervorgegangen waren, nicht getrennt werden konnte. NEES gründete mit Marie HÜLLMANN (vgl. Brief 17), die sich seinetwegen ebenfalls hatte scheiden lassen, in Breslau einen neuen Hausstand und heiratete sie 1834 (hierzu Bohley 2003b, 85-90). Im Briefwechsel Nees/Altenstein 2008 bezieht sich besonders Brief Nr. 3076 vom 10.10.1829 auf NEES' Trennungspläne, die er mit einer über Jahrzehnte entwickelten Entfremdung begründet. Sein außereheliches Zusammenleben mit Marie HÜLLMANN in Breslau stellt er in Brief Nr. 3092 vom 10.07.1830 als Barmherzigkeit gegenüber einer unschuldig verstoßenen Frau dar. Gegenüber BAER äußerte er sich offenbar nicht zu diesem Thema.

Goldfuss: Professor der Zoologie in Bonn, nach NEES' Weggang nun auch Direktor des naturhistorischen Seminars; mit NEES bzw. der Leopoldina seit der gemeinsamen Erlanger Zeit verbunden. „Secretair" ist i.S.v. „Stellvertreter" oder „Sachwalter" zu verstehen und hat mit Johannes MÜLLERs Position nichts zu tun.

Adjuncten: Ein Adjunkt ist an anderen Akademien ein Wissenschaftler, der dem eigentlichen Fachvertreter an der Akademie unterstützend bzw. fachlich ergänzend sowie als Vertreter zur Seite gestellt wird. In der Leopoldina ist der Titel „Adjunkt" ein Aufstieg in den Führungskreis mit Wahlrecht für das Präsidentenamt, deshalb NEES' Interesse an solidarischen Kandidaten (Nees/Altenstein 2008, 163 und 170). Außer GOLDFUß wirkten in Bonn noch die Adjunkten BISCHOF (gleichzeitig zweiter Sekretär) und Johann Christian Friedrich HARLESS (ebd., 146; Aufstellung der übrigen Adjunkten ebd., 141 und 164: LINK/Berlin, STARK/Jena, KREYSIG/Dresden, DÖLLINGER/München, SCHWEIGGER/Halle, KIESER/Jena, KASTNER/Erlangen, OKEN/München).

von Soemmerring: Der berühmte Anatom, Anthropologe und Paläontologe war am 2. März 1830 verstorben.

Rau: Der Würzburger Botaniker Ambrosius RAU war ein guter Bekannter von NEES aus der Zeit in Franken, mit dem er zeitweise fachlich kooperiert hatte.

zwei neue Adjuncten: Erster Kandidat für eine der beiden Stellen war Alexander VON HUMBOLDT, der NEES' Anfrage am 22.08.1830 folgendermaßen beantwortete: „Ich empfange soeben, verehrungswerthester Herr Präsident, Ihr freundliches Anerbieten, mich zum Adjunkten der Kaiserl. Akademie und dadurch zu Ihrem Nachfolger in der Präsidentenstelle zu ernennen. Alles, was ich Ihrer Freundschaft verdanke, könnte nur ehrenvoll für mich sein, aber meine Verhältnisse, meine Neigungen und besonders meine ketzerischen Grundsätze über die Hierarchie und deren Generalstab der Akademien, den Nachtheil, den sie den Fortschritten der Wissenschaften bei dem jetzigen Zustande menschlicher Bildung bringen, – hindert mich, Ihren Wunsch zu erfüllen. Ich bitte Sie daher dringendst, mich nicht zum Adjunkten zu ernennen, weil ich es nicht annehmen könnte." Er habe auch schon das Angebot der Präsidentschaft der Berliner Akademie abgelehnt und betonte weiter, „wie schädlich" ihm „das Princip lebenslänglicher Präsidenten scheine" (zit. n. Biermann 1980, 42). Am 01.01.1831 stellte NEES den Breslauer Anatomen Adolph Wilhelm OTTO (1786-1845), Leopoldina-Mitglied seit 1820, ALTENSTEIN als neuen Adjunkt vor (Nees/Altenstein 2008, Nr. 3098). Auch mit dem als frühem Evolutionstheoretiker hervorgetretenen Carl Friedrich VON KIELMEYER (1765-1844) verhandelte NEES, erhielt aber ebenfalls eine Ablehnung. Über die Gründe ist nichts bekannt; am 16.08.1831 hatte KIELMEYER noch um ausführliche Erörterung der Bedingungen gebeten (Leopoldina-Archiv 28/7/1, o. Fol.). Danach wurde es still um das Thema, wohl auch wegen NEES' misslicher privater Situation, die ihn gesellschaftlich isolierte und Fachkollegen auf Distanz gehen ließ.

Samuel Thomas von Soemmering (1755-1830)

Brief 47
Nees an Baer, Breslau, 17. Mai 1831

Nachweis: UB Gießen, Nachlass BAER, Bd. 16.
Seiten: 2 Seiten + Anschrift auf S. 4.
Format: 1 Blatt, ca. 46 x 26,5 cm, in der Mitte zu 4 Seiten gefaltet; S. 3 leer.
Zustand: Stempel „Bibliothek der Ludwigs-Universität Gießen" auf S. 1; rechter
Rand leicht beschädigt; Einriss auf S. 3 und 4 durch erbrochenes (Akade-
mie-)Siegel.

[S. 4]
[quer geschrieben:]
Herrn Professor D^r. von Baer,
Hochwohlgeborn
Zu
Königsberg
[Links daneben, aus Platzmangel kleiner:] Angel. der K.
L. Carol. Akad. der
Naturf
N$^\underline{o}$ 129.
[über dem Namen Poststempel (Zweizeilenstempel):] BRESLAU 18. MAI.
[auf der Rückseite des gefalteten Briefs kleiner Einkreis-Stempel:] N 25/5 I

[S. 1]
                                                Mai 1831.^{a}
Verehrter Herr College!

Ein Wort der Liebe thut schon angekündigt, wenn auch noch nicht ausge-
sprochen, dem Herzen sehr wohl! Haben Sie Dank dafür, und nehmen Sie
meinen herzlichsten Gruß, ich darf wohl auch sagen, meinen Glückwunsch
zu Ihrer Heimkehr ins Vaterhaus. Möge der Himmel Königsberg und Breslau gnädig vor den Übeln bewahren, die^b uns der Orient so nahe gebracht
hat!
   Mit Dank und Freude nehme ich, Namens der Akademie, Ihre Abhandlungen zur Entwicklung der Fische an.^{c}
   Ich kann sie in die erste Abth. des 16. Bandes der Acta aufnehmen und
den Druck vom Ende Juni dises Jahrs an paßender Stelle einschieben, darüber auch in Zeiten das Bestimmtere, die Nummern der Tafeln betrf., mittheilen. Die einzige Bedingung, die ich zu machen genöthigt bin, betrifft
die Zalung der Tafeln, deren Preiß ich billig finde. Die erste Abtheilung

des 16. Bandes fällt nemlich auf den Etat des Jahres 1832. Ich kann also auch nur in 1832 zalen, und werde dises entweder in den beiden ersten Quartalen, oder in^d den drei ersten bewerkstelligen. Es fragt sich nun, ob Ihr Künstler sich auf solche Stundung einlaßen kann? Von 1831 bleibt nichts übrig, ja ich habe schon auf 1832 eine kleine^e Schuld gemacht, wie die beiden, zur O.M. erscheinenden Abthl. des 15. Bandes beweisen werden, die Sie gleich nach der Vollendung [S. 2 = Rückseite] erhalten werden. Diese beiden Bände, (für 1830 und 31) haben zusammen 79 Tafeln, und dabei sehr kostspielige. Die eine Abth.^f wurde noch in Bonn, die andere gleichzeitig hier besorgt. Künftig besorge ich den Druck ganz hier in Breslau und bitte Sie, alles, was die Akademie betrifft, direct an mich zu richten. Ich bin so glücklich, keinen Secretair mehr zu haben, und Bonn ist nur noch zur Bequemlichkeit, und um Verwirrungen vorzubeugen, ein Depot der Akademie. Weber bleibt der Buchhändler des Instituts. Mein Bruder oder Pr. Goldfuß besorgen dort die Geschäfte.

Nun schreiben Sie mir ja recht cito, wie das mit der Zalung zu machen ist, und ob es angeht? Die Auslage für^g die Platten würde ich dem Künstler gleich ersetzen können.

Bis die Tafeln fertig sind, könnte vielleicht auch Ihre Abhdlg schon fertig gedruckt^h seŷn. Ich habe zunächst für Vol XVI. P. 1. eine Abhdlg von Carus, die ich schnell drucken laßen soll, und wozu er 4^i Tafeln in Dresden stechen läßt, wofür er den Preiß auslegt, aber nur bis zum 8br., dann könnte Ihre Abhdlg folgen.

Treulichst

Ihr

Nees v. Esenbeck

Breslau
den 17. Mai. 31.

Anmerkungen: ^a – Vermerk von unbekannter Hand; wie zuletzt Brief 43; ^b – davor „we" gestrichen; ^c – am linken Rand neben diesem Absatz ein Haken √; ^d – davor „s" gestrichen; ^e – davor „klar" gestrichen; ^f – „Abth." nachträglich eingefügt; ^g – „für" nachträglich eingefügt; ^h – „gedruckt" nachträglich eingefügt; ^i – davor „2" gestrichen.

Kommentar:

Heimkehr ins Vaterhaus: Eine etwas unpassende Formulierung angesichts der Rückkehr BAERs (im Herbst 1830) von St. Petersburg nach Königsberg, wo er sich zwar trotz aller Querelen mittlerweile heimisch gefühlt haben dürfte und in die Gesellschaft integriert war, aber sein „Vaterhaus" lag in Russland bzw. Estland. BAERs definitive Rückkehr nach Russland sollte erst Ende 1834 stattfinden.

vor den Übeln/Orient: 1830-1837 wurde Europa von einer Cholera-Epidemie heimgesucht, die von Asien kommend ihren Weg über Russland nahm: Im September 1830 erreichte die Seuche trotz Quarantänemaßnahmen und Militärkordons Moskau. Im Februar 1831 wütete die Cholera auf beiden Seiten der Truppen im polnisch-russischen Krieg. Ab Mai 1831 war die Grenze zwischen Polen und Preußen bis auf wenige auf „Kontumaz" ausgelegte, d.h. mit Räuchereinrichtungen versehene Kontrollpunkte geschlossen. Trotzdem brach die Cholera – vermutlich über den Seeweg eingeschleppt – im gleichen Jahr in Königsberg und Danzig aus und erreichte im August Wien sowie im Herbst auch Berlin und Breslau: Dettke 1995; Wilderotter (Hg.) 1995; Winkle 1997, 165-187; Hamlin 2009. BAER lieferte einen Augenzeugenbericht, aus dem die Unklarheit über die Ätiologie und die in der Bevölkerung bis zu Tumulten gehende und von BAER aus fachlichen Gründen geteilte Unzufriedenheit mit den restriktiven seuchenhygienischen Maßnahmen deutlich wird (Baer 1866, 365-371, dazu Raikov 1968, 139) und publizierte auch kleine *Ermunterungen für Besorgte* in der *Cholera-Zeitung* (Raikov 1968, 438).

Abhandlungen zur Entwicklung der Fische: BAER hatte große Probleme, für die kurze Arbeit einen Verleger zu finden; seine gewohnten Partner (die Häuser VOSS in Leipzig und BORNTRÄGER in Königsberg) lehnten ab, weil ihnen das Thema zu speziell war und wenig Absatz versprach: Baer 1866, 375-376; von einem Angebot an die *Nova Acta* ist in der Autobiographie keine Rede. Baer 1835a (52 S. mit mehreren einfachen Holzschnitten im Text sowie einer aus mehreren Figuren bestehenden Kupfertafel) ist letztlich mit längerer Verzögerung erst nach der Übersiedlung nach St. Petersburg bei dem BAER zuvor gänzlich unbekannten Leipziger Verlag von Friedrich Christian Wilhelm VOGEL erschienen.

in die erste Abth. des 16. Bandes: In Vol. XVI der *Nova Acta* (Teil I 1832, Teil II 1833) findet sich kein Beitrag von BAER. Erst in der 1. Abt. des XVII. Bandes (1835) erschien von ihm wieder eine (kurze) Arbeit (Baer 1835b), die hier jedoch nicht gemeint ist (vgl. Brief 50).

Ihr Künstler: BAER hatte große Schwierigkeiten, einen Zeichner und Kupferstecher zu finden; ein zwangsweise abgeordneter Künstler aus Berlin, dessen Namen nicht bekannt ist, nahm schon nach kurzer Zeit angesichts der Cholera Reißaus (Baer 1866, 364-366). Wie die Abbildung zeigt, war der beauftragte Künstler „Herr Lehmann" (Baer 1866, 376), der zuvor für BOJANUS in Wilna gearbeitet und dort sogar eine eigene Schule aufgebaut hatte und einige Jahre nach dessen Tod schließlich in Königsberg eine neue Wirkungsstätte fand. Friedrich Leonhard LEHMANN (1787-1835) ist erwähnt bei Raikov 1968, 439, 442 und 480 (dort ist 1832 als Beginn der Arbeit in Königsberg angegeben) sowie bei Schmuck 2012. Im BAER-Nachlass in Gießen liegt ein Brief LEHMANNs an BAER vom 12.05.1833.

Zalung/Stundung: In einem Brief bzgl. des Nachlasses von Peter Simon PALLAS (1741-1811) spricht BAER zwar nur von „einem hier ansässigen Kupferstecher" (Brief vom 16. Dezember 1832 an das Preußische Kultusministerium, zit. n. Wendland 1991, 407), aber dort sind auch Preise bzw. nötige Vorschüsse erwähnt: Zwei damals gerade fertig gewordene Tafeln kosteten (abhängig vom Aufwand) z.B. 34 Taler, dies entspricht dem auch in Brief 50 angegebenen Betrag.

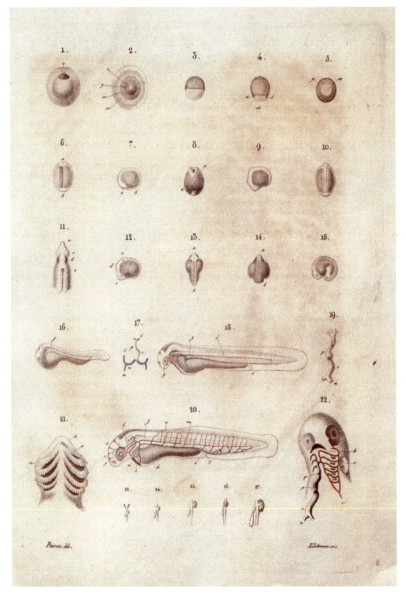

Fischembryonen und –larven. Kupfertafel zu Baer 1835a

◄ **44** ►

1ste Form. Die Harnblase liegt mit ihrem Ausführungsgange, der Harnröhre ganz unter dem Darme und von ihm getrennt. Wir wissen jedoch, dass diese Trennung nicht ursprünglich ist, sondern dass die Harnblase durch Hervorstülpung aus dem primitiven Darme entsteht, dass mithin die Absonderung eine höhere Bildungsstufe ist.

2. Eine tiefere Stufe ist also das Verhältniss in den Säugethieren mit Kloake, wo die Harnröhre in diese sich mündet, die ganze Blase aber vor derselben liegt.

3. Eine dritte Stufe wird es seyn, wo der hintere Theil der Blase, welcher die Harnleiter aufnimmt, ganz mit dem Mastdarme verschmolzen ist, der Boden der Blase aber unter dem letztern liegt, weshalb man die Blase mit der Allantois verglichen hat. So in den Cheloniern, den Batrachiern, einigen Sauriern und Ophidiern.

4. Eine noch tiefere Bildungsstufe glaube ich in den Vögeln zu erkennen, wo der Darm in den Blasenkörper einmündet, denn die Kloake der Vögel scheint nur ihre Harnblase zu seyn, da auch bei den grössten Vögeln, wie Meckel beobachtet hat, und wie auch ich am neuholländischen Casuar sah, die Darmzotten bestimmt an der Mastdarm-Klappe aufhören. Ja ein Theil des Blasenkörpers ist es vielleicht, der bei den meisten Vögeln als *Bursa Fabricii* schon an der Rückenwand hervortritt; denn wo die Kloake selbst schon gross ist, wie bei den Brevipennen, fehlt dieser hohle Zipfel.

5. In den Knorpelfischen ist die Harnblase, oder wenigstens der Körper derselben, wenn sie sich zeigt, wieder gesondert vom Darme und liegt über demselben. Sie mündet sich in den Darm oder die Kloake ein, ist also das Umgekehrte von der Harnblase der Reptilien. Für eine Harnblase kann man nämlich mit Treviranus den länglichen Schlauch halten, der in den Hayen zwischen Mastdarm und Geschlechtsapparat liegt. Dass er diesen Namen verdiene, machen die Knochenfische wahrscheinlich, so wie er wiederum, mit einiger Wahrscheinlichkeit wenigstens, dafür spricht, dass die *Bursa Fabricii* für Harnblasenzipfel zu nehmen sey.

6. In den Knochenfischen endlich ist die Harnblase, wo sich eine solche findet, auch mit ihrer Ausmündung vom Speise-Kanale getrennt und liegt über demselben. In *Cyclopterus Lumpus* öffnet sie sich, nachdem sie den Harnleiter aufgenommen, in das letzte, beiden Seiten gemeinschaftliche, Ende des Eileiters, wie der hier beigefügte Holzschnitt zeigt. In *Gadus Lota* ist auch die Oeffnung für die Harnblase und die Geschlechtswege gemeinschaftlich, und hinter dem After. Im Barsche geht die Trennung noch weiter, indem die Harnblase mit dem gesammten Harnapparate eine besondere Ausmündung hinter der Geschlechtsöffnung hat.

Entwicklung der Harnblase bei verschiedenen Spezies. Baer 1835a, 44

zur O.M.: Ostermesse in Leipzig als geeigneter Termin, um Neuerscheinungen zu präsentieren. Ein Erscheinen der *Nova Acta* zu diesem Zeitpunkt war deshalb grundsätzlich angestrebt, ließ sich aber nicht immer erreichen. Die Leipziger Buchmesse findet noch immer im März statt.

keinen Secretair mehr: Mit NEES' Übersiedlung nach Breslau endete auch die zeitweilige Übertragung einer Sekretärsstelle der Leopoldina an Johannes MÜLLER.

Weber: Der schon mehrfach erwähnte Bonner Buchhändler Eduard WEBER war seit 1823 für den Vertrieb der *Nova Acta* zuständig.

Mein Bruder: Theodor Friedrich Ludwig NEES war damals Professor für Pharmazie und Inspektor des botanischen Gartens in Bonn.

Pr. Goldfuß: Ordinarius für Zoologie in Bonn.

cito: „schnell" i.S.v. „bald".

Auslage für die Platten: Aus dem oben erwähnten Brief BAERs geht hervor, dass der Materialpreis für das Kupfer pro Platte um die drei Taler betrug (Wendland 1991, 407).

Abhdlg von Carus: Carus 1832. Das Leopoldina-Mitglied Carl Gustav CARUS (1789-1869) war Direktor der geburtshilflichen Klinik in Dresden und Leibarzt des Königs von Sachsen, daneben auch Maler und Naturphilosoph.

Carl Gustav CARUS (1789-1869), Selbstbildnis

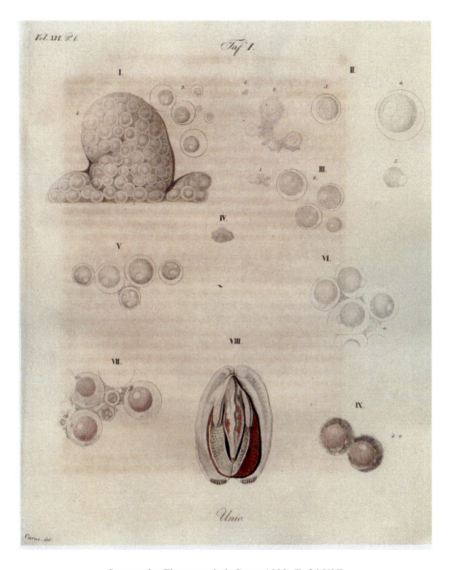

Larven der Flussmuschel. Carus 1832, Tafel XVI

Brief 48
Nees an Baer, Breslau, 23. Juli 1831

Nachweis: UB Gießen, Nachlass BAER, Bd. 40.
Seiten: 1 Seite + Anschrift.
Format: 1 Bogen, ca 42 x 25,5 cm, in der Mitte gefaltet, Brief auf rechter, Anschrift auf linker Hälfte.
Zustand: Bis auf Ausriss durch Öffnen (Siegel vollständig) sehr gut erhalten, kein Bibliotheksstempel, oberes Drittel der Seite leer. Nachträgliche Foliierung „22" rechts oben auf der Textseite.

[S. 4 bzw. 22^v]
Herrn Professor D^r. von Baer,
Hochwohlgeboren
Zu
Königsberg
[Links daneben und etwas kleiner:]
Angel. der
Akad. der Naturf.
N°. 201
[Darüber Poststempel:] BRESLAU 25. Juli
[Auf Rückseite des gefalteten Briefs kleiner Kreis-Stempel:] N 30/7 I

[S. 1 bzw. Bl. 22^r]
Lieber Herr College!

Ich muss Sie mit der Frage behelligen: ob Sie auf meine Bedingungen, die den Acten verheißene Abhdlg betrf., eingehen können, und ich also Ihre Tafeln von Vol. XVI. P 1. mit V an bis IX. (es sind doch 5. Tafeln?) in der Zählung des nun zu redigirenden Textes mit aufnehmen darf. An der, den Band eröffnenden Abhandlung wird bereits gedruckt. Es hat deshalb aber mit der Einsendung Ihres Manuscripts eben nicht allzugroße Eile, weil ich wohl einige Wochen aussetzen kann; doch thäte ich's nicht gern zu lange Zeit. Zunächst aber kommt es darauf an, daß ich weiß, welche Nummern ich den Tafeln, welche weiter in Arbeit kommen, geben darf.

Möge Gott Sie und die Ihrigen in der Gefahr, die Preußen bedroht, und Ihrer Stadt so nahe ist, gnädig behüten!

Treulichst
Ihr
Nees v. Esenbeck

Bresl. den 23 Jul. 31.

[darunter Nachtrag:]
XV. P. 1 erhalten Sie von Bonn aus
– – 2 in einigen Wochen von hier.

Kommentar:

verheißene Abhdlg/Tafeln von Vol. XVI. P 1.: In diesem Band ist keine Publikation von
BAER erschienen. Bzgl. Baer 1835a gab es wohl einen Rückzug bzw. ein Missver-
ständnis, denn dazu gibt es keine fünf Tafeln.

An der, den Band eröffnenden Abhandlung: Carus 1832.

Gefahr: Zur Cholera vgl. bereits Brief 47. Zur Hilflosigkeit der Medizin vgl. Göppert
1832 und Sachs 1832. NEES musste sich kurz nach dem Abfassen dieses Briefs wegen Überarbeitung zur Kur nach Warmbrunn begeben; er fühlte sich nach einmal
mit einer milden Form der Erkrankung (?) gemachten Erfahrungen besonders ge-
fährdet und blieb den ganzen Winter im Riesengebirge. Die für September in Wien
geplante Versammlung deutscher Naturforscher und Ärzte wurde wegen der Cholera verschoben (Nees/Altenstein 2008, Nr. 3114 vom 12.09.1831; ebd., Nr. 3115
vom 05.10.1831).

XV. P. 1/2: Natürlich bezogen auf die beiden Teile von Vol. XV der *Nova Acta*. Der
Versand verzögerte sich wegen der Cholera. Teil 2 wurde zwar noch 1831 (nun in
Breslau) gedruckt, aber erst 1832 ausgeliefert (Nees/Altenstein 2008, Nr. 3119 vom
03.01.1832).

Da unter den gegenwärtigen Umständen, wo die Gefahr des Eindringens der Cholera morbus von einem Theile des benachbarten Auslandes droht, die in den Pestvorschriften gegründete Gepflogenheit nur
diejenigen vom Auslande einlangenden zur Abgabe im Inlande bestimmten Briefschaften zur Durchräuche-
rung von Innen zu eröffnen, welche größere Packete bilden, oder möglicher Weise giftfangende Einlagen
enthalten, die zur weiteren Spedirung in das Ausland bestimmten Briefschaften aber in keinem Falle zu
öffnen, sondern bloß von Außen zu räuchern und mit der Aufschrift: netto di fuora sporco di dentro,
zu bezeichnen, keineswegs mehr mit der Sicherheit verträglich erscheint, und auch das Ausland in Gefahr
bringen kann; so wird für die Dauer der obwaltenden Verhältnisse und bis zur allerhöchsten Sanctioni-
rung des neu entworfenen Pest= Reglements festgesetzt, daß an allen Einbruchs=Stationen der Monarchie,
welche an Provinzen gränzen, in welchen die Cholera herrscht, alle Privat Briefe und Privat=Packete ohne
Unterschied, ob sie dem Anscheine nach giftfangende Einlagen enthalten, vollständig geöffnet und entfaltet,
die darin befindlichen der Reinigung bedürftigen Gegenstände contumazämtlich behandelt, die Briefschaften aber von Außen und Innen mit dem vorgeschriebenen mineralsauren Pulver gehörig durchräuchert, so=
nach mit den Worten: netto di fuora e di dentro, bezeichnet werden sollen.

   Die Eröffnung und Räucherung der Briefschaften muß unter gehöriger Controlle mit größter
Vorsicht, Ordnung und Genauigkeit geschehen, und unter schwerster Verantwortung jede Durchlesung der
geöffneten Briefe und ihrer Beylagen strengstens untersagt seyn.

   Rücksichtlich der an Seine Majestät und die geheime Hof= und Staatskanzley, dann an andere
kaiserliche königliche Behörden gerichteten Briefschaften und Dienstpackete hat es bey den bestehenden Vor=
schriften zu verbleiben.

Behandlung von Postsendungen in Zeiten der Cholera. Circularverordnung 1830/31

Brief 49
Nees an Baer, Breslau, 30. November 1832

Nachweis: UB Gießen, Nachlass BAER, Bd. 16.
Seiten: 1 Seite + Anschrift auf der Rückseite.
Format: 1 Blatt, ca. 21 x 25,5 cm.
Zustand: Ausriss am oberen Rand durch Öffnen des Siegels; größere Einrisse und
               Ausfransungen am rechten Rand; Siegel erhalten; kein Bibliotheksstem-
               pel.
Anmerkung: Links oben Vermerk „Nees von Esenbeck" von fremder Hand.

[S. 2 = Rückseite, Anschrift quer geschrieben:]
Herrn Profeßor D^r. von Baer,
Hochwohlgeborn,
Zu
Königsberg
in Preußen.
[Links daneben:] Angel. der K. L. C.
Akad. der Naturf.
N$^{\underline{o}}$ 488.
[rechts darüber Poststempel (Einkreis-Stempel):] BRESLAU 1/12
[Auf der Rückseite des gefalteten Briefs kleiner Kreis-Stempel:] N 5/12 I

[S. 1]

Lieber College!
Herr Profeßor Eichwald zu Wilna zeigt mir unter dem 9. Nov. d. J. an, daß
er durch Sie, schon vor einem Jahr, der Akademie eine Abhandlung Neue
Deutung des Kiemendeckels der Fische nebst anatomischen Untersuchungen über das Zungenbein der Wirbelthiere, mit 2. Tafeln Zeichnungen, für
die Acta zugesendet habe.
    Da diese Abhandlung nicht eingegangen ist, so bitte ich ergebenst, hie-
von Notiz zu nehmen, u. dieselbe, wenn sie noch bei Ihnen liegen sollte,
recht bald an die Akademie gelangen zu laßen, sonst aber den Nichtempfang dem Sender anzuzeigen.^{a}
    Hochachtungsvollst
                              Euer Hochwohlgebohrn
                                                    ganz ergebenster
                                                    D^r. Nees v. Esenbeck
Breslau
den 30. Nov. 32.

[Nachtrag:]

Da dieser Brief keinen andern Zweck hat, so mögen Sie freundlich die Kürze und Eile entschuldigen, die die Sache mir aufgiebt.

Anmerkung: ª – „sonst aber den Nichtempfang dem Sender anzuzeigen" ist nachträglich eingefügt.

Kommentar:

Herr Profeßor Eichwald: Der durch seine Forschungsreisen bekannt gewordene Karl Eduard VON EICHWALD (1795-1876) war zur Zeit des Briefs Professor für Zoologie in Wilna und russischer Staatsrat. Es ist kein passender Brief von ihm an NEES bekannt.

Neue Deutung des Kiemendeckels ...: Gemeint ist Eichwald 1832. BAER hat also den Beitrag nicht an die Zeitschrift der Leopoldina, sondern an die *Isis* weitergeleitet. Erst 1835 erschien in den *Nova Acta* eine Abhandlung von EICHWALD (Eichwald 1835).

Eichwald 1832, Tafel XVI (Zungenbeine) und XVII (Kiemen)

Brief 50
Nees an Baer, Breslau, 28. Mai 1834

Nachweis: UB Gießen, Nachlass BAER, Bd. 16.
Seiten: 3 Seiten + Anschrift.
Format: 1 Blatt, ca. 42 x 25,5 cm, in der Mitte zu 4 Seiten gefaltet.
Zustand: Stempel „Bibliothek der Ludwigs-Universität Gießen" auf S. 1. Am
              rechten Rand auf S. 3 Textverlust durch erbrochenes Siegel (Ausriss),
              Siegel selbst gut erhalten.
Anmerkung: Briefkopf mit Emblem der Leopoldina sowie „Breslau den" vorgedruckt.

[S. 4 = Rückseite von S. 3, quer geschrieben:]
Herrn Professor D^r. von Baer,
Hochwohlgebohrn
Zu
Königsberg
Preußen.
[Links daneben:]
Angel. der K. L. C.
Akademie der Naturf.
N. 260
[Rechts über dem Namen Poststempel:] BRESLAU 29/5
[Rückseite des gefalteten Briefes kleiner Kreis-Stempel:] N 3/6 2

[S. 1]
                                                    Breslau den 28^n. Mai 1834.^{a}
Lieber Freund und College!

Ihr Brief vom 16. u. die gestern ihm folgende Abhandlung nebst Platte haben mich herzlich gefreut. Ich hatte so lange nichts von Ihnen gehört, daß
ich glaubte, Sie seỹen entschloßen, alle Verhältniße zu unserm Institut ab-
zubrechen, worüber ich manchmal wehemüthig nachsann, weil ich glaubte,
eine Veranlaßung dazu gegeben zu haben, die ich doch nicht finden konnte.
    Sie wißen, und können stets voraussetzen, daß jede Ihrer Arbeiten den
Acten der Akademie willkommen ist.
    Die über das Gefäßsŷstem des Braunfisches kann nach dem Arrange-
ment von Vol. XVII. P. 1., welcher im Drucke weit vorgerückt ist, mit Tab.
XLI. diese Abtheilung schließen, oder die nächste, nach einer einzigen
Abhandlung von Profeßor Göppert eröffnen helfen. Es fragt sich, welches
von beiden Sie vorziehen, und ich erwarte nur ihre [!] Entscheidung dar-

über, um dann sogleich die Platte zur Bezifferung und zum Abdruck nach Bonn zu senden. In beiden Fällen kommt die Abhandlung noch in diesem Jahre zum Druck; im ersten aber kommt sie etwas früher, mit dem $1^{n.b}$ Theil des Bandes in die Welt.

[S. 2 = Rückseite] Die 35 Thl. für die Tafel sende ich bei Erhebung des nächsten Quartals, im Julius. Da die Akademie für Geld keine Portobefreiung^c hat, so sende ich dergleichen am liebsten in Wechseln auf Berlin, wenn Sie sie^d brauchen können. Vielleicht finde ich hier auch Papiere auf Königsberg.

Sind Sie mit 25. Separatabdrucken zufrieden?

Was nun Ihre ferneren Mittheilungen an die Acta betrifft, so gilt davon, was ich oben gesagt. Setzen Sie mich nur <u>bald</u> davon in Kenntniß mit <u>genauer Angabe der Zahl der Tafeln</u>, damit ich diese eintragen und mit der Anordnung der übrigen Tafeln des Bandes fortfahren kann. Für Einsendung des Textes werde ich Ihnen stets die möglichst weiteste Frist angeben, nach deren Ablauf freilich das Ausbleiben desselben mich in Verlegenheit bringen würde, da ich für Sie nicht leicht einen Remplaçant zu finden weiß.

Die Abhandlung über die Ausbildung der Säugethiere^e soll nicht entgelten, daß sie einmal mich in eine solche Lückenerfüllungsnoth gebracht hat; das hieße die Intereßen der Akademie schlecht verstehen. Sollte nicht der Stich in Berlin eben so gut und etwas wohlfeiler gemacht werden können? Ich zahle für brav gearbeitete (4-Tafeln freilich) höchstens 22 Thl. Sollte nicht zuweilen etwas lithographirt werden können? Das sind [S. 3] Fragen des Rechnungshofs der Akademie, der aber unter dem präsidirenden^f Redacteur (alles in meiner Person) steht. Das Prinzip dises Redacteurs nun ist: die ächten Mitglieder sollen im wahren Intereße des Instituts Mitdirigenten der Redaction seŷn, – d. h. nicht mehr, aber auch schlechterdings nicht weniger Aufwand dictiren, als zum Effect ihrer Abhandlung erforderlich ist. Verfügen Sie in diesem Sinne über mich.

Sollte es aber nicht zweckmäßig seŷn, die Epistola prima und secunda in demselben Werke zu liefern? also auch die prima den Novis Actis einzuverleiben? Mir scheint dieses noch [etwas?]^g zweifelhaft dazustehen; doch schließe ich aus einer andern [Stelle?]^g daß Ihre Absicht mit meinem Wunsche ebenfalls übereinst[immt.]^g

Vol. XVI.^{h} P. 2. wird mit dem nächsten Postwagen abgehen, und zwar ein feines Ex. da ich gerade nur noch ein solches^i hier habe. Es fehlt Ihnen doch nichts aus der frühern Reihe?

Ich freue mich, daß Sie[j] mir nun auf jeden Fall bald wieder schreiben müßen, und grüße Sie herzlichst.

Ihr

ergebenster

Nees v Esenbeck

Anmerkungen: [a] – Jahreszahl nachträglich zugefügt; [b] – „1ⁿ." nachträglich eingefügt; [c] – aus „Portofreiheit" geändert; [d] – „dergl." gestrichen, „sie" darüber geschrieben; [e] – geändert aus „Säugthiere"; [f] – davor „Prä" gestrichen; [g] – Textverlust durch Blattausriss wg. erbrochenen Siegels; [h] – davor „XVII." gestrichen; [i] – aus „Solches" geändert; [j] – Wortanfang aus „d" geändert.

Kommentar:

Abhandlung nebst Platte: Im Ergebnis Baer 1835b.

welches von beiden Sie vorziehen ... : Baer 1835b erschien noch in der 1. Abt. des XVII. Bandes. BAER war sicher wegen früherer Verzögerungen bei der Drucklegung ungeduldig und wählte den frühestmöglichen angebotenen Termin.

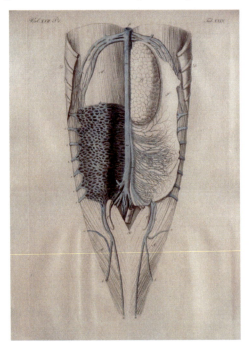

Das Gefäßsystem des Braunfischs. Baer 1835b, Tafel XXIX

nach einer einzigen Abhandlung von Profeßor Göppert: Johann Heinrich Robert
GÖPPERT (1800-1884) war seit 1831 Professor für Botanik in Breslau und Kurator
des botanischen Gartens. Daneben leitete
er eine chirurgische Lehranstalt. GÖPPERT
1836 hat allerdings dann doch mit 486
Seiten und 44 Tafeln den Rahmen einer
„Abteilung" gesprengt und erschien als
Ergänzungsband der Acta. GÖPPERT
scheint sehr stolz auf dieses Werk gewesen zu sein und übernahm den Versand
persönlich, um auf die Adressaten indivi-
duell zugeschnittene Anmerkungen ein-
fügen zu können (Nees/Altenstein 2009b,
135, Brief Nr. 4080 vom 06.12.1836).

Die von Johann Heinrich Robert GÖPPERT erstmals beschriebenen fossilen Farne
Ullmannia Bronnii und *Ullmannia frumentaria*

für Geld keine Portobefreiung: Vgl. Brief 44. Der Versand von Bargeld war sowohl
wegen des Sicherheitsaufwands recht teuer als auch wegen der Verlust- bzw. Dieb-
stahlsgefahr riskant (Stephan 1859). Die portofreie Beförderung von Paketen und
Geldsendungen hatte Generalpostmeister Carl Ferdinand Friedrich VON NAGLER
(1770-1846) explizit abgelehnt, vgl. Röther 2009, 47, Anm. 261.

in Wechseln: Ein Wechsel ist ein Wertpapier, das seitens des Ausstellers eine Anwei-
sung an einen Bezogenen – hier wohl an eine Bank – enthält, an den genannten Be-
günstigten eine bestimmte Summe auszuzahlen: Einert 1839.

auf Berlin ... brauchen können: Eine Bankanweisung für ein Berliner Geldhaus nützte
BAER nicht allzu viel, da dieser angesichts der beschwerlichen Reise nur selten nach

Berlin kam; denkbar wäre höchstens eine Verrechnungsoption bei einem Verlag o.ä. gewesen, mit dem BAER in geschäftlichen Beziehungen stand. „Papiere auf Königsberg" wären da erheblich praktischer.

Remplaçant: „Ersatzmann".

Abhandlung über die Ausbildung der Säugethiere/Lückenerfüllungsnoth: Evtl. Anspielung auf Baer 1828a, wo allerdings hauptsächlich die Embryonalentwicklung des Hühnchens thematisiert wird; die Monographie wäre für die *Nova Acta* letztlich auch zu lang gewesen. Es könnte aber auch zu Verzögerungen bei Baer 1829 gekommen sein. Der Briefwechsel lässt nichts bezüglich einer solchen Problematik erkennen, und auch die Autobiographie BAERs gibt hierzu keine Auskunft. – Vielleicht hat BAER einen Abschnitt des (letztlich unvollendet gebliebenen) zweiten Bandes seiner *Entwickelungsgeschichte der Thiere* (Baer 1837) der Leopoldina angeboten; zu den Säugetieren dort § 9 (164-233) und § 10 (233-279). Laut Vorbemerkung der Verleger, der Brüder BORNTRÄGER in Königsberg, war der Druck des Bandes bereits 1829 begonnen worden und blieb dann jahrelang „aus Mangel an Manuscript" liegen. Der zweite Teil, um den es hier wohl geht, wurde dann in der zweiten Jahreshälfte 1834 gedruckt. Infolge von BAERs Wechsel nach St. Petersburg und der damit verbundenen wissenschaftlichen Neuorientierung blieb das Fragment erneut jahrelang unbeachtet liegen. Schließlich brachte der Verlag den Band ohne Vorwort des Verfassers und ohne Erläuterung zu den Tafeln im August 1837 heraus. Zu den verwickelten Umständen ausführlich Raikov 1968, 98-104, allerdings ohne Erwähnung der *Acta*, sowie Tammiksaar /Brauckmann 2004.

4-Tafeln: Gemeint: „Quartformat", also nicht das von BAER primär bevorzugte große und daher teurere und aufwendigere Folio.

Epistola prima und secunda: BAERs Beitrag war offenbar in zwei „Briefe" (i. S. v. Abschnitte) unterteilt, von denen BAER den ersten anderswo veröffentlichen wollte. Das würde grundsätzlich zum zweiteiligen Aufbau der Säugetier-Embryologie in Baer 1837 passen: § 9 ist allgemein gehalten und beschreibt Entwicklungsvorgänge, die für alle Säugetiere gelten, § 10 widmet sich „Bau und Entwickelung der Eier der einzelnen Säugethier-Familien und des Menschen insbesondere".

ein feines Ex.: Eine geringe Zahl von Exemplaren der *Acta*, deren Verteilung NEES persönlich übernahm, wurde auf teurem Velinpapier gedruckt (Nees/Altenstein 2009b, 137, Kommentar zu Brief Nr. 4080 vom 06.12.1836). Dieses ist durch starke Leimung hart, dazu wegen der Verwendung feinster Schöpfsiebe gleichmäßig und glatt und ähnelt optisch dem Pergament. Empfänger waren die prominentesten Förderer und Unterstützer der *Acta*, in Preußen ALTENSTEIN und FRIEDRICH WILHELM III. (hierzu z.B. Nees/Altenstein 2008, 67, Brief Nr. 3028 vom 21.12.1827), die Kaiser von Österreich und Russland, der Großherzog von Hessen-Darmstadt und der König von Bayern; offenbar bekam BAER ein überzähliges Einzelstück. Eine Rechnung über den Ankauf von solchem Papier in Brief 4140 (Nees/Altenstein 2009b, 227), allerdings ohne Angaben zu gedruckten Exemplaren. Eine weitere Erwähnung dieser Sondereditionen in einem Brief vom 15.09.1825 (GStA PK, I. HA, Rep. 76 Kultusministerium Vf, Lit. E, Nr. 1a, Bl. 185-186): „Um Kosten zu sparen, wornach die Akademie leider! bey dem unerwartet geringen Absatz ihrer Bände nur allzu ausschließlich trachten muß, habe ich dieses Programm in die 1.ᵉ Abtheilung des 13.ⁿ Bandes der *Acta* aufgenommen und nur drey Abdrucke auf Velin und 25. auf gewöhnliche Weise doppelt paginirte Extraabdrücke machen lassen".

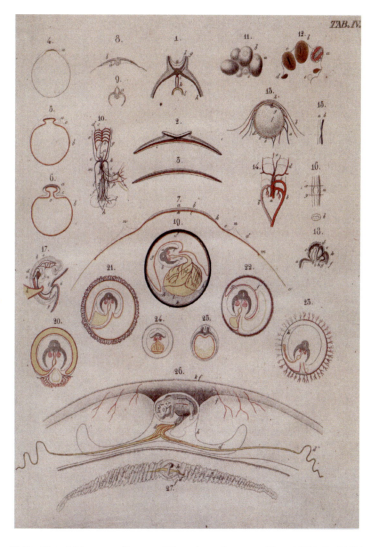

Frühe Entwicklungsstadien von Säugetierembryonen. Baer 1837, Tafel IV

Brief 51
Nees an Baer, Breslau, 26. April 1835

Nachweis: UB Gießen, Nachlass BAER, Bd. 16.
Seiten: 1 Seite mit Anschrift, keine Postvermerke.
Format: 1 Blatt, ca. 21 x 25,5 cm.
Zustand: Stempel „Bibliothek der Ludwigs-Universität Gießen" über dem Text.
Anmerkung: Briefkopf mit Emblem der Leopoldina sowie „Breslau den" vorgedruckt.

Breslau den 26. Apl. 1835.

Lieber Freund!

Sie erhalten hiebei, lieber Herr College, Ihren Band der Acta und 25 Extra-abdrucke Ihrer Abhandlung.

Mit Schmerz und Schreck habe ich in öffentlichen Blättern die Nachricht von dem schweren Verlust[a] gehört, der Sie auf der Reise nach St. Peters-burg betroffen, und alle Ihre Freunde mußten bei dieser Veranlaßung aufs neue wünschen, daß Sie bei uns geblieben seŷn möchten.

Haben Sie auch Bände der Acta verloren, und nicht Ersatz von oben für Ihre Bibliothek erhalten oder zu hoffen, so wird die Akademie suchen, ih-rem würdigen Mitgliede auf entsprechende Weise ihre Theilnahme zu be-zeugen.

Treulichst und hochachtungsvollst
Ihr

ganz ergebenster
Nees v. Esenbeck

[Unten links die Anschrift:]
Herrn Akademiker von Baer
Hochwohlgeborn
zu
St. Petersburg
[darunter:] N. Ac. 305.[b]

Anmerkungen: [a] – danach „von" gestrichen; [b] – oder „1305", von anderer Hand ange-fügt.

Kommentar:

Ihrer Abhandlung: Baer 1835b.

schweren Verlust: Gemeint ist der – nur vorübergehende – Verlust der Bibliothek bei der Übersiedlung BAERs im Spätherbst 1834 von Königsberg nach St. Petersburg. BAER berichtet dazu nur andeutungsweise: „Meine zu sehr angewachsene Bibliothek und andere Besitzthümer mussten verpackt werden und wir reisten endlich im Spätherbste ab. [...] Es war aber nicht mehr möglich, die Bibliothek in diesem Jahre zu Wasser zu transportiren. Ich erhielt sie erst spät im folgenden durch gütige Vermittelung des Admirals Ricord. Das Auspacken derselben konnte erst im Winter 1835/36 vorgenommen werden" (Baer 1866, 399). Vgl. auch Stieda 1878, 101 (Anm.); Lukina (Hg.) 1975, 66 (BAERs Brief an die Akademie, Tauroggen 17./29. Nov. 1834).

aufs neue ... bei uns geblieben/ihrem würdigen Mitgliede: BAERs Weggang aus Deutschland wurde nach dessen bahnbrechender Entdeckung des Säugetier-Eies allgemein als großer wissenschaftlicher Verlust empfunden. Auf BAERs Seite waren jedoch die Enttäuschungen bei der Suche nach einem adäquaten Lehrstuhl zu groß geworden und er fand seine Leistung auch ungenügend gewürdigt.

von oben: Gemeint „aus den Beständen der St. Petersburger Akademie".

St. Petersburg, Gebäude der Russischen Akademie der Wissenschaften (gelb),
rechts davon das frühere Akademiegebäude mit der Kunstkammer (blau),
links im rechten Winkel dazu (hinter den Bäumen) BAERs Wohnhaus (1841 bis 1863)

Quellen- und Literaturverzeichnis

1. Archivalien und Handschriften

Basel, Staatsarchiv Basel-Stadt, PA 838a D 292 (1) (Brief von Nees an Karl Rudolf Hagenbach, Bonn, 16.09.1825).

Berlin, Geheimes Staatsarchiv, Preußischer Kulturbesitz [GStA, PK], HA I: Kultusministerium

Rep. 76 Va, Sekt. 3, Tit. I, Nr. 14, Acta betr.: „die Universität Bonn", Vol. I.

Rep. 76 Va, Sekt. 3, Tit. IV, Nr. 1, Bd. 3, Fol. 159.

Rep. 76 Va, Sekt. 3, Tit. IV, Nr. 1, Acta betr. „die Anstellung und Besoldung der ordentlichen und außerordentlichen Professoren bei der Universität zu Bonn", Vol. V.

Rep. 76 Va, Sekt. 3, Tit X, Nr. 20, Acta betr. „das naturhistorische Museum der Universität zu Bonn", Vol. I.

Rep. 76 Va, Sekt. 3, Tit. X, Nr. 26, fol. 3-5: „Statuten des Vereins zur Beförderung der Naturstudien in Bonn", Poppelsdorf, 23.06.1821.

Rep. 76 Vc, Sekt. I, Tit. XI, Teil II, Bd. 2, Bl. 174-178.

Rep. 76 Vf Personalia Lit. E, Nr. 1a, Acta betr. „die Korrespondenz mit den Professoren Nees von Esenbeck zu Bonn".

Bonn, Universitätsarchiv:

Kuratorium, B 15, „Schenkungen an die Universität", Vol. I, 1819-1820, Vol. II, 1820-1822, und Vol. III, 1822-1826;

Rektorat, A 28.2, „Geschenke von Büchern", Vol. I, 1818-1854.

Erlangen, Universitätsarchiv:

R. R. Th. II Pos. i. N. Nr. 2 „Erlanger Universitaets Acta. Die Ernennung des Herrn Doctor Friedrich Nees von Esenbeck zu Sickershausen zum öffentlichen ordentlichen Lehrer der Naturwissenschaft, insbesondere der Botanik, und zugleich zum Director des botanischen Gartens dahir betrf. zugleichen 1817 die Leopoldinische Akademie der Naturforscher betrf. (1815-) 1818 den Abgang an die Universitaet zu Bonn betrf. eod. anno." [unfoliiert].

Gießen, Universitätsbibliothek, Nachlass Karl Ernst von Baer,

Band 16 (Briefe an Baer: 38 Briefe von Christian Gottfried Nees und 5 von Elisabeth Nees).

Band 25 (Briefe von Baer: 3 Briefe an Nees).

Band 40 (3 Briefe von Nees an Baer im Namen der Leopoldina).

Halle/Saale, Archiv der Leopoldina:

28/3/1 (Baer an Nees, Königsberg, undatiert; Bojanus an Nees, 24.12.1824).

28/7/1 (Kielmeyer an Nees, 16.08.1831).

30/1/2 (Altenstein an die Kaiserlich-Leopoldinisch-Karolinische Akademie der Naturforscher in Bonn, Berlin, 09.01.1826).

104/12/4 (Ambrosius Rau an Nees, Würzburg, 24.07.1816).

105/1/1 (Friederici an Nees, Königsberg, 15.07.1827).

105/1/2 (August Wibel an Nees; Trinius an Nees, 10./22.12.1824).

Halle/Saale, Martin-Luther-Universität, Institut für Geobotanik und Botanischer Garten, Briefnachlass Diederich Leonhard Franz von Schlechtendal (1794-1866).
München, Bayerische Staatsbibliothek:
Cgm 6268, Fol. 110-112 (Nees an Lorenz Oken, 25.02.1817).
Martiusiana II A 2: Nees an Karl Friedrich Philipp Martius, Sickershausen, 17.01.1816.
Martiusiana II A 2: Nees an Karl Friedrich Philipp Martius, Sickershausen, 08.08.1816.
E. Petzetiana V, Baer (Brieffragment, undatiert).
Schragiana I. Nees von Esenbeck, Christian Gottfried (Nees an Schrag, 18.07.1816).

2. Gedruckte Quellen

Aus dem Archiv des Verlages Walter de Gruyter. Briefe, Urkunden, Dokumente. Bearb. v. Doris Fouquet-Plümacher und Michael Wolter. Berlin, New York 1980 (Ausstellungsführer der UB der Freien Universität Berlin, 4.)
Deutsche Akademie der Naturforscher Leopoldina zu Halle (Saale). Struktur und Mitgliederbestand. Stand vom 1. Januar 1987. Mit einem alphabetischen Mitgliederverzeichnis 1652-1986. Halle 1987.
Die Matrikel der Universität Würzburg. Hg. v. Sebastian Merkle. 1. Teil: Text. 2 Hälften. München, Leipzig 1922 (Veröffentlichungen der Gesellschaft für fränkische Geschichte, 4. Reihe, 5).
Koch 1840 – Johann Friedrich Wilhelm Koch: Die preussischen Universitäten. Eine Sammlung der Verordnungen, welche die Verfassung und Verwaltung dieser Anstalten betreffen. 2. Bd. 2. Abtheilung. Berlin, Posen und Bromberg 1840.
Statuten 1817 – Statuten der Gesellschaft correspondirender Botaniker. Marktbreit 1817.
Verzeichniss der auf der Universität Bonn immatriculirten Studirenden im Winter-Semester 1821-22. Bonn 1821.
Verzeichniss der auf der Universität Bonn immatriculirten Studirenden im Sommer-Semester 1822. Bonn 1822.
Verzeichniss der auf der Universität Bonn immatriculirten Studirenden im Sommer-Semester 1823. Bonn 1823.
Verzeichnis der Professoren und Dozenten der Rheinischen Friedrich-Wilhelms-Universität zu Bonn 1818-1968. Hg. v. Otto Wenig. Bonn 1968.
Verzeichnis der Vorlesungen auf der Königl. Preußischen Rhein-Universität Bonn im Sommerhalbjahr 1823. Bonn 1823.

3. Primärliteratur

Albers 1818-1822 – Johann Abraham Albers: Icones ad illustrandam anatomen comparatam. 2 Fasc. Leipzig 1818-1822.
d'Alton 1810 – Eduard Joseph d'Alton: Naturgeschichte des Pferdes. Teil 1: Das Pferd und seine verschiedenen Rassen. Weimar 1810.
d'Alton 1827 – Eduard Joseph d'Alton: Die Skelete der straussartigen Vögel [Vergleichende Osteologie. II. Abt.: Osteologie der Vögel. 1. Lfg.]. Bonn 1827.

d'Alton/d'Alton 1838 – Eduard Joseph d'Alton u. Johann Samuel Eduard d'Alton: Die Skelete der Raubvögel [Vergleichende Osteologie. II. Abt.: Osteologie der Vögel. 2. Lfg.]. Bonn 1838.

Arndt 1985 – Ernst Moritz Arndt: Erinnerungen 1769-1815. Hg. v. Rolf Weber. Berlin 1985.

Baer 1820 – Karl Ernst von Baer: Öffentlicher Bericht über Thiere, welche dem Zoologischen Museum eingeliefert sind. Königsberger Zeitung, Sept. 1820.

Baer 1821a – Karl Ernst von Baer: Botanische Wanderungen an der Küste von Samland. Flora oder Botanische Zeitung [Regensburg] 4. Jg. (1821) 2. Bd., Nr. 26 vom 14.07., 397-412.

Baer 1821b – Karl Ernst von Baer: Zwei Worte über den jetzigen Zustand der Naturgeschichte. Vorträge bei Gelegenheit der Errichtung des zoologischen Museums in Königsberg. Königsberg 1821.

Baer 1823a – Karl Ernst von Baer: Beitrag zur Kenntniss des dreizehigen Faulthiers. [Meckels] Deutsches Archiv für Physiologie. [Halle/S., Berlin] 8 (1823), 354-369.

Baer 1823b – Karl Ernst von Baer: Ueber Medusa aurita. Deutsches Archiv für Physiologie. Hg. v. Johann Friedrich Meckel [Halle/S., Berlin] 8 (1823), 369-391.

Baer 1825a – Karl Ernst von Baer: Ad instaurationem solemnium, quibus ante quinquaginta hos annos summos honores in facultate medica auspicatus est Carolus Godofredus Hagen, med. et chirurg. doctor, artis chimicae et physicae prof. p. ord. et. cet. in audit. max. die XXVIII Sept. celebrandum invitat ordo medicorum. Adjecta est Mytili novi descriptio. Königsberg 1825, 14 S.

Baer 1825b – Karl Ernst von Baer: Biographische Skizze über Herrn Prof. Eysenhardt, Prof. der Botanik in Königsberg, gestorben 1825. Königsberger Zeitung (1825), Nr. 156.

Baer 1826a – Karl Ernst von Baer: Ueber den Braunfisch (Delphinus phocaena) (Als Vorläufer einer vollständigen anatomischen Monographie dieses Thiers). Isis Bd. XIX (1826) 8, Sp. 807-811, Taf. V-VI; Erklärungen zu den Tafeln, Sp. 842-847.

Baer 1826b – Karl Ernst von Baer: Die Nase der Cetaceen, erläutert durch Untersuchung der Nase des Braunfischs (Delphinus phocaena). Isis Bd. XIX (1826) 8, Sp. 811-840, Taf. V-VI; Schlussworte an den Herausgeber der Isis, Sp. 840-842; Erklärungen zu den Tafeln, Sp. 842-847.

Baer 1826c – Karl Ernst von Baer: Über den Bau von Medusa aurita in Bezug auf Rosenthals Darstellung. Isis Bd. XIX (1826) 8, Sp. 847-849, Taf. VI.

Baer 1826d – Karl Ernst von Baer: Ueber eine Süsswasser-Miessmuschel (Mytilus Hageni). Isis Bd. XVIII (1826) 5, Sp. 525-527.

Baer 1826e – Karl Ernst von Baer: Nachträgliche Bemerkung über die Riechnerven des Braunfisches. Isis Bd. XIX (1826) 9, Sp. 944.

Baer 1826f – [Karl Ernst von Baer:] Sur les Entozoaires ou Vers intestinaux [Vorankündigung zu Baer 1827a]. Bulletin des sciences naturelles et de géologie 9 (1826), 123-126.

Baer 1827a – Karl Ernst von Baer: Beiträge zur Kenntniss der niedern Thiere. Nova Acta Academiae Caesareae Leopoldino-Carolinae Germanicae Naturae Curiosorum

XIII (1827) II (Verhandlungen ... , N.F., 5. Bd., 2. Abt.), 523-762, Tab. XXVIII-XXXIII, bestehend aus folgenden Teilen:
I. Aspidogaster Conchicola, ein Schmarotzer der Süsswassermuschel, 523-557, Tab. XXVIII.
II. Distoma duplicatum, Bucephalus polymorphus und andere Schmarotzer der Süsswassermuscheln, 558-604, Tab. XXIX (Fig. 1-19) und XXX.
III. Über Zerkarien, ihren Wohnsitz und ihre Bildungsgeschichte, so wie über einige andre Schmarotzer der Schnecken, 605-659, Tab. XXIX (Fig. 20-24) und XXXI.
IV. Nitzschia elegans, 660-678, Tab. XXXII (Fig. 1-6).
V. Beitrag zur Kenntniss des Polystoma integerrimum, 679-689, Tab. XXXII (Fig. 7-9).
VI. Über Planarien, 690-730, Tab. XXXIII.
VII. Die Verwandtschafts-Verhältnisse unter den niedern Thierformen, 731-762.
Baer 1827b – Karl Ernst von Baer: De ovi mammalium et hominis genesi. Leipzig 1827.
Baer 1828a – Karl Ernst von Baer: Über Entwickelungsgeschichte der Thiere. Beobachtung und Reflexion. Erster Theil mit drei colorierten Kupfertafeln. Königsberg 1828.
Baer 1828b – Karl Ernst von Baer: Untersuchungen ueber die Gefaessverbindung zwischen Mutter und Frucht in den Saeugethieren. Ein Glueckwunsch zur Jubelfeier Samuel Thomas von Soemmerings. Leipzig 1828.
Baer 1828c – Karl Ernst von Baer: Commentar zu der Schrift: De ovi mammalium et hominis genesi. Heusinger's Zeitschrift für organische Physik 2 (1828), 125-193.
Baer 1828d – Karl Ernst von Baer: Die Zurückweisung einer noch nicht erschienenen Schrift wird zurückgewiesen. Isis XXI (1828) 7, Sp. 671-678.
Baer 1829 – Karl Ernst von Baer: Schädel- und Kopfmangel an Embryonen von Schweinen, aus der frühesten Zeit der Entwickelung beobachtet. Nova Acta Academiae Caesareae Leopoldino-Carolinae Germanicae Naturae Curiosorum XIV (1829) II (Verhandlungen ... , N.F., 6. Bd., 2. Abt.), 826-838, Tab. XLIX.
Baer 1830a – Karl Ernst von Baer: Über den Weg, den die Eier unserer Süßwassermuscheln nehmen, um in die Kiemen zu gelangen, nebst allgemeinen Bemerkungen über den Bau der Muscheln. [Meckels] Archiv für Anatomie und Physiologie [Leipzig] 1830, 313-352.
Baer 1830b – Karl Ernst von Baer: Bemerkungen über die Erzeugung von Perlen. [Meckels] Archiv für Anatomie und Physiologie [Leipzig] 1830, 352-357.
Baer 1834 – Karl Ernst von Baer: Ueber das Verhältniß des Preußischen Staats zur Entwickelungsgeschichte der Menschheit. Historische und literärische Abhandlungen der Königlichen Deutschen Gesellschaft zu Königsberg. 3. Sammlung. Bd. 8 (1834), 229-247.
Baer 1835a – Karl Ernst von Baer: Untersuchungen über die Entwickelungsgeschichte der Fische nebst einem Anhange über die Schwimmblase. Mit einer Kupfertafel und mehreren Holzschnitten im Text. Leipzig 1835.
Baer 1835b – Karl Ernst von Baer: Über das Gefäßsystem des Braunfisches. Nova Acta Academiae Caesareae Leopoldino-Carolinae Germanicae Naturae Curiosorum XVII (1835) I (Verhandlungen ... , N. F., 9. Bd., 1. Abt.), 392-408, Tab. XXIX.

Baer 1837 – Karl Ernst von Baer: Über Entwickelungsgeschichte der Thiere. Beobachtung und Reflexion. Bd. 2. Königsberg 1837.

Baer 1866 – Nachrichten über Leben und Schriften des Herrn Geheimraths Dr. Karl Ernst von Baer, mitgetheilt von ihm selbst. Veröffentlicht bei Gelegenheit seines fünfzigjährigen Doctor-Jubiläums am 29. August 1864 von der Ritterschaft Ehstlands. St. Petersburg 1866, online unter: http://books.google.de/books?id= XEM-BAAAAQAAJprintsec=frontcover&hl=de&source=gbs_ge_summary_r&cad=0#v= onepage&q&f=false (04.05.2012).

Bischof 1926 – Karl Gustav Christoph Bischof: Die vulkanischen Mineralquellen Deutschlands und Frankreichs. Bonn 1826.

Blainville 1817 – H[enri] de Blainville: Giftsporn des Schnabelthiers (Ornithorynchus). Isis Bd. I (1817) H. 9, Nr. 161, Sp. 1283-1285.

Blank 1810 – Joseph Bonavita Blank: Handbuch der Mineralogie. Würzburg 1810.

Blank 1811 – Joseph Bonavita Blank: Handbuch der Zoologie. Würzburg 1811.

Blank 1820 – Joseph Bonavita Blank's Beschreibung seiner Musivgemälde. Nebst kurzer Nachricht von dem Kunstsaale und einigen Zuwüchsen des Naturalien-Kabinets. 2. Aufl. Würzburg 1820.

Bojanus 1824a – Ludwig Heinrich von Bojanus: De Merycotherii Sibirici, seu gigantei animalis ruminantis, antediluviano quodam, dentibus incerto Sibiriae loco erutis, declarato vestigio. Nova Acta Academiae Caesareae Leopoldino-Carolinae Germanicae Naturae Curiosorum XII (1824) I (Verhandlungen … , N.F., 4. Bd., 1. Abt.), 263-278, Tab. XXI-XXII.

Bojanus 1824b – Ludwig Heinrich von Bojanus: Craniorum Argalidis, Ovis et Caprae domesticae comparatio. Nova Acta Academiae Caesareae Leopoldino-Carolinae Germanicae Naturae Curiosorum XII (1824) I (Verhandlungen …, N.F., 4. Bd., 1. Abt.), 291-300, Tab. XXIV-XXV.

Bojanus 1825 – Ludwig Heinrich von Bojanus: Adversaria, ad dentitionem equini generis et ovis domesticae spectantia. Nova Acta Academiae Caesareae Leopoldino-Carolinae Germanicae Naturae Curiosorum XII (1825) II (Verhandlungen …, N.F., 4. Bd., 2. Abt.), 695-708, Tab. LVIII-LIX.

Bojanus 1827 – Ludwig Heinrich von Bojanus: De Uro nostrate ejusque sceleto Commentatio. Nova Acta Academiae Caesareae Leopoldino-Carolinae Germanicae Naturae Curiosorum XIII (1827) II (Verhandlungen … , N.F., 5. Bd., 2 Abt.), 411-478, Tab. XX-XXIV.

Böttiger 1838 – Karl August Böttiger's literarische Zustände und Zeitgenossen. 1. Bd. Aus dem schriftlichen Nachlasse hg. v. K[arl] W[ilhelm] Böttiger. Leipzig 1838.

Brandes 1810 – Ernst Brandes: Ueber den Einfluß und die Wirkungen des Zeitgeistes auf die höheren Stände Deutschlands. 1. Bd. Hannover 1810.

Brown 1811 – Robert Brown: Some observations on the parts of fructification in Mosses, with characters and descriptions of two new genera of that order. o.O. [London] o.J. [1811].

Brown 1819 – Robert Brown: Characters and description of Lyellia, a new genus of mosses, with observations on the section of the order to which it belongs. o.O. [London] o.J. [1819].

Burdach 1826-1828 – Karl Friedrich Burdach: Die Physiologie als Erfahrungs-wissenschaft. Mit Beiträgen von Karl Ernst von Baer und Heinrich Rathke. 2 Bde. Leipzig 1826-1828.

Burdach 1848 – Karl Friedrich Burdach: Rückblick auf mein Leben. Selbstbiographie, Leipzig 1848 (Blicke ins Leben, 4), online zugänglich unter www.zeno.org/Natur wissenschaften/M/Burdach,+Karl+Friedrich/R%C3%BCckblick+auf+mein+leben (25.04.2012).

Carus 1832 – Carl Gustav Carus: Neue Untersuchungen über die Entwicke-lungsgeschichte unserer Flußmuschel. Nova Acta Academiae Caesareae Leopoldi-no-Carolinae Germanicae Naturae Curiosorum XVI (1832) I (Verhandlungen … , N.F., 8. Bd., 1. Abt.), 1-88, Tab. I-IV.

Carus 1931 [1829/30] – Carl Gustav Carus: Vorlesungen über Psychologie, gehalten im Winter 1829/30 zu Dresden. Hg. v. Egar Michaelis. Zürich, Leipzig 1931, Nach-druck Darmstadt 1958.

Chamisso/Eysenhardt 1821 – Adelbert von Chamisso, Karl Wilhelm Eysenhardt: De animalibus quibusdam e classe vermium Linneana, in circumnavigatione terrae, auspicante comite N. Romanzoff, duce Ottone de Kotzebue, annis 1815-1818 perac-ta, observatis. Nova Acta Academiae Caesareae Leopoldino-Carolinae Germanicae Naturae Curiosorum X (1821) II, 343-373, Tab. XXIV-XXXIII.

Cuvier 1801-1803 – Georges Cuvier: Leçons d'anatomie comparée. 5 Bde. Paris 1801-1803.

Cuvier 1809-1810 – Georges Cuvier: Vorlesungen über vergleichende Anatomie. Ge-sammelt u. unter seinen Augen hg. v. André Duméril u. Georges Louis Duvernoy. Übersetzt u. vermehrt v. Ludwig Friedrich Froriep u. Johann Friedrich Meckel. 4 Bde. Leipzig 1809-1810.

Döllinger 1819 – Ignaz Döllinger: Was ist Absonderung und wie geschieht sie? Eine akademische Abhandlung. Würzburg 1819.

Eichwald 1832 – Karl Eduard von Eichwald: Neue Deutung des Kiemendeckels der Fische, nebst vergleichend anatomischen Beobachtungen über das Zungenbein der Wirbelthiere. Isis (1832) H. VIII, Sp. 858-897, Taf. XVI-XVII.

Eichwald 1835 – Karl Eduard von Eichwald:: De Pecorum et Pachydermorum reliquiis fossilibus, in Lithuania, Volhynia et podolia repertis commentatio. Nova Acta Aca-demiae Caesareae Leopoldino-Carolinae Germanicae Naturae Curiosorum XVII (1835) II (Verhandlungen …, N.F., 9. Bd., 2. Abt.), 675-760, Tab. LI-LXIV.

Eschenmayer 1806 – Carl August Eschenmayer: Einleitung in Natur und Geschichte. Erlangen 1806, Neuausg. hg. v. Christiana Senigaglia. Stuttgart-Bad Cannstadt 2012 (Bibliothek 1800, 3).

Eysenhardt 1821 – Karl Wilhelm Eysenhardt: Zur Anatomie und Naturgeschichte der Quallen. Nova Acta Academiae Caesareae Leopoldino-Carolinae Germanicae Natu-rae Curiosorum X (1821) II, 374-422, Tab. XXXIV-XXXV.

Eysenhardt 1823 – Karl Wilhelm Eysenhardt: Über einige merkwürdige Lebens-erscheinungen an Ascidien. Nova Acta Academiae Caesareae Leopoldino-Carolinae Germanicae Naturae Curiosorum XI (1823) II (Verhandlungen ..., N.F., 3. Bd., 2. Abt.), 249-272, Tab. XXXVI-XXXVII.

Goldfuß 1817 – Georg August Goldfuß: Ueber die Entwicklungsstufen des Thieres. Omne vivum ex ovo. Ein Sendschreiben an Herrn Dr. Nees v. Esenbeck. Nürnberg 1817, Nachdruck [mit einer Einleitung von Hans Querner] Marburg 1979.

Goldfuß 1820 – Georg August Goldfuß: Handbuch der Zoologie. 2 Abtheilungen. Nürnberg 1820.

Goldfuß 1826-1844 – Georg August Goldfuß: Petrafacta Germaniae tam ea, quae in Museo Universitatis Regiae Borussicae Fridericiae Wilhelmiae Rhenanae servantur, quam alia quaecunque in Museis Hoeninghusiano, Muensteriano aliisque extant, iconibus et descriptionibus illustrata. – Auch unter dem deutschen Titel: Abbildungen und Beschreibungen der Petrafacten Deutschlands und der angrenzenden Länder, unter Mitwirkung des Herrn Grafen Georg zu Münster herausgegeben. 3 Text-Bde. und 3 Tafel-Bde. Düsseldorf 1826-1844 (1. Teil: 1826-33, 2. Teil: 1834-40, 3. Teil: 1841-44), 2. Aufl. Leipzig 1862-63.

Göppert 1832 – Heinrich Robert Göppert: Die asiatische Cholera in Breslau während der Monate October, November, December 1831. Breslau 1832.

Göppert 1836 – Heinrich Robert Göppert: Systema Filicum fossilium. Die fossilen Farnkräuter nach ihren Fructifications-Organen, verglichen mit denen der Jetztwelt; nebst Abbildung und Beschreibung von vielen neuen in Schlesien entdeckten fructificirenden Farnen. Nova Acta Academiae Caesareae Leopoldino-Carolinae Germanicae Naturae Curiosorum XVII (1836), Supplement (Verhandlungen … , N.F., 9. Bd., Supplement).

Goethe 1824 – Johann Wolfgang von Goethe: Zur vergleichenden Osteologie. Mit Zusätzen und Bemerkungen von Ed[uard] d'Alton. Nova Acta Academiae Caesareae Leopoldino-Carolinae Germanicae Naturae Curiosorum XII (1824) I, 323-332, Tab. XXXIII-XXXV.

Goethe 1874 – Goethe's naturwissenschaftliche Correspondenz (1812-1832). Hg. v. František Tomáš Bratranek. 2. Bd. Leipzig 1874.

Goethe 1893-1894 – Goethes Werke [Sophienausgabe]. III. Abt. Goethes Tagebücher. 5. Bd. 1813-1816. Weimar 1893; 6. Bd. 1817-1818. Weimar 1894.

Goethe 1986 – Johann Wolfgang von Goethe: Die Schriften zur Naturwissenschaft. Bearb. v. Dorothea Kuhn u. Wolf von Engelhardt. Abt. 2: Ergänzungen und Erläuterungen. 9. Bd. Zur Morphologie. Teil B: 1796 bis 1815. Weimar 1986.

Goethe 2000 – Briefe an Goethe. Gesamtausgabe in Regestform. Bd. 6: 1811-1815. Bearb. v. Manfred Koltes, Ulrike Bischof u. Sabine Schäfer. Teil 2: Register. Weimar 2000.

Goethe/Nees 1997 – Johann Wolfgang von Goethe und Christian Gottfried Daniel Nees von Esenbeck: Briefwechsel. Vorabdruck der Texte. Bearb. v. Thomas Nickol. Halle (Saale) 1997.

Grünewaldt 1977 – Otto Magnus von Grünewaldt: Lebenserinnerungen. Hannover-Döhren 1977 (Baltische Erinnerungen und Biographien, 1).

Hagen 1778 – Karl Gottfried Hagen: Lehrbuch der Apothekerkunst. 2 Teile. Königsberg 1778; 2. Aufl. Königsberg 1781; 3. Aufl. Königsberg, Leipzig 1786; 5. Aufl. Königsberg, Leipzig 1797; 6. Aufl. Königsberg, Leipzig 1806; 7. Aufl. Königsberg, Leipzig 1821; 8. Aufl. Grimma 1829.

Hagen 1786 – Karl Gottfried Hagen: Grundsätze der Chemie. Durch Versuche erläutert. Königsberg 1786.

Hagenbach 1821-1834 – Karl Friedrich Hagenbach: Tentamen Florae Basileensis exhibens plantas phanerogamas sponte nascentes secundum systema sexuale digestas. 2 Bde. Basel 1821-1834.

Heiberg 1827 – Johann Ludwig Heiberg: Nordische Mythologie. Schleswig 1827.

Heller 1809 – Franz Xaver Heller: Graminum in Magno-Ducato Wirceburgensis tam sponte crescentium, quam cultorum enumeratio sytematica. Würzburg 1809.

Heller 1810-1815 – Franz Xaver Heller: Flora Wirceburgensis sive plantarum in Magno-Ducato Wirceburgensi indigenarum enumeratio systematica cum earum characteribus generum, specierum differentiis, locis natalibus et vitae duratione, breviusque descriptionibus. 2 Teile. Würzburg 1810-1811, Supplementum. Würzburg 1815.

Hoppe 1849 – David Heinrich Hoppe: Selbstbiographie. Nach seinem Tode ergänzt und hg. v. Dr. August Emanuel Fürnrohr. Regensburg 1849, 352 S.

Humboldt/Lichtenstein 1829 – Alexander von Humboldt, H[inrich] Lichtenstein: Amtlicher Bericht über die Versammlung deutscher Naturforscher und Ärzte zu Berlin im September 1828. Berlin 1829.

Iken 1822 – C[arl] J[acob] L[udwig] Iken: Hellenion. Ueber Cultur, Geschichte und Literatur der Neugriechen. Leipzig 1822.

Iken 1827 – C[arl] J[acob] L[udwig] Iken: Eunomia. Darstellungen und Fragmente neugriechischer Poesie und Prosa. In Originalen und Übersetzungen. 2 Bde. Grimma 1827.

Jean Paul 1795 – Jean Paul: Hesperus oder 45 Hundsposttage. Eine Biographie. 3 Bde. Berlin 1795.

Jean Paul 1796-1797 – Jean Paul: Blumen-, Frucht- und Dornenstükke oder Ehestand, Tod und Hochzeit des Armenadvokaten F. St. Siebenkäs im Reichsmarktflecken Kuhschnappel. 3 Bde. Berlin 1796-97, überarb. Aufl. in 4 Bänden 1818.

Kanelos 1817 – Stephanos Kanelos: Von der Behandlung der Scheintodten. Diss. Würzburg 1817.

Kanelos 1825 – Stephanos Kanelos: Leukothea. Eine Sammlung von Briefen eines geborenen Griechen über Staatswesen, Literatur und Dichtkunst des neuen Griechenlands. Hg. v. Carl Iken. Aus der griechischen Handschrift verdeutscht. Nebst Beilagen des Herausgebers … 2 Bde. Leipzig 1825.

Kapp 1835 – Friedrich Christian Georg Kapp: G. W. F. Hegel als Gymnasial-Rektor oder die Höhe der Gymnasialbildung unserer Zeit. München 1835.

Kieser 1817 – Dietrich Georg von Kieser: Ausbreitung des thierischen Magnetismus außerhalb Deutschland. Archiv für den Thierischen Magnetismus 1. Bd. [Altenburg und Leipzig] (1817) 3. Stück (Notizen, Anfragen, Bemerkungen etc. über den thierischen Magnetismus), 158.

Lamouroux 1813 – Jean Vincent Félix Lamouroux: Essai sur les genres de la famille des thalassiophytes non articulées. Annales du Museum d'Histoire naturelle [Paris] 20 (1813), 115-139, 267-294.

Laubreis 1818 – Andreas Laubreis: Beobachtungen von Wasseransammlungen in den Gehirnhölen bey Erwachsenen. In: Nova Acta Academiae Caesareae Leopoldino-Carolinae Germanicae Naturae Curiosorum IX (1818) (Verhandlungen … , N.F., 1. Bd.), 379-418.

Leuckart 1827 – Friedrich Sigismund Leuckart: Versuch einer naturgemäßen Einteilung der Helminthen. Heidelberg 1827.

Lietzau 1824 – Friedrich Otto Lietzau: Alphabetisches und systematisches Register zu Cuvier's Vorlesung über vergleichende Anatomie. Leipzig 1824.

Lietzau 1825 – Friedrich Otto Lietzau: Historia trium monstrorum. Diss. Königsberg 1825.

Link/Klotzsch/Otto 1844 – Heinrich Friedrich Link, Johann Friedrich Klotzsch, Friedrich Otto: Icones plantarum rariarum horti Regii botanici Berolinensis. Berlin 1844.

Martius 1817a – [Carl Friedrich Philipp von Martius:] Flechten und Pilze in Dr. C. G. Nees von Esenbecks Büchern. Isis oder Encyklopädische Zeitung [Jena] Jg. 1 (1817), Heft V, Nr. 74, Sp. 585-592; ebd., Nr. 75, Sp. 593-600; Nr. 76, Sp. 601-608; Nr. 77, Sp. 609-616.

Martius 1817b – Carl Friedrich Philipp von Martius: Flora cryptogamica Erlangensis sistens vegetabilia e classe ultima Linn. in agro Erlangensi hucusque detecta ... Nürnberg 1817.

Martius 1829-1833 – Carl Friedrich Philipp von Martius: Flora Brasiliensis seu enumeratio plantarum in Brasilia tam sua sponte tam accedente cultura provenientium ... 2 Bde. Stuttgart und Tübingen 1829-1833 [Bd. 1 = Nees 1829]; Bd. 2 [zit. als Martius 1833]: Algae, lichenes, hepaticae.

Martius/Eichler/Urban 1840-1906 – Carl Friedrich Philipp von Martius, August Wilhelm Eichler, Ignaz Urban: Flora Brasiliensis sive enumeratio plantarum in Brasilia hactenus detectarum, quas suis aliorumque botanicorum studiis descriptas et methodo naturali digestas partim icone edidit C.F.Ph. de M. 15 Bde. In 40 Teilen. Leipzig 1840-1906.

Mayer 1819 – August Franz Joseph Karl Mayer: Ueber Histologie und eine neue Eintheilung der Gewebe des menschlichen Körpers. Bonn 1819.

Mesmer 1966 [1814] – Franz Anton Mesmer: Mesmerismus oder System der Wechselwirkungen. Theorie und Anwendung des thierischen Magnetismus als die allgemeine Heilkunde zur Erhaltung des Menschen. Berlin 1814, Nachdr. Amsterdam 1966.

Mesmer 2005 [1781] – Franz Anton Mesmer: Précis historique des faits relatifs aux magnétisme animal. Paris 1781, Faksimile Paris 2005.

Meynier 1817 – Ludwig Friedrich Wilhelm Meynier [Übers.]: Jeremias Bentham: Tactik oder Theorie des Geschäftsganges in deliberirenden Volksständeversammlungen. Erlangen 1817.

Müller 1826 – Johannes Müller: Zur vergleichenden Physiologie des Gesichtssinnes des Menschen und der Thiere, nebst einem Versuch über die Bewegungen der Augen und über den menschlichen Blick. Leipzig 1826.

Müller 1827 – Johannes Müller: Grundriss der Vorlesungen über die Physiologie. Bonn 1827.

Müller 1833-1840 – Johannes Müller: Handbuch der Physiologie des Menschen für Vorlesungen. Koblenz 1833-1840.

Nees 1806 – [Christian Gottfried Nees von Esenbeck: Rezension] Bamberg u. Würzburg, b. Goebhardt: Die Zeugung, von Dr. Oken. 1805. 216 S. gr. 8. (1 Rthlr. 4 gr.). Jenaische Allgemeine Literatur-Zeitung. 3. Jg., Bd. 2, Nr. 147 vom 23. Juni 1806, Sp. 561-565.

Nees 1808 – [Christian Gottfried Nees von Esenbeck: Rezension] Göttingen, b. Vandenhoeck und Ruprecht: Abriss des Systems der Biologie, von Dr. Oken. Zum Behuf seiner Vorlesungen. 1805. 206 S. 8. (12 Gr.). Jenaische Allgemeine Literatur-Zeitung. 5. Jg., Bd. 2, Nr. 89 vom 15. April 1808, Sp. 97-102.

Nees 1816a – Christian Gottfried Nees von Esenbeck: Das System der Pilze und Schwämme. Ein Versuch. Mit 44 nach der Natur ausgemalten Kupfertafeln und einigen Tabellen [= 1. Teil zu Nees 1816-1817]. Würzburg 1816.

Nees 1816b – [Christian Gottfried Nees von Esenbeck: Rezension] Bamberg, b. Kunz: Die Symbolik des Traumes, von Dr. G. H. Schubert. 1814. 204 S. in gr. 8°. (1 Rthlr. 4 gr.) [Gez.:] **S. Jenaische Allgemeine Literatur- Zeitung 13 (1816), Nr. 45, März, Sp. 353-354; Fortsetzung: Ebd., Nr. 46, März, Sp. 361-364.

Nees 1816-1817 – Christian Gottfried Nees von Esenbeck: Das System der Pilze und Schwämme. Ein Versuch. Mit 46 Kupfertafeln und einigen Tabellen. 3 Teile [Text, Erläuterungen zu den Tafeln, Tafelteil]. Würzburg 1817 [= Ergänzung von Nees 1816a um die erläuternden Texte].

Nees 1817a – Christian Gottfried Nees von Esenbeck: Lectori salutem! Scribebam Sickershausen XIV. Cal. Apr. 1817. [Vorrede zu Martius 1817b], V-XVI.

Nees 1817b – Christian Gottfried Nees von Esenbeck: Zuschrift des Herausgebers an den Verfasser. Geschrieben Sickershausen, den 19. Jenner 1817 [Vorrede zu Goldfuß 1817], 3-12.

Nees 1817c – Christian Gottfried Nees von Esenbeck: [Rezension von] C. A. von Eschenmayer Versuch die scheinbare Magie des thierischen Magnetismus aus physiologischen und psychischen Gesetzen zu erklären. Stuttg. und Tüb. 1816. Archiv für den Thierischen Magnetismus [Altenburg und Leipzig] 1. Bd. (1817) 2. Stück, 145-166.

Nees 1817d – Christian Gottfried Nees von Esenbeck: [Rezension von] Gerbrandi Bruining Schediasma de Mesmerismo ante Mesmerum, in quo disquiritur, num veteres Aegyptii eorumque coloni ad Pontum euxinum Graeci, Romani atque alii, πολυθρύλλητον illud inventum Mesmeri, quod magnetismum animalem vocant, reapse cognitum habuerint eoque usi fuerint? Groningen 1815. 88 S. Archiv für den Thierischen Magnetismus [Altenburg und Leipzig] 1. Bd. (1817) 2. Stück, 181-188.

Nees 1817e – Christian Gottfried Nees von Esenbeck: Traumdeutung. Ein Fragment. Archiv für den Thierischen Magnetismus 1 [Altenburg und Leipzig] (1817) 3. Stück, 26-40.

Nees 1817f – Christian Gottfried Nees von Esenbeck: [Rezension von] 1. Mesmerismus. Oder System der Wechselwirkungen, Theorie und Anwendung des thierischen Magnetismus als die allgemeine Heilkunde zur Erhaltung des Menschen, von Dr. Friedrich Anton Mesmer. Herausgegeben von Dr. Karl Christian Wolfart. Mit dem Bildniß des Verfassers und 6 Kupfertafeln. Berlin, in der Nicolaischen Buchhandlung. 1814. LXXIV und 356 S. in 8°. 2. Erläuterungen zum Mesmerismus von Dr. Karl Christian Wolfart, Ritter des königl. preuß. Ordens vom eisernen Kreuze 2ter Klasse, Professor, Docent an der Universität zu Berlin, mehrerer gelehrten Gesellschaften Mitglied. Berlin, in der Nicolaischen Buchhandlung. 1815. XVI und 296 S. in 8°. Archiv für den Thierischen Magnetismus [Altenburg und Leipzig] 1. Bd. (1817) 3. Stück, 43-80.

Nees 1817g – Christian Gottfried Nees von Esenbeck: [Rezension von] *J. A. Klinger* de Magnetismo animali dissert. inaug. Wirceburci 1817. Archiv für den Thierischen Magnetismus [Altenburg und Leipzig] 1. Bd. (1817) 3. Stück, 80-112.

Nees 1817h – Christian Gottfried Nees von Esenbeck: [Rezension von] Enumeratio Rosarum circa Wirceburgum et Paps adjacentes sponte crescentium, cum earum definitionibus descriptionibus et synonymis, secundum novam Methodum disposita et speciebus varietatibusque novis aucta auctore Ambrosio Rau, Philos. Doct. H. N. et Scient. Oec. in Reg. Bav. Univers. Wirceburgensi Prof. P. O. etc. Cum Tabula aenea picta. Nürnberg, bei Felsecker 1816. 178. S. 8. Isis I (1817), Heft IV, Nr. 61, Sp. 486-488.

Nees 1817i – Christian Gottfried Nees von Esenbeck: [Rezension von] Etwas über die Monographie der Schlupfwespen (Ichneumonoides) des Herrn Professor Gravenhorst. Sickershausen den 19. März 1817. Isis I (1817), Heft IX, Nr. 155, Sp. 1233-1237, und Nr. 156, Sp. 1241-1243.

Nees 1818a – Christian Gottfried Nees von Esenbeck: Ankündigung: Monographie der krautartigen Astern. Sikershausen [!] bei Kitzingen im Würzburgischen, den 1. Januar 1818. Dr. Nees von Esenbek [!]. Flora oder Botanische Zeitung [Regensburg] 1. Jg., 1. Bd. (1818), Nr. 8 vom 20.03., 126-129.

Nees 1818b – Meinen ersten Zuhörern am 4ten May 1818. Von Dr. C. G. Nees von Esenbeck, Prof. der Naturwissenschaft zu Erlangen. Als Handschrift. Würzburg, bey Johann Stephan Richter [1818], 22 S.

Nees 1818c – Christian Gottfried Nees von Esenbeck: Synopsis specierum generis asterum herbaceorum; praemissis nonnullis de asteribus in genere, eorum structura et evolutione naturali. Exercitatio, qua praelectiones suas … indicit et simul monographiam asterum herbaceorum mox edendam commendat. Erlangen 1818, 33 S.

Nees 1818d – Christian Gottfried Nees von Esenbeck: [Rezension zu] „Briefe über eine magnetische Kur von einem liefländischen Landprediger. Geschrieben im Januar 1816. zum Besten einer sehr armen Familie. – Es muß geistlich gerichtet seyn. 1. Cor. 2, 14. Dorpat, gedruckt bei Schünmann. 1816. 120 S. 12.“ Archiv für den Thierischen Magnetismus 2. Bd. [Halle] (1818) 3. Stück, 137-145.

Nees 1819 – Theodor Friedrich Ludwig Nees von Esenbeck: Radix plantarum mycetoidearum. Commentatio botanica quam ob impetratam [d. XIII m. Nov. A. 1819] docendi licentiam in universitate litt[eraria] Borussica Rhenana scripsit et edidit Theodorus Fridericus Ludovicus Nees ab Esenbeck … Bonn 1819.

Nees 1820 – Christian Gottfried Nees von Esenbeck: Entwickelungsgeschichte des magnetischen Schlafs und Traums, in Vorlesungen. Bonn 1820. Auch abgedruckt in: Archiv für den Thierischen Magnetismus [Leipzig] 7. Bd. (1820), 1. Stück, 1-88, 2. Stück, 1-71.

Nees 1820a – Theodor Friedrich Ludwig Nees von Esenbeck: Radix plantarum mycetoidearum. Bonn 1820 [= Druckfassung von Nees 1819].

Nees 1820b – Theodor Friedrich Ludwig Nees von Esenbeck: De muscorum propagatione. Bonn 1820.

Nees 1820c – Theodor Friedrich Ludwig Nees von Esenbeck: [unter „Correspondenz", Nr. 2, ohne Titel] Flora, 3. Jg. (1820) 1. Bd., Nr. 5 vom 07.02., 73-75.

Nees (Hg.) 1820 – Christian Gottfried Nees von Esenbeck: Horae physicae Berolinenses, collectae ex symbolis virorum doctorum H. Linkii, A. Rudolphi, W. Fr. Klugii, Neesii

ab Esenbeck, Ottonis, Ad. de Chamisso, Hornschuchii, d. a. Schlechtendahl et Ehren-
bergii. Edi[tionem] curavit Dr. C. G. Nees ab Esenbeck. Bonn 1820, 123 S., 27 Tafeln.
Nees 1820-1821 – Christian Gottfried Nees von Esenbeck: Handbuch der Botanik. 1.
Bd. Nürnberg 1820, 725 S. (Theil 4, 1. Abtheilung von Gotthilf Heinrich Schubert:
Handbuch der Naturgeschichte zum Gebrauch bei Vorlesungen); 2. Bd. Nürnberg
1821, 691 S. (Theil 4, 2. Abtheilung von Gotthilf Heinrich Schubert: Handbuch der
Naturgeschichte zum Gebrauch bei Vorlesungen).
Nees 1825-1834 – Robert Browns Vermischte botanische Schriften. In Verbindung
mit einigen Freunden ins Deutsche übersetzt und mit Anmerkungen versehen von
C. G. D. Nees von Esenbeck. 1. Bd. Schmalkalden 1825; 2. Bd. Schmalkalden
1826; 3. Bd. Nürnberg 1827; 4. Bd. Nürnberg 1830; 5. Bd. Nürnberg 1834.
Nees 1829 – Christian Gottfried Nees von Esenbeck: Agrostologia Brasiliensis seu desc-
riptio graminum in imperio Brasiliensi huc usque detectorum [= C. F. Ph. de Martius:
Flora Brasiliensis. Vol. II. Pars I: Gramineae Brasiliae]. Stuttgart, Tübingen 1829.
Nees 1832 (1833) – Christian Gottfried Nees von Esenbeck: Genera et species As-
terearum. Recensuit, descriptionibus et animadversionibus illustravit, synonyma
emendavit Chr. God. N. ab. E. Breslau 1832, Nachdruck Nürnberg 1833.
Nees 1833-1838 – Christian Gottfried Nees von Esenbeck: Naturgeschichte der Europäischen Lebermoose mit besonderer Beziehung auf Schlesien und die Örtlichkei-
ten des Riesengebirgs. 4 Teile. Berlin 1833-1838.
Nees 1838 – Christian Gottfried Nees von Esenbeck: Theodor Friedrich Ludwig Nees
von Esenbeck. Zur Erinnerung an den 26. Juli 1787 und den 12. December 1837.
Den Freunden des Verstorbenen gewidmet. Als Manuscript gedruckt. Breslau, den
12. December 1838, 31 S.
Nees/Altenstein 2008 [1827-1832] – Christian Gottfried Nees von Esenbeck: Amtliche
Korrespondenz mit Karl Sigmund Freiherr von Altenstein. Hg. v. Irmgard Müller.
Die Korrespondenz der Jahre 1827-1832. Bearb. v. Uta Monecke u. Bastian Röther.
Stuttgart 2008 (Acta Historica Leopoldina 52).
Nees/Altenstein 2009a [1817-1821] – Christian Gottfried Nees von Esenbeck: Amtli-
che Korrespondenz mit Karl Sigmund Freiherr von Altenstein. Hg. v. Irmgard Mül-
ler. Die Korrespondenz der Jahre 1817-1821. Bearb. v. Bastian Röther. 2 Bde.
Stuttgart 2009 (Acta Historica Leopoldina 50).
Nees/Altenstein 2009b [1833-1840] – Christian Gottfried Nees von Esenbeck: Amtli-
che Korrespondenz mit Karl Sigmund Freiherr von Altenstein. Hg. v. Irmgard Mül-
ler. Die Korrespondenz der Jahre 1833-1840. Bearb. v. Uta Monecke. Stuttgart
2009 (Acta Historica Leopoldina 53).
Nees/Altenstein 20?? [1822-1826] – Christian Gottfried Nees von Esenbeck: Amtliche
Korrespondenz mit Karl Sigmund Freiherr von Altenstein. Hg. v. Irmgard Müller.
Die Korrespondenz der Jahre 1822-1826. Bearb. v. Bastian Röther, Daniela Fei-
stauer u. Uta Monecke (Acta Historica Leopoldina 51) [in Vorbereitung].
Nees/Bischof 1819 – Christian Gottfried Nees von Esenbeck, Karl Gustav Christoph
Bischof: Die Entwickelung der Pflanzensubstanz. Erlangen 1819.
Nees/Goethe 2003 – Christian Gottfried Nees von Esenbeck: Briefwechsel mit Johann
Wolfgang von Goethe nebst ergänzenden Schreiben. Bearb. v. Kai Torsten Kanz.
Stuttgart 2003 (Acta Historica Leopoldina 40).

Nees/Goldfuß 1817 – Christian Gottfried Nees von Esenbeck, Georg August Goldfuß: [Rezension von] Physikalisch-statistische Beschreibung des Fichtelgebirges, von Dr. August Goldfuß, Lehrer an der Friedr. Alex. Univers., Adjunct des Directoriums der k. L. Akademie der Naturf. u.s.w., und D. Gustav Bischoff, Lehrer an derselben Univ. Ir Th. m. Titel u.e. Gebirgsprofilrisse. 328 S. 2r Th. m. Gebirgscharte. 270 S. 1817. Nürnb. Stein. Selbstrecension (S. Isis No. 40. S. 319.). Isis (1817), Heft VII, Nr. 125, Sp. 993-996.

Nees/Martius 1823a – Christian Gottfried Nees von Esenbeck, Carl Friedrich Philipp von Martius: Göthea, novum plantarum genus, a Serenissimo Principe Maximiliano Neovidensi, ex itinere Brasiliensi relatum. Descripserunt et cum affinibus e Malvacearum Familia composuerunt. Nova Acta Academiae Caesareae Leopoldino-Carolinae Germanicae Naturae Curiosorum XI (1823) I, 89-102, Tab. VII-IX.

Nees/Martius 1823b – Christian Gottfried Nees von Esenbeck, Carl Friedrich Philipp von Martius: Fraxinellae. Plantarum Familia naturalis, definita et secundum genera disposita, adiectis specierum Brasiliensium descriptionibus. Nova Acta Academiae Caesareae Leopoldino-Carolinae Germanicae Naturae Curiosorum XI (1823) I (Verhandlungen ... , N.F., 3. Bd., 1. Abt.), 147-190, Tab. XVIII-XXXI, Nachträge 713-717.

Nees/Nees 1818 – [Christian Gottfried] Nees von Esenbeck, [Theodor] F[riedrich] Nees: De plantis nonnullis e mycetoidearum regno tum nuper detectis, tum minus cognitis Commentatio prior. Nova Acta Academiae Caesareae Leopoldino-Carolinae Germanicae Naturae Curiosorum IX (1818) (Verhandlungen ... , N.F., 1. Bd.), 227-262, Tab. VI.

Nees/Nees 1823 – Ch[ristian] G[ottfried] Nees von Esenbeck, Th[eodor] F[riedrich] Nees von Esenbeck: De Cinnamomo disputatio. Bonn 1823.

Nees/Nees 1824 – Ch[ristian] G[ottfried] Nees von Esenbeck, Th[eodor] Fr[iedrich] L[udwig] Nees von Esenbeck: Plantarum, in horto medico Bonnensi nutritarum, icones selectae. Bonn 1824.

Nees/Nöggerath/Nees/Bischof 1823 – [Christian Gottfried] Nees von Esenbeck, J[acob] Nöggerath, [Theodor Friedrich] Nees von Esenbeck, G[ustav] Bischof: Die unterirdischen Rhizomorphen, ein leuchtender Lebensprocess. Nova Acta Academiae Caesareae Leopoldino-Carolinae Germanicae Naturae Curiosorum XI (1823) II (Verhandlungen ... , N.F., 3. Bd., 2. Abt.), 603-712, Tab. LXII-LXIII.

Nees/Weihe 1822-1827 – [Karl Ernst] A[ugust] Weihe, Ch[ristian] G[ottfried] Nees von Esenbeck: Rubi Germanici, descripti et figuris illustrati. Elberfeldae 1822-1827; [dtsch. Text unter dem Titel:] Die deutschen Brombeersträuche, beschrieben und dargestellt. Elberfeld 1822-1827. Online unter: http://books.google.com.ar /books?id=6A9JAAAAcAAJ&printsec=frontcover&hl=de&source=gbs_ge_summa ry_r&cad=0#v=onepage&q&f=false (31.05.2012).

Nitzsch 1811 – Christian Ludwig Nitzsch: Osteografische Beiträge zur Naturgeschichte der Vögel. Leipzig 1811.

Nitzsch 1817 – Christian Ludwig Nitzsch: Beitrag zur Infusorienkunde oder Naturbeschreibung der Zerkarien und Bazillarien. Halle 1817.

Oken 1805a – Lorenz Oken: Die Zeugung. Bamberg, Würzburg 1805.

Oken 1805b – Lorenz Oken: Abriß des Systems der Biologie. Zum Behufe seiner Vorlesungen. Göttingen 1805.

Oken 1817 – [Lorenz Oken:] Pilze und Schwämme. Isis oder Encyclopädische Zeitung [Jena] 1. Bd. (1817) Heft II, Nr. 22, Sp. 174-176.

Oken 1841 – Lorenz Oken: Allgemeine Naturgeschichte für alle Stände. Teil 3.1: Botanik. Bd. 2.1: Mark- und Schaftpflanzen. Stuttgart 1841.

Pander 1817a – Heinrich Christian Pander: Historia metamorphoseos, quam ovum incubatum proribus quinque diebus subit. [med. Diss.] Wirceburgi 1817.

Pander 1817b – Heinrich Christian Pander: Beiträge zur Entwickelungsgeschichte des Hühnchens im Eye. Würzburg 1817.

Pander 1820 – Christian Heinrich Pander: Beiträge zur Naturkunde aus den Ostseeprovinzen Russlands. Dorpat 1820.

Pander/d'Alton 1821-1838 – Christian Heinrich Pander, Eduard d'Alton: Vergleichende Osteologie. 14 Teile. Bonn 1821-1838.

Pander/d'Alton 1821 – Christian Heinrich Pander, Eduard d'Alton: Das Riesen-Faulthier, Bradypus giganteus, abgebildet, beschrieben, und mit den verwandten Geschlechtern verglichen von Chr. Pander und E. d'Alton [I. Abt.: Osteologie der Säugethiere. 1. Lieferung]. Bonn 1821, 13. S., 7 Taf.

Raab 1819 – Christian Wilhelm Julius Raab: Über ein neues Solanum. Flora oder Botanische Zeitung [Regensburg] 2. Jg. (1819), 2. Bd., Nr. 27 vom 21.07., 413-416.

Rapp 1827 – Wilhelm Ludwig von Rapp: Ueber das Molluskengeschlecht *Doris* und Beschreibung einiger neuer Arten desselben. Nova Acta Academiae Caesareae Leopoldino-Carolinae Germanicae Naturae Curiosorum XIII (1827) II (Verhandlungen … , N.F., 5. Bd., 2. Abt.), 513-522, Tab. XXVI-XXVII.

Raspail 1828 – François-Vincent Raspail: Histoire naturelle de l'Alcyonelle fluviatile (Alcyonella stagnorum Lamk), et de tous les genres voisins. Mémoires de la société d'histoire naturelle de Paris 4 (1828), 75-165.

Raspail 1829 – Antwort des Herrn Raspail auf die Zurechtweisung des Herrn Professors Baer. Isis XXII (1829) 5, Sp. 556-564.

Rathke 1825 – Martin Heinrich Rathke: Kiemen bey Säugethieren. Isis 6 (1825), Sp. 747-749.

Rau 1816 – Ambrosius Rau: Enumeratio rosarum circa Wirceburgum et pagos adjacentes sponte crescentium. Cum earum definitionibus, descriptionibus et synonymis secundum novam methodum disposita et speciebus varietatibusque novis aucta. Nürnberg 1816.

Rühs 1812 – Friedrich Rühs: Die Edda. Nebst einer Einleitung über nordische Poesie und Mythologie und einem Anhang über die historische Literatur der Isländer. Berlin 1812.

Sachs 1832 – Ludwig Wilhelm Sachs: Die Cholera. Nach eigenen Beobachtungen in der Epidemie zu Königsberg im Jahre 1831 nosologisch und therapeutisch dargestellt. Königsberg 1832.

Schubert 1808 – Gotthilf Heinrich von Schubert: Ansichten von der Nachtseite der Naturwissenschaft. Dresden 1808.

Schubert 1814 – Gotthilf Heinrich von Schubert: Die Symbolik des Traumes. Bamberg 1814.

Siewald 1823 – Heinrich von Siewald: Diss[ertatio] inaug[uralis] physiologico-zootomica de cranii formatione in Delphino Phocaena. Cum 2 tab[ulis] lithograph[icis]. Dorpat 1823. 39 S.

Temminck 1815 – Coenraad Jacob Temminck: Manuel d'ornithologie ou Tableau sys-tèmatique des oiseaux qui se trouvent en Europe. Amsterdam 1815.

Tritschler 1817 – Sonderbare, mit glücklichem Erfolg animal-magnetisch behandelte Entwicklungs-Krankheit eines dreyzehnjährigen Knaben. Von Dr. [J. C. S.] Trit-schler in Cannstadt. Archiv für den Thierischen Magnetismus [Altenburg und Leip-zig] 1 (1817) 1. Stück, 51-137.

Turner 1808-1819 – Dawson Turner: Fuci sive plantarum fucorum generi a botanicis asciptarum icones descriptiones et historia. 4 Bde. London 1808-1819.

Vogorides 1817 – Athanasius Vogorides: Betrachtungen über die Verdauung im menschlichen Magen. Diss. Würzburg 1817.

Wendt/Otto 1834 – J[ohann] Wendt, A[dolph] W[ilhelm] Otto: Amtlicher Bericht über die Versammlung deutscher Naturforscher und Ärzte zu Breslau im September 1833. Breslau 1834.

Wolfart 1815 – Karl Christian Wolfart: Erläuterungen zum Mesmerismus. Berlin 1815.

Lavatera silvestris Brot. Nees/Nees 1824, Tafel VI

4. Forschungsliteratur

ADB – Allgemeine Deutsche Biographie. Leipzig 1875-1912, Reprint Berlin 1967-1971 [alle Einträge online zugänglich].

AKL – Allgemeines Künstler-Lexikon. Die bildenden Künstler aller Zeiten und Völker. Hg. v. Günter Meißner. München, Leipzig 1992-.

Autenrieth 2010 – Wolfgang Autenrieth: Neue und alte Techniken der Radierung und Edeldruckverfahren. 6. Aufl. Krauchenwies 2010.

Bartholomäus 1999 – Christine Bartholomäus: Philipp Franz von Siebold (1796-1866). Japanforscher aus Würzburg. Erw. Nachdr. d. Ausg. v. 1996, mit einer japan. Übers. Würzburg 1999.

BBKL – Biographisch-Bibliographisches Kirchenlexikon. 33 Bde. Bd 1-18 Herzberg 1975-2001; Bd. 19-33 Nordhausen 2001-2012.

BBLd – Baltisches Biographisches Lexikon digital. Online unter www.bbl-digital.de (07.08.2012).

Becker 2004 – Thomas P. Becker: Der Rand der Naturwissenschaften in den ersten Jahren der Universität Bonn. In: Engelhardt/Kleinert/Bohley (Hgg.) 2004, 115-129.

Becker 2012 – Thomas Becker: Geschichte der Rheinischen Friedrich-Wilhelms-Universität. Online-Text unter http://www3.uni-bonn.de/einrichtungen/universitaetsverwaltung/organisationsplan/archiv/universitaetsgeschichte/unigeschichte (28.03.2012).

Benkert 1819 – Franz Georg Benkert: Joseph Bonavita Blank's kurze Lebens-Beschreibung. Würzburg 1819.

Bezold 1920 – Friedrich von Bezold: Geschichte der Rheinischen Friedrich-Wilhelms-Universität von der Gründung bis zum Jahr 1870. Bonn 1920.

Biermann 1980 – Kurt-Reinhard Biermann: Alexander von Humboldt in seinem Verhältnis zur Leopoldina und zu anderen Akademien. Acta Historica Leopoldina 13 (1980), 39-49.

Bohley 2001 – Johanna Bohley: Gemeinsame Interessen – wissenschaftliche Divergenzen? Die politischen Naturforscher Lorenz Oken und Christian Gottfried Nees von Esenbeck. In: Lorenz Oken (1779-1851) – Ein politischer Naturphilosoph. Hg. v. Olaf Breidbach, Hans-Joachim Fliedner u. Klaus Ries. Weimar 2001, 183-209.

Bohley 2003a – Johanna Bohley: Christian Gottfried Nees von Esenbeck. Ausgewählter Briefwechsel mit Schriftstellern und Verlegern (Johann Friedrich von Cotta, Johann Georg von Cotta, Therese Huber, Ernst Otto Lindner, Friederike Kempner). Halle/S. 2003 (Acta historica Leopoldina 41).

Bohley 2003b – Johanna Bohley: Christian Gottfried Nees von Esenbeck. Ein Lebensbild. Halle/S. 2003 (Acta historica Leopoldina 42).

Bohley 2003c – Johanna Bohley: Christian Gottfried Nees von Esenbeck. Der Botaniker und sein wissenschaftsorganisatorisches Wirken in Bonn. In: Bonner Universitätsblätter. Hg. v. der Gesellschaft von Freunden und Förderern der Rheinischen Friedrich-Wilhelms-Universität zu Bonn. Bonn 2003, 55-67.

Bohley 2005 – Johanna Bohley: Christian Gottfried Nees von Esenbeck. In: Naturphilosophie nach Schelling. Hg. v. Thomas Bach u. Olaf Breidbach. Stuttgart, Bad Cannstadt 2005, 371-399.

Bohley/Monecke 2004 – Johanna Bohley und Uta Monecke: Zur Amtlichen Korrespondenz zwischen Christan Gottfried Nees von Esenbeck und Karl Sigmund Freiherr von Altenstein. In: Engelhardt/Kleinert/Bohley (Hgg.) 2004, 73-95.

Braubach 1968 – Max Braubach: Kleine Geschichte der Universität Bonn. 1818-1969. Bonn 1968.

Bräuning-Oktavio 1959 – Hermann Bräuning-Oktavio: Oken und Goethe im Lichte neuer Quellen. Weimar 1959.

Brednow 1970a – Walter Brednow: Dietrich Georg Kieser. Sein Leben und Werk. Wiesbaden 1970 (Sudhoffs Archiv für Geschichte der Medizin und der Naturwissenschaften, Beiheft 12).

Brednow 1970b – Walter Brednow: Der XII. Präsident (1858-1862). Dietrich Georg Kieser (1779-1862). In: Nunquam otiosus. Beiträge zur Geschichte der Präsidenten der Deutschen Akademie der Naturforscher Leopoldina. Festgabe zum 70. Geburtstag des XXII. Präsidenten Kurt Mothes. Hg. v. Erwin Reichenbach u. Georg Uschmann (Nova Acta Leopoldina 198). Leipzig 1970, 169-197.

Breidbach/Fliedner/Ries (Hgg.) 2001 – Olaf Breidbach, Hans-Joachim Fliedner, Klaus Ries (Hgg.): Lorenz Oken (1779-1851). Ein politischer Naturphilosoph. Weimar 2001.

Brockhaus 1827 – Allgemeine deutsche Real-Encyklopädie für die gebildeten Stände. 7. Aufl. 12 Bände. Leipzig 1827.

Bullough 2008 – Vern L. Bullough: Pander, Christian Heinrich. In: Complete Dictionary of Scientific Biography 2008 (Internet: http://www.encyclopedia.com/doc/1G2-2830903278.html, 01.06.2009).

Busse 1982 – Helmut Busse: Christoph Wilhelm Hufeland. St. Michael 1982.

Callisen 1830-1845 – Adolph Carl Peter Callisen: Medicinisches Schriftsteller-Lexicon der jetzt lebenden Aerzte, Wundärzte, Geburtshelfer, Apotheker, und Naturforscher aller gebildeten Völker. 33 Bde. Kopenhagen 1833-1845, Reprint Nieuwkoop 1964.

Cardot 2009 – Claude Cardot: Georges Cuvier. La révélation des mondes perdus. Besançon 2009.

DBI – Deutscher Biographischer Index. Hg. v. Willi Gorzny. 4 Bde. München u.ö. 1986.

Degen 1955a – Heinz Degen: Lorenz Oken und seine Isis um die Gründungzeit der Gesellschaft Deutscher Naturforscher und Ärzte. In: Naturwissenschaftliche Rundschau 8 (1955), 145-150, 180-189.

Degen 1955b – Heinz Degen: Die Gründungsgeschichte der Gesellschaft deutscher Naturforscher und Ärzte. Naturwissenschaftliche Rundschau 8 (1955), 421-427, 472-480.

Degen 1956 – Heinz Degen: Die Entwicklung der Gesellschaft Deutscher Naturforscher und Ärzte in der Spätromantik bis zur Münchener Versammlung 1827. Naturwissenschaftliche Rundschau 9 (1956), 185-193.

Dettke 1995 – Barbara Dettke: Die asiatische Hydra. Die Cholera von 1830/31 in Berlin und den preußischen Provinzen Posen, Preußen und Schlesien. Berlin 1995 (Veröffentlichungen der Historischen Kommission zu Berlin 89).

Dittler 1912-1915 – Handwörterbuch der Naturwissenschaften. Hg. v. Rudolf Dittler. 10 Bde. Jena 1912-1915.

Duden 1976-1981 – Duden. Das große Wörterbuch der deutschen Sprache in 6 Bänden. Mannheim 1976-1981.

Eckart/Gradmann 1995 – Ärztelexikon. Von der Antike bis zum 20. Jahrhundert. Hg. v. Wolfgang Eckart und Christoph Gradmann. München 1995.

Ecker 1880 – Alexander Ecker: Lorenz Oken. Eine biographische Skizze. Gedächtnißrede zu dessen hundertjähriger Geburtstagsfeier. Stuttgart 1880.

Eichler 2010 – Andreas Eichler: Gotthilf Heinrich Schubert – ein anderer Humboldt. Niederfrohna 2010.

Einert 1859 – Carl Einert: Das Wechselrecht nach dem Bedürfniß des Wechselgeschäfts im neunzehnten Jahrhundert. Leipzig 1839; Reprint Farmington Hills/Mich. 2005.

Eisenberg 1903 – Ludwig Eisenberg: Großes biographisches Lexikon der deutschen Bühne im XIX. Jahrhundert. Leipzig 1903.

Engelhardt 1985 – Dietrich von Engelhardt: Mesmer in der Naturforschung und Medizin der Romantik. In: Franz Anton Mesmer und die Geschichte des Mesmerismus. Hg. v. Heinz Schott. Stuttgart 1985, 88-107.

Engelhardt 1987 – Dietrich von Engelhardt: Wissenschaftsgeschichte auf den Versammlungen der Gesellschaft Deutscher Naturforscher und Ärzte 1822 bis 1972. Bibliographie der Vorträge und allgemeine Übersicht. Stuttgart 1987 (Schriftenreihe zur Geschichte der Versammlungen deutscher Naturforscher und Ärzte 4).

Engelhardt/Kleinert/Bohley (Hgg.) 2004 – Dietrich von Engelhardt, Andreas Kleinert und Johanna Bohley (Hgg.): Christian Gottfried Nees von Esenbeck: Politik und Naturwissenschaften in der ersten Hälfte des 19. Jahrhunderts [Tagungsband]. Stuttgart 2004 (Acta Historica Leopoldina 43).

Feistauer/Monecke/Müller/Röther (Hgg.) 2006 – Daniela Feistauer, Uta Monecke, Irmgard Müller und Bastian Röther (Hgg.): Christian Gottfried Nees von Esenbeck: Die Bedeutung der Botanik als Naturwissenschaft in der ersten Hälfte des 19. Jahrhunderts – Methoden und Entwicklungswege [Tagungsband]. Stuttgart 2006 (Acta Historica Leopoldina 47).

Ferrière 2009 – Hervé Ferrière: Bory de Saint-Vincent. L'évolution d'un voyageur naturaliste. Paris 2009.

Fintelmann (Hg.) 2007 – Volker Fintelmann (Hg.): Carl Gustav Carus. Begründer einer spirituellen Medizin und ihre Bedeutung für das 21. Jahrhundert. Stuttgart, Berlin 2007.

Fischer 2010 – Marta Fischer: Russische Karrieren. Leibärzte im 19. Jahrhundert. Aachen 2010 (Relationes 4).

Florey 1995 – Ernst Florey: Ars magnetica. Franz Anton Mesmer (1734–1815), Magier vom Bodensee. Konstanz 1995.

Fouquet-Plümacher 1987 – Doris Fouquet-Plümacher: Jede neue Idee kann einen Weltbrand anzünden. Georg Andreas Reimer und die preußische Zensur während der Restauration. Frankfurt 1987.

Frötschner 2000 – Reinhard Frötschner: Zwischen Bayern und Osteuropa. Migration und Migranten vom 18. Jahrhundert bis in die Nachkriegszeit. Ein Inventar der relevanten Archivalien des Bayerischen Hauptstaatsarchivs München. München 2000 (Mitteilungen des Osteuropa-Instituts München 34).

Gaedertz 1900 – Karl Theodor Gaedertz: Eduard d'Alton. Ein Lebensbild in Briefen Goethes. In: Ders.: Bei Goethe zu Gaste. Leipzig 1900, 127-158.

Geiger 1843 – Philipp Lorenz Geiger: Handbuch der Pharmacie. Bd. 2.2: Pharmaceutische Botanik. Heidelberg 1843.

Genaust 1996 – Helmut Genaust: Etymologisches Wörterbuch der botanischen Pflanzennamen. 3. Aufl. Basel 1996.

Gerlach 2009 – Dieter Gerlach: Geschichte der Mikroskopie. Frankfurt a. M. 2009.

Gillispie 1970-1980 – Dictionary of Scientific Biography. Hg. v. Charles Coulston Gillispie. 16 Bde. New York 1970-1980.

Glaser 2008 – Roland Glaser: Heilende Magnete – strahlende Handys. Bioelektromagnetismus. Fakten und Legenden. Weinheim 2008.

Grau 2006 – Jürke Grau: Palmen und 8000 brasilianische Pflanzen. Der Botaniker Carl Friedrich Philipp von Martius. In: Feistauer/Monecke/Müller/Röther (Hgg.) 2006, 189-198.

Gries 1978 – Brunhild Gries: Leben und Werk des westfälischen Botanikers Carl Ernst August Weihe. Abhandlungen des Landesmuseums für Naturkunde Münster i.W. 40 (1978) 3, 1-45.

Grosche (Hg.) 2001 – Stefan Grosche (Hg.): „Zarten Seelen ist gar viel gegönnt." Naturwissenschaft und Kunst im Briefwechsel zwischen Carl Gustav Carus und Goethe. Göttingen 2001.

Gruber 2011 – Jutta Gruber: Angst und Faszination. Eine Neubewertung des Animalischen Magnetismus Franz Anton Mesmers. Berlin 2011 (Medizin im Kulturvergleich 20).

Grünewaldt-Haackhof 1900 – Otto von Grünewaldt-Haackhof: Vier Söhne aus einem Hause. Zeit- und Lebensbilder aus Estlands Vergangenheit. 2 Bde. Leipzig 1900.

Haberling 1924 – Wilhelm Haberling: Johannes Müller. Das Leben des rheinischen Naturforschers. Leipzig 1924.

Hagner 1992 – Michael Hagner: Sieben Briefe von Johannes Müller an Karl Ernst von Baer. Medizinhistorisches Journal 27 (1992), 138-154.

Hamlin 2009 – Christopher Hamlin: Cholera. The Biography. Oxford 2009.

Hayes 2001 – Derek Hayes: First crossing. Alexander MacKenzie, his expedition across North America, and the opening of the continent. Seattle 2001.

Helbig 1991 – Joachim Helbig: Bayrische Postgeschichte 1806-1870. Grundlagen zur Interpretation altdeutscher Briefe. Nürnberg, München 1991.

Helbig (Hg.) 1994 – Jörg Helbig (Hg.): Brasilianische Reise 1817-1820. Carl Friedrich Philipp von Martius zum 200. Geburtstag. München 1994.

Helbig 2010 – Joachim Helbig: Postvermerke auf Briefen, 15.-18. Jahrhundert. Neue Ansichten zur Postgeschichte der frühen Neuzeit und der Stadt Nürnberg. München 2010.

Heller 1850 – Joseph Heller: Praktisches Handbuch für Kupferstichsammler oder Lexicon der vorzüglichsten und beliebtesten Kupferstecher, Formschneider, Lithographen etc. etc. 2. Aufl. Leipzig 1850.

Hess 1885 – Richard Hess: Lebensbilder hervorragender Forstmänner und um das Forstwesen verdienter Mathematiker, Naturforscher und Nationalökonomen. Berlin 1885.

Hess 2000 – Volker Hess: Der wohltemperierte Mensch. Wissenschaft und Alltag des Fiebermessens (1850-1900). Frankfurt a.M. 2000.

Heuser/Wulbusch (Hgg.) 2011 – Therese Huber: Briefe. Hg. v. Magdalene Heuser. Juli 1815 bis September 1818. Bearb. v. Petra Wulbusch. Berlin, Boston 2011.

Hirsch 2002 [1884-1888] – Biographisches Lexikon der hervorragenden Aerzte aller Zeiten und Völker. Hg. v. August Hirsch. Wien, Leipzig 1884-1888, Nachdr. Mansfield 2002.

Hirsch/Gurlt 1929-1935 – Biographisches Lexikon der hervorragenden Ärzte aller Zeiten und Völker. Hg. v. August Hirsch, E[rnst] Gurlt u. a. 5 Bde. u. 1 Ergänzungsbd. 2. erg. Aufl. Berlin, Wien 1929-1935.

Historischer Atlas von Bayern, Teil Franken II/1 und 2, München 1954 und 1956.

Hoffmann 2000 – Peter Hoffmann: Anton Friedrich Büsching (1724-1793). Ein Leben im Zeitalter der Aufklärung. Berlin 2000.

Höfler 1899 – Max Höfler: Deutsches Krankheitsnamen-Buch. München 1899, Nachdr. Hildesheim 1970.

Höpfner 1992 – Günther Höpfner: Drei Miszellen zur Geschichte der Burschenschaften. In: Studentische Burschenschaften und bürgerliche Umwälzungen. Zum 175. Jahrestag des Wartburgfestes. Hg. v. Helmut Asmus. Berlin 1992, 138-167.

Höpfner 1994 – Günther Höpfner: Christian Gottfried Daniel Nees von Esenbeck (1776-1858). Ein deutscher Gelehrter an der Seite der Arbeiter. In: Nachmärz-Forschungen. Trier 1994 (Schriften aus dem Karl-Marx-Haus 47), 9-102.

Hoppe 2006 – Brigitte Hoppe: Das naturwissenschaftliche Werk von C.G.D. Nees von Esenbeck als Beitrag zur Entwicklung der Botanik, insbesondere der Systematik. In: Feistauer/Monecke/Müller/Röther (Hgg.) 2006, 103-119.

Hufeland 2002 – Günther Hufeland: Christoph Wilhelm Hufeland (1762-1836). Bad Langensalza 2002.

Ilg 1984 – Wolfgang Ilg: Die Regensburgische Botanische Gesellschaft. Ihre Entstehung, Entwicklung und Bedeutung, dargestellt anhand des Gesellschafts-Archivs. Regensburg 1984. (Hoppea. Denkschriften der Regensburgischen Botanischen Gesellschaft 42).

Jäger/Mannert 1805-1811 – Wolfgang Jäger u. Konrad Mannert: Geographisch-Statistisches Zeitungs-Lexikon. 3 Bde. 1. Bd. Nürnberg 1805; 2. Bd. Nürnberg 1806; 3. Bd. Landshut 1811.

Jahn 1990 – Ilse Jahn: Grundzüge der Biologiegeschichte. Jena 1990.

Jürjo 1993 – Indrek Jürjo: Das Archiv des Historischen Museums Estlands. Berichte und Forschungen. Jahrbuch des Bundesinstituts für ostdeutsche Kultur und Geschichte 1 (1993), 147-175.

Kaasch 2004 – Michael Kaasch: Das Bestehende und das Werdende – Akademieerneuerung und Reformansätze unter Nees von Esenbeck und Altenstein. In: Engelhardt/Kleinert/Bohley (Hgg.) 2004, 19-68.

Kaasch/Kaasch 1995 – Michael Kaasch, Joachim Kaasch: „… daß sie sich unermüdlich angelegen sein lassen, die jährlich herauszugebenden Ephemeriden zu vermehren und zu verherrlichen." 325 Jahre periodische Schriften der Akademie. In: Deutsche Akademie der Naturforscher Leopoldina zu Halle (Saale). Verzeichnis der Veröffentlichungen 1977-1995. Halle/S. 1995, 4-15.

Kaasch/Kaasch 2007 – Michael Kaasch, Joachim Kaasch: „Verbreitung von Naturerkenntniß und höherer Weisheit". Das Vermächtnis des als „Opfer seiner Wissenschaft gefallenen" Botanikers August Friedrich Schweigger (1783–1821). Verhandlungen zur Geschichte und Theorie der Biologie 13 (2007), 135-163.

Kampmann 1898 – Carl Kampmann: Die Graphischen Künste. Leipzig 1898 (Sammlung Göschen, 75).

Kanz 2001 – Kai Torsten Kanz: „... man weiß nur was man einem Manne schreiben soll mit dem man einmal persönlich verhandelt hat." Zum Briefwechsel Goethes mit Christian Gottfried Nees von Esenbeck. In: Naturwissenschaften um 1800. Wissenschaftskultur in Jena-Weimar. Hg. v. Olaf Breidbach u. Paul Ziche. Weimar 2001, 203-215.

Kanz 2003 – Christian Gottfried Nees von Esenbeck. Briefwechsel mit Johann Wolfgang von Goethe nebst ergänzenden Schreiben. Bearb. v. Kai Torsten Kanz. Stuttgart 2003 (Acta Historica Leopoldina 40).

Kanz/Bohley/Engelhardt 2002 – Kai Torsten Kanz, Johanna Bohley, Dietrich von Engelhardt: Die Leopoldina zwischen Französischer Revolution und innerer Reform. Die Präsidentschaften von Nees von Esenbeck, Kieser und Carus 1818-1869. In: 350 Jahre Leopoldina – Anspruch und Wirklichkeit. Festschrift der Deutsche Akademie der Naturforscher Leopoldina 1652-2002. Hg. v. Benno Parthier u. Dietrich v. Engelhardt. Halle/S. 2002, 121-150.

Kaufmann 1973 [1881] – Alexander Kaufmann: Philipp Joseph von Rehfues. Ein Lebensbild. Zeitschrift für Preußische Geschichte und Landeskunde. 18 (1881) 3-4, Neudruck Osnabrück 1973, 89-224.

Klemp/Harig 2008 – Egon Klemp, Sabine Harik: Königsberg und Ostpreußen in historischen Ansichten und Plänen. Leipzig 2002, Lizenzausgabe Augsburg 2008.

Knape 1940 – Heinrich Knape: Der Gymnasialpädagoge Friedrich Christian Georg Kapp und seine Bedeutung für die westfälische Bildungsgeschichte. [Phil. u. naturwiss. Diss. Münster] Gütersloh 1940.

Knorre 1973a – Heinrich von Knorre: Die Entstehungsgeschichte von K. E. Baers „Sendschreiben" De ovi mammalium et hominis genesi 1827 und vier Briefe Karl Ernst von Baers an Carl Asmund Rudolphi. Mitteilungen der deutschen Akademie der Naturforscher Leopoldina, Reihe 3, 17 (1973), 237-286.

Knorre 1973b – Heinrich von Knorre: 17 Briefe von Christian Heinrich Pander (1794-1865) an Karl Ernst von Baer (1792-1876). Giessener Abhandlungen zur Agrar- und Wirtschaftsforschung des europäischen Ostens 59 (1973), 89-116.

Koch 2005 – Lutz Koch: Das Gebirge in Rheinland-Westphalen und die Entstehung der Erde. Werke von Johann Jakob Nöggerath im Stadtarchiv Schwelm. Beiträge zur Heimatkunde der Stadt Schwelm und ihrer Umgebung, Neue Folge, 54 (2005), 7-26, online unter http://www.l-koch.de/noeggera.htm (04.04.2012).

Körner 1967 – Hans Körner: Die Würzburger Siebold. Eine Gelehrtenfamilie des 18. und 19. Jahrhunderts. Leipzig 1967 (Lebensdarstellungen deutscher Naturforscher 13).

Kutzer 1985 – Michael Kutzer: „Über Natur und Kunst in der Arzneiwissenschaft". Karl Wenzel (1769-1827) als Lehrer und Kritiker der Geburtshilfe seiner Zeit. Medizinhistorisches Journal 20 (1985) 4, 391-416.

Langer 1969 – Wolfhart Langer: Georg August Goldfuß. Ein biographischer Beitrag. Bonner Geschichtsblätter 23 (1969), 229-243.

Langer 1970 – Wolfhart Langer: Der Naturhistoriker Georg August Goldfuß (1782-1848). Kurzbiographie und Verzeichnis seiner wissenschaftlichen Schriften. Decheniana [Bonn] 122 (1970) 2, 177-180.

Langer/Müller 1970 – Wolfhart Langer, Klaus Jürgen Müller: Georg August Goldfuß 1782-1848. In: 150 Jahre Rheinische Friedrich-Wilhelms-Universität zu Bonn 1818-1968. [Teil 1:] Mathematik und Naturwissenschaften. Bonn 1970, 163-167.

Langner 2009 – Beatrix Langner: Der wilde Europäer. Adelbert von Chamisso. 2. Aufl. Berlin 2009.

Lermann 1962 – Helmut Lermann: Die Prosektoren Hesselbach. Franz Caspar Hesselbach und Adam Kaspar Hesselbach als Prosektoren der Würzburger Anatomischen Anstalt. Med. Diss. Würzburg 1962.

Lietzau 1824 – Friedrich Otto Lietzau: Alphabetisches und systematisches Register zu Cuvier's Vorlesungen über vergleichende Anatomie. Leipzig 1824.

Lubosch 1918 – Wilhelm Lubosch: Über Pander und D'Altons vergleichende Osteologie der Säugetiere. Ein Kapitel aus der Naturphilosophie. Flora oder allgemeine botanische Zeitung N.F. 11-12 (1918) (= Karl Goebel [Hg.]: Festschrift zum siebzigsten Geburtstage von Ernst Stahl in Jena. Jena 1918), 668-702.

Lukina (Hg.) 1975 – Karl Bėr i Peterburgskaja Akademija nauk. Pis'ma dejateljam Peterburgskoj Akademii. Hg. v. Tat'jana A. Lukina. Leningrad 1975.

Mägdefrau 1992 – Karl Mädgefrau: Geschichte der Botanik. Leben und Leistung großer Forscher. Stuttgart, Jena, New York 1992.

Mann 1986 – Gunter Mann: Samuel Thomas Soemmering. Der Arzt und Naturgelehrte der Goethezeit. Forschungsmagazin der Joh.-Gutenberg-Universität Mainz 1986, Nr. 2, 41-46.

Marzell 1943-1979 – Heinrich Marzell: Wörterbuch der deutschen Pflanzennamen. Bd. 1-3 und 5 Leipzig 1943-1958, Bd. 4 aus dem Nachlass hg. v. Heinz Paul. Stuttgart, Wiesbaden 1979.

Meißner 1869 – Karl Friedrich Meißner: Denkschrift auf Carl Friedrich Philipp von Martius. München 1869.

Menz 2000 – Heike Menz: Martin Heinrich Rathke (1793–1860). Ein Embryologe des 19. Jahrhunderts. Marburg 2000 (Acta Biohistorica 7).

Meyer 1966 – Johannes Dietrich Meyer: August Franz Joseph Carl Mayer. Leben und Werk. Diss. Bonn 1966.

Miracle 2008 – Eulàlia Gassó Miracle: The Significance of Temminck's Work on Biogeography. Early Nineteenth Century Natural History in Leiden, The Netherlands. Journal of the History of Biology 41 (2008), 677-716.

Mironov 2000 – Boris N. Mironov: A Social History of Imperial Russia 1700-1917. 2 Vols. Boulder 2000.

Mühlpfordt 1981 – Herbert Meinhard Mühlpfordt: Carl Gottfried Hagen und seine Hofapotheke. In: Königsberger Leben im Rokoko. Bedeutende Zeitgenossen Kants. Siegen 1981, 53-72 (Schriften der J. G. Herder-Bibliothek Siegerland 7).

Müller 1883-1887 – Johannes Müller: Die Wissenschaftlichen Vereine und Gesellschaften Deutschlands im neunzehnten Jahrhundert. Bibliographie ihrer Veröffentlichungen seit ihrer Begründung bis auf die Gegenwart. Berlin 1883-1887.

Nagel 2006 – Peter Nagel: PhyloCode und DNA Barcoding – Taxonomische Regeln und Techniken im Wandel? Beiträge zur Entwicklungsgeschichte 56 (2006) 2, 387-403.

NDB – Neue Deutsche Biographie. Berlin 1953- [Einträge auch online zugänglich].

Neigebaur 1860 – Johann Daniel Ferdinand Neigebaur: Geschichte der Kaiserlichen Leopoldino-Carolinischen deutschen Akademie der Naturforscher während des zweiten Jahrhunderts ihres Bestehens. Jena 1860.

Neumann-Redlin von Meding 2004 – E. Neumann-Redlin von Meding: Immanuel Kant und der Naturwissenschaftler Karl Gottfried Hagen. Preußenland. Mitteilungen der Historischen Kommission für Ost- und Westpreußische Landesforschung und aus den Archiven der Stiftung Preußischer Kulturbesitz 42 (2004) 2, 40-57.

ÖBL – Österreichisches Biographisches Lexikon und biographische Dokumentation. Online unter http://www.oeaw.ac.at/oebl/ (05.07.2012).

Poggendorff 1971 – Biographisch-literarisches Handwörterbuch der exakten Naturwissenschaften von J[ohann] C. Poggendorff. Bd. VIIa Berichtsjahre 1932-1953. Bearb. v. Rudolph Zaunick. Berlin 1971.

Polioudakis 2008 – Georgios Polioudakis: Die Übersetzung deutscher Literatur ins Neugriechische vor der Griechischen Revolution von 1821. Frankfurt a.M. 2008.

Pfeifer 2000 – Klaus Pfeifer: Medizin der Goethezeit. Christoph Wilhelm Hufeland und die Heilkunst des 18. Jahrhunderts. Köln 2000.

Raikov 1951-1952 – Boris Evgen'evič Raikov: Russkie biologi-ėvoljucionisty do Darvina. 2 Bde. Moskva, Leningrad 1951-1952.

Raikov 1968 – Boris Evgen'evič Raikov: Karl Ernst von Baer 1792-1876. Sein Leben und sein Werk. Leipzig 1968. Deutsche Übersetzung mit Anmerkungen von Heinrich von Knorre (Acta Historica Leopoldina. Abhandlungen aus dem Archiv für Geschichte der Naturforschung und Medizin der deutschen Akademie der Naturforscher Leopoldina 5).

Raikov 1984 – Boris E. Raikov: Christian Heinrich Pander, ein bedeutender Biologe und Evolutionist – An Important Biologist and Evolutionist 1794-1865. Frankfurt/M. 1984.

Recke/Napiersky – Johann Friedrich von Recke; Karl Eduard Napiersky: Allgemeines Schriftsteller- und Gelehrten-Lexikon der Provinzen Livland, Estland und Kurland. 4 Bde. Mitau 1827-1832.

Reimer 1999 – Doris Reimer: Passion & Kalkül. Der Verleger Georg Andreas Reimer (1776–1842). Berlin, New York 1999.

Reitberger 1977 – Heiner Reitberger: Das alte Würzburg. Würzburg 1977.

Renger 1982 – Christian Renger: Die Gründung und Einrichtung der Universität Bonn und die Berufungspolitik des Kultusministers Altenstein. Bonn 1982 (Academica Bonnensia. Veröffentlichungen des Archivs der Rheinischen Friedrich-Wilhelms-Universität zu Bonn 7).

Richter 2009 – Frank Richter: Carl Gustav Carus. Der Malerfreund Caspar David Friedrichs und seine Landschaften. Husum 2009.

Riha 2002 – Ortrun Riha: Leben im Fieber. Die Erfindung der Tuberkulose. In: „Wer vieles bringt, wird manchem etwas bringen" – ein medizin- und wissenschaftshistorisches Florilegium. Festschrift Ingrid Kästner. Hg. v. Regine Pfrepper, Sabine Fahrenbach u. Natalja Decker. Aachen: Shaker, 2002 (Deutsch-russische Beziehungen in Medizin und Naturwissenschaften 5), S. 29-40.

Riha/Schmuck 2010 – Ortrun Riha, Thomas Schmuck: Das Baltikum als Wiege der Embryologie. Kontingenzen eines transnationalen Wissenschaftsraums. Würzburger medizinhistorische Mitteilungen 29 (2010), 208-240.

Riha/Schmuck 2011: Ortrun Riha, Thomas Schmuck: „Das allgemeinste Gesetz". Karl Ernst von Baer (1792-1876) und die großen Diskurse des 19. Jahrhunderts. Aachen 2011 (Relationes 5).

Riha/Schmuck 2012: Ortrun Riha, Thomas Schmuck: Of Bones and Beasts. Christian Heinrich von Pander (1794-1865) on Transformation of Species. Studies in the History of Biology [St. Petersburg] 4 (2012) 2, 23-38.

Ring 2005 – Andrea Ring: Jenseits von Kuhschnappel. Individualität und Religion in Jean Pauls *Siebenkäs*. Würzburg 2005.

Röhling/Mertens/Koch 1823-1839 – Johann Christoph Röhling: Deutschlands Flora. Nach einem veränderten und erweiterten Plane bearbeitet von Franz Carl Mertens u. Wilhelm Daniel Joseph Koch. 5 Bde. Frankfurt a. M. 1823-1839.

Röther 2006 – Bastian Röther: Christian Gottfried Nees von Esenbeck und die *Gesellschaft correspondirender Botaniker* – ein Netzwerk fränkischer Naturforscher und Pharmazeuten im frühen 19. Jahrhundert. In: Feistauer/Monecke/Müller/Röther (Hgg.) 2006, 55-102.

Röther 2009 – Bastian Röther (Bearb.): Christian Gottfried Nees von Esenbeck: Amtliche Korrespondenz mit Karl Sigmund Freiherr von Altenstein. Die Korrespondenz der Jahre 1817-1821. 2 Bde. Stuttgart 2009 (Acta Historica Leopoldina 50).

Röther/Feistauer/Monecke 2007 – Bastian Röther, Daniela Feistauer, Uta Monecke: The ‚Society of Corresponding Botanists' als *Pflanzschule* for Botanical Gardens. In: The Global and the Local. The History of Science and the Cultural Integration of Europe. Proceedings of the 2nd ICESHS (Cracow, Poland, Sept. 6-9, 2006), Krakow 2007, 596-603, online-Publikation unter http://www.2iceshs.cyfronet.pl/2ICESHS_Proceedings/Chapter_19/R-11_Rother_Feistauer_Monecke.pdf (27.03.2012).

Röther/Monecke 2008 – Bastian Röther, Uta Monecke: The Society of Corresponding Botanists as 'Pflanzschule' for Botanical Gardens. Studies in the History of Gardens & Designed Landscapes 28 (2008) 3/4 (= Designing Botanical Gardens. Science, Culture and Sociability. Ed. by Nicolas Robin), 424-438.

Rudwick 1997 – Martin J.S. Rudwick: George Cuvier, Fossil Bones, and Geological Catastrophes. New Translations and Interpretations of the Primary Texts. Chicago 1997.

Scheidemantel 1835 – Friedrich Scheidemantel: Christian Wilhelm Julius Raab. Neuer Nekrolog der Deutschen 13 (1835) 2, 1094-1096.

Schmid 1934 – Günther Schmid: Pietra fungaja. Ein mykologischer Briefwechsel Goethes. Zeitschrift für Pilzkunde [Heilbronn] 18 (1934), 71-81, 110-118, 140-151.

Schmidt 1905 – Rudolf Schmidt: Deutsche Buchhändler. Deutsche Buchdrucker. Bd. 3. Berlin 1905.

Schmitt 2002 – Stéphane Schmitt: Christian Heinrich Pander (1794-1865). Du développement à l'évolution. Bulletin d'histoire et d'épistémologie des sciences de la vie 9 (2002) 2, 133-146.

Schmitt 2003 – Stéphane Schmitt: Les textes embryologiques de Christian Heinrich Pander (1794-1865). Édition critique, commentée et annotée par Stéphane Schmitt. Turnhout 2003 (De diversis artibus 67).

Schmitt 2005 – Stéphane Schmitt: From Eggs to Fossils. Epigenesis and Transformation of Species in Pander's Biology. The International Journal of Developmental Biology 49 (2005), 1-8.

Schmitt 2006 – Stéphane Schmitt: Les forces vitales et leur distribution dans la nature. Un essai de « systématique physiologique ». Textes de C[arl] F[riedrich von] Kielmeyer (1765-1844), H[einrich] F[riedrich von] Link (1767-1851) et L[orenz] Oken (1859-1851). Turnhout 2006 (De diversis artibus 76; N.S. 39).

Schmölders 2007 – Claudia Schmölders: Das Vorurteil im Leibe. Eine Einführung in die Physiognomik. 3. Aufl. Berlin 2007.

Schmuck 2009 – Thomas Schmuck: Baltische Genesis. Die Grundlegung der Embryologie im 19. Jahrhundert. Aachen 2009 (Relationes 2).

Schmuck 2011 – Thomas Schmuck: Metamorphosen. Christian Heinrich Pander (1794-1865) und die Evolution. In: Naturwissenschaft als Kommunikationsraum zwischen Deutschland und Russland im 19. Jahrhundert. Aachen 2011 (Relationes 6), 369-398.

Schmuck 2012 – Thomas Schmuck: Der Briefwechsel zwischen Alexander von Humboldt und Karl Ernst von Baer. HiN [Humboldt im Netz]. Internationale Zeitschrift für Humboldt-Studien XIII (2012) 24, 5-20, online unter: http://www.uni-potsdam.de/u/romanistik/humboldt/hin/hin24/schmuck.htm (09.08.2012).

Schneider 2002 – Eva Maria Schneider: Herkunft und Verbreitungsformen der „Deutschen Nationaltracht der Befreiungskriege" als Ausdruck politischer Gesinnung. Phil. Diss. Bonn 2002, Bd. 1 online unter: http://hss.ulb.uni-bonn.de/2002/0083/0083_1.pdf; Bd. 2 (Bildteil) unter: http://hss.ulb.uni-bonn.de/2002/0083/0083-1.pdf (30.12.2012).

Schramm 1869 – Hugo Schramm: Carl Friedrich Philipp von Martius. Sein Lebens- und Charakterbild, insbesondere seine Reiseerlebnisse in Brasilien. Leipzig 1869.

Schubert/Wagner 1993 – Botanisches Wörterbuch. Pflanzennamen und botanische Fachwörter. Bearb. v. Rudolf Schubert u. Günther Wagner. 11. Aufl. Stuttgart 1993.

Schubring 2004 – Gert Schubring: Das Bonner naturwissenschaftliche Seminar (1825-1827) – Eine Fallstudie zur Disziplinendifferenzierung. In: Engelhardt/Kleinert/Bohley (Hgg.) 2004, 133-146.

Schulte 1954 – Wilhelm Schulte: Volk und Staat. Westfalen im Vormärz und in der Revolution 1848/49. Münster 1954.

Schulz 2000 – Gerhard Schulz: Die deutsche Literatur zwischen Französischer Revolution und Restauration. Teil 1: Das Zeitalter der Französischen Revolution 1789-1806. 2. neubearb. Aufl. München 2000 (Geschichte der deutschen Literatur von den Anfängen bis zur Gegenwart 7).

Silberner 1976 – Edmund Silberner: Johann Jacoby – Politiker und Mensch. Bonn-Bad Godesberg 1976 (Veröffentlichungen des Instituts für Sozialgeschichte Braunschweig).

Stafleu/Cowan 1976-1988 – Frans A. Stafleu; Richard S. Cowan: Taxonomic Literature. A Selective Guide to Botanical Publications and Collections With Dates, Commentaries and Types. Vol. I-VII. Utrecht 1976-1988.

Stearn 1962 – William T. Stearn: Weihe and Nees's *Rubi Germanici*. Journal of the Society for the Bibliography of Natural History 4 (1962), 68-69.

Steif 2003 – Yvonne Steif: Wenn Wissenschaftler feiern. Die Versammlungen deutscher Naturforscher und Ärzte 1822 bis 1913. Stuttgart 2003 (Schriftenreihe zur Geschichte der Versammlungen deutscher Naturforscher und Ärzte 10).

Stein 1818-1822 – Christian Gottfried Daniel Stein: Geographisch-statistisches Zeitungs-, Post- und Comtoir-Lexicon. 4 Bde. u. Nachtr. Leipzig 1818-1822.

Stephan 1859 – Heinrich (von) Stephan: Geschichte der Preußischen Post von ihrem Ursprung bis auf die Gegenwart. Berlin 1859.

Stieda 1878 – Ludwig Stieda: Karl Ernst von Baer. Eine biographische Skizze. Braunschweig 1878.

Stoverock 1995 – Helga Stoverock: Der Poppelsdorfer Garten. [Kunstgeschichtliche Magisterarbeit] Bonn 1995.

Struck 1977 – Eckhard Struck: Ignaz Döllinger (1770-1841). Ein Physiologe der Goethe-Zeit und der Entwicklungsgedanke in seinem Leben und Werk. Diss. Heiligenhafen 1977.

Tammiksaar/Brauckmann 2004 – Erki Tammiksaar; Sabine Brauckmann: Karl Ernst von Baer's "Ueber Entwickelungsgeschichte der Thiere II" and Its Unpublished Drawings. History and Philosophy of the Life Sciences 26 (2004), 291-308.

Taszus 2009 – Claudia Taszus: Lorenz Okens Isis (1816–1848). Zur konzeptionellen, organisatorischen und technischen Realisierung der Zeitschrift. Blätter der Gesellschaft für Buchkultur und Geschichte 12/13 (2009), 85-154.

Thalmann 1928/29 – Friedrich Wilhelm Thalmann: Die deutschen Rayonstempel ab 1802 und ihre Entstehung. Germania-Berichte 25/26 (1928/29).

Thiede (Hg.) 1999 – Arnulf Thiede (Hg.): Philipp Franz von Siebold and His Era. Prerequisites, Developments, Consequences and Prospectives. Berlin, Heidelberg u.a. 1999.

Thieme/Becker 1907-1950 – Ulrich Thieme; Felix Becker: Allgemeines Lexikon der bildenden Künstler von der Antike bis zur Gegenwart. 37 Bde. Leipzig 1907-1950.

Vogellehner 1983 – Dieter Vogellehner: Botanische Terminologie und Nomenklatur. 2. überarb. Aufl. Stuttgart 1983.

Wagner 1986 [1844] – Rudolph Wagner: Samuel Thomas von Soemmerings Leben und Verkehr mit seinen Zeitgenossen. Erste und zwei Abteilung. Neudruck der Ausgabe von 1844. Hg., eingeleitet u. mit einem Personenregister versehen von Franz Dumont. Stuttgart, New York 1986 (Soemmering-Forschungen, 2).

Wagner 1998 – Volker Wagner: Die Dorotheenstadt im 19. Jahrhundert. Vom vorstädtischen Wohnviertel barocker Prägung zu einem Teil der modernen Berliner City. Berlin, New York 1998 (Veröffentlichungen der Historischen Kommission zu Berlin 94).

Weber 1988 – Rolf Weber: Johann Jacoby – Eine Biographie. Köln 1988.

Weber 2000 – Heinrich E. Weber: Gliederung der Sommergrünen Brombeeren in Europa (*Rubus* L. subgenus Rubus subsectio Rubus). Osnabrücker Naturwissenschaftliche Mitteilungen 26 (2000), 109-120.

Wendehorst 1993 – Alfred Wendehorst: Geschichte der Universität Erlangen-Nürnberg 1743-1993. München 1993.

282 Literaturverzeichnis

Wendland 1991 – Folkwart Wendland: Peter Simon Pallas (1741-1811). Materialien einer Biographie. Berlin, New York 1991 (Veröffentlichungen der Historischen Kommission zu Berlin 80).

Wenzel (Hg.) 1994 – Wenzel (Hg.): Samuel Thomas Soemmering in Kassel (1779-1784). Beiträge zur Wissenschaftsgeschichte der Goethezeit. Stuttgart 1994 (Soemmerring-Forschungen 9).

Wilderotter (Hg.) 1995 – Hans Wilderotter (Hg.): Das große Sterben – Seuchen machen Geschichte [Begleitpublikation zur Ausstellung, Deutsches Hygiene-Museum Dresden, 8.12. 1995 bis 10.3.1996]. Berlin 1995.

Winkle 1997 – Stefan Winkle: Geißeln der Menschheit. Kulturgeschichte der Seuchen. Düsseldorf 1997.

Wolters (Hg.) 1988 – Gereon Wolters (Hg.): Franz Anton Mesmer und der Mesmerismus. Wissenschaft, Scharlatanerie, Poesie. Konstanz 1988 (Konstanzer Bibliothek 12).

Zedlitz-Neukirch 1837 – Neues Preußisches Adels-Lexikon. Bearb. v. L[eopold] von Zedlitz-Neukirch. 3. Bd. Leipzig 1837.

Zwiener 2004 – Sabine Zwiener: Johann Samuel Eduard d'Alton (1803-1854). Leben und Wirken. Diss. Halle-Wittenberg 2004.

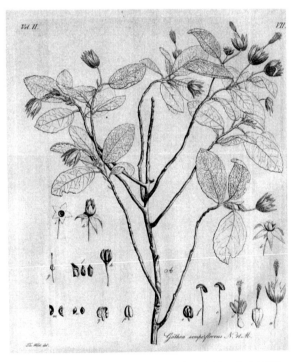

Goethea semperflorens. Nees/Martius 1823a, Tafel VII

Register der zitierten Quellen

In diesem Register werden die in den Briefen (fett gedruckt) sowie im Kommentar erwähnten historischen Originalarbeiten ausgeworfen. Auf Abbildungen wird ebenfalls hingewiesen. Publikationen, die nur im Personenverzeichnis vorkommen, erscheinen nicht.

Albers 1818-1822 – *133, 135, 136 (Tafel VI)*.
d'Alton/d'Alton 1838 – *217*.
Baer 1820 – *112, 114, 125*.
Baer 1821a – *32, 33, 67*.
Baer 1821b – *114, 125, 160*.
Baer 1823a – *117*.
Baer 1823b – *134, 137 (mit Tafel IV), 196*.
Baer 1825a – *167, 187*.
Baer 1825b – *180*.
Baer 1826a – *69, **131**, 135 (mit Ausschnitt aus Tafel VI), 139 (Tafel V), 187*.
Baer 1826b – *69, **131**, 135, 139 (Tafel V), 187*.
Baer 1826c – *69, **134**, 137 (mit Tafel IV), 187*.
Baer 1826e – *187*.
Baer 1826f – *225*.
Baer 1827a – *X, 77, 120, 128, **133**, 136, 137, **150**, 152, 154, **156**, **173**, 174 (mit Tafel XXVIII), 175 (Erläuterungen zur Tafel), **176-177**, 178, **181**, 182-183, 184 (Tafel XXXI), **185**, 187, 189, **191**, 193 (Tafel XXXIII), **194**, **195** (mit Tafel XXXII), 196, **199**, 200 (mit Tafel XXX), 201, 202 (mit Tafel XXIX), **213**, 216, **218**, 219, **222**, 223 (mit Ausschnitt aus Tafel XXX), 225, **227***.
Baer 1827b – *225, 229*.
Baer 1828a – *120, 210, 218, 220 (mit Tafel III), 252*.
Baer 1828b – ***231**, 232 (Tafel)*.
Baer 1828d – *225*.
Baer 1829 – *252*.
Baer 1830a – *220*.
Baer 1830b – *220*.
Baer 1834 – *166*.
Baer 1835a – ***237**, 239, 240 (Tafel), 241 (Textausschnitt), 245*.
Baer 1835b – ***131**, 135, 136, 239, **248-249**, 250 (mit Tafel XXIX), **254***.
Baer 1837 – ***249**, 252, 253 (Tafel IV)*.
Baer 1866 – *6, 7, 8, 9, 12, 15, 16, 33, 34, 36, 38, 43, 55, 58, 59, 65, 75, 95, 96, 108, 118, 119, 120, 125, 129-130, 135, 146, 152, 154, 167, 169, 170, 180, 187, 200, 204, 209, 210, 223, 224, 225, 229, 239, 255*.
Blainville 1817 – ***72**, 78 (mit Abbildung), 196*.
Blank 1810 – *22*.
Blank 1811 – *22*.
Blank 1820 – *22*.
Bojanus 1824a – *129, 145*.

Bojanus 1824b – *145.*
Bojanus 1825 – **144**, *146 (mit Tafel LVIII).*
Bojanus 1827 – **186**, *190 (mit Tafel XX).*
Brandes 1810 – *210.*
Böttiger 1838 – *210.*
Brown 1811 – **150**, *152.*
Brown 1819 – **150**, *152.*
Burdach 1826-1828 – *210.*
Burdach 1848 – *95, 145, 190, 210.*
Carus 1832 – **242**, *243 (Tafel XVI)*, **244**, *245.*
Chamisso/Eysenhardt 1821 – **113**, *116 (mit Tafel XXVII).*
Cuvier 1801-1803 – **165**, *170.*
Cuvier 1809-1810 – **165**, *170..*
Döllinger 1819 – **119**, *120.*
Eichwald 1832 – **246**, *247 (mit Tafel XVI und XVII).*
Eichwald 1835 – *247.*
Eysenhardt 1823 – *120 (Tafel XXXVI), 127.*
Goldfuß 1817 – **64**, *69*, **71**, *76 (mit Klapptafel)*, **113**, *118, 119.*
Goldfuß 1820 – *118, 119, 120.*
Goldfuß 1826-1844 – **191**, *192 (mit Tafel CLXX, Fig. 8), 196.*
Göppert 1832 – *245.*
Göppert 1836 – **248**, *251.*
Goethe 1874 – *15.*
Goethe 1893-1894 – *15, 24.*
Goethe 1986 – *15.*
Goethe 2000 – *217.*
Hagen 1778 – **163**, *167, 168 (Titelblatt), 198.*
Hagen 1786 – *167.*
Heiberg 1827 – *217.*
Heller 1809 – *23.*
Heller 1810-1815 – *23 (mit Titelblatt).*
Humboldt/Lichtenstein 1829 – *217, 225.*
Iken 1822 – **203**, *204, 205.*
Iken 1827 – *205.*
Jean Paul 1795 – **133**, *134.*
Jean Paul 1796-1797 – **163**, *168.*
Kanelos 1825 – *205, 212.*
Kieser 1817 – *44.*
Lamouroux 1813 – **20**, *24.*
Leuckart 1827 – *219.*
Lietzau 1824 – **165**, *170.*
Martius 1817a – *23-24, 33.*
Martius 1817b – *33*, **56**, *58*, **64**, *68*, **71**, *77.*
Mesmer 1966 [1814] – **57**, *59.*
Mesmer 2005 [1781] – *59.*

Hutschwämme.
Nees 1816a, Tafel XXIV

Personenverzeichnis

Personen, die in den Briefen selbst erwähnt wurden, sind durch Fettdruck kenntlich gemacht. Nur zu ihnen wird hier eine Kurzbiographie gegeben, soweit sich Daten ermitteln ließen. Die Angaben wurden mit Röther 2009 abgeglichen, soweit für den vorliegenden Briefwechsel einschlägig; dort finden sich vielfach weiterführende Informationen, besonders zur Wissenschaftspolitik von NEES bzw. der Leopoldina. Ergänzend wurden Hinweise aufgenommen, die speziell für die hier aufgeworfenen wissenschaftshistorischen Fragestellungen von Interesse sind. Da NEES und BAER laufend vorkommen, werden diese Belegstellen nicht ausgeworfen.

AGARDH, Carl Adolph (1785-1859) – *24, 170, 180.*

ALBERS, Johann Abraham (1772-1821): Studium in Göttingen und Jena, dort Kontakt zu Hufeland. Nach der Promotion 1795-1797 Studienreise nach Wien, London und Edinburgh; danach als Stadtarzt und Geburtshelfer in Bremen tätig. Bekannt für die Einführung des Begriffs „Argyrie" und für Studien über den Croup: Albers 1818-1822; *Biographische Skizzen bremischer Ärzte und Naturforscher.* Bremen 1844, 234-236; NDB 1 (1953), 125; William F. Bynum: *Johann Abraham Albers and American Medicine.* Journal of the History of Medicine and Allied Sciences 23 (1968), 50-62. – *133, 135.*

ALEKSANDR I., Zar von Russland (1777-1825, reg. 1801-1825) – *18.*

ALEKSANDR II., Zar von Russland (1818-1881, reg. 1855-1881) – *66.*

ALEKSEEV, Fëdor Jakovlevič (1753-1824) – *148.*

ALTENSTEIN, Karl Sigmund Franz Freiherr VOM STEIN ZUM: * 1770 Schalkhausen bei Ansbach, † 1840 Berlin. Jura- und Kameralistikstudium in Erlangen, Göttingen und Jena, daneben Beschäftigung mit Naturwissenschaften und Geschichte. 1793 Eintritt in den Preußischen Staatsdienst, zunächst in der preußischen Kriegs- und Domänenkammer Ansbach, 1799 zusammen mit seinem Vorgesetzten HARDENBERG Wechsel nach Berlin, Aufstieg ins Generaldirektorium, 1808-1810 preußischer Finanzminister, 1813 Zivilgouverneur Schlesiens. Von 1817 bis zu seinem Tode Leitung des neuen preußischen Ministeriums der geistlichen, Unterrichts- und Medizinal-Angelegenheiten und Mitglied des Staatsrats: Friedrich Ehrenberg: *Rede am Grabe Seiner Excellenz* ... Berlin 1840; ADB 35 (1893), 645-660; NDB 1 (1953), 216-217; BBKL 1 (1975), 127-128. Die amtliche Korrespondenz zwischen NEES und ALTENSTEIN war Gegenstand eines Leopoldina-Editionsprojekts: Nees/Altenstein 2008, Nees/Altenstein 2009a, Nees/Altenstein 2009b. – *IX, 42, 44,72, 73, 74, 83, 84, 85, 86, 88, 91 (Porträt), 93, 94, 96, 98, 101, 111, 115, 124, 125, 126, 127,, 138, 142, 144, 147, 178, 183, 197, 228, 229, 235, 236, 252.*

D'ALTON, Joseph Wilhelm Eduard (d.Ä.): * 1772 Aquileja, † 1840 Bonn. Nach Bildungsreisen durch Europa, besonders Italien, lebte er auf Wunsch von Herzog CARL AUGUST von Sachsen-Weimar (1757-1828) von 1807 bis 1813 in Tiefurt, wo er freundschaftliche Beziehungen zu GOETHE pflegte, der ihn als Kunstkenner, Künstler und Anatom schätzte (d'Alton 1810, Goethe 1824; Riha/Schmuck 2012). Nach Zerstörung seines Guts Umzug nach Wertheim, Kontakt mit DÖLLINGER und NEES; Mitwirkung an Pander 1817b als Zeichner bzw. Kupferstecher. Anschließend mehrjährige Studienreise mit PANDER zu anatomischen Museen in Holland, England, Frankreich, Spanien und Portugal (im Ergebnis Pander/d'Alton 1821-1838, dazu Schmuck 2011). Wurde 1818 Mitglied der Leopoldina und kam durch Vermittlung von NEES und GOLDFUß 1819 zunächst als ao. Prof. für Natur- und Kunstgeschichte an die neue Universität Bonn, 1820 Promotion in Philosophie, ab 1827 ord. Prof. Zuletzt ord. Prof. der Archäologie und Kunstgeschichte. Vgl. ADB 1 (1875), 372-373; AKL, 2. Bd. (1992), 722-723; Renger 1982, 245-246. – *IX, 5, 8, 9 (Porträt), 11, 14, 15, 16, 27, 28, 34, 45, 55, 60, 63, 66, 94, 100, 101, 104, 105, 108, 113, 116, 123, 128, 134, 137, 150, 153, 203, 204, 214, 216, 217.*

D'ALTON, Johann Samuel Eduard (d.J.): * 1803 St. Goar, † 1854 Halle. 1814-19 Schulbesuch in Wertheim. 1819-24 Medizinstudium in Bonn, erste anatomische Zeichnungen. 1824 Promotion zum Dr. med., 1824/25 als Zeichner in Berlin tätig, dann in Paris Studien für die Kupfertafeln zur *Osteologie der Vögel* (d'Alton 1827); den 2. Teil erarbeitete er mit seinem Vater gemeinsam (d'Alton/d'Alton 1838). 1827 Lehrer für anatomisches Zeichnen an der Akademie der Künste in Berlin, 1830 Habilitation und Privatdozent für Anatomie an der Berliner Universität, 1833 Professorentitel; forschte über die Nerven der Fische. 1834 ord. Prof. für Anatomie und Physiologie in Halle/Saale, 1838 Leopoldina-Mitglied: ADB 1 (1875), 373; Zwiener 2004. – *116, 125, 214, 216, 217.*

D'ALTON, Sophie Friederike, geb. BUCH (1776-1852): Ehefrau von E. D'ALTON d.Ä. – *34, 55, 94 (?), 101.*

ARNDT, Anna (Nanna) Marie, geb. SCHLEIERMACHER (1786-1869): Ehefrau von E.M. ARNDT. – *94, 99.*

ARNDT, Ernst Moritz: * 1769 Schoritz/Rügen, † 1860 Bonn. 1800 nach mehrjähriger Europareise Promotion zum Dr. phil. in Greifswald und Habilitation, Privatdozent für Geschichte und Philosophie und 1805 ao. Prof. in Greifswald, wegen anti-napoleonischen Schriften 1806 Redakteur in Schweden, 1809 illegale Rückkehr. 1812-1813 in St. Petersburg Privatsekretär bei Heinrich Friedrich Karl Freiherr VOM UND ZUM STEIN (1757-1831), weitere patriotische Gedichte. 1818 ord. Prof. für neuere Geschichte in Bonn, 1820 wegen „demagogischer Umtriebe" suspendiert. Trotz Einstellung des Verfahrens keine Rehabilitation. Vorlesungen untersagt, bis er 1840 nach dem Regierungsantritt FRIEDRICH WILHELMS IV. wieder eingesetzt wurde, Rektor 1840/1841. Patriotischer und politischer Schriftsteller und Dichter, 1848 Mitglied der Nationalversammlung zu Frankfurt a.M.: Arndt 1985; ADB 1 (1875), 541-548; NDB 1 (1953), 358-360; BBKL 1 (1975), 223-225; Dirk Alvermann, Irmfried Garbe (Hgg.): *Ernst Moritz Arndt – Anstöße und Wirkungen.* Köln u.ö. 2011. – *94, 99, 100.*

ARTEDI, Peter (1705-1735) – *(165), 170.*

D'AUDEBARD DE FÉRUSSAC, André Etienne Juste Pascal Joseph François (1786-1836): Zoologe (mit Schwerpunkt Mollusken), Geograph, 1823 Leopoldina-Mitglied. Herausgeber einflussreicher wissenschaftlicher Journale (*Bulletin général des sciences physiques, Bulletin universel des sciences et de l'industrie* [1823-1831], *Revue encyclopédique* [1826-1833]). – *185, 187.*

BAER, Alexander Andreas Ernst VON (1826-1914) – *96.*

BAER, August Emmerich VON (1824-1891) – *96, 148.*
BAER, Auguste VON, geb. VON MEDEM (1799-1864): Ab 1.1.1820 Ehefrau von K.E.
von BAER. – *92, 96, 104, 105, 149, 151, 162, 173, 194, 217, 234.*
BAER, Hermann Theodor VON (1829-1866) – *96.*
BAER, Karl Ernst VON, EDLER VON HUTHORN: * 1792 Gut Piep/Estland, † 1876
Dorpat. Besuch der Domschule in Reval, 1810-1814 Medizinstudium in Dorpat,
u.a. bei Karl Friedrich BURDACH, Freundschaft mit Christian Heinrich PANDER.
Studien in Wien und Würzburg, dort 1816 wichtige Anregungen durch DÖLLINGER
und Bekanntschaft mit NEES und dessen Kreis. 1817 Wechsel als Prosektor bei
BURDACH nach Königsberg, dort bis 1834 wichtigste wissenschaftliche Jahre mit
bahnbrechenden embryologischen Arbeiten (Baer 1827b, Baer 1828a), 1819 a.o.
Prof., 1820 Leopoldina-Mitglied, 1822 Ordinarius für Zoologie, 1826 auch für
Anatomie, zeitweilig Direktor des botan. Gartens. 1834-1862 ord. Mitglied der St.
Petersburger Akademie der Wissenschaften mit ausgedehnten Forschungsreisen;
ab 1867 Lebensabend in Dorpat: ADB 46 (1902), 207-212; NDB 1 (1953), 524;
Raikov 1968; Schmuck 2009, 115-213; Riha/Schmuck 2011. – *4 (Porträt).*
- Adressat: *Brief 3; Brief 4-21; Brief 24-28; Brief 30-41; Brief 43-51.*
- Verfasser: *Notizen zu Brief 1; Brief 2; Brief 22-23; Brief 29; Brief 42.*

Karl Ernst VON BAER, um 1830.
Crayonstich von
Friedrich Leonhard LEHMANN
nach einer Zeichnung von
Carl HÜBNER

BAER, Karl Julius Friedrich VON (1822-1843): Zweiter Sohn BAERs, Patenkind von
NEES, verstarb während seines Medizinstudiums in Dorpat an Typhus. – *96, 148,
149, 151, 171, 172, 173, 194, 227, 229.*
BAER, Magnus VON (1820-1828) – *96, 148.*
BAER, Marie Juliane VON (1828-1900) – *96.*
BARRACK, Anna – *20.*
BARRACK, Peter Alexander: * 1779, † nach 1829. Schneidermeister in Würzburg,
wohnhaft im Inneren Graben, Vorsteher des zugehörigen Stadtdistrikts II; verheira-

tet mit Anna B. und Vater von fünf Kindern (Anton, Luis, Anton, Franziska und Johann Baptist). Vermieter BAERs während dessen Würzburger Studienaufenthalt 1816 (Auskunft des Stadtarchivs Würzburg). – *19, 20, 26*.

BECHER, Johann Joachim (1635-1682) – *166*.

BECKERS, Hermann (fl. 1821) – *147*.

BEILSCHMIED, Carl Traugott (1793-1848) – *125*.

BELL, John – *12, 17*.

BERING, Vitus (1681-1741) – *12, 18*.

BERNHARDI, Johann Jakob (1774-1850) – *74*.

BEYER, C. [Lithograph] – *1*.

BISCHOF, Karl Gustav Christoph: * 1792 Wörth bei Nürnberg, † 1870 Bonn. 1815 in Erlangen Promotion zum Dr. phil., Habilitation, Privatdozent für Chemie und Physik, dort Bekanntschaft mit NEES (Nees/Bischof 1819). 1818 Mitglied der Leopoldina, Adjunkt und Stellvertreter des Präsidenten. Ab 1819 ao. Prof. für Technologie und ab 1822 ord. Prof. für Chemie an der Universität Bonn. Später auch Geheimer Bergrat, Direktor des chemischen Laboratoriums und des technologischen Cabinets der Universität Bonn. BISCHOF war beteiligt an der Erschließung verschiedener, noch heute genutzter Mineralquellen im Ahrtal (z.b. Apollinaris; vgl. Bischof 1826): ADB 2 (1875), 665-669. – *94, 98, 235*.

BISCHOFF [Apotheker, Lausanne] – *122, 124, 125*.

BLAINVILLE, Henri-Marie DUCROTAY DE (1777-1850): Studium der Schönen Künste und der Medizin, 1806 Promotion zum Dr. med., ab 1812 Prof. für Vergleichende Anatomie und Physiologie in Paris, 1818 Mitglied der Leopoldina, 1825 Mitglied der Académie des sciences, 1830 einer der Nachfolger Jean-Baptiste LAMARCKs (1744-1829) am Musée national d'histoire naturelle mit Zuständigkeit für Wirbellose, 1832 Nachfolger seines Lehrers Georges CUVIER auf dem Lehrstuhl für Vergleichende Anatomie. – *72, 78*.

BLANK, Joseph Bonavita (1740-1827) – *22*.

BLUME, Carl Ludwig (1796-1862) – *180*.

BOGORIDES (VOGORIDIS, VOGORIDES), Athanasius: * 1788, † nach 1827. 1815-1817 als Gaststudent der Medizin in Würzburg, gehörte zum Bekanntenkreis von NEES, BAER und DÖLLINGER, promovierte in dieser Zeit (Vogorides 1817). Danach zwei Jahre in Paris und Wien. Professor für Rhetorik und neugriechische Sprache in Bukarest bzw. Jassi, in den späten 1820er Jahren als politischer Schriftsteller in Paris tätig: http://thesaurus.cerl.org/record/cnp00407774 (05.10.2012) mit Todesjahr 1826. – *6, 71, 75, 203, 204, 209, 212*.

BOIE, Heinrich (1794-1827) – *160*.

BOJANUS, Ludwig Heinrich VON: * 1776 Buchsweiler/Elsass, † 1827 Darmstadt. Medizinstudium in Darmstadt und Jena, 1797 Dr. der Medizin und Chirurgie, Kommilitone von NEES. Bis 1801 praktischer Arzt in Darmstadt, dann Studienreise zur Fortbildung in Veterinärmedizin nach Frankreich, England, Berlin und Wien, 1803 Medizinalrat. 1806 Prof. der Veterinärkunde an der Tierarzneischule in Wilna, 1816 auch Prof. für Vergleichende Anatomie; auf diesem Gebiet liegen seine bedeutenden wissenschaftlichen Leistungen. 1818 Leopoldina-Mitglied, 1821 russischer Staatsrat, 1822 Rektor der Universität Wilna. 1824 wegen Krankheit Rückkehr nach Deutschland: Vgl. Bojanus 1824a, 1824b, 1825 und 1827; Nachruf von Adolph Wilhelm Otto in: *Nova Acta* ... XV (1831) 2, XXXVII-XLVI; ADB 3 (1876), 84-85. – *129, 144, 145, 186, 190, 239.*

BOJANUS, Wilhelmine († 1826) – *190.*

BOLLINGER, Friedrich Wilhelm (1777-1825) – *36.*

BOLT, Johann Friedrich (1769-1836) – *91.*

BORNTRÄGER (Gebr., Inhaber eines Verlags in Königsberg) – *239, 252.*

BORY DE SAINT-VINCENT, **Jean Baptiste, Baron** (1780-1846): 1800-1802 Teilnahme als Geograph, Anthropologe und Botaniker (zahlreiche Erstbeschreibungen) an der Expedition Nicolas BAUDINs (1754-1803) zur Erforschung der australischen Küste, 1829 Peloponnes, 1839 Algerien. 1802-1815 Offizier im Heer NAPOLEONs. Bekannt wurden außer den wissenschaftlichen Reiseberichten seine *Annales des sciences physiques* (8 Bde. Paris 1819-1821). Vgl. Stafleu/Cowan Vol. I (1976), 284-286; Ferrière 2009. – *213, 216.*

BREIS(S)KY [Familie in Wertheim; Elternhaus von Franziska LAUBREIS] – *55, 77, 209, 212.*

BROCKHAUS, Friedrich Arnold (1772-1823) – *187.*

BROWN, **Robert**: * 1773 Montrose (Schottland), † 1858 London. Schon während des Medizinstudiums und der militärärztlichen Tätigkeit Interesse für Botanik, 1801-1805 Forschungsreise nach Australien (das Expeditions-Tagebuch kam 2001 als Nachdruck heraus) und anschließend Bearbeitung dieser und anderer Sammlungsbestände ab 1823 bei der Linnean Society (zunächst Bibliothekar, 1849-1853 Präsident) und ab 1827 im British Museum mit zahlreichen Erstbeschreibungen. BROWN nutzte als einer der Ersten systematisch das Mikroskop für seine morphologischen Untersuchungen und war wegen der Entdeckung des Zellkerns (1831) einer der Wegbereiter der Zelltheorie; die „Brown'sche Bewegung" ist nach ihm benannt. Vgl. Nees 1825-1834. – *150, 152.*

BRÜNNICH, Morten Thrane (1737-1827) – *170.*

BUCHHOLZ, Friedrich Carl (1796-1867) – *125.*

BURDACH, **Karl Friedrich**: * 1776 Leipzig, † 1847 Königsberg. Medizinstudium in Leipzig, 1798 in Leipzig zum Dr. phil. promoviert und als Privatdozent habilitiert. 1800 med. Promotion, 1807 ao. Prof. in Leipzig. 1811 ging er als ord. Prof. für Anatomie und Physiologie nach Dorpat, wo BAER und PANDER bei ihm hörten. 1814 Ruf nach Königsberg (1826 Abgabe der Zuständigkeit für Anatomie, Fachvertreter nur noch für Physiologie, vgl. Burdach 1826-1828); enge, aber nicht konfliktfreie Zusammenarbeit mit BAER. Vgl. Burdach 1848; ADB 3 (1876), 578-580; Schmuck 2009, 40-58, Schriftenverzeichnis ebd., 248-256. – *IX, 9, 28, 32, 66, 95, 108, 122, 126 (mit Porträt), 145, 190, 210, 211.*

BÜSCHING, Anton Friedrich (1724-1793) – *12, 18.*

BYRON, George Gordon Noel, Baron BYRON OF ROCHDALE (1788-1824) – *204.*

CASTELL, Grafen von – *13.*

CARUS, **Carl Gustav**: * 1789 Leipzig, † 1869 Dresden. Schon mit 22 Jahren Dr. med. und phil. sowie Habilitation und ao. Prof. für Vergleichende Anatomie in Leipzig, Assistent am Trier'schen (geburtshilflichen) Institut. 1815 Prof. für Frauenheilkunde und Direktor der Hebammenschule in Dresden. 1827 Leibarzt des Königs von

Sachsen, Geheimer Hof- und Medizinalrat. 1818 wurde er Mitglied der Leopoldina, 1862 deren 13. Präsident. CARUS ist daneben auch als Maler (Richter 2009), Briefpartner GOETHES (Grosche [Hg.] 2001) und „romantischer" Naturphilosoph mit besonderem Interesse für seelische Vorgänge (Carus 1931 [1829/30]; Fintelmann [Hg.] 2007) bekannt. Vgl. ADB 4 (1876), 37-38; NDB 3 (1957), 161-163. – *238, 242 (mit Porträt)*.

CHAMISSO, Adelbert VON (eigentl. Louis Charles Adélaïde de CH. DE BONCOURT): * 1781 Schloß Boncourt (Champagne), † 1838 Berlin. In Berlin aufgewachsen, 1798-1807 preuß. Militärdienst. Ab 1812 Studium der Naturkunde, besonders der Botanik in der Schweiz und in Berlin. 1815-1818 zusammen mit EYSENHARDT Teilnahme an der russischen Weltumseglung unter Leitung Otto VON KOTZEBUES (1787-1846) (das Expeditions-Tagebuch ist 1836 erschienen und wurde 1978 von Gisela MENZA analysiert); jahrelange Auswertung zusammen mit D.F.L. VON SCHLECHTENDAL. Nach seiner Rückkehr 1819 Ehrendoktor der Philosophie an der Univ. Berlin, Adjunkt im botanischen Garten in Berlin und Mitglied der Leopoldina, seitdem Briefpartner von NEES. 1835 Mitglied der Berliner Akademie der Wissenschaften. Bekannt auch als Dichter, besonders als Verfasser des romantischen Romans *Peter Schlehmihls wundersame Geschichte* (1814): ADB 4 (1876), 97-102; Langner 2009; zuletzt Marie-Theres Federhofer: *Chamisso und die Wale*. Norderstedt 2012. – *7, 113, 115 (mit Porträt), 217*.

CICHORIUS, Ludwig Emil (1770-1829) – *95*.

CLEMENS AUGUST I. von Bayern (1700-1761) – *97*.

CLOOTS, Anacharsis, d.i. Johann Baptist Hermann Maria Baron DE CLOOTS (1755-1794) – *189*.

CRAILSHEIM, Freiherrn von – *13*.

CRAILSHEIM, Julie VON, in zweiter Ehe verh. VON FALKENHAUSEN (1777-1839) [Ehefrau von J.v.C.] – *31 (?), 37*.

CRAILSHEIM, Julius VON (1764-1812) – 37.

CREUZER, Friedrich (1771-1858) – *209*.

CUVIER, Georges Léopold Chrétien Fréderic Dagobert, Baron de: * 1769 Montbéliard (Mömpelgard), † 1832 Paris. 1784-1788 Besuch der Karlsschule in Stuttgart, nach abgebrochenem Theologiestudium ab 1788 private Naturstudien als Hauslehrer; 1795 Prof. für Zoologie und Anatomie in Paris, begründete durch Vergleichende Anatomie und Osteologie die moderne Paläontologie der Wirbeltiere (Cuvier 1801-1803; Rudwick 1997; Cardot 2009), daher statteten PANDER und D'ALTON auf ihrer Europareise ihm als führendem Experten einen Besuch ab. 1820 Leopoldina-Mitglied. Am bekanntesten wurde sein sechsbändiges systematisches Werk über *Das Thierreich* (1817; deutsch Leipzig 1831-1843); an dem sich u.a. daran entzündenden Akademiestreit nahm GOETHE regen Anteil. – *78, 120, 165, 169 (mit Abbildung)*.

D'ALTON siehe unter A

D'AUDEBARD siehe unter A

DELBRÜCK, Johann Friedrich Ferdinand: * 1772 Magdeburg, † 1848 Bonn. 1797 Promotion zum Dr. phil. in Halle. 1809 ao. Prof. in Königsberg, 1816 Regierungs-

und Schulrat in Düsseldorf. Ab 1818 ord. Prof. für Rhetorik, schöne Literatur und Philosophie in Bonn; Bekanntschaft mit vielen Philosophen und Schriftstellern seiner Zeit: ADB 5 (1877), 36-37; Alfred Nicolovius: *Ferdinand Delbrück. Ein Lebensumriß*. Bonn 1848. – *94, 98 (mit Porträt), 105, 108*.

DENAIX, Maxime Auguste (1777-1844) – *12, 18*.

DILLWYN, Lewis Weston (1778-1855) – *24*.

DITFURTH, Wilhelmine Luise Katharina VON s. NEES, Wilhelmine Luise Katharina.

DOHNA-SCHLOBITTEN, Juliane, Gräfin, geb. SCHARNHORST (1788-1827) – *94, 100*.

DOHNA-SCHLOBITTEN, Karl Friedrich Emil, Graf (1784-1859) – *100*.

DÖLLINGER, Ignaz: * 1770 Bamberg, † 1841 München. Zunächst Professur in Bamberg, ab 1803 Prof. für Anatomie und Physiologie in Würzburg. 1816 Mitglied der Leopoldina. 1819 Aufnahme in die Bayerische Akademie der Wissenschaften als korresp., 1823 als ordentliches Mitglied, jedoch erst 1826/27 Weggang aus Würzburg an die Universität in München, königl. bayerischer Hofrat. War einer der Begründer der Vergleichenden Anatomie und Embryologie in Deutschland, der konsequent die Arbeit mit dem Mikroskop propagierte und weiterentwickelte. Er hatte eine Reihe bedeutender Schüler, die er selbstlos förderte (außer PANDER und BAER auch z.B. Lorenz OKEN, Johann Lukas SCHÖNLEIN u.a.). Zu Person und Werk ADB 5 (1877), 315-318; Struck 1977; Schmuck 2009, 59-68. – *VIII, X, 8, 11, 12, 13, 15, 16 (mit Porträt), 27, 28, 31, 37, 45, 58, 71, 75, 83, 85, 86, 93, 96, 104, 107, 108, 119, 159, 208, 211, 212 (Wohnhaus), 216, 235*.

DOROW, Minna [Ehefrau des Bonner Archäologie-Professors W. DOROW] – *105, 108*.

DOROW, Wilhelm (1790-1845) – *108-109*.

EBERMAIER, Karl Heinrich (1802-1870) – *125*.

ECHTER VON MESPELBRUNN, Julius (1545-1617) – *20*.

EICHWALD, Karl Eduard VON: * 1795 Mitau/Kurland, † 1876 St. Petersburg. 1814-1817 Studium der Medizin und Naturwissenschaften in Berlin und Wien, anschließend Forschungsreise und Europa. 1819 Promotion in Wilna. Landarzt in Wilna und Tuckum, 1821 zunächst Hauslehrer nach Dorpat, gleichzeitig Habilitation für Zoologie, 1822 Ernennung zum Leopoldina-Mitglied, 1823 Prof. für Vergleichende Anatomie und Geburtshilfe in Kazan', weitere Expeditionen (ein Reisebericht von 1825-26 wurde 2009 nachgedruckt). 1827 Prof. der Zoologie in Wilna (z.B. Eichwald 1832) und russischer Staatsrat, auch von dort Forschungsreisen. 1838-1851 Sekretär und Prof. der Zoologie und Mineralogie an der medico-chirurgischen Akademie in St. Petersburg, gleichzeitig Prof. der Paläontologie am Berginstitut. Sein besonderes Verdienst ist der Aufbau der Paläontologie in Russland (z.B. Eichwald 1835) und sein Interesse auch für ethnologische Fragen in Verbindung mit Geognosie. Vgl. Recke/Napiersky 1 (1827), 483; Hirsch/Gurlt 2 (1885), 271-272; Raikov 1951-1952, 2. Bd., 321-389; NDB 4 (1959), 387-388. – *246, 247*.

ELENA (HELENE) Pavlovna, Großfürstin (geb. Charlotte von Württemberg) (1807-1873) – *123-124*.

ENGELHARDT, Moritz VON (1779-1842) – *65*.

ENGELS, Wilhelm (1785-1853): Zunächst Schreib- und Zeichenlehrer in Brühl, 1821 als vielseitiger Kupferstecher in Bonn, 1820 bis 1828 für die *Nova Acta* tätig, 1831

Niederlassung in Köln; vgl. Thieme/Becker 10 (1914), 547. – *186, 189, 194, 196, 199, 200.*

ERBACH-ERBACH, Franz I. VON (1754-1823) – *44.*

ESCHENMAYER, (Adam) Carl August (von) (1768-1852) – *38, 39.*

EYSENHARDT, **Karl Wilhelm**: * 1794 Berlin, † 1825 Königsberg. Nach dem Medizinstudium in Berlin mit Promotion 1818 ao. Prof. der Naturgeschichte und Botanik, Mitglied der *Gesellschaft correspondirender Botaniker*; 1819-1821 Teilnahme an der von A.F. SCHWEIGGER geleiteten Expedition nach Südeuropa, danach Direktor des Botanischen Gartens in Königsberg, 1820 Mitglied der Leopoldina. EYSENHARDT interessierte sich auch für Zoologie und arbeitete z.b. mit CHAMISSO über marine Wirbellose, z.b. Chamisso/Eysenhardt 1821. BAER widmete dem früh Verstorbenen einen Nachruf: Baer 1825b. – *67, 82, **113**, 115, 119, **123**, 127, 128, **142**, 143, **144**, 146, **150**, 152, 153, **177**, 180, 197, 229.*

FÉRUSSAC siehe unter AUDEBARD.

FICHTBAUER [1816 Krämer in Mainbernheim] – *6, **10**, 12.*

FÖRSTEMANN, Ferdinand Karl (1798-1861) – *125.*

FRANÇOIS, Jean-Charles (1717-1769) – *191-192.*

FRECHLAND, Jens (Agrarhistoriker, fl 1826) – *180.*

FRIDERICI, **Wilhelm**: Wohl aus dem Baltikum stammend, 1820-1822 als Medizinstudent in Bonn nachgewiesen, dann Tätigkeit als Lehrer für Naturkunde in Königsberg. – *X, **112**, 113, **114**, **121**, 124, 125, **142**, 143, **145**, 147, **151**, 154, **158**, 159, 160, **164**, **165**, 168, **171**, 172, **173**, 175.*

FRIEDRICH WILHELM III., König von Preußen (1770-1840) – *36, 97, 190, 216, 228, 252.*

FRIEDRICH WILHELM IV., König von Preußen (1795-1861) – *99.*

FUNCK, Heinrich Christian (1771-1839) – *88.*

GALL, Franz Joseph (1758-1828) – *106.*

GASSNER, Johann Joseph (1727-1779) – *59.*

GERMANN, Gottfried Albrecht (od. Albert) (1773-1809) – *65.*

GERMANOS, Metropolit von Patras (1771-1826) – *205.*

GMELIN, Johann Georg (1709-1755) – *12, 18.*

GMELIN, Karl Christian (1762-1837) – *18.*

GOETHE, **Johann Wolfgang** VON (1749-1832): NEES benannte eine brasilianische Malvengattung nach GOETHE (Nees/Martius 1823a, Abb. S. 282). Vgl. zu GOETHES naturkundlichen Interessen z.B. Goethe 1824, Goethe 1874 und Goethe 1986; Riha/Schmuck 2012; zum Verhältnis GOETHE-NEES vor allem Goethe/Nees 1997 und Nees/Goethe 2003. – *XI, **11**, 14-15, 24, 27, 76, 106, 217.*

GOLDFUß, **Georg August**: * 1782 Thurnau, † 1848 Poppelsdorf bei Bonn. Studium der Medizin mit Schwerpunkt Botanik und Zoologie in Berlin und Erlangen, 1804 Promotion, anschließend Forschungsreise nach Südafrika. 1806 Redakteur und Hauslehrer, 1810 Dr.phil. und Habilitation in Erlangen, 1811-1818 Lehrstuhlvertretung für Botanik und Naturgeschichte sowie Leitung des Naturhistorischen Museums in Erlangen (vgl. Goldfuß 1817). 1818 ord. Prof. der Zoologie (vgl. Goldfuß 1820), Paläontologie und Mineralogie sowie Direktor des Naturhistorischen Museums und der Petrefaktensammlung an der Universität Bonn (vgl. Goldfuß 1826-1844) und Dozent (nach NEES' Weggang 1830 Direktor) des naturhistorischen Seminars; 1839/40 Rektor der Universität. 1813 Leopoldina-Mitglied, 1816 Erster Sekretär, Bibliothekar und Adjunkt. Als solcher bewirkte er 1817 NEES' Berufung nach Erlangen und arbeitete 1818 eifrig auf dessen Wahl zum Präsidenten und die Übersiedelung der Akademie nach Preußen hin; umgekehrt verdankte er NEES den Ruf nach Bonn: Vgl. u.a. ADB 9 (1879), 332-333; NDB 6 (1964), 605; Langer 1969; Langer 1970; Langer/Müller 1970. – *72, 73 (mit Porträt), 78, 83, 86, 93, 94, 101, 103, 106, 113, 118, 122, 124, 125, 126, 127, 147, 151, 154, 159, 191, 233, 235, 238, 242.*

Georg August GOLDFUß (1782-1848) im Jahr 1841

GOLIZYN' (GALITZIN) [russische Adelsfamilie] – *72, 77-78.*
GÖPPERT, Johann Heinrich Robert: * 1800 Sprottau/Niederschlesien, † 1884. Nach einer Apothekerlehre 1821-1824 Medizinstudium in Breslau und Berlin. Nach einigen Jahren Niederlassungstätigkeit in Breslau dort 1827 Habilitation und 1831 ao. Prof. für Botanik, Kurator am botanischen Garten und Lehrbeauftragter an der chirurgischen Lehranstalt, 1839 Ordinarius. 1830 Leopoldina-Mitglied. Nach NEES' Entlassung 1852 Direktor des botanischen Gartens. GÖPPERT war einer der bedeutendsten Protagonisten der Paläobotanik (Göppert 1836) und interessierte sich sehr für die in Bernstein konservierte Flora (Kerstin Hinrichs: *Bernstein, das „Preußische Gold" in Kunst- und Naturalienkammern und Museen des 16. bis 20. Jahrhunderts*. Diss. Berlin 2007). Vgl. ADB 49 (1904), 455-460; NDB 6 (1964), 519-520. – *248, 251 (mit Porträt).*
GOTTSCHED, Johann Christoph (1700-1766) – *167.*
GREIS[S]ING, Joseph (1664-1721) – *212.*
GRÜNEWALDT [Familie] – *49, 50.*
GRÜNEWALDT, Johann (Ivan) Christoph Engelbrecht VON (1796-1862) – *42, 48 (?), 49, 50.*

GRÜNEWALDT, **Johann Georg** VON (1763-1817): Besitzer von Gut Koik in Estland. Vgl. Jürjo 1993. – *47, 48, 49.*

GRÜNEWALDT, Moritz Reinhold VON (1797-1877) – *50.*

GRÜNEWALDT, **Otto Magnus** VON (1801-1890): 1819-1821 Studium der Kameralistik in Dorpat, 1821-1822 Zoologiestudien in Göttingen, anschließend Europareise bis 1824, dabei in Bonn Bekanntschaft mit NEES. Bekannt durch seine Reiseberichte, u.a. als Begleiter der Großfürstin ELENA Pavlovna auf ihrer letzten Reise nach Deutschland 1843. In der Geschichte Estlands besonders hervorgehoben als einer der ersten Gutsbesitzer, die auf ihren Ländereien keine Leibeigenen, sondern Mietarbeiter beschäftigten. 1839-1851 Ritterschaftshauptmann, 1857-1858 Gouverneur. Vgl. Grünewaldt 1977; Jürjo 1993; http://www.bbl-digital.de/eintrag/Grunewaldt-Otto-Magnus-v.-1801-1890/ (20.07. 2012). – *50, **121, 122,** 123, 124, **145,** 148.*

Otto Magnus VON GRÜNEWALDT
(1801-1890) mit
seiner Ehefrau Maria, 1890

GUATIMOZIN [Aztekenherrscher] (um 1500-1524) – *210.*

GÜNDERODE, Karoline VON (1780-1806) – *VII, 209.*

GÜNTERRODE [Familie] – *209.*

GUSTAV II. ADOLF, König von Schweden (1594-1632) – *108.*

HAGEN, **Karl Gottfried**: * 1749 Königsberg, † 1829 Königsberg. Noch vor Abschluss der Apothekerlehre 1772 Übernahme der renommierten Hofapotheke, 1773 Examen in Berlin; 1775 Promotion und Lehrerlaubnis an der med. Fakultät in Königsberg, 1776 Mitglied der Leopoldina, 1779 ao., 1783 ord. Prof. an der med. Fakultät, 1786 Prof. für Chemie, Physik und Naturgeschichte der philosophischen Fakultät. HAGEN war ein nicht nur in Studentenkreisen berühmter akademischer Lehrer und wurde durch sein pharmazeutisches Handbuch (Hagen 1778) sowie durch sein innovatives Lehrbuch der experimentellen Chemie (Hagen 1786) überregional bekannt. Der botanische Garten in Königsberg wurde auf seine Bemühungen hin 1811 angelegt.

Vgl. ADB 19 (1879), 340; Stafleu/Cowan II (1979), 11-12; Mühlpfordt 1981; Neumann-Redlin von Meding 2004. – *163, 167, 198.*

HAGENBACH, Johann Jakob: * 1801 Basel, † 1825 Basel. Im Winter 1822/23 Studium der Naturkunde u.a. bei NEES in Bonn, dort Bekanntschaft mit dem Leidener Prof. für Naturgeschichte Caspar Georg Carl REINWARDT (1773-1854), der ihm eine Konservatorenstelle am Naturkundemuseum in Leiden vermittelte, die HAGENBACH noch 1823 antrat. Vgl. Neuer Nekrolog der Deutschen 3 (1825) 2, 1511. – *160, 171, 172.*

HAGENBACH, Karl Friedrich (1771-1849) – *172.*

HAGENBACH, Karl Rudolf (1801-1874) – *172.*

HARDENBERG, Karl August, Reichsfreiherr bzw. (ab 1814) Fürst VON (1750-1822) – *98, 101, 178, 183.*

HARLES(S), Johann Christian Friedrich (1773-1853) – *235.*

HARVEY, William Henry (1811-1866) – *24.*

HELLER, Anton (1782-1850), Hofgärtner in Würzburg. – *20 (?), 23, 42, 45.*

HELLER, Franz Xaver (1775-1840): Nach dem 1800 abgeschlossenen Medizinstudium 1803 ao. und 1805 ord. Prof. der Botanik in Würzburg, gleichzeitig Direktor des dortigen botanischen Gartens: Heller 1809 und Heller 1810-1815 (Supplementband in Kooperation mit NEES), 1816 Mitglied der *Gesellschaft correspondirender Botaniker*. Vgl. Stafleu/Cowan 1979, 148; http://www.bgw.uni-wuerzburg.de /herbarium/sammlungen/v/ (04.07.2012). – *20 (?), 23, 45.*

HELLER, Georg († 1826) – *23.*

HERDER, Johann Gottfried (1744-1803) – *101.*

HESSELBACH, Adam Kaspar (1788-1856) – *9, 28.*

HESSELBACH, Franz Kaspar: * 1759 Hammelburg, † 24. Juli 1816 Würzburg. Philosophiestudium in Fulda, wechselte 1778 zum Medizinstudium nach Würzburg, dort 1778 Präparator, 1783 Prosektor ohne Gehalt, ab 1789 offizielle Anstellung als Prosektor, erweiterte die anatomische Sammlung, nebenbei auch chirurgisch tätig. 1807 Promotion zum Dr. med. an der med. Fakultät Würzburg, 1811 Ruf nach Char'kov abgelehnt, 1814 Ernennung zum Leopoldina-Mitglied: ADB 12 (1880), 312-313; R. Shane Tubbs u.a.: *Franz Caspar Hesselbach (1759-1816). Anatomist and Surgeon.* World Journal of Surgery 32 (2008), 2527-2529. – *5, 8, 9, 11, 17, 28.*

HESSLOCHL, W. [Kupferstecher] – *126.*

HOFFMANN, Adolf Valentin (1814-1896) – *210.*

HOFMEISTER, Georg (1789-1840): Apotheker in Marktbreit, 1816-1819 Sekretär der *Gesellschaft correspondirender Botaniker* und ab 1818 auch Mitglied der Regensburgischen Botanischen Gesellschaft: Nekrolog im *Pharmaceutischen Correspondenzblatt für Süddeutschland* 1 (1840) Nr. 10, 160. – *13, 15, 29, 33, 64, 68.*

HOHE, Christian (1798-1868) – *38, 73, 99.*

HOPPE, David Heinrich: * 1760 Vilsen/Hannover, † 1846 Regensburg. 1792-1795 Studium der Naturwissenschaften und Medizin in Erlangen, dann praktischer Arzt in Regensburg. 1820 zum königl. Bayerischen Sanitätsrat und zum Mitglied der Leopoldina ernannt. Gründete mit dem Erlanger Apotheker Ernst Wilhelm MARTIUS (Vater von Karl F. Ph. VON MARTIUS) und Johann August STALLKNECHT (1752[?]-1797) 1790 die Regensburger Botanische Gesellschaft, gab von 1790 bis 1811 deren *Botanische Taschenbücher* heraus und war von 1812 bis zu seinem Tod ihr Vorsitzender. HOPPE begann 1818 die Herausgabe der *Flora oder Botanischen Zeitung*. 1815 Mitgründer und Direktor auch der *Gesellschaft correspondirender Botaniker*: *D. H. Hoppe's Selbstbiographie*. Nach seinem Tode ergänzt u. hg. v. Dr. A. E. Fürnrohr. Regensburg 1849; ADB 13 (1881), 113-114; Christoph Friedrich: *David Heinrich Hoppe*. Pharmazeutische Zeitung 46 (2010), online unter http://www.pharmazeutische-zeitung.de/index.php?id=35936 (29.03.2012). – *33, 84, 87 (mit Porträt), 88.*

HORNSCHUCH, Christian Friedrich Benjamin (1793-1850) – *87.*

HÜBBE, Hans (1799-1842) – *125.*

HUFELAND, Christoph Wilhelm: * 1762 Langensalza, † 1836 Berlin. Medizinstudium 1780 in Jena und ab 1781 in Göttingen, 1783 Promotion, übernahm die Arztpraxis seines Vaters in Weimar, 1796 Hofmedicus. 1790 Leopoldina-Mitglied. Von Herzog KARL AUGUST zum Honorarprofessor der Medizin berufen, hielt er 1793-1801 Vorlesungen in Jena, dort nahm NEES während seines Studiums in Jena an HUFELANDs Lehrveranstaltungen teil. 1801 als Leibarzt an den Hof des Königs von Preußen, FRIEDRICH WILHELM III., berufen, leitender Arzt der Charité, Engagement für die Gründung der Berliner Universität, im Öffentlichen Gesundheitswesen und in der Armenfürsorge, ab 1817 Berater ALTENSTEINs. Wichtiger Vertreter der Lehre von der Lebenskraft (Vitalismus) in Deutschland, prägte den Begriff der „Makrobiotik". Vgl. z.B. ADB 13 (1881), 286-296; Busse 1982; Pfeifer 2000; Hufeland 2002. – *31, 36 (mit Porträt).*

HÜLLMANN, Henriette Maria siehe NEES VON ESENBECK, Henriette Maria

HÜLLMANN, Karl Dietrich: * 1765 Erdeborn bei Eisleben, † 1846 Bonn. Studium in Halle, zunächst Schuldienst, 1793 Promotion zum Dr. phil. in Göttingen, 1795 Habilitation in Frankfurt/O., 1797 dort ao. Prof. und 1807 ord. Prof. für Geschichte, ab 1808 Berufung nach Königsberg. Besonderes Interesse für Wirtschafts-, Verfassungs- und erstmals auch Kulturgeschichte. Wurde 1818 Prof. für Geschichte in Bonn und zum ersten Rektor der neugegründeten Universität Bonn ernannt, Stellvertreter des Regierungsbevollmächtigten der Universität, Philipp Joseph (VON) REHFUES. HÜLLMANN war der Ehemann von NEES' nachmaliger Geliebten und dritten Ehefrau: ADB 13 (1881), 330-332; NDB 9 (1972), 733-734. – *94, 99 (mit Porträt), 105, 108, 163, 167.*

HUMBOLDT, Alexander VON (1769-1859) – *12, 18, 225, 235-236.*

HÜTTNER, Johann Christian (1766-1847) – *12, 18.*

IKEN, Carl Jacob Ludwig: * 1789 Bremen, † 1841 Florenz, Privatgelehrter in Bremen, Briefpartner GOETHEs, einer der ersten Gelehrten in Deutschland, die sich – in Verbindung mit einer begeisterten Unterstützung des griechischen Freiheitskampfes – mit neugriechischer Literatur beschäftigten und um ihre Verbreitung bemüht waren (z.B. Iken 1822 und Iken 1827; Kanelos 1825), vgl. ADB 14 (1881), 14. – *203, 204.*

JACOBY, Johann (1805-1877) – *167.*

JAN, Georg (1791-1866) – *8.*

JANSCHA, Laurenz (fl. 1792) – *102.*

JEAN PAUL (eigentlich Johann Paul Friedrich RICHTER) (1763-1825), Lieblingsdichter BAERs; erwähnt werden *Hesperus* (Jean Paul 1795) und *Siebenkäs* (1796-1797). – *131, 134, 163, 166.*

KANEL(L)OS, **Stephanos**: * 1792 Konstantinopel, † 1823 Kreta. 1812-1815 Studium u.a. der Medizin in Wien, 1815-1817 in Würzburg, dort Bekanntschaft mit BAER und NEES sowie Promotion (Kanelos 1817), danach in München und bis 1819 in Paris, dort Beiträge bzw. Übersetzungen für den *Logios Hermes*. 1820 am Lyzeum in Bukarest. 1821-22 entstanden in Deutschland und Paris die Briefe zu seinen politischen und literarischen Positionen (Kanelos 1825). Tod kurz nach der Rückkehr nach Griechenland, wo er sich der Revolution anschließen wollte. Hierzu Polioudakis 2008, 141-143; erfasst auch unter http://thesaurus.cerl.org/cgi-bin/record.pl?rid=cnp01075276 (05.10.2012). – *6, 71, 75, 205, 209.*

KAPP, **Friedrich Christian Georg**: * 1792 Ludwigsstadt, † 1866 Hamm. 1810-1813 Studium der Philosophie und Theologie in Erlangen und Dr. phil., 1815 Habilitation. Aufenthalt bei PESTALOZZI in der Schweiz, nach dem schnellen Scheitern seiner privaten Lehranstalt in Würzburg (die NEES' Söhne Karl und Friedrich sowie Fritz LAUBREIS besuchten) Privatdozent in Erlangen und Leiter eines Pädagogikums; im Winter 1819/20 und im Sommer 1820 Privatdozent in Bonn, wo er in der philosophischen Fakultät Vorlesungen über die Geschichte der Erziehung hielt und gemeinsam mit einigen Gymnasiasten und mit Unterstützung von Seminaristen des naturwissenschaftlichen Seminars Bonn umfangreiche naturwissenschaftlich-technische, geographisch-historische und philologische Exkursionen in Norddeutschland durchführte. NEES bemühte sich vergeblich, für den mit ihm befreundeten Hegelianer KAPP (vgl. Kapp 1835) an der Universität Bonn eine feste Anstellung zu erreichen. 1821 Wechsel ans Gymnasium in Hamm, 1824-1852 Direktor und Engagement in der Schulpolitik. Vgl. Knape 1940; Schulte 1954. – *11, 15-16, 72, 77.*

KASTNER, **Karl Wilhelm Gottlob**: * 1783 Greifenberg/Pommern, † 1857 Erlangen. Nach Apothekerlehre und Chemiestudium 1805 Promotion zum Dr. phil. in Jena. 1805-1812 ao. Prof. der Chemie in Heidelberg, 1812-1818 ord. Prof. der Chemie, Physik und Pharmazie in Halle. 1816 Mitglied der Leopoldina, 1818 Adjunkt. Zum 18.10.1818 Prof. der Chemie und Physik in Bonn, ab 1821 in Erlangen: ADB 15 (1882), 439; NDB 11 (1977), 324. – *93, 97, 111, 235.*

KIELMEYER, Carl Friedrich VON (1765-1844) – *236.*

KIESER, **Dietrich Georg** (ab 1862 VON): * 1779 Harburg, † 1862 Jena. Medizinstudium in Würzburg und Göttingen, 1804 Promotion. Arzt in Winsen an der Luhe, 1806 Stadtphysicus in Northeim. 1812 ao. Prof. für Pathologie und Therapie in Jena, hielt auch Vorlesungen über Anatomie und Physiologie der Pflanzen, Brunnenarzt in Bad Berka. 1814/15 Feldarzt, 1816 Hofrat, Fortsetzung der Lehrtätigkeit in Jena (1824 Ordinarius). 1816 Mitglied der Leopoldina, 1818 Adjunkt. Er begründete mit seinem Kollegen Carl August VON ESCHENMAYER das *Archiv für den Thierischen Magnetismus* (1817-1824), bei dem NEES von Bd. 7 bis 12 Mitherausgeber war; fortgesetzt als *Neues Archiv für den Thierischen Magnetismus und das Nachtleben überhaupt.* 1831-1846 Leitung einer Privatklinik und als Direktor der Großherzoglichen Irrenanstalt 1847-1858 Einsatz für die adäquate Versorgung psychisch Kran-

LAVOISIER, Antoine Laurent (1743-1794) – *166.*

LEDEBOUR, Karl Friedrich VON (1785-1851) – *65.*

LEGRAND, Augustin (1765-nach 1815) – *59.*

LEHMANN, Friedrich Leonhard (1787-1835) – *239.*

LEHMANN, Johann Georg Christian (1792-1860) – *8.*

LEJEUNE, Alexander Louis Simon (1779-1853) – *180.*

LENZ, Johann Georg (1748-1832) – *15.*

LEUCKART, Friedrich Sigismund: * 1794 Helmstädt, † 1843 Freiburg/Br. Ab 1812 Studium in Göttingen, 1816 dort promoviert. Anschließend Reisen durch Deutschland, Österreich und Frankreich. 1823 Privatdozent für Medizin und Naturgeschichte an der med. Fakultät in Heidelberg. 1828 Leopoldina-Mitglied. 1829 ao. Prof. für Naturgeschichte, Zoologie, pathol. Anatomie und Tierarzneikunde. 1832 ord. Prof. für Zoologie, Vergleichende Anatomie und Physiologie in Freiburg und Direktor der zootomisch-physiologischen Anstalt. Er nahm eine Unterscheidung von Amphibien und Reptilien in Unterklassen vor und arbeitete über marine Wirbellose und Würmer; vgl. ADB 18 (1883), 480; Hirsch/Gurlt 3 (1886), 685-686. – *218, 219.*

LE VAILLANT, François (1753-1824) – *12, 18.*

LIBERIOS (LIVERIOS), ?: Als Student mit naturkundlichen Interessen (Medizin, Pharmazie, Mathematik, Physik) ca 1815-1817 in Würzburg, dort Bekanntschaft mit BAER und NEES, später Übersetzungen und Publikationen im *Logios Hermes* und Engagement im griechischen Freiheitskampf; Ende der 20-er Jahre im griechischen Senat: Iken 1827, 2. Bd., 155. – *6, 71, 75, 204, 209.*

LICHTENSTEIN, Hinrich (1780-1857) – *225.*

LIETZAU, Friedrich Otto (1799-?): Nach militärmedizinischen Diensten wissenschaftliche Arbeiten in Königsberg, jedoch trotz persönlicher Anleitung BAERs nicht sehr erfolgreich (Lietzau 1824); Dr. med. in Königsberg, vermutlich als externer Doktorand (Lietzau 1825). Ab 1826 vertretungsweise und ab 1832 definitiv Kreisphysikus des Kreises Fischhausen: Baer 1866, 287, 505; Raikov 1968, 431. – *164, 165, 169, 175.*

LINDT, Johann Rudolf (1813-1893) – *37.*

LINDT [Rudolf?, Arzt aus Bern]: Bekannter BAERs vom Studienaufenthalt in Wien her, begleitete ihn im Herbst 1816 auf der Wanderung von Würzburg nach Berlin: Baer 1866, 205. – *6, 13, 31, 33, 36-37.*

LINK, Johann Heinrich Friedrich VON: * 1767, † 1851. Studium der Medizin und Naturwissenschaft in Göttingen, 1789 dort Promotion und Lehrauftrag. Prof. der Chemie, Zoologie und Botanik in Rostock (1792), Breslau (1811) und Berlin (ab 1815), dort auch Direktor des botanischen und Universitäts-Gartens sowie Leiter des Königlichen Herbariums (Link/Klotzsch/Otto 1844). 1801 Mitglied der Leopoldina, 1818 Adjunkt. 1822 Mitbegründer der Deutschen Gartenbau-Gesellschaft. Vgl. ADB 18 (1883), 714-720; Schmitt 2006. – *31, 35 (mit Porträt), 41, 44, 57, 61, 64, 67, 235.*

LÖWENSTEIN-WERTHEIM, Fürsten und Grafen von – *55.*

LYNGBYE, Hans Christian (1782-1837) – *24.*

MACKENZIE, Alexander (1764-1820) – *12, 18.*

MACKLOT, Heinrich Christian (1799-1832) – *160.*

MARCUS, **Franz Adolph Otto**: * 1793 in Neese/Mecklenburg, † 1857; nach der Lehre
in Berlin und Darmstadt tätig, ab 1818 Verleger und Buchhändler in Bonn, gezielte
Geschäftseröffnung („Verlag Adolph Marcus") im Zusammenhang mit der Universitätsgründung. MARCUS verstand es, die Universitätsangehörigen für viele Jahrzehnte hinsichtlich ihrer Publikationen an seinen Verlag zu binden; die Verbindung
zur Leopoldina endete allerdings 1822 nach Fertigstellung von Band X/Teil II der
Nova Acta. Vgl. ADB 52 (1906), 189-190. – *111, **133**, 135, 138, **140**, 142, **144**.*
MARTIUS, **Carl Friedrich Philipp** (VON): * 1794 Erlangen, † 1868 München. Zunächst 1810 Medizinstudium in Erlangen, nach der Promotion 1814 Aufnahme in
das Eleven-Institut an der Bayerischen Akademie der Wissenschaften in München
und Mitarbeit beim Einrichten des botanischen Gartens, ab 1816 als Adjunkt dieser
Akademie im Staatsdienst. 1816 Mitglied der Leopoldina. 1817-1820 Expedition
nach Brasilien, um die Flora und Fauna im Amazonasgebiet zu erforschen (Martius
1829-1833; Martius/Eichler/Urban 1840-1906). 1820 zum ord. Mitglied der bayrischen Akademie der Wissenschaften berufen und in den Adelstand erhoben. 1826-
1854 ord. Prof. der Botanik, ab 1832 auch Direktor des botanischen Gartens in
München, 1840 Adjunkt der Leopoldina. Besonders ausgewiesen auch auf dem Gebiet der Palmen. Langjährige Freundschaft und Zusammenarbeit mit NEES. Vgl. u.a.
Meißner 1869; Schramm 1869; ADB 20 (1884), 517-527; Helbig (Hg.) 1994. – *8,
16, 23, 27, **30**, 33, 34 (Porträt), **56**, 72, 159, 180, **213**, 216.*
MAYER [?, Kammerrat in Mainbernheim] – *27, **31**, 37, 45, 211.*
MAYER, **August Franz Joseph Karl**: * 1787 Schwäbisch-Gmünd, † 1865 Bonn.
Nach Tätigkeit als Hauslehrer Medizinstudium in München und Tübingen, ein Jahr
nach seiner Promotion zum Dr. med. (1812) Ruf als Prosektor nach Bern (1813),
1815 dort Professur für Anatomie, Pathologie und Physiologie. 1819 Ruf an die
Univ. Bonn als Direktor des dortigen anatomischen Instituts (dessen Neubau er
auch leitete), dort als Ordinarius bis 1856 tätig, daneben Arbeit in eigener ärztlicher
Praxis. 1819 auch Mitglied der Leopoldina. MAYER sollte in Bonn die neue Expe-
rimentalphysiologie einführen, wandte sich jedoch nicht gleich konsequent von naturphilosophischen Konzeptionen ab. Immerhin hatte er jedoch mit Johannes MÜLLER
(1801-1858) und Theodor VON BISCHOFF (1807-1882) bedeutende Schüler, die die Phy-
siologie des 19. Jh.s prägen sollten; außerdem führte er den Begriff „Histologie" ein
(Mayer 1819): ADB 21 (1885), 121-122; Meyer 1966. – *86, **93**, 96, **104**, 107.*
MAYER, **Philippine**, verh. MÜLLER: gebürtig in Mainbernheim, Bekannte von BAER
und NEES aus der Würzburger Zeit, nach Castell verheiratet. – *37, 75, **208**, 211.*
MAXIMILIAN I. JOSEPH, König von Bayern (1756-1825) – *84, 85.*
MERZ [? Maler] – *34.*
MESMER, **Franz** (auch: Friedrich) **Anton**: * 1734 Iznang/Bodensee, † 1815 Meers-
burg. Studium der Philosophie in Dillingen, der Theologie in Ingolstadt, ab 1759
Medizin- und Jurastudium in Wien, Schüler Gerard VAN SWIETENs (1700-1772),
1766 Promotion. Als berühmter Magnetiseur Begründer der Lehre vom „tierischen
Magnetismus", der nach ihm auch als „Mesmerismus" bezeichnet wird (im Engli-
schen noch heute *to mesmerize* für „hypnotisieren"). Praktizierte die Therapie mit
Magneten, später auch mit den Händen (animalischer Magnetismus), musste aber
nach einem Skandal um die angebliche Heilung der blinden Pianistin Maria There-

sia PARADIS (1759-1824) Wien verlassen (kürzlich in Romanform beschrieben: Alissa Walser: *Am Anfang war die Nacht Musik*. München, Zürich 2009). Er wirkte von 1778 bis zur Revolution in Paris, zwischenzeitlich auch in Spa. MESMER vermutete ein beeinflussbares kosmisches „Fluidum", das durch Übertragung einen therapeutischen Zugriff ermöglicht. Zu MESMER z.B. ADB 21 (1885), 487-491; Engelhardt 1985; Wolters (Hg.) 1988; NDB 17 (1994), 209-211; Florey 1995; Gruber 2011. – *36, 44, 57, 59 (mit Porträt)*.

METTINGH [Familie] – *207, 209*.

METTINGH, Elisabetha Jacobina (genannt Lisette) von siehe NEES VON ESENBECK, Elisabetha Jacobina.

METTINGH, Menco Heinrich, Freiherr VON (1780-1850) – *214, 217*.

MEYENDORFF, Georg VON (1795-1863) – *116*.

MEYER, Ernst Heinrich Friedrich: * 1791 Hannover, † 1858 Königsberg. Medizinstudium und Habilitation in Göttingen. Dort als Privatdozent für Medizin und Naturgeschichte Bekanntschaft mit GOETHE und anschließend jahrelange gemeinsame Arbeit an der Metamorphosenlehre. 1821 Mitglied der Leopoldina. 1826 Berufung nach Königsberg als Nachfolger EYSENHARDTs als Direktor des botanischen Gartens, 1829 dort ord. Prof. für Medizin, Naturgeschichte und Botanik. Vgl. ADB 21 (1885), 565-569. – *180, 194, 197*.

MEYNIER, Emma Julie Henriette: * 1800 Erlangen, † 1859 Erlangen. Freundin von Elisabeth NEES aus Erlangen, Patin der jüngsten Tochter; 1821 Heirat mit dem Erlanger Strafrechtler Friedrich Christian Carl SCHUNCK. Vgl. *Erlanger Stadtlexikon*. Erlangen 2002, 628. – *95, 102, 105, 109, 118*.

MEYNIER, Johann Heinrich (1764-1825) – *77, 102*.

MEYNIER, Ludwig (Louis) Friedrich Wilhelm (1792-1867): Sohn von J.H.M., war Philologe, Bankier und Jurist und ist auch als Maler in Paris in Erscheinung getreten; von ihm stammt die Übersetzung einer politikwissenschaftlichen Arbeit (Meynier 1817). Als Jurist figuriert er zwischen 1820 und 1822 von Genf und Paris aus als Briefpartner von Friedrich Carl VON SAVIGNY (1779-1861), vgl. http://savigny .ub.uni-marburg.de (28.03.2012) und Heuser/Wulbusch (Hgg.) 2011. – *72, 77, 109*.

MITTERMAIER, Karl Joseph Anton: * 1787 München, † 1867 Heidelberg. Jura-Studium in Landshut, 1809 jur. Promotion in Heidelberg, Habilitation in Landshut. 1811 dort ord. Prof. der Rechte und bayerischer Hofrat, 1819 in Bonn (dort auch juristische Unterstützung von NEES in Akademieangelegenheiten), ab 1821 in Heidelberg, dort auch politisch engagiert, einer der profiliertesten Strafrechtler des 19. Jh.s: ADB 22 (1885), 25-33. – *94, 97*.

MONRO, Alexander I. (1697-1767) – *153*.

MONRO, Alexander II. (1733-1817) – *153*.

MONRO, Alexander III. (1773-1859) – *153*.

MOTHERBY, Johanna Charlotte (1783-1842) – *108*.

MOTHERBY, William (Wilhelm): * 1776 Königsberg, † 1846 Königsberg. Besuch des Philanthropiums in Dessau, Studium in Königsberg, 1797 Promotion zum Dr. med. in Edinburgh/Schottland, brachte von dort „Impf-Lymphe" mit und führte in Königsberg die Kuhpockenimpfung ein. Direktor einer Anstalt mit dem Ziel, alle Ärzte der Provinz mit Serum zu versorgen. Ab 1805 königl. preuß. Ober-Feldstabs-

Medicus der Ostpreuß. Armee zu Königsberg. Geschätzter Arzt in Königsberg, im Freundeskreis Immanuel KANTs (1724-1804), bis 1824 zusammen mit seiner Frau Johanna Charlotte ein Mittelpunkt des geselligen Lebens (die Briefe von Wilhelm VON HUMBOLDT [1767-1835] und Ernst Moritz ARNDT an Johanna MOTHERBY wurden 2010 neu herausgegeben). Nach der Scheidung zunehmendes Engagement in der Landwirtschaft; ab 1832 bewirtschaftete er sein Gut Arnsberg: http://de.wikipedia.org/wiki/William_Motherby (04.07.2012); http://www.ostdeutsche-biographie.de/mothwi76.htm (04.07.2012). – *105, 108, 191, 192, 194.*

MÜLLER, Johannes Peter: * 1801 Koblenz, † 1858 Berlin. 1819 Medizinstudium in Bonn, 1822 Promotion zum Dr. med.; MÜLLER hatte Medizin zunächst unter dem Eindruck von SCHELLINGs Naturphilosophie studiert, wandte sich aber 1823/24 während eines Studienaufenthalts in Berlin unter dem Einfluss seines dortigen Lehrers Carl Asmund RUDOLPHI einer naturwissenschaftlich orientierten Physiologie zu und wurde zu einem ihrer profiliertesten Vertreter. 1824 Habilitation und Aufnahme als Mitglied der Leopoldina. 1826 ao. Prof., 1827-1829 aus finanziellen Gründen Akademiesekretär unter NEES; 1830 ord. Prof. in Bonn (Müller 1826; Müller 1827). 1833 ord. Prof. für Anatomie und Physiologie in Berlin und Direktor des anatomischen Museums, 1834 ord. Mitglied der preußischen Akademie der Wissenschaften. MÜLLER gab ab 1834 die neue wissenschaftliche Zeitschrift *Archiv für Anatomie, Physiologie und wissenschaftliche Medizin* heraus, sein Lebenswerk ist das *Handbuch der Physiologie des Menschen* (1833-1840). Vgl. z.B. ADB 22 (1885), 625-628, Haberling 1924; BBKL 6 (1993); NDB 18 (1997), 425-426. – *125, 194, 196, 204, 206, 213, 216, 218, 222, 225, 227, 228, 235, 242.*

MÜLLER, Salomon (1804-1863) – *160.*

MÜNCHOW, Karl Dietrich VON: * 1778 Potsdam, † 1836 Bonn. Ab 1802 naturwissenschaftliches Studium in Halle, 1809 Promotion zum Dr. phil. in Rostock. 1811 ao. Prof. und 1816 ord. Prof. der Philosophie in Jena. 1818 Wechsel nach Bonn als Prof. für Astronomie, Mathematik und Physik, 1819 Leopoldina-Mitglied, 1822/23 Rektor: ADB 23 (1886), 8. – *94, 98, 122, 124, 125.*

NAGLER, Carl Ferdinand Friedrich VON (1770-1846) – *251.*

NEES VON ESENBECK, Christian Gottfried Daniel: * 1776 Schloss Reichenberg (Odenwald), † 1858 Breslau: 1795-1799 Medizinstudium in Jena, 1800 Dr. med. in Gießen, danach ärztliche Tätigkeit in seinem Heimatort. 1803-1818 in Sickershausen private Naturstudien mit Schwerpunkt Botanik (z.B. Nees 1816/17); dort Bekanntschaft mit DÖLLINGER, D'ALTON, BAER u.v.a. 1816 Mitglied der Leopoldina. 1818 Wechsel nach Erlangen als ord. Prof. für Botanik und Direktor des botanischen Gartens, ab 1818 auch Präsident der Leopoldina auf Lebenszeit. 1819-1829 Ordinariat für Allgemeine Naturgeschichte und Botanik in Bonn, dazu Direktor des botanischen Gartens. 1830 wegen der Scheidung von Elisabeth NEES Lehrstuhltausch mit TREVIRANUS und Wechsel nach Breslau, 1834 Heirat mit Henriette Maria HÜLLMANN. 1851 suspendiert wegen politischer Aktivitäten, einer als skandalös empfundenen Eheschrift und Konkubinatsvorwürfen (er hatte mit seiner Haushälterin Johanna Christiane KAMBACH [1812-1890] fünf Kinder). – *1 (Porträt).*
- Adressat: *Brief 2; Brief 22-23; Brief 29; Brief 42.*

- Verfasser: *Brief 1; Brief 3-15, Brief 18-21; Brief 24-28; Brief 30-37; Brief 41; Brief 43-51.*

NEES-Gedenktafel auf dem Rathausplatz von Reichelsheim/Odw.

NEES VON ESENBECK, Elisabetha Jacobina (genannt Lisette), geb. VON METTINGH (1783-1857): Zweite Ehefrau von Christian Gottfried Daniel NEES VON ESENBECK, die dieser kurz nach dem Tod seiner ersten Frau heiratete. In der Literaturgeschichte vor allem als Freundin und Ratgeberin Karoline VON GÜNDERODEs bekannt. – *VII, VIII, 2, 3, 5, 8, 9, 10, 11, 12, 14, 22, 26, 28, 30, 31, 35, 37, 38, 41, 42, 44, 48, 51, 52, 53, 54, 55, 57, 65, 66, 70, 71, 73, 74, 80, 81, 82, 96, 97, 101, 106, 107, 108, 114, 134, 141, 150, 176, 177, 204, 206, 209, 215, 217, 219, 222, 229, 235.*
- Adressatin: *Brief 1.*
- Verfasserin: *Brief 16, Brief 17, Brief 38, Brief 39, Brief 40.*

NEES VON ESENBECK, Emilie Elisabetha Franziska (genannt Emmi) (1816-1892) – *28, (30), 31, 35, 54, (95), (103), 105, 109, 118, 176, 177, 178, 207, 209.*

NEES VON ESENBECK, Henriette Maria (genannt Marie), geb. SCHNEIDER, gesch. HÜLLMANN (1781-1862): War 1829/30 der Grund für NEES' Scheidung von seiner zweiten Frau Elisabeth, ging mit ihm nach Breslau und wurde dort 1834 seine dritte Ehefrau. 1838 trennte sich das Paar wieder, und Marie NEES lebte, von ihrem ersten Mann finanziell unterstützt, in der Nähe von Minden, in Heidelberg und zuletzt in Köln. – *99, 105, 108, 235.*

NEES VON ESENBECK, Johann Friedrich Konrad (1806-1895): 1824-1828 Theologiestudium in Bonn, 1830/31 probeweise Unterrichtstätigkeit in Hamm unter seinem früheren Lehrer KAPP, dann Gymnasiallehrer in Duisburg und Saarbrücken. 1844 Vikar, ab 1846 Pastor in Boppard, Kreuznach und Vevey, zuletzt Schuldirektor in Neumünster. – *16, (30), 35, 72, 77, (95), (103), 149, 151, 157, 159.*

NEES VON ESENBECK, Julia (1819-1887) – *(103), 114, 118, 207, 209.*

NEES VON ESENBECK, Karl Heinrich August Theodor: * 1809 Sickershausen, †
1880 Breslau: 1822-1828 Gärtnerlehre im Bonner botanischen Garten, dann Gehilfe
in verschiedenen Parks und botanischen Gärten (Düsseldorf, München, Berlin,
Sanssouci), nach Obergehilfenprüfung 1834 Tätigkeit in privaten Parks, 1844
Obergehilfe in Breslau, zuletzt Inspektor des dortigen botanischen Gartens. – *16,
(30), 35, (95), (103), 105, 109, 149, 152.*

NEES VON ESENBECK, Lisette s. N. v. E., Elisabetha Jacobina

NEES VON ESENBECK, Maria Carolina Friederica Clara (1807-1845) – *(30), 35, (95), (103).*

NEES VON ESENBECK, Theodor Friedrich Ludwig: * 1787 Schloss Reichenberg bei
Reichelsheim/Odenwald, † 1837 Hyères/Frankreich. 1805-1811 Apothekerlehre in
Erlangen bei Ernst Wilhelm MARTIUS (1756-1849, Vater von C.F.Ph. VON MARTI-
US), 1811-1816 Assistenzzeit in Basel, daneben botanische Studien. 1816 Anstellung in Hanau, 1817 bis 1819 Inspektor des botanischen Gartens in Leiden. 1818
zum Dr. phil. an der Universität Erlangen promoviert. 1819 Mitglied der Leopoldina und durch Fürsprache seines Bruders Berufung an die Universität Bonn als Inspektor des botanischen Gartens, Repetent der Botanik (Nees 1820b) und 1820 Habilitation (Nees 1819, Nees 1820a). 1822 ao. Prof. und 1827 ord. Prof. für Pharmazie an der
Philosophischen Fakultät der Universität Bonn. 1833 Mit-Direktor und 1835 Erster Direktor des botanischen Gartens in Bonn. Vgl. Nees 1838 und ADB 23 (1886), 376-380. –
31, 38 (mit Porträt), 42, 45, 64, 82, 103, 106, 110, 111, 122, 125, 166, 180, 238, 242.

NEES, Wilhelmine Luise Katharina, geb. VON DITFURTH (1773-1803): Erste, früh verstorbene Ehefrau von Christian Gottfried Daniel NEES (Heirat am 19. August 1802),
der sich nach ihrem Tod NEES VON ESENBECK nannte. Sie brachte das Gut Sickershausen sowie Geldvermögen in die Ehe ein. – *43.*

NEUMANN, Balthasar (1687-1753) – *21.*

NICOLOVIUS, Alfred Berthold Georg (1806-1890) – *198.*

NICOLOVIUS, Friedrich: * 1768 Königsberg, † 1836 Königsberg. Renommierter Verleger mit Kontakten nach Russland und Besitzer einer angesehenen Buchhandlung
in Königsberg. Nach dem Krieg 1806/07 wirtschaftlicher Niedergang, 1818
Zwangsverkauf und Übernahme durch Gebr. BORNTRÄGER. NICOLOVIUS stand mit
vielen Intellektuellen seiner Zeit in Briefkontakt und besaß auch eine wertvolle private Bibliothek; diese Bestände wurden jedoch nach seinem Tod vernichtet bzw.
verkauft: Schmidt 1905, 563-565. – *194, 198.*

NICOLOVIUS, Friedrich Heinrich Georg (1798-1868) – *198.*

NICOLOVIUS, Georg Ferdinand (1800-1881) – *197.*

NICOLOVIUS, Georg Friedrich Franz (1797-1877) – *198.*

NICOLOVIUS, Georg Heinrich Ludwig (1767-1839) – *197.*

NICOLOVIUS, Ludwig (1767-1839) – *197.*

NITZSCH, Christian Ludwig: * 1782 Beucha, † 1837 Halle. 1808 ao. Prof. der Botanik und Naturgeschichte in Wittenberg, 1810 Prosektor, 1815 erster Ordinarius für Zoologie in Halle, auch Direktor des Zoologischen Museums, 1818 Leopoldina-Mitglied. Er
verfasste wichtige Arbeiten zu Formenvielfalt, Anatomie und Entwicklungsgeschichte
der Vögel (Nitzsch 1811) sowie von Parasiten (besonders zu *Mallophagen* = Kieferläu-
sen) und „Infusorien" (Nitzsch 1817). Vgl. ADB 23 (1886), 718. – *199, 201.*

NÖGGERATH, **Johann Jacob**: * 1788 Bonn, † 1877 Bonn. Nach freiberuflicher Tätigkeit im Hüttenwesen 1814 kurz in französischen Diensten, dann 1815 Bergkommissar und 1816 Assessor im Oberbergamt Bonn, 1822 Oberbergrat, 1845 Geheimer Bergrat. Autodidakt als Botaniker, Geologe, Mineraloge, 1818 Promotion zum Dr. phil. in Marburg. 1818 ao. Prof. der Mineralogie in Bonn, 1821 ord. Prof. der Mineralogie, Geognosie, Geologie und Bergwerkswissenschaften an der Univ. Bonn, Prof. am landwirtschaftlichen Institut Poppelsdorf, Direktor des naturgeschichtlichen Museums in Bonn, 1826/27 Rektor der Universität. Mitglied zahlreicher Gelehrten-Gesellschaften. 1819 Leopoldina-Mitglied, 1857 Adjunkt. Vgl. ADB 23 (1886), 752-755; Stafleu/Cowan III (1981), 760; Koch 2005. – *97, 122, 124, 125.*

OKEN (eigentl. OCKENFUß), **Lorenz** (1779-1851): * 1779 Bohlsbach bei Offenburg, † 1851 Zürich. Medizinstudium und 1804 med. Promotion in Freiburg, 1804/05 Studium in Würzburg u.a. bei Ignaz DÖLLINGER. 1805 Habilitation und Privatdozent in Göttingen (Oken 1805a, Oken 1805b), 1807 ao. Prof. der Medizin und 1812-1819 ord. Prof. der Naturgeschichte in Jena. Großherzogl. Sachsen-Weimar-Eisenachischer Hofrat. 1816 von der Univ. Gießen zum Dr. der Philosophie *honoris causa* ernannt. Ab 1817 (bis 1848) Hrsg. der naturwiss. Zeitschrift *Isis* in Jena (z.B. Oken 1817). 1818 Leopoldina-Mitglied und kurz darauf Adjunkt. 1819 wurde OKEN wegen in der *Isis* geäußerter Kritik an der Zensur entlassen, dann Druck der Zeitschrift in Leipzig. Tätigkeiten in München, Paris und Basel. 1822 Mitgründer der Gesellschaft deutscher Naturforscher und Ärzte. 1822-1827 wieder in Jena als Privatgelehrter. 1827 Vorlesungen in München und im gleichen Jahr dort ord. Prof. für Physiologie, 1832 entlassen. 1833 Ruf an die neugegründete Univ. Zürich, deren erster Rektor er wurde, sowie dort Prof. für Naturgeschichte, Naturphilosophie und Physiologie bis zu seinem Tod (Oken 1841). Siehe u.a. Ecker 1880; ADB 24 (1887), 216-226; Bräuning-Oktavio 1959; NDB 19 (1999), 498-499; Breidbach/Fliedner/Ries (Hgg.) 2001. Zum Verhältnis NEES/OKEN Bohley 2001. Zwischen 2007 und 2012 sind vier Bände der *Gesammelten Werke* erschienen (hg. v. Thomas Bach, Olaf Breidbach und Dietrich von Engelhardt). – *23, 104, 108, 118, 159, 185, 187, 188 (Porträt), 189, 235.*

OTTO, Adolph Wilhelm (1786-1845) – *236.*

PAGES, Pierre Marie François (1740-1792) – *18.*

PALLAS, Peter Simon (1741-1811) – *239.*

PANDER, **Anna Gerdrutha**, verehel. PYCHLAU (1796-1872) – *94, 101.*

PANDER, **Christian Heinrich** [auch: Heinrich Christian] VON: * 1794 Riga, † 1865 St. Petersburg. Medizinstudium in Dorpat (wo er BAER kennenlernte), Berlin und Göttingen. Dissertation bei DÖLLINGER in Würzburg, darin Begründung des noch immer gültigen Keimblattkonzepts; die embryologischen Untersuchungen an Hühnereiern fanden auf NEES' Gut in Sickershausen statt (Pander 1817a, Pander 1817b). Es folgten zoologische Exkursionen nach Holland, England, Frankreich und Spanien in Begleitung von E.J. D'ALTON (Pander/d'Alton 1821-1838). 1818 Mitglied der Leopoldina. Rückkehr nach Russland, 1820 Reise nach Buchara (von der er krank zurückkam), 1823 ao., 1826-1828 ordentliches Mitglied für Zoologie in der

Kaiserlichen Akademie der Wissenschaften zu St. Petersburg, ordnete in dieser Eigenschaft die Sammlungen des zoologischen Kabinetts. 1833-1842 arbeitete er auf seinem väterlichen Landgut in Livland. Ab 1842 Verwalter des russischen Bergwesens in St. Petersburg mit geologischen Studienreisen: ADB 25 (1887), 117-119; Raikov 1984; Schmitt 2003, ders. 2003, ders. 2005. Zusammenfassung zu Leben und Werk bei Schmuck 2009, 86-99; Schmuck 2011; Riha/Schmuck 2012. – *VIII, XI, 6, 8, 11, 12, 14 (mit Porträt), 15, 19, 22, 27, 28, 30, 31, 33, 37, 51, 53, 54, 55, 57, 60, 63, 66, 71, 72, 74, 86, 88, 94, 95, 100, 101, 105, 108, 113, 116, 119, 120, 128, 145, 148, 150, 152, 153, 209, 214, 217, 221-222, 223, 227, 228, 229.*

PETZET, Erich (1870-1928) – *130.*

PLATON (428/427-328/327) – *101.*

PLINIUS (etwa 23-79) – *166.*

PUJOS, André (1738-1788) – *59.*

PURKYNĚ, Jan Evangelista (1787-1869) – *225.*

PUŠKIN, Aleksandr (1799-1837) – *148.*

RAAB, Christian Wilhelm Julius: * 1788 Kirchleuß bei Kulmbach, † 1835 Bayreuth. 1802-1805 Apothekerlehre bei Ernst Wilhelm MARTIUS (1756-1849) in Erlangen, wo Th.F.L. NEES sein Nachfolger wurde, 1809/10 in Augsburg, dann bis 1813 in Basel bei Carl Friedrich HAGENBACH (1771-1849). Dort traf RAAB NEES wieder, und die beiden Männer widmeten sich gemeinsam der Botanik. Anschließend bis 1815 Tätigkeit in Lausanne bei Apotheker BISCHOFF. Von hier aus unternahm er mehrere botanische Reisen, u.a. nach Savoyen, und gehörte 1815 zu den Gründern der *Gesellschaft correspondirender Botaniker* (Röther/Feistauer/Monecke 2007). Nach Aufenthalt in Frankfurt bei Apotheker MEIER Rückkehr nach Erlangen zum Abschluss des Studiums, Staatsexamen in Bamberg. Apothekergehilfe in Regensburg, dort 1818 Mitglied der Regensburgischen Botanischen Gesellschaft (Raab 1819). 1819-1821 Geschäftsführung der TROTTschen Apotheke in Schweinfurt, 1821-1827 Besitzer der Apotheke in Creußen, danach der Mohrenapotheke in Bayreuth. Mitarbeit an Johann Andreas BUCHNERs (1783-1852) 30-bändigem *Repertorium der Pharmazie*, Mitglied des Medizinalausschusses für den Obermainkreis, Ehrenmitglied beim Apothekerverein im nördlichen Deutschland; vgl. zu den Lebensstationen Scheidemantel 1835 – *33, 44, 57, 60.*

RAMM [Familie] – *66.*

RAMM, Thomas VON [?] – *63, 66, 71, 75.*

RAPP, Wilhelm Ludwig VON: * 1794 Stuttgart, † Tübingen. Medizinstudium in Tübingen, 1817 Promotion in Stuttgart. 1818 naturwissenschaftliche und medizinische Studien in Paris und anschließend Arzt in Stuttgart. 1819 Ruf nach Tübingen, hier ao. Prof. der Anatomie, Physiologie und Zoologie, 1825 Leopoldina-Mitglied. 1827 ord. Prof. der Anatomie, Physiologie, Zoologie in Tübingen (z.B. Rapp 1827), leitete dort den Neubau der Anatomie, begründete und erweiterte die anatomische Sammlung. Trat 1844 den Unterricht in Anatomie ab, 1856 Pensionierung als Prof., war noch bis zu seinem Tod als prakt. Arzt in Tübingen tätig. 1845 Ehrenbürger der Stadt Tübingen. Vgl. Hirsch/Gurlt 4 (1886), 669-670. – *177, 179.*

RASPAIL, François-Vincent (1794-1878): * 1794 Carpentras, † 1878 Arcueil. Chemiker und Physiologe, Spezialist für mikroskopische Untersuchungen und als solcher einer der Begründer der Zellenlehre, außerdem engagiert in Fragen der öffentlichen Gesundheitspflege und ein Vertreter der Keimtheorie ansteckender Krankheiten. Wegen seines Eintretens für die Menschenrechte 1830-48 im Gefängnis, 1849 erneut verurteilt, bis 1862 im Exil, 1869 Abgeordneter im Zweiten Kaiserreich sowie 1875 in der Dritten Republik. Vgl. Marthe Saquet-Coulomb: *François-Vincent Raspail (1794-1878). De la science aux barricades.* Morières 2002; Patricia u. Jean-Pierre Bédéï: *Raspail. Savant et républicain rebelle.* Paris 2005. *– 200, 222, 223, 224, 225.*

RATHKE, Martin Heinrich: * 1793 Danzig, † 1860 Königsberg. Medizinstudium in Göttingen, 1817 Promotion zum Dr. med. in Berlin, danach Arzt in Danzig und ab 1826 Kreisphysicus. 1828-1834 auf BAERs Empfehlung Prof. für Physiologie, Pathologie und Semiotik in Dorpat. 1835 Ruf nach Königsberg als Nachfolger BAERs, dort bis 1843 Prof. der (bis 1843 Anatomie und) Zoologie und Direktor des anatomischen und zoologischen Museums. Medizinalrat, kaiserl. russischer Collegienrat, erster Geschäftsführer der Naturforscher-Versammlung. RATHKE ist bekannt für seine Erstbeschreibung von „Kiemenanlagen" bei Säugetieren (Rathke 1825) und beim Menschen (1828). Vgl. ADB 27 (1888), 352-355; NDB 32 (2003), 180-181; Menz 2000; Schmuck 2009, 215-223. *– 150, 153 (mit Porträt).*

RAU, Adam († 1852) *– 14.*

RAU, Ambros(ius): * 1784 Würzburg, † 1830 Würzburg. Nach Studium der Philosophie, Naturkunde und Staatswissenschaften 1808 Promotion und gleichzeitig Lehrerlaubnis als Prof. der Naturgeschichte, Ökonomie und Botanik in Würzburg (Rau 1816, NEES gewidmet), 1822 Ordinarius für Naturgeschichte, Forstwirtschaft und Ökonomie mit gleichzeitigen diversen Verwaltungsaufgaben. 1816 Mitglied der Leopoldina und Adjunkt. *– 3, 5, 7, 8, 10, 11, 13, 14, 22, 84, 88, 208, 211, 233, 235.*

RAU, Barbara (1784/85-1830) *– 11, 14.*

RAU, Dorothea *– 14.*

REHFUES, Philipp Joseph (ab 1826 VON): * 1779 Tübingen, † 1843 Königswinter. Nach abgebrochenem Theologiestudium 1801-1805 in Italien als Hauslehrer und diplomatisch tätig, 1806-1814 Bibliothekar des Kronprinzen WILHELM von Württemberg (1781-1864), dazwischen 1807-1809 Reise durch Frankreich und Spanien, schriftstellerisches Engagement gegen die französische Fremdherrschaft. Eintritt in preußische Dienste, Generalgouverneur in Koblenz, dann Kreisdirektor in Bonn. 1818 Kurator der Universität Bonn und zugleich Ernennung zum Regierungsbevollmächtigten (bis 1842). 1820 Leopoldina-Mitglied. Vgl. ADB 27 (1888), 590-595; Kaufmann 1973 [1881]. *– 99, 122, 124, 126.*

REIMER, Georg Andreas: * 1776 Greifswald, † 1842 Berlin. Übernahm 1801 die Leitung der Realschulbuchhandlung in Berlin als Erbpacht, später als Eigentum (1819 ging daraus nach Übernahme weiterer Verlage die Verlagsbuchhandlung und Druckerei Georg Reimer hervor). Expansion durch Aufkauf von Verlagen und Druckereien (z.B. 1822 der großen Weidmannschen Buchhandlung zu Leipzig). Als Offizier in den Befreiungskriegen. Verleger und z.T. Freund von bekannten Autoren, wie u.a. ARNDT, FICHTE, Gebr. SCHLEGEL, KLEIST, Gebr. GRIMM, Gebr. HUMBOLDT, JEAN PAUL, TIECK, NOVALIS und besonders SCHLEIERMACHER: ADB 27 (1888), 709-712; BBKL 17 (2000), 1116-1126; Fouquet-Plümacher 1987; Reimer 1999. – *144, 147.*

RETZIUS, Anders Adolf (1796-1860) – *225.*

RICORD, Pëtr Ivanovič (1776-1855) – *255.*

LA ROCHE, Sophie VON (1730-1807) – *210.*

ROSENTHAL, Friedrich Christian (1780-1829) – *154.*

ROSMAESLER, Johann Adolf (?) (1770-1821?) – *188.*

ROTHE, Heinrich August (1773-1842) – *125.*

RUDOLPHI, Carl Asmund: * 1771 Stockholm, † 1832 Berlin. Ab 1790 Medizinstudium in Greifswald, Jena und Berlin, 1793 Dr.phil., 1795 Dr. med. in Greifswald, bereits 1793 dort Lehrveranstaltungen in Naturgeschichte, 1796 in Zoologie und Anatomie. 1801 Prof. an der dortigen Veterinärschule (1808 Ordinarius). 1810 erster Prof. für Anatomie und Physiologie an der Berliner Universität, Verdienste um den Aufbau der anatomischen Sammlung, Direktor des anatomischen Museums in Berlin, daneben ausgeprägtes Interesse auch für Zoologie und Botanik. 1818 Mitglied der Leopoldina. – *83, 86 (mit Porträt), 120.*

SACK, Karl Heinrich: * 1790 Berlin, † 1875 Bonn. Jura-Studium in Göttingen, Ausbildung in Philosophie und Theologie in Berlin, dort auch 1817 theol. Promotion und Habilitation. 1818 ao. Prof. und 1819 erster evangelischer Pfarrer in Bonn, 1823 ord. Prof. für praktische (ev.) Theologie in Bonn. 1847 Konsistorialrat in Magdeburg, bis 1862 Honorarprofessor in Berlin, dann Rückkehr nach Bonn: ADB 30 (1890), 153-161; BBKL 8 (1994), 1162-1163. – *94, 99.*

SADLER, Joseph (1791-1849) – *8.*

SAND, Karl Ludwig (1795-1820) – *99.*

SANTER, Wilhelm (1766-1836) – *1.*

SAVIGNY, Marie Jules Cesár Lelorgne de: * 1777 Provins, † 1851 Versailles. 1798-1802 Teilnahme als (hauptsächlich für die Wirbellosen verantwortlicher) Wissenschaftler an NAPOLEONs Ägyptenfeldzug, erarbeitete aus den am Mittel- und Roten Meer angelegten Materialsammlungen seine mehrteilige *Description de l'Égypte* (Paris 1809) sowie die berühmten *Mémoires sur les animaux sans vertèbres* (Paris 1816). SAVIGNY war Mitglied des Ägyptischen Instituts, welches nur aus vier Mitgliedern bestand. Als Entomologe befasste er sich mit dem Formenreichtum der Mundteile der Insekten, bedeutend waren auch seine Arbeiten über Anatomie und Systematik der Würmer. Zu seinen botanischen Veröffentlichungen Stafleu/Cowan 5 (1985), 90-91. – *213, 216.*

SCHARNHORST, Gerhard Johann David VON: * 1755 Neustadt am Rübenberge, † 1813 Prag. In preußischen Militärdiensten, in Schlachten gegen NAPOLEON vielfach ausgezeichnet, zuletzt Generalstabschef, außerdem unermüdlich mit Reformvorschlägen für das Heer befasst. Vgl. zuletzt Heinz Stübig: *Gerhard von Scharnhorst – Preußischer General und Heeresreformer. Studien zu seiner Biographie und Rezeption.* Berlin 2009. – *94, 100.*

SCHELLING, Friedrich Wilhelm Joseph (1775-1854) – *76.*

SCHLECHTENDAL, Diederich Franz Leonhard VON: * 1794 Xanten, † 1866 Halle. 1813-1819 Medizinstudium in Berlin, bereits 1817 Mitglied der *Gesellschaft cor-*

respondirender Botaniker. 1819 Promotion, 1819-1833 Kurator des königlichen Herbariums in Berlin. 1822 Mitglied der Leopoldina. 1825 durch Fürsprache von NEES Dr. phil. h.c. in Bonn. 1826 Habilitation in Berlin, 1827 dort ao. Prof. der Botanik. 1833-1866 Ordinarius für Botanik und Direktor des botanischen Gartens in Halle/Saale. 1826-1866 Herausgeber der *Linnaea,* 1843-1866 Mitherausgeber der *Botanischen Zeitung.* Vgl. ADB 18 (1890), 351-353. – *64, 67, 68, 80, 82, 115.*

SCHLECHTENDAL, Diederich Friedrich Carl VON (1767-1842): Oberlandesgerichts-Präsident in Paderborn. – *196.*

SCHLEGEL, August Wilhelm: * 1767 Hannover, † 1845 Bonn. Studium der Theologie, dann Philologie in Göttingen bis 1791, 1796 in Jena, 1798-1800 Prof. in Jena, dort zusammen mit seinem Bruder als Dichter, Kunstkritiker, Übersetzer SHAKESPEARES (1564-1616) und CALDERONS (1600-1681) Mitglied des Kreises der Jenenser Frühromantik. Ab 1801 in Berlin Vorlesungen über Literatur und Kunst, 1808 Professur. Ab 1818 wirkte er auf eigenen Wunsch in Bonn als ord. Prof. für Literaturwissenschaft und begründete dort das Studium der altindischen Philologie, für die sich auch NEES damals interessierte. 1824 Vorstand des Museums der Vaterländischen Altertümer Bonn, 1824/25 Rektor. 1822 Auswärtiges Mitglied der Preuß. Akademie der Wissenschaften. Vgl. u.a. ADB 31 (1890), 354-368. – *94, 101.*

SCHLEGEL, Hermann (1804-1884) – *172.*

SCHLEIERMACHER, Friedrich Ernst Daniel (1768-1834) – *94, 99, 100.*

SCHMELLER, Johann Joseph (1796-1841) – *9.*

SCHRAG, Johann Leonhard (1783-1858) – *17.*

SCHREBER, Christian Daniel VON (1739-1810) – *65.*

SCHUBERT, Friedrich Wilhelm (1799-1868) – *167.*

SCHUBERT, Gotthilf Heinrich VON: * 1780 Hohenstein/Erzgeb., † 1860 Laufzorn bei München. Ab 1799 Studium der Theologie und Medizin in Leipzig, ab 1801 in Jena, 1803 Promotion in Jena. Kurz Arztpraxis in Altenburg, dann naturwissenschaftliche Studien in Freiberg und Dresden. 1809-1816 Direktor des Realinstituts in Nürnberg (hier entstand sein bekanntestes Werk *Die Symbolik der Traumes* [Schubert 1814]), anschließend Hauslehrer der mecklenburgischen Prinzen in Ludwigslust. 1819 Lehrstuhl für Naturgeschichte, Zoologie, Botanik und Mineralogie in Erlangen, von dort Zusammenarbeit mit NEES beim mehrbändigen Handbuch der Naturgeschichte (1816-1823: Nees 1820-1821). 1827 Wechsel als ord. Prof. für Allgemeine Naturgeschichte nach München. Dort wurde er allerdings von Lorenz OKEN und dessen Kreis angefeindet, einerseits wegen unterschiedlicher Ansichten, aber auch mit der unbegründeten Verdächtigung, er wolle OKEN verdrängen. SCHUBERT war äußerst vielseitig und befasste sich mit Astronomie, Botanik, Zoologie, Mineralogie und Forstwirtschaft, war darüber hinaus Verfasser naturphilosophischer Schriften und eifriger Verfechter der Lehren MESMERS (Schubert 1808). Vgl. u. a. ADB 32 (1891), 631-635; NDB 23 (2007), 612-613; BBKL 9 (1995), 1030-1040; Wendehorst 1993, 86-89; Eichler 2010. – *20, 208, 211 (mit Porträt).*

SCHUNCK, Friedrich Christian Carl (1790-1836) – *109.*

SCHUSTER, Ignaz: * 1779 Wien, † 1835 Wien: Gefeierter Schauspieler, Sänger und Komponist des Wiener Volkstheaters, besonders am Leopoldstädter Theater erfolgreich und tätig. In den Sommermonaten auf Tournee im deutschsprachigen Europa. ÖBL 11 (1999), 388-389. – *11, 17*.

SCHWEIGGER, **August Friedrich**: * 1783 Erlangen, † 1821 Sizilien (auf einer Exkursion ermordet). Medizinstudium in Erlangen, 1804 Promotion mit einem botanischen Thema. Anschließend Recherchen zum Krankenhauswesen und Fortsetzung der naturkundlichen Studien in Paris auf Vermittlung von Minister ALTENSTEIN. 1809 Professor für Botanik und Medizin in Königsberg und dort Gründung des später berühmten botanischen Gartens. Vgl. ADB 33 (1891), 332-333; Kaasch/Kaasch 2007. – *71, 74, 235*.

SEIDL, Wenzel Benno (1773-1842) – *8*.

SENFF, Karl Friedrich (1776-1816) – *66*.

SIEBOLD, Johann Georg Christoph VON (1767-1798) – *75*.

SIEBOLD, **Philipp Franz** VON: * 1796 Würzburg, † 1866 München, Sohn des früh verstorbenen Würzburger Professors der Medizin, Physiologie und Geburtshilfe J.G.Ch. VON SIEBOLD. Ab 1815 Medizinstudium in Würzburg, 1820 med. Promotion, darüber hinaus Interesse für Natur-, Länder- und Völkerkunde. 1822 Mitglied der Leopoldina. Nach Praxistätigkeit Wechsel nach Den Haag als Stabsarzt, 1823-1829 Forschungsaufenthalt in Japan als Arzt und Naturforscher sowie auch als Vermittler westlicher Wissenschaft und Kultur, zweite Japanreise 1859-1862. Vgl. ADB 34 (1892), 188-192; Körner 1967, bes. 356-358; Bartholomäus 1999; Thiede (Hg.) 1999. – *71, 75*.

SIEWALD, **Heinrich** VON: * 1797 Gut Lawischa/Gouvernement Witebsk, † 1829 [oder 1830] Krim. Ab 1811 Gymnasium zu Dorpat, ab 1815 Studium in Dorpat. Ging 1816 nach Heidelberg, kam zum Sommersemester 1817 nach Würzburg. 1821 Rückkehr nach Dorpat, wo er am 9.6.1823 promovierte (Siewald 1823). SIEWALD begleitete Otto VON KOTZEBUE (1787-1846) als Arzt auf dessen dritter Reise um die Welt (1823-1826) und starb als Feldarzt im Türkenkrieg auf der Krim. Vgl. Recke/Napiersky 1827-1832, 4. Bd. (1832), 193. – *63, 66, 71, 75*.

SOLMS-LAUBACH, Friedrich Ludwig Christian ZU (1769-1822) – *127*.

SOEMMERRING, **Samuel Thomas** VON: * 1755 Thorn (Westpreußen), † 1830 Frankfurt a.M. Medizinstudium in Göttingen, 1778 Promotion. Weitere Studien in Holland, London und Edinburgh. 1779 Prof. für Anatomie in Kassel, dabei bedeutende Arbeiten zu Embryologie und Paläontologie. 1784-1797 Prof. der Anatomie und Physiologie in Mainz, daneben ab 1792 bzw. danach bis 1804 in Frankfurt als praktischer Arzt tätig. 1805 Berufung nach München als Mitglied der Akademie der Wissenschaften und königl. bayerischer Geheimrat. 1816 Mitglied der Leopoldina, 1818 Adjunkt. Ab 1820 wieder praktischer Arzt in Frankfurt a.M. Vgl. u.a. ADB 34 (1894), 610-615; NDB 24 (2010), 532-533; Mann 1986; Wenzel (Hg.) 1994. Eine Werkausgabe wird seit 1990 unter der Obhut der Mainzer Akademie der Wissenschaften und Literatur herausgegeben. – *78, 104, 107, 108, 231, 233, 235, 236 (Porträt)*.

STÄDTLER (auch STÄTTLER), Johann Leonhard (1758-1827) – *3, 75*.

STAHEL, Johann Jakob [Vater von J.V.J. St.] – *58*.

STAHEL, **Johann Veit Joseph**: * 1760 Würzburg, † 1832 Würzburg. Nach Philosophie-Studium 1780-1801 Gutsbesitzer in Österreich. Ab 1801 Buchdrucker und Verleger (bis 1815) sowie Besitzer der Universitäts-Buchhandlung in Würzburg

(1818 den Söhnen übertragen), danach Beschäftigung mit Übersetzungen. 1818 ist Band IX der *Nova Acta* in diesem Verlag erschienen. – *57, 58.*

STAHL, Georg Ernst (1659-1734) – *166.*

STARK, Johann Christian (1769-1837) – *235.*

SÜVERN, Johann Wilhelm von (1775-1829) – *127.*

TEMMINCK, Coenraad Jacob: * 1778 Amsterdam, † 1858 Lisse. 1820 erster Direktor des Reichsmuseums für Naturgeschichte in Leiden, Spezialist u.a. für Vögel (Temminck 1815), zahlreiche Erstbeschreibungen. 1818 Mitglied der Leopoldina, 1837 auswärtiges Mitglied der Russischen Akademie der Wissenschaften. Vgl. Miracle 2008. – *158, 160 (Porträt), 161, 165, 170, 172.*

TREVIRANUS, Ludolph Christian (1779-1864) – *180, 235.*

TRINIUS, Karl Bernhard VON: * 1778 Eisleben, † 1844 St. Petersburg. Medizinstudium in Jena und Halle, Leipzig und Göttingen, 1802 Promotion zum Dr. med. in Göttingen, 1803 med. Staatsexamen in Berlin. Ging 1804 nach Dorpat, praktizierte als Leibarzt und praktischer Arzt in Gawesen und Hasenpot (Kurland), 1808-1824 Leibarzt der Herzogin Antoinette VON WÜRTTEMBERG (1779-1824), davon 1811-1815 und 1822-1824 in St. Petersburg, 1816-1822 in Witebsk. Ab 1827 Kaiserl. Leibarzt in Petersburg, 1829-1833 Lehrer des Thronfolgers und späteren Kaisers ALEKSANDR II. (1818-1881) für die Naturwissenschaften. Großes Interesse für botanische Arbeiten. 1821 Leopoldina-Mitglied, 1823 ord. Mitglied für Botanik der Akademie in St. Petersburg, mehrere Auslandsreisen zu Forschungszwecken. Kaiserl. russischer Hof- und Staatsrat, erster Kurator der Petersburger botanischen Sammlungen, auch Verfasser von Gedichten und Dramen. Vgl. ADB 38 (1894), 619-621; zuletzt Fischer 2010, 262-265. – *156 (mit Porträt), 229.*

TRITSCHLER [Arzt in Cannstadt] – *56, 57.*

TURNER, Dawson (1775-1858) – *24.*

VOGEL, Friedrich Christian Wilhelm [Leipziger Verleger] – *239.*

VOGORIDIS (VOGORIDES, VOKORIDES) S. BOGORIDES.

VOSS [Leipziger Verlag] – *239.*

VRYZAKIS, Theodoros (1814-1878) – *205.*

WAGNER, Johann Jakob – *118.*

WALTHER, Philipp Franz (seit 1808 VON): * 1782 Burweiler/Rheinpfalz, † 1849 München. 1797-1800 Studium der Medizin und Philosophie in Heidelberg und Wien, 1803 doppelte Promotion in Landshut und Prof. für Chirurgie und Entbindungskunst in Bamberg. 1804 ord. Prof. für Chirurgie und Physiologie in Landshut. 1816 Mitglied der Leopoldina. Ab 1818 in Bonn Professor für Chirurgie, mit speziellem Interesse für Ophthalmologie. 1830 Prof. für Chirurgie und Augenheilkunde sowie Leibarzt von König LUDWIG I. (1786-1868) in München: ADB 41 (1896), 121-122; Norbert Kuckertz: *Philipp Franz von Walther 1782-1849. Naturphilosophischer Mediziner, Augenarzt und Chirurg.* Bonn 1985. – *94, 97, 104, 107 (mit Porträt).*

WAESEMANN, Friedrich (ca. 1781-1847) – *147.*

WEBER, **Eduard** (1791-1868): Bonner Buchhändler und Verleger; ab 1823 für den Vertrieb der *Nova Acta* zuständig. – *134, 138, 140, 141, 142, 144, 155, 156, 178, 238, 242.*

WEBER, Eduard Friedrich (1806-1871) – *225.*

WEBER, **Moritz Ignaz** (1795-1875): * 1795 Landshut, † 1875 Bonn. 1820 Leopoldina-Mitglied. Die Ernennung zum Prosektor in Bonn erfolgte offenbar noch vor der med. Promotion 1823 in Würzburg (insofern ist die ADB zu korrigieren, die die Ernennung ins gleiche Jahr setzt). 1825 in Bonn ao. Prof., 1830 ord. Prof. für Vergleichende und Pathologische Anatomie: ADB 41 (1896), 354-355. – *104, 107.*

WEIHE, **Carl Ernst August**: * 1779 Mennighüffen, † 1834 Herford. Nach Apothekerlehre ab 1800 Medizinstudium in Halle, 1802 Promotion. Danach in Lüttringhausen, ab 1811 in Mennighüffen und ab 1825 in Herford praktisch-ärztlich tätig. 1820 Mitglied der Leopoldina. Weihe erarbeitete zusammen mit NEES die große Monographie über *Rubus*-Arten (Nees/Weihe 1822-1827): Stearn 1962; Gries 1978. – *84, 88.*

WENDT, Friedrich VON (1738-1818) – *45, 58, 65, 73, 159.*

WENZEL, **Karl**: * 1769 Mainz, † 1827 Frankfurt a.M. 1791 Promotion in Mainz zum Dr. med., kam 1795 nach Frankfurt a.M., dort als Arzt und Geburtshelfer tätig. Ab 1806 Leibarzt von Karl Theodor Reichsfreiherr VON DALBERG (1744-1817), der in diesem Jahr zum Fürstprimas des Rheinbundes ernannt worden war und sein Staatsgebiet u.a. um Frankfurt erweitert hatte. Danach Leitung einer 1812 gegründeten „medicinisch-chirurgischen Specialschule" in Frankfurt: Kutzer 1985. – *94, 98.*

WESLING, Johannes (1598-1648) – *111.*

WIBEL, August Wilhelm Eberhard Christoph (1775-1813) – *34, 55, 212.*

WIBEL, Charlotte Sophia, geb. Buch – *34, 55, 212.*

WIELAND, Christoph Martin (1733-1813) – *210.*

WINDISCHMANN, **Karl Joseph Hieronymus**: * 1775 Mainz, † 1839 Bonn. Studium der Philosophie in Mainz, dann auch der Medizin in Würzburg und Wien, 1796 med. Promotion und anschließende ärztliche Tätigkeit in Mainz, 1801 Habilitation und Hofmedikus bei Kurfürst Friedrich Karl VON ERTHAL (1719-1802) sowie dessen Nachfolger Carl Theodor VON DALBERG (1744-1817), dabei ab 1803 Prof. für Philosophie und Geschichte in Aschaffenburg. 1818 Leopoldina-Mitglied und Berufung nach Bonn als ord. Prof. für Geschichte und Philosophie, Medizin (Pathologie), Magnetische Heilkunde und Geschichte der Medizin: ADB 43 (1898), 420-422; BBKL 14 (1998). – *94, 99.*

WOLFART, **Karl Christian**: * 1778, † 1832 Berlin. Medizinstudium in Göttingen und Marburg, 1797 Promotion, dann praktischer Arzt und ab 1800 Prof. für Physik und Medizin am Lyceum in Hanau. Nach jeweils kurzer ärztlicher Tätigkeit in Wilhelmsbad, Berlin, Warschau, an der österreichischen Grenze und in Hanau 1810 Habilitation in Berlin. 1812 von einer Kommission unter HUFELAND zu Franz Anton MESMER gesandt, um sich bei diesem mit dem tierischen Magnetismus vertraut zu machen (Wolfart 1815). 1817 ord. Prof. für Heilmagnetismus in Berlin, 1818 Mitglied der Leopoldina. Vgl. ADB 43 (1898), 789-790; Hirsch/Gurlt 5 (1934), 981-982. – *31, 36, 41, 51, 56, 57, 59.*

ZIEGLER, Johann Andreas (1749-1802) – *102.*

Abbildungsnachweis

Die Wiedergabe der im Text verwendeten Abbildungen erfolgt in der Regel mit ausdrücklicher Abdruckgenehmigung. Für das großzügige Entgegenkommen danken wir besonders der Bibliothek der Leopoldina, der Universitäts- und Landesbibliothek in Halle/Saale sowie der Universitätsbibliothek Gießen. Trotz intensiver Bemühungen konnten nicht für alle Abbildungen die Rechte-Inhaber ermittelt werden; berechtigte Ansprüche bitten wir mitzuteilen. Die gemeinfreien Reproduktionen aus dem Internet sind mit der entsprechenden URL-Adresse und mit Datum versehen.

Umschlag

Esenbeckia pilocarpoides. Nach Christian Gottfried Daniel NEES VON ESENBECK benannte südamerikanische Pflanze. Aus: *Voyage de Humboldt et Bonpland.* Partie VI, Section III, Tome VII, Paris 1825, Tafel 655 (UB Halle/S., Sign. Ob 4701. 2° [J 95 Fol. 6]). Auch online unter: http://vm206-leo.leopoldina.rsm-development.de /?id=487 (10.10.2012). NEES VON ESENBECK an Karl Ernst VON BAER, Brief vom 11.02.1817. UB Gießen, Nachlass BAER, Bd. 16. Wir danken Herrn Bibliotheksoberrat Dr. Olaf SCHNEIDER für die freundliche Bereitstellung der Scans und die Abdruckerlaubnis (28.09.2011).

Einleitung

S. XII: Hutschwämme. Nees 1816a, Tafel XX (UBL, Sign. Botan. 695:2; Leopoldina-Bibliothek, Sign. Kc 4: 2530).

Brief 1

S. 1: Christian Gottfried Daniel NEES VON ESENBECK (1776-1858), etwa 1830. Lithographie von C. BEYER, Druck von Wilhelm SANTER (1766-1836), Breslau. Abdruck in: Dr. C. G. Nees von Esenbeck: *Vergangenheit und Zukunft der Kaiserlichen Leopoldinisch-Carolinischen Akademie der Naturforscher.* Breslau 1851. Exemplar aus dem ehemaligen Besitz von Jens SATTLER, Schweinfurt, in der Leopoldina-Bibliothek, Sign. Bb 4: 84. Auch online unter: http://www.leopoldina.org/uploads/ tx_templavoila/1818_Esenbeck_Christian_320.png (20.07.2012).
S. 3: Johann Leonhard STÄDTLER (oder STÄTTLER; 1758-1827): Stadtansicht von Kitzingen von Nordwesten mit Blick zum Schwanberg, um 1800 (vor 1817). Stadtmuseum Kitzingen. Abgedruckt in: Mainpost vom 12.03.2012. Online unter: https://www.mainpost.de/regional/kitzingen/Kitzingen-um-1800-im-Doppelpack;art 773,6668152 (22.08. 2012).

Brief 2

S. 4: Karl Ernst VON BAER (1792-1876). Ohne weitere Angaben online unter: http://upload.wikimedia.org/wikipedia/commons/thumb/c/c2/Baer_Karl_von_1792- 18 76.jpg/225px-Baer_Karl_von_1792-1876.jpg (20.07.2012).
S. 7: Rau 1816, Titelblatt (Leopoldina-Bibl., Sign. Kc 8752 8°). Auch online unter: http://www.bgw.uni-wuerzburg.de/en/herbarium/sammlungen/wildrosen/ (07.08. 2012).

S. 9: Eduard Joseph D'ALTON (1772-1840), Kreidezeichnung von Johann Joseph SCHMELLER (1796-1841). Abdruck in: Hans Wahl, Anton Kippenberg: *Goethe und seine Welt.* Leipzig 1932, 214. Auch online, z.B. unter: http://upload.wikimedia.org/ wikipedia/commons/e/e6/Eduard_Joseph_d%27Alton.jpg (08.08.2011).

Brief 3

S. 14: Christian Heinrich VON PANDER (1794-1865), 1817. Kupferstich von Eduard D'ALTON (1772-1840). Ohne Nachweis an vielen Stellen online, z.b. unter: http:// www.summagallicana.it/lessico/p/Pander_Christian_1.JPG (20.07.2012).

S. 16: Ignaz DÖLLINGER (1770-1841). Universitätsbibliothek Frankfurt am Main, Bild-sammlungen, Arthur SCHOPENHAUER – Bilder zu Leben und Werk, Alben „Personen um Schopenhauer", Alben „Vorbilder und Lehrer" (Signatur XXVII.24). Lithographie nach einem Gemälde in der Bayerischen Akademie der Wissenschaften. Online unter: http://edocs.ub.uni-frankfurt.de/volltexte/2007/81000252/original/Bild.jpg (07.08.2012). Die Gemäldevorlage ist ebenfalls online zu finden, allerdings nicht in reproduktionsfähiger Qualität: http://www.badw-muenchen.de/bilder/badw-gemae lde/mitgliede r/Doellinger_1_012.jpg (16.06.2012).

Brief 4

S. 19: Würzburg, Pfauengasse, undatiertes Foto (um 1900). Aus dem Bestand der Stadtbildstelle Würzburg abgedruckt in: Main-Post, 26.03.1974, Neudruck des Bei-trags in: Reiner Reitberger: *Das alte Würzburg.* Würzburg 1977, 178.

S. 21: Blick auf das barocke Würzburg. Ausschnitt aus dem *Reitzensteinschen Thesen-blatt,* gezeichnet 1723 von Balthasar NEUMANN. Pressemitteilung der Universität Würzburg vom 20.02.2007. Online unter: http://idw-online.de/pages/de/news 196938 (02.05.2012).

S. 23: Heller 1810-1815, Titelblatt. Online unter: http://www.bgw.uni-wuerzburg.de /herbarium/sammlungen/v/ (07.08.2012).

S. 25: Staubfadenpilze. Nees 1816a, Tafel VI (UBL, Sign. Botan. 695:2; Leopoldina-Bibliothek, Sign. Kc 4: 2530).

Brief 6

S. 34: Carl Friedrich Philipp VON MARTIUS (1794-1868), Stich von J. KUHN nach einem Ölbild von MERZ, Abdruck in: Hans Wahl, Anton Kippenberg: *Goethe und seine Welt.* Leipzig 1932, 204. Auch online unter: http://de.wikipedia.org/w/index. php?title=Datei:CFPhVonMartius.jpg&filetimestamp=20081029195326 (07.06. 2012).

S. 35: Heinrich Friedrich LINK (1767-1851). Ohne weiteren Hinweis online unter: http:// vlp.mpiwg-berlin.mpg.de/people/data?id=per497 (07.06.2012).

S. 36: Christoph Wilhelm HUFELAND (1762-1836), Punktierstich von Friedrich Wil-helm BOLLINGER (1777-1825), 15,5 x 9,6 cm. Original in der Bildersammlung des KSI (Sign. E 511).

S. 37: Ein Traum Karl Ernst VON BAERs. Nees 1817e, 28-29 (Leopoldina-Bibliothek, Sign. Md 8: 5005.a).

S. 38: Theodor Friedrich Ludwig NEES VON ESENBECK (1787-1837), Lithographie von Christian HOHE, Abdruck in: Hans Wahl, Anton Kippenberg: *Goethe und seine Welt.*

Leipzig 1932, 214. Auch online unter: http://de.wikipedia.org/w/index.php?title =Datei:ThFLNeesvEsenbeck.jpg&filetimestamp=20080208123806 (07.06.2012).

S. 39: NEES' Rittergut in Sickershausen („Schlössle"): Hof und Rückfront. Undatierte Fotografie (um 1900?). Wir danken Frau Doris BADEL M.A., Leiterin des Stadtarchivs Kitzingen, für die freundliche Übermittlung der Vorlage und für die Abdruckgenehmigung (08.07.2012).

Brief 7

S. 43: NEES' Rittergut in Sickershausen („Schlössle"), undatierte Fotografie (um 1900?). Wir danken Herrn Siegfried ESCHNER, Medienzentrum Kitzingen, für seine Unterstützung bei der technischen Aufbereitung der Vorlage und die freundliche Abdruckgenehmigung (18.07.2012).

S. 46: Beschreibung der nach NEES' Würzburger Freund Ignaz DOELLINGER benannten Asternart *Doellingeria* in Nees 1833, 178-179 (Leopoldina-Bibliothek, Sign. Kc 8: 9559).

S. 46: *Doellingeria umbellata* (zum Vergleich). Aus: Homer D. House: *Wild Flowers of New York*. New York 1935, Tafel 248. Online unter: http://chestofbooks.com/flora-plants/flowers/Wild-Flowers-New-York/images/Tall-Flat-Top-White-Aster-Doellinger ia-umbellata.jpg (26.06.2012).

Brief 8

S. 49: Hauptgebäude von Gut Koik (1771). Online unter: http://www.mois.ee /deutsch/jarva/koigi.shtml (20.07.2012).

S. 50: BAER-Gedenkstein in seinem Heimatort Piibe (damals Piep)/Estland. Online unter: http://www.mois.ee/jarva/piibe.shtml (29.08.2012).

Brief 9

S. 55: NEES' Rittergut in Sickershausen („Schlössle"): Garten. Undatierte Fotografie (um 1900?). Wir danken Frau Doris BADEL M.A., Leiterin des Stadtarchivs Kitzingen, für die freundliche Übermittlung der Vorlage und für die Abdruckgenehmigung (08.07.2012).

Brief 10

S. 59: Franz Anton MESMER (1734-1815). Stich von Augustin LEGRAND (1765-nach 1815) nach einer Zeichnung von André PUJOS (1738-1788), 24,4 x 17,4 cm. Original in der Bildersammlung des KSI (Sign. E 1483).

S. 60: Pander 1817b, Tafel VIII und IX (UBL, Sign. Zool. 67; UB Halle, Sign. Sc 8512 2°). Tafel VIII vielfach online, z.B. unter: http://de.wikipedia.org/w/ index.php?title=Datei:Pander_chick_embryo.png&filetimestamp=20070206170623 (20.07.2012).

S. 61: *Solanum dulcamara*. Aus: Eduard Winkler: *Pharmaceutische Waarenkunde: Oder Handatlas der Pharmakologie*. Leipzig 1845. Online unter: http://www.naturserver.com/Bilder/SN/001/sn000042-bittersuesser-nachtschatten.jpg (27.6.2012)

Brief 11

S. 66: Sickershausen um 1900, Postkarte. Wir danken Frau Doris BADEL M.A., Leiterin des Stadtarchivs Kitzingen, für die freundliche Übermittlung der Vorlage und für die Abdruckgenehmigung (08.07.2012).

S. 68: Der Pustelpilz *Tubercularia vulgaris*. Online unter: http://fotki.yandex.ru/ users/tvs-svet/date/2008-12-08 (10.10.2012).

S. 69: Neu entdeckte Pilzarten. Nees/Nees 1818, Tafel VI (UBL, Sign. Allg. N.W. 145; Leopoldina-Bibliothek, Sign. Cb 4: 403.a).

Brief 12

S. 73: Georg August GOLDFUß (1782-1848) im Jahr 1834; Kreidelithographie von Nicolaus Christian HOHE; Leopoldina-Archiv, Sign. 02-06-64-69, p. 147. Wiedergabe mit freundlicher Genehmigung von Archivleiter Dr. WEBER (16.10.2012).

S. 75: Johann Leonhard STÄDTLER (oder STÄTTLER; 1758-1827): Stadtansicht von Kitzingen mit Etwashausen von Süden; Stadtmuseum Kitzingen, um 1800 (vor 1817). Abgedruckt in: Mainpost vom 12.03.2012. Online unter: https://www.main post.de/regional/kitzingen/Kitzingen-um-1800-im-Doppelpack;art773,6668152 (22.08.2012).

S. 76: Einteilung des Tierreichs. Goldfuß 1817, Klapptafel (UBL, Sign. Zool. 1061; Leopoldina-Bibliothek, Sign. Md 8: 8212).

S. 78: Giftsporn des Schnabeltiers. Blainville 1817, Tafel 9 (untere Hälfte) (UBL, Sign. Allg. N.W. 189). Auch online unter: http://zs.thulb.uni-jena.de/content/main/ journals/isis.xml (28.08.2012)

Brief 14

S. 86: Ch[arl]es Asmond RUDOLPHI (1771-1832). Lithographie von FORESTIER nach einer Vorlage [Stich] von Ambroise TARDIEU (1788-1841), 19,4 x 10,6 cm. Original in der Bildersammlung des KSI (Sign. E 5796).

S. 87: David Heinrich HOPPE (1760-1846). Ölgemälde. Ohne weitere Angaben online unter: http://www.google.de/imgres?q=david+heinrich+hoppe+botaniker&hl=de& sa= X&tbm=isch&prmd=imvnso&tbnid=7ImQxKpGozh0MM:&imgrefurl=http:// de.wikipedia.org/wiki/David_Heinrich_Hoppe&docid=E9OPUkE1G7bHAM&im gurl=http://upload.wikimedia.org/wikipedia/commons/thumb/a/a7/David_Heinrich_ Hoppe.jpg/160px-David_Heinrich_Hoppe.jpg&w=160&h=216&ei=JA0hUMzXGs bCswb60oGgDw &zoom=1&biw=1280&bih=841 (07.08.2012).

S. 89: NEES VON ESENBECK an Karl Ernst VON BAER, Brief vom 15.11.1818. UB Gießen, Nachlass BAER, Bd. 16. Wir danken Herrn Bibliotheksoberrat Dr. Olaf SCHNEIDER für die freundliche Bereitstellung der Scans und die Abdruckerlaubnis (28.09.2011).

Brief 15

S. 91: Karl Sigmund Franz Freiherr VOM STEIN ZUM ALTENSTEIN (1770-1840), 1827. Stich von Johann Friedrich BOLT (1769-1836) nach einer Zeichnung von Friedrich KRÜGER. Berlin, Geheimes Staatsarchiv Preußischer Kulturbesitz, IX. HA Bilder,

SPAE, I Nr. 990. Wir danken Herrn Sven KRIESE, Geheimes Staatsarchiv PK, Berlin, für die freundliche Erteilung der Reproduktionserlaubnis (25.09.2012).

Brief 16

S. 98: Ferdinand DELBRÜCK (1772-1848). Steindruck von einer Daguerrotypie vom 25. März 1844. Veröffentlicht in: *Ergebnisse akademischer Forschungen.* 2. Bd. Hg. v. Alfred Nicolovius. Bonn 1848. Auch online unter: http://upload.wikimedia. org/wikipedia/de/f/f2/Johann_Friedrich_Ferdinand_Delbr%C3%BCck.gif (07.08. 2012).

S. 99: Karl Dietrich HÜLLMANN (1765-1846), 1835. Lithographie von Christian HOHE (1798-1868). Stadtarchiv und Stadthistorische Bibliothek Bonn. Online unter: http://www.rheinische-geschichte.lvr.de/persoenlichkeiten/H/Seiten/KarlDietrichH %C%BCllmann.aspx (13.06.2012).

S. 100: „Deutsche Nationaltracht". Modekupfer von 07.02.1815. Aus: Schneider 2002, Abb. 7 (dort spiegelverkehrt). Online unter: http://hss.ulb.uni-bonn.de/2002/0083 /0083-1.pdf (30.12.2012).

S. 102: Schloss Poppelsdorf 1792. lllustration aus: *Fünfzig malerische Ansichten des Rhein-Stroms von Speyer bis Düsseldorf*, erschienen bei Artaria in Wien 1798. nach Aquarellen von Laurenz JANSCHA, die im Sommer 1792 entstanden, Illustration von Johann Andreas ZIEGLER (1749-1802). Online unter: http://images.zeno.org/Kunstwerke/I/big/561s039a.jpg (10.05.2012).

Brief 17

S. 107: Philipp Franz VON WALTHER (1782-1849). Ohne weiteren Nachweis online unter: http://www.badw.de/bilder/badw_gemaelde/mitglieder/Walther_079.jpg (07.08.2012).

S. 109: Plan des botanischen Gartens Bonn aus Nees/Nees 1823 (Arbeitsexemplar der NEES-Arbeitsstelle bei der Leopoldina). Online unter: http://www.botgart.uni-bonn.de/o_frei/sys/cinnagr.jpg (26.06.2012).

Brief 19

S. 115: Adelbert VON CHAMISSO (1781-1838). Miniatur in Öl. Ohne weiteren Nachweis online unter: http://www.ville-ge.ch/mhng/hydrozoa/history/chamisso1.jpg (07.08. 2012)

S. 116: Die Medusen *Rhizostoma leptopus* (Fig. 1) und *Geryonia tetraphylla* (Fig. 2). Chamisso/Eysenhardt 1821, Tafel XXVII (UBL, Sign. Allg. N.W. 145; Leopoldina-Bibliothek, Sign. Cb 4: 403.a [10,2,4]).

S. 117: Skelett des ausgestorbenen Riesenfaultiers (*Bradypus giganteus*). Pander/d'Alton 1821a, Tafel I (UBL, Sign. 01C-2005-16/1; UB Halle, Sign. Sc 4359 4°); abgedruckt z.B. bei Raikov 1984 und Schmuck 2011, 382 (Abb. 2). Wiedergabe bei Riha/Schmuck 2012 online unter: http://ihst.nw.ru/images/pdf/ibi2012_2/2%20 rina%20and%20schmuck.pdf (20.08.2012).

S. 117: Skelett eines rezenten Dreizehenfaultiers (Aï, *Bradypus tridactylus*). Pander/d'Alton 1821a, Tafel VI (UBL, Sign. 01C-2005-16/1; UB Halle, Sign. Sc 4359 4°); abgedruckt z.B. bei Schmuck 2011, 385 (Abb. 3).

Brief 20

S. 120: Auffällige Erscheinungen an Seescheiden. Eysenhardt 1823, Tafel XXXVI (UBL, Sign. Allg. N.W. 145; Leopoldina-Bibliothek, Sign. Cb 4: 403.a [11,2,1]).

Brief 21

S. 126: Karl Friedrich BURDACH (1776-1847). Kupferstich von W. HESSLOCHL, 19 x 12,3 cm; Original in der Bildersammlung des KSI (Sign. E 5681), bez[ogen] durch Kunstverlag in Carlsruhe, lose, Klebestellen an der Rückseite, unterer und oberer Plattenrand noch zu sehen.

S.   128: Erstbeschriebene „*Fraxinellae*" (heute Rautengewächse, *Rutaceae*). Nees/Martius 1823b, Tafel XVIII (UBL, Sign. Allg. N.W. 145; Leopoldina-Bibliothek, Sign. Cb 4: 403a [11,1,6]).

Brief 22

S. 130: Karl Ernst VON BAER an NEES VON ESENBECK, Brieffragment (München, Bayerische Staatsbibliothek, E. Petzetiana V., Baer). Reproduktionserlaubnis vom 25.09.2012.

Brief 23

S. 132: Karl Ernst VON BAER an NEES VON ESENBECK, Brief vom 22.08.1823, erste Seite. UB Gießen, Nachlass BAER, Bd. 25. Wir danken Herrn Bibliotheksoberrat Dr. Olaf SCHNEIDER für die freundliche Bereitstellung der Scans und die Abdruckerlaubnis (28.09.2011).

S. 135: Querschnitt durch die Kehle des Braunfischs. Baer 1826a/b, Tafel VI, Ausschnitt (Fig. 3) (UBL, Sign. Allg. N.W. 189). Online unter: http://ia600400.us.archive.org/BookReader/BookReaderImages.php?id=isisvonoken 1826 (04.04.2012).

S. 136: Rachenraum des Braunfischs. Albers 1818-1822, Tafel VI (UBL, Sign. Zool. 99). Online unter: http://ia600400.us.archive.org/BookReader/BookReaderImages. php?id=isisvonoken1826 (04.04.2012).

S. 137: *Medusa aurita*. Baer 1823, Tafel IV (UBL, Sign. Anat. 2721; Leopoldina-Bibliothek, Sign. Ma. 1500. 8°). Auch online unter: http://books.google.de/books/about/DEUTFCHES_ARCHIV_FUR_DIE_PHUSIOLOGIE.html?id=p6IEAA AAQAAJ&redir_esc=y (28.08.2012)

S. 138: Pilzmyzele mit leuchtenden Spitzen. Nees/Nöggerath/Nees/Bischof 1823, Tafel LXII (UBL, Sign. N.W. 145; Leopoldina-Bibliothek, Sign. Cb 4: 403.a).

S. 139: Nasen-Rachenraum des Braunfischs. Abbildungen zu Baer 1826a/b, Tafel V (UBL, Sign. Allg. N.W. 189). Online unter: http://ia600400.us.archive.org/BookReader/BookReaderImages.php?id=isisvonoken1826 (04.04.2012).

Brief 25

S. 146: Milchzähne des Pferdes (oben); Zahnentwicklung beim Schaf (unten). Bojanus 1825, Tafel LVIII (UBL, Sign. Allg. N.W. 145; Leopoldina-Bibliothek, Sign. Cb 4: 403.a).

S. 148: Überschwemmung in St. Petersburg am 7./19. November 1824. Ölgemälde von Fëdor Jakovlevič ALEKSEEV (1753-1824). Online z.B. unter: http://en.wikipedia.org

/wiki/File:7_%D0%BD%D0%BE%D1%8F%D0%B1%D1%80%D1%8F_1824_%
D   0%B3%D0%BE%D0%B4%D0%B0_%D0%BD%D0%B0_%D0%BF%D0%B
B%D0%BE%D1%89%D0%B0%D0%B4%D0%B8_%D1%83_%D0%91%D0%B
E%D0%BB%D1%8C%D1%88%D0%BE%D0%B3%D0%BE_%D1%82%D0%B5
%D0%B0%D1%82%D1%80%D0%B0.jpg (13.06.2012).

Brief 26

S. 153: Martin Heinrich RATHKE (1793-1860). Ohne weiteren Nachweis online unter: http://upload.wikimedia.org/wikipedia/commons/thumb/b/b9/Rathke.jpg/220px-Rathke.jpg (07.08.2012); Zugriff auf die Originalvorlage unter: http://tartu.ester.ee /record=b1938851~S1 (07.08.2012).

Brief 27

S. 156: Karl Bernhard VON TRINIUS (1778-1844), um 1830. Ohne weitere Angaben online unter: http://de.wikipedia.org/w/index.php?title=Datei:Carl-Bernhard-Trin ius.jpg&filetimestamp=20110923205900 (07.08.2012) sowie http://sueyounghisto-ries.com/archives/2009/03/10/carl-bernhard-von-trinius-1778-1844/ (07.08.2012).

Brief 28

S. 160: Coenraad Jacob TEMMINCK (1778-1858). Künstler unbekannt. Ohne weitere Angaben online unter: http://de.wikipedia.org/w/index.php?title=Datei:Tem-minck_Coenraad_Jacob_1770-1858.jpg&filetimestamp=20050816150540 (16.07. 2012)

S. 161: Eintrag zu Berglerche und Feldlerche aus Temminck 1815, 160-161 (UBL Sign. Zool.1835f).

Brief 29

S. 168: Titelblatt zur 2. Aufl. (1781) von Hagen 1778. Online unter: http://digital.ub.uni-duesseldorf.de/vester/content/pageview/2604797 (19.07.2012).

S. 169: Georges CUVIER (1769-1832): „C. réunit les documents devant servir à son ouvrage sur les ossements fossiles." Postkarte [Druck nach Gemälde]. Bildersam-mlung des KSI (Sign. E 1623).

Brief 31

S. 174: *Aspidogaster conchicola.* Baer 1827a, Tafel XXVIII (UBL, Sign. Allg. N.W. 145; Leopoldina-Bibliothek, Sign. Lc 429 4°).

S. 175: Erläuterungen zu Tafel XXVIII aus Baer 1827a (UBL, Sign. Allg. N.W. 145; Leopoldina-Bibliothek, Sign. Lc 429 4°).

Brief 32

S. 179: Die erstmals beschriebenen *Doris*-Arten *D. setigera, D. Argus* und *D. luteo-rosea.* Rapp 1827, Tafel XXVI (UBL, Sign. Allg. N.W. 145; Leopoldina-Bibliothek, Sign. Cb 4: 403.a [13,2,3]).

Brief 33

S. 184: Verschiedene Zerkarien. Baer 1827a, Tafel XXXI (UBL, Sign. Allg. N.W.
145; Leopoldina-Bibliothek, Sign. Lc 429 4°).

Brief 34

S. 188: Lorenz OKEN (1778-1851), Kupferstich von [Johann Adolf?] ROSMAESLER (1770-
1821?), 13 x 19,5 cm. Original in der Bildersammlung des KSI (Sign. E 5022).

S. 190: Skelett und Rekonstruktion des Auerochsen. Bojanus 1827, Tafel XX (UBL,
Sign. Allg. N.W. 145; Leopoldina-Bibliothek, Sign. Cb 4: 403.a [13,2,1]).

Brief 35

S. 192: *Rostellaria* (bzw. *Latiala*) *papilionacea* Goldfuß, aus Goldfuß 1826-1844, hier
1844, Tafel CLXX, fig. 8. Online unter: http://www.stromboidea.de/?n=Species.La-
tialaPapilionacea (22.08.2012).

S. 193: Planarien. Baer 1827a, Tafel XXXIII (UBL, Sign. Allg. N.W. 145; Leopoldina-Bibliothek, Sign. Lc 429 4°).

Brief 36

S. 195: Verschiedene Schmarotzer von Fischen und Muscheln: *Nitzschia elegans, Hi-
rudo Hippoglossi, Polystoma integerrimum, Cyclocotyla Bellones.* Baer 1827a, Tafel XXXII (UBL, Sign. Allg. N.W. 145; Leopoldina-Bibliothek, Sign. Lc 429 4°).

S. 196: Johannes MÜLLER (1801-1858). Lithographie, 14 x 10 cm. Original in der Bildersammlung des KSI (Sign. E1519 bzw. 5419).

S. 197: Beschreibung verschiedener Hirse- bzw. *Panicum*-Arten. Nees 1829, 208-209
(UBL, Sign. Botan. 2406:2; UB Halle/S., Sign. Sb 2851 [2,1]).

S. 198: *Rubus affinis* (obsolet statt *R. fruticosus L.*). Nees/Weihe 1822-1827, Tafel IIIb. Online unter: http://www.meemelink.com/books_images/27271.Weihe-2.jpg (26.6. 2012).

Brief 37

S. 200: *Bucephalus polymorphus* und „chaotisches Gewimmel aus Muscheln" (Fig.
28). Baer 1827a, Tafel XXX (UBL, Sign. Allg. N.W. 145; Leopoldina-Bibliothek,
Sign. Lc 429 4°).

S. 201: Verschiedene Zerkarien. Nitzsch 1817. Tafel I und II (UBL, Sign. Zool. 1097-
g; UB Halle/S., Sign. Pa 1120a [3,1]; Leopoldina-Bibliothek, Sign. Cb. 616. 8°).

S. 202: Zerkarien und Schmarotzer von Schnecken: *Distoma duplicatum* (Fig. 1-15),
Hydrachna Concharum (Fig. 16-19), *Distoma luteum* (Fig. 23-24), *Chaetogaster
Limnaei* (Fig. 23-24). Baer 1827a, Tafel XXIX (UBL, Sign. Allg. N.W. 145; Leo-
poldina-Bibliothek, Sign. Lc 429 4°).

Brief 38

S. 205: Der Metropolit Germanos von Patras segnet am 25. März 1821 im Kloster Hagia Lavra die Flagge der aufständischen Griechen. Ölgemälde (1865) von Theodoros VRYZAKIS (1814-1878). Griechische Nationalgalerie, Athen. Online unter:
http://de.wikipedia.org/w/index.php?title=Datei:Epanastasi.jpg&filetimestamp=200
60914153225 (10.08.2012).

S. 206: Plan der Königlich Preussischen Haupt- und Residenzstadt Königsberg. Nach den neuesten und besten Materialien bearbeitet von D. EICHHOLZ, Stadtbaurat. Königsberg 1834. Kolorierte Lithographie, 38,2 x 28,3 cm. Staatsbibliothek zu Berlin, Kartenabteilung, Sign. S Kart X 28053. Abdruck in Klemp/Harik 2008, 91 (Nr. 549). Wir danken Frau Steffi MITTENZWEI, Staatsbibliothek zu Berlin, Kartenabteilung, für die freundliche Erteilung der Abdruckerlaubnis (29.08.2012).

Brief 39

S. 210: Der Kleine Kettenhof bei Frankfurt am Main (1857). Ölgemälde von Heinrich Adolf Valentin HOFFMANN (1814-1896). Aus: Martin Heinzberger, Petra Meyer, Thomas Meyer: *Entwicklung der Gärten und Grünflächen in Frankfurt am Main*. Frankfurt 1988 (Kleine Schriften des Historischen Museums Frankfurt am Main, 38), 18. Online unter: http://de.wikipedia.org/w/index.php?title=Datei:FFM_Kleiner _Kettenhof_Hoffmann_1857.jpg&filetimestamp=20100818190244 (01.06. 2012).

S. 211: Gotthilf Heinrich VON SCHUBERT (1780-1860). Ohne weitere Angaben online unter: http://www.badw.de/bilder/mitglieder/Schubert_GG.jpg (16.08.2012).

S. 212: Würzburg, Rückermainhof (Karmelitenstraße), 1716-1719 erbaut von Joseph GREISSING (1664-1721). © Bildarchiv Foto Marburg, (Aufnahme Nr. KBB 5.289). Abdruck mit freundlicher Genehmigung (13.08.2012).

Brief 40

S. 215: Elisabeth NEES an Karl Ernst VON BAER, Brief vom 17.11.1827, erste Seite. UB Gießen, Nachlass BAER, Bd. 16. Wir danken Herrn Bibliotheksoberrat Dr. Olaf SCHNEIDER für die freundliche Bereitstellung der Scans und die Abdruckerlaubnis (28.09.2011).

Brief 41

S. 220: Tafel mit „idealen Abbildungen" zur Verdeutlichung der Embryonalentwicklung der Wirbeltiere als „Erläuterung der Scholien und Corollarien" zu Baer 1828a, Tafel III (UBL, Sign. Zool. 546:1; UB Halle/S., Sign. Sc 8341 [1]; Leopoldina-Bibliothek, Sign. Md. 7104. 8°).

Brief 42

S. 223: François-Vincent RASPAIL (1794-1878). Online unter: http://www.modernmicro scopy. com /main.asp?article=69&page=2 (08.10.2102).

S. 223: „Chaotisches Gewimmel aus Muscheln", Ausschnitt (Fig. 28) aus Baer 1827a, Tafel XXX (UBL, Sign. Allg. N.W. 145; Leopoldina-Bibliothek, Sign. Lc 429 4°).

S. 224: *Alcyonella fluviatilis*. Entozoen und Gewebepartikel. Raspail 1828, Tafel 12. Online unter: http://www.biodiversitylibrary.org/item/24939#page/462/mode/1up (09.10.2011).

S. 226: Karl Ernst VON BAER an NEES VON ESENBECK, Brief vom Januar 1828. Leopoldina-Archiv Halle, 28/03/01. Wiedergabe mit freundlicher Genehmigung von Archivleiter Dr. WEBER (16.10.2012).

Brief 43
S. 229: Strahlengang des Lichts im Auge. Müller 1826, Tafel VIII (UBL, Sign. Anat. u. Phys. 4543; UB Halle/S., Sign. Sc 7891; Leopoldina-Bibliothek, Sign. Md. 4436. 8°).

Brief 45
S. 232: Tafel zur Erläuterung der Gefäßverbindung zwischen Mutter und Frucht. Baer 1828b (UBL, Sign. Gr. Fol. 572; Leopoldina-Bibliothek, Sign. Le 6750.2°).

Brief 46
S. 234: St. Petersburg, Gebäude der Kaiserlichen Akademie der Wissenschaften, 1741. Tafel 6 einer Serie von 12 Radierungen mit verschiedenen Teilen der Akademie; Akademiegebäude mit Bibliothek und Kunstkammer. Universitätsbibliothek Göttingen, gr. 2o, H.Lit.Part. VIII, 145/6 RARA. Online unter: http://upload.wikimedia.org/wikipedia/commons/7/77/Sankt_Petersburg_-_Akademie_der_Wissenschaften_(Durchschnitt _1741).jpg (18.6.2012).
S. 236: Samuel Thomas VON SOEMMERING (1755-1830). Lithographie aus dem Lithographischen Institut von B. KEHSE, Magdeburg, 10 x 15,5 cm. Original in der Bildersammlung des KSI (Sign. E 1784).

Brief 47
S. 240: Fischembryonen und –larven. Kupfertafel aus Baer 1835a (UBL, Sign. Zool. 546:2; Leopoldina-Bibliothek, Sign. Le 4: 396).
S. 241: Entwicklung der Harnblase bei verschiedenen Spezies. Baer 1835a, 44 (UBL, Sign. Zool 546:2; Leopoldina-Bibliothek, Sign. Le 4: 396).
S. 242: Carl Gustav CARUS (1789-1869), Selbstbildnis. Bildersammlung des KSI (Sign. E 1619), gekauft von der Landesbildstelle Sachsen, Dresden A 1, Ehrlichstr. 1.
S. 243: Larven der Flussmuschel. Carus 1832, Tafel XVI (UBL, Sign. Allg. N.W. 145; Leopoldina-Bibliothek, Sign. Cb 4: 403.a [16,1,1]).

Brief 48
S. 245: Behandlung von Briefsendungen in Seuchenzeiten. Circular-Verordnung des k. k. Hofkriegsrathes an das Dalmatiner, vereinigte Banat-Warasdiner, Carlstädter, Slavonische, Banatische, Ungarische, Siebenbürgische und Galizische General-Commando vom 31. December 1830, B. 5219, und vom 24. März 1831, B. 1233. Teil einer nicht paginierten Drucksache („Nachträgliche Verordnungen zum Pest-Reglement vom Jahre 1770") (Schriftgutsammlung KSI, Sign. D 169).

Brief 49
S. 247: Eichwald 1832, Tafel XVI und XVII (UBL, Sign. Allg. N.W. 189). Online unter: http://zs.thulb.uni-jena.de/content/main/journals/isis.xml (28.08.2012).

Brief 50
S. 250: Das Gefäßsystem des Braunfischs. Baer 1835b, Tafel XXIX (UBL, Sign. Allg. N.W. 145; Leopoldina-Bibliothek, Sign. Cb 4: 403.a [17,1,11]).

S. 251: Johann Heinrich GÖPPERT (1800-1884). Ohne weiteren Nachweis online unter: http://izba.szprotawa.org.pl/index.php?izba=Heinrich_Goppert (29.08.2012.)

S. 251: Die von Johann Heinrich Robert GÖPPERT erstmals beschriebenen fossilen Farne *Ullmannia Bronnii* und *Ullmannia frumentaria*. Gera, Sammlung des Museums für Naturkunde. Beschreibung und Abbildung der Objekte in: Aribert Weigelt: *Der Burgbereich Schkopau und die Ur- und Frühgeschichte der Umgebung*. O.O. 1928., Nachdr. Schkopau 1979. Fotografien online unter: http://www.geraermineralienfreunde.de/pages_links/fotogalerie.html (29.08.2012).

S. 253: Frühe Entwicklungsstadien von Säugetierembryonen. Baer 1837, Tafel IV (UBL, Sign. Zool. 546:2; UB Halle/S., Sign. Sc 8341 [2]).

Brief 51

S. 255: Gebäude der Russischen Akademie der Wissenschaften (19. Jh.), rechts das ältere Akademiegebäude mit Bibliothek und Kunstkammer, links im rechten Winkel dazu das Gebäude, in dem BAER 1841-1863 seine Dienstwohnung hatte. Foto: Dr. Elena ROUSSANOVA, Juli 2012.

Quellen- und Literaturverzeichnis

S. 270: *Lavatera silvestris* Brot. Nees/Nees 1824, Tafel VI (UBL, Sign. Botan. 489-u; Leopoldina-Bibliothek, Sign. Kc 4: 10499 [2]). Zum Namengeber vgl. den Kommentar zu Brief 17.

S. 282: *Göthea semperflorens*. Nees/Martius 1823a, Tafel VII (UBL, Sign. Allg. N.W. 145; Leopoldina-Bibliothek, Sign. Cb 4: 403.a [11,1,2]). Auch online unter: http://www.aski.org/kb1_99/kb199gmd.htm (27.08.2012).

Quellenregister

S. 286: Hutschwämme. Nees 1816a, Tafel XXIV (UBL, Sign. Botan. 695:2; Leopoldina-Bibliothek, Sign. Kc 4: 2530).

Personenverzeichnis

S. 289: Karl Ernst VON BAER (1792-1876), um 1830. Crayonstich von Friedrich Leonhard LEHMANN nach einer Zeichnung von Carl HÜBNER. Abdruck bei Raikov 1968, 103, mit Erläuterungen ebd., 480. Online z.B. unter: http://www.macroevolution.net/karl-ernst-von-baer.html (20.07.2012).

S. 295: Georg August GOLDFUß (1782-1848) im Jahr 1841; Lithographie von Adolph HOHNECK (1812-1879); Stadtarchiv und Stadthistorische Bibliothek Bonn. Online unter: http://www.rheinische-geschichte.lvr.de/Seiten/ImageViewer.aspx?img= http://www.rheinische-geschichte.lvr.de/Produktion_Artikel_Marginal/0628-4Dgr. jpg (07.06.2012)

S. 296: Otto Magnus VON GRÜNEWALDT (1801-1890) mit seiner Ehefrau Maria, 1890. Online unter: http://et.wikipedia.org/wiki/Pilt:Otto_Magnus_von_Gr%C3%BCnewaldt.jpg (07.08.2012)

S. 305: NEES-Gedenktafel in Reichelsbach im Odenwald. Online unter: http://www. museum-reichelsheim.eu/abteilungen_nees.htm (18.10.2012).

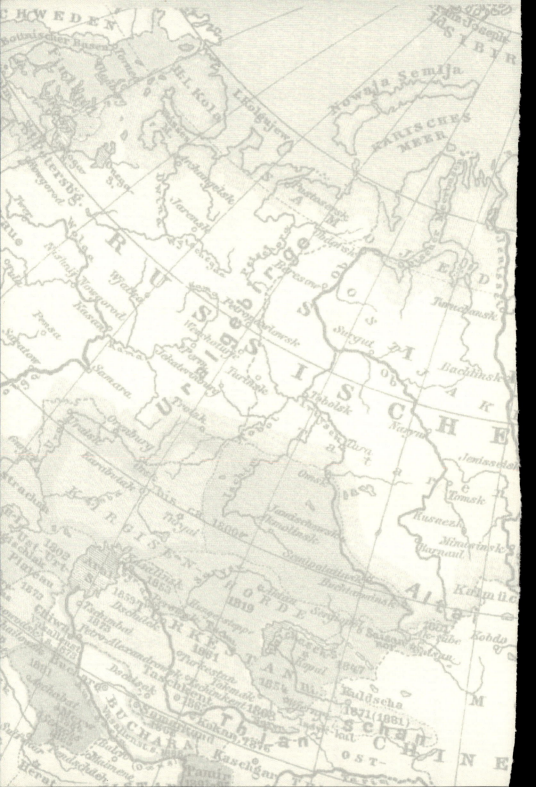